住房城乡建设部土建类学科专业"十三五"规划教材

"十三五"江苏省高等学校重点教材（编号：2017-1-073）

高等学校土木工程学科专业指导委员会规划教材

（按高等学校土木工程本科指导性专业规范编写）

钢结构基本原理（第二版）

（按《钢结构设计标准》GB 50017—2017 编写）

何若全　主　编

李启才　副主编

方　恬　崔　佳　吴　冲

姚江峰　高晓莹　编　写

李国强　主　审

中国建筑工业出版社

图书在版编目（CIP）数据

钢结构基本原理/何若全主编. —2 版. —北京：中国建筑工业出版社，2018.4

住房城乡建设部土建类学科专业"十三五"规划教材

高等学校土木工程学科专业指导委员会规划教材（按高等学校土木工程本科指导性专业规范编写）

ISBN 978-7-112-21835-6

Ⅰ.①钢… Ⅱ.①何… Ⅲ.①钢结构-高等学校-教材 Ⅳ.①TU391

中国版本图书馆 CIP 数据核字（2018）第 032582 号

本教材是在第一版基础上，根据新颁布的《钢结构设计标准》GB 50017—2017 和《公路钢结构桥梁设计规范》JTGD64—2015 等规范、规程以及教材使用中收集的意见和建议修订而成。

本教材按照《高等学校土木工程本科指导性专业规范》编写，严格遵循专业规范编制的基本原则，对专业规范提出的核心知识做到了完全覆盖。这些核心知识是土木工程专业包括建筑工程、道路与桥梁工程、地下工程和铁道工程几个方向必须掌握的核心内容。本教材只讲述钢结构的基本原理，教材体系按照传统的以构件类型的顺序编排，使学生感觉直观，易于与工程最大程度地靠近。每个重要知识点之后，都跟随着例题进行详细地解说，可使学生在学习钢结构时尽可能增加工程知识。

为更好地支持本课程教学，此次修订，在教材中尝试插入二维码链接小视频和短文章，使学生能更加高效地学习重要的概念，便捷了解一些新知识和行业发展的新动态。此外，本书作者制作了配套的教学课件，有需要的读者可以发送邮件至：jiangongkejian@163.com 免费索取。

责任编辑：吉万旺　王　跃
责任校对：李美娜

住房城乡建设部土建类学科专业"十三五"规划教材
"十三五"江苏省高等学校重点教材（编号：2017-1-073）
高等学校土木工程学科专业指导委员会规划教材
（按高等学校土木工程本科指导性专业规范编写）

钢结构基本原理（第二版）

（按《钢结构设计标准》GB 50017—2017 编写）

何若全　主　编
李启才　副主编
方　恬　崔　佳　吴　冲
姚江峰　高晓莹　编　写
李国强　主　审

*

中国建筑工业出版社出版、发行（北京海淀三里河路 9 号）
各地新华书店、建筑书店经销
霸州市顺浩图文科技发展有限公司制版
廊坊市海涛印刷有限公司印刷

*

开本：787×1092 毫米　1/16　印张：21　字数：441 千字
2018 年 9 月第二版　　2020 年 7 月第十四次印刷
定价：**45.00** 元（赠课件）
ISBN 978-7-112-21835-6
（31689）

本系列教材编审委员会名单

主　　任： 李国强

常务副主任： 何若全

副 主 任： 沈元勤　高延伟

委　　员： （按拼音排序）

白国良　房贞政　高延伟　顾祥林　何若全　黄　勇
李国强　李远富　刘　凡　刘伟庆　祁　皑　沈元勤
王　燕　王　跃　熊海贝　阎　石　张永兴　周新刚
朱彦鹏

组织单位： 高等学校土木工程学科专业指导委员会
中　国　建　筑　工　业　出　版　社

出 版 说 明

近年来，我国高等学校土木工程专业教学模式不断创新，学生就业岗位发生明显变化，多样化人才需求愈加明显。为发挥高等学校土木工程学科专业指导委员会"研究、指导、咨询、服务"的作用，高等学校土木工程学科专业指导委员会制定并颁布了《高等学校土木工程本科指导性专业规范》（以下简称《专业规范》）。为更好地宣传贯彻《专业规范》精神，规范各学校土木工程专业办学条件，提高我国高校土木工程专业人才培养质量，高等学校土木工程学科专业指导委员会和中国建筑工业出版社组织参与《专业规范》研制的专家编写了本系列教材。本系列教材均为专业基础课教材，共 20 本，已全部于 2012 年年底前出版。此外，我们还依据《专业规范》策划出版了建筑工程、道路与桥梁工程、地下工程、铁道工程四个主要专业方向的专业课系列教材。

经过五年多的教学实践，本系列教材获得了国内众多高校土木工程专业师生的肯定，同时也收到了不少好的意见和建议。2016 年，本系列教材整体入选《住房城乡建设部土建类学科专业"十三五"规划教材》，为打造精品，也为了更好地与四个专业方向专业课教材衔接，使教材适应当前教育教学改革的需求，我们决定对本系列教材进行修订。本次修订，将继续坚持本系列规划教材的定位和编写原则，即：规划教材的内容满足建筑工程、道路与桥梁工程、地下工程和铁道工程四个主要方向的需要；满足应用型人才培养要求，注重工程背景和工程案例的引入；编写方式具有时代特征，以学生为主体，注意新时期大学生的思维习惯、学习方式和特点；注意系列教材之间尽量不出现不必要的重复；注重教学课件和数字资源与纸质教材的配套，满足学生不同学习习惯的需求等。为保证教材质量，系列教材编审委员会继续邀请本领域知名教授对每本教材进行审稿，对教材是否符合《专业规范》思想，定位是否准确，是否采用新规范、新技术、新材料，以及内容安排、文字叙述等是否合理进行全方位审读。

本系列规划教材是实施《专业规范》要求、推动教学内容和课程体系改革的最好实践，具有很好的社会效益和影响。在本系列规划教材的编写过程中得到了住房城乡建设部人事司及主编所在学校和学院的大力支持，在此一并表示感谢。希望使用本系列规划教材的广大读者继续提出宝贵意见和建议，以便我们在本系列规划教材的修订和再版中得以改进和完善，不断提高教材质量。

高等学校土木工程学科专业指导委员会

中国建筑工业出版社

2017 年 12 月

第二版前言

2011年本书第一版出版发行以来，得到了许多高校教师和学生的热切关注，我们在教学中不断修正和优化，也收获了许多新的体会。另一方面，随着《钢结构设计标准》GB 50017—2017 和《公路钢结构桥梁设计规范》JT-GD 64—2015 的颁布，一些新的设计理念和设计原则也先后出台。为了紧跟时代的变化，本书在内容和形式上做了一些调整：

1. 随着新材料的推广和技术手段的成熟，规范中一些新的精神在教材里都有所体现，比如关于焊缝的构造要求、等边角钢轴心受压构件肢件宽厚比限值、不必计算梁整体稳定的构造要求等。教材同时介绍了我国新增钢种Q460 和 Q345GJ 的应用情况。

2. 增加了截面板件宽厚比等级的概念，并因此对材料选择、板件局部稳定计算等进行了相应的调整。

3. 引入了疲劳破坏的新计算公式和构造分类办法；增加了防止钢结构脆断的要求。

4. 对原教材表述不合理或不清晰之处做了必要的调整，纠正了个别错误。优化了每章的"小结及学习指导"和"思考题"。

5. 本教材在适当章节插入二维码链接小视频和短文章，使学生更加高效地学习重要的概念，便捷了解一些新知识和行业发展的新动态。

参加本书修订工作的有：何若全（主编，第1、2章，苏州科技大学），李启才（副主编，第7章，苏州科技大学），方恬（第3、6章，苏州科技大学），崔佳（第5章，重庆大学），姚江峰（第4章，苏州科技大学），高晓莹（第2章疲劳部分、附录，苏州科技大学），吴冲（编写了全书有关钢桥的论述和例题，同济大学）。全书在集体讨论、相互校核的基础上由主编修改定稿。随书赠送的PPT课件由姚江峰、高晓莹编辑制作。书中插入的部分动画由华南理工大学王湛提供。同济大学李国强对全书进行了细致的审阅。

本书在内容取舍上完全符合《高等学校土木工程本科指导性专业规范》对核心知识点的要求，并体现了本身的优势和特色。本书可能存在一些不妥之处，敬请读者提出宝贵意见。

编者
2017 年 12 月

第一版前言

2011年10月，住房城乡建设部与全国高等学校土木工程学科专业指导委员会颁布了"高等学校土木工程本科指导性专业规范"，对土木工程本科专业教学内容进行了全面整合。"本科专业规范"按照教育部高教司的要求，规范了教学的基本内容，强调拓宽"大土木"的专业基础知识，把基本的教学内容设置在最小的范围。在这个原则精神的指导下，我们组织编写了《钢结构基本原理》，作为应用型人才培养的核心知识（专业基础课）教材。

本教材以阐述基本概念、基本理论为重点，这些基本概念和基本理论在学生面对各种钢结构工程项目时，不局限于对个别规范条文的简单套用，能够把这些概念和理论融于各类工程的设计、施工、管理中。同时，本教材覆盖了建筑工程、道桥工程、地下工程、铁道工程等专业方向钢结构工程的核心内容，为各专业方向知识拓展奠定了基础。这些核心内容既是宽口径土木工程专业所要求的，也是今后学生面临不同行业的钢结构工程所必须掌握的。

本教材具有以下特点：①对一些理论推导和论述做了适当简化，对一些难点问题采用楷体给予详细解释，内容安排上按照钢结构基本构件类型的顺序编排，适合于应用型人才培养的定位；②重要的知识点后面紧跟例题，使学生能够循序渐进地掌握知识；③本书在重点章节安排了建筑工程和桥梁工程"以工程实例为依据的钢柱和钢梁综合例题"，能够使学生加深对钢结构基本原理及工程应用的理解；④书后的附录按照最近颁布的国家、行业标准编制，反映了与钢结构相关的材料、规范等方面的最新变化；⑤教材每章都安排了"知识点、重点、难点"和"小结及学习指导"，并附有PPT课件，方便教师教学和学生自学；⑥一些比较重要的选读内容用＊标注，供学生自学或教师选择。

参加本书编写工作的有：何若全（主编，第1、2章，苏州科技学院），李启才（副主编，第7章、附录，苏州科技学院），方恬（第3、6章，苏州科技学院），崔佳（第5章，重庆大学），姚江峰（第4章，苏州科技学院）。吴冲（同济大学）编写了全书有关桥梁的论述和例题。全书由主编修改定稿。随书赠送的PPT课件由姚江峰、高晓莹（苏州科技学院）编辑、绘制。苏州科技学院多位研究生对例题、习题、附表数据进行了计算和校对，有关老师在教材编写中给予了各方面的支持。同济大学李国强教授对全书进行了细致地审阅。

本教材是按照新颁布的"高等学校土木工程本科指导性专业规范"编写的，在内容取舍、前后衔接等方面难免存在不妥之处。由于水平限制，对于书中的错误和需要完善的地方，敬请读者提出宝贵意见！

编者
2011年10月

目　　录

第1章
绪 论

本章知识点

【知识点】钢结构的发展简况，钢结构的优缺点及合理的应用范围；杆件和板件的区别，实际结构中杆件受力状态的概念，板件的概念；承载力极限状态和正常使用极限状态的基本方法；钢结构设计表达式的基本内容。

【重点】根据其优缺点对钢结构进行合理的应用；设计钢结构的基本方法。

【难点】钢结构两种极限状态的区分方法，承载力极限状态设计表达式的含义。

1.1 钢结构的特点

我国钢产量大且品种齐全，2016 年粗钢产量达到 8.08 亿 t，占世界第一位。其中，钢结构行业消耗将近 4%。钢结构在建筑工程、桥梁工程、地下工程、铁道工程中大量使用。由于钢材的性能优良，钢结构具有现代化、标准化的优势，又是一种可再生的材料，满足"低碳、节能、环保"可持续发展国策的基本要求，有着很好的发展前景与机遇。国内建成的北京奥运会场馆、广州亚运会建筑、横跨长江的多座大型桥梁、遍布全国的高速铁路基础设施等一批钢结构标志性工程，代表了世界的先进水平。钢结构在公共建筑、民用住宅等方面有巨大的发展潜力，今后必将占领更多的市场份额。

与其他材料组成的结构相比，钢结构具有以下明显的特点：

(1) 强度高、结构重量轻，但钢结构容易失稳。在承受同样荷载时，钢结构比钢筋混凝土和木材组成的结构重量减轻很多。正是因为强度高，钢结构的杆件就可以做得细长，组成杆件的板件也可能比较薄，这样，结构的整体稳定和板件的局部稳定就变得尤为突出，容易因为整体或局部失稳导致结构破坏。

(2) 在复杂情况下性能优越。钢材的弹性模量稳定，材质均匀性好，比较符合理想弹塑性体的力学假定，因而结构分析计算的结果与实际情况很接近；钢材具有良好的塑性、韧性、抗冲击和抗低温冷脆性能，在复杂受力情况下性能较好。

（3）抗震性能好。钢结构可以建造得比较轻柔，受到的地震作用较小，而且其具有良好的能量耗散能力，在历次地震中损害的程度是最小的，钢材已经被工程界确定为最合适的抗震结构材料。

（4）耐热性能好但抗火性能差。在温度不高于250℃的一般受热情况下，钢结构的弹性模量、强度、变形等主要的力学指标变化不大，是一种较好的耐热结构材料。但是钢结构的抗火能力很差，当温度达到300℃以上时，强度逐渐下降，在600℃时强度不足三分之二，模量几乎为零，所以在火灾下不加防护的钢结构很快就会倒塌，需要引起特别的注意。

（5）密封性好但脆性状态下裂纹容易扩展。焊接钢结构不渗漏，密封性好，适用于制造船舶、气柜油罐、压力容器、高压管道等。但是，由于钢结构整体刚度大，当焊接结构设计不当或工艺不好时，在低温和复杂受力情况下，微小裂纹有可能扩展导致整体断裂，这是焊接钢结构的弱点。

（6）钢材虽然比混凝土等材料的价格高，但钢结构工业化程度高，建设工期短。使用钢结构与使用钢筋混凝土结构相比，高层建筑的总投资大约增加不到2%，低矮建筑就更少。由于钢构件的工厂化生产，以及施工过程中机械化程度高，工期缩短带来的效益更为明显，越来越多的业主选择钢结构作为主要的土木工程结构。

（7）钢结构耐腐蚀性差。因为易于被腐蚀，隔一段时间业主不得不对结构表面重新喷刷涂料。在海边、腐蚀性气体浓度比较大的环境中，这笔维护费用更大。耐候钢的出现使钢结构在腐蚀环境中有了更大的使用空间。通常情况下钢结构耐腐蚀性差的缺点不足以对钢结构的使用产生明显的负面影响。

钢结构的上述特点大多数是优点和缺点同时存在，关键在于如何利用和把握。例如，由于强度高，钢结构体型一般比较轻柔。但是柔弱结构的位移较大，细小截面杆件的稳定问题突出，这些又都是不利的方面，所以必须对结构的高度和构件的长细比进行必要的限制。再比如，焊接钢结构的刚度大、变形小，有利于控制结构整体变形；但是刚度大的结构储存的能量也比较大，一旦焊缝附近发生微小裂缝，很容易导致裂纹扩展。所以钢结构在选材、设计、加工和使用中都要采取一些措施以防止这些情况的发生。学习钢结构基本原理，合理利用它的优势，避免其出现负面效应是极其重要的。

1.2 钢结构的发展现状及合理应用范围

新中国成立初期，国民经济处于起步阶段，钢结构仅在大型工业厂房中应用，鞍钢、武钢、包钢等钢铁厂的大型车间基本都采用了钢结构。20世纪50年代末在外国专家的帮助下，南京长江大桥成为我国第一座自己建造的大型钢结构桥梁。改革开放以后我国钢产量大幅增加，使用钢材的政策由限制转变为推广使用，钢结构在高层和超高层建筑、多层房屋、轻钢建筑、大跨度体育场馆、各种会展中心、大型飞机安装检修库、大跨度公路铁路桥梁、海上采油平台、各种大中型仓库中都得到广泛应用。随着大型计算机的出现，先进的结构分析手段不断更新，大型复杂钢结构项目成为可能，我国许多项目的设计建造水平居世界一流。

由于钢结构具有 1.1 节所述的特点，它的合理应用范围主要体现在以下方面：

（1）大跨度结构。自重轻、强度高，可以使结构做得很轻巧，跨度更大。2018 年 10 月投入使用的苏州奥林匹克体育中心体育馆屋面采用鱼腹梁交叉钢桁架结构，最大跨度 134m；2019 年即将开通的武汉杨泗港长江大桥，采用双层钢桁架悬索结构，主跨 1700m，是目前国内第一、世界第二大跨度的桥梁。

（2）重型厂房结构。重型工业厂房的吊车起重量大且工作频繁，厂房承受很大的振动荷载，钢材塑性、韧性很好，使用钢结构可以使重型工业厂房更加安全可靠。

（3）可拆卸的结构。钢构件的运输便捷、连接处易于拆卸，便于反复使用。临时建筑、脚手架、起重设备等大多使用钢结构。

（4）高耸结构和高层结构。钢结构电视塔、输电塔架、烟囱等自重轻，便于安装和施工；高层办公楼和高层住宅使用钢结构能最大限度地缩小底层柱子的截面尺寸，增加有效使用面积，其抗震性能也好于混凝土结构。高 634m 的日本东京晴空塔是目前世界第一高的电视塔，上海环球金融中心等高层建筑都是钢结构建筑。

（5）密封和压力容器。钢材质地密实，抗拉强度高，做成容器后不渗油不透水，并且能承受较大的内部压力，广泛应用于轮船、各种油罐、气柜等。

（6）轻型钢结构。钢结构的质量轻，不仅对大跨度结构有利，对于小跨径结构也有优越性。轻型钢结构多用于轻钢厂房和轻钢住宅，轻型门式钢架由于轻便和安装快捷，近年来如雨后春笋般地大量出现。

（7）承受动力荷载的结构。钢材的韧性良好，装配动力设备的厂房往往用钢制成；对于抗震能力要求高的结构，用建筑钢材制作主要承重构件是非常适宜的。

1.3　钢结构构件的分类

钢结构构件可以分为两类：钢结构杆件和钢结构板件。

（1）钢结构杆件按受力状态可以分为受拉杆件、受压杆件、受弯杆件、拉弯杆件、压弯杆件、受拉索等。这些杆件是组成钢结构各种形式的最基本单元。用钢结构杆件可以组合成合理的结构形式，充分利用钢材的各种优势，有效地承担各种作用和荷载，满足结构物各种功能要求并具有美观的造型。

图 1-1 是网壳结构，双层网壳中每根杆轴心受拉或者轴心受压，杆件内没有弯矩。图 1-2 是

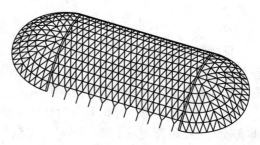

图 1-1　网壳结构

索膜结构，承重索、稳定索和边索都受拉，充分发挥了钢材强度高的优点，与承重索垂直的钢拱主要承受压力。这种索膜结构自重轻、体型优美。在图1-3中，梁与柱组合在一起可以形成典型的平面承重结构，各平面结构之间用承受轴向力的支撑连接成为空间整体。平面承重结构的柱一般是压弯杆件，梁是受弯杆件或压弯（拉弯）杆件。

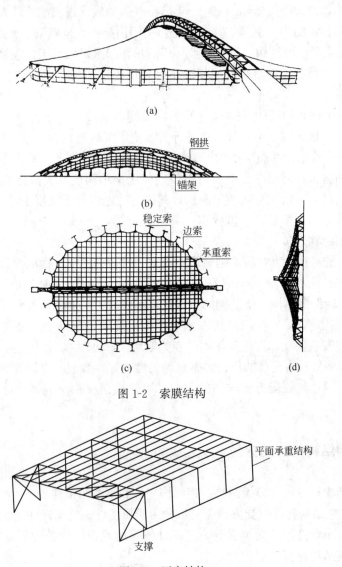

(a)

(b)

(c)　　　　(d)

图1-2　索膜结构

图1-3　厂房结构

钢结构基本杆件也广泛应用于钢桥。如图1-4（a）所示的钢桁架桥，每根腹杆可以视为轴心受拉或受压杆；斜拉桥（图1-4b）中的拉索仅承受拉力，钢柱受弯同时也受压，桥面板是受弯构件。

塔架与钢桁架桥一样，大多数杆件是轴心受力构件。桅杆的索使结构能够有效地抵抗风荷载而全部承受拉力，桅杆本身是一个典型的悬臂受弯杆件。塔架和桅杆广泛应用于电视塔、输电塔、气象塔等。

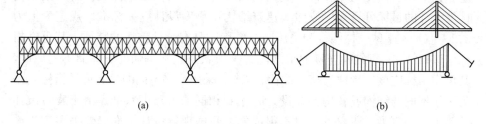

(a)   (b)

图 1-4　钢桥
(a)钢桁架桥；(b)钢斜拉桥

（2）钢结构板件是一种平面构件，一般在板件平面内拉应力、压应力和剪应力共同作用，工作状态比较复杂。在实际应用中，按照边界支承状况不同，板件可以分为四边简支板、三边简支一边自由板、带加劲肋的三边简支板等。带加劲肋的三边简支板仅在大型钢桥中出现。

图 1-5 是跨江大桥，截面由箱形截面钢梁组成。由钢板焊接成型的储油罐可以承受内部压力（图 1-6），钢板处于三面受拉状态，对应力集中和缺陷非常敏感。钢板剪力墙（图 1-7）施工简便，抗震能力强，近些年得到越来越多的关注。

图 1-5　实腹板梁　　　　　　图 1-6　储油罐　　　　　　图 1-7　钢板剪力墙

实际工程中的大多数钢结构杆件是由板件组合而成的（如 H 形、箱形构件），在这种情况下，板件构件可视作杆件构件的子构件。

钢构件有时还和混凝土组合在一起，形成组合构件；拱、刚架既是钢构件，也可以独立组成结构。本教材不涉及组合结构、拱和刚架，这些内容分别在后续的《房屋钢结构设计》和《桥梁钢结构设计》等教材中详细介绍。

1.4　钢结构设计的基本方法

钢结构设计方法的理论基础是结构的可靠度分析，在本系列教材的《工程荷载和可靠度设计原理》中有专门介绍。

无论对建筑结构还是桥梁结构，结构可靠度设计统一标准要求对不同结构取得相同的可靠度，从理论上制定出结构设计统一的目标可靠指标。目标可靠指标应该根据各种结构构件的重要性、破坏性质和失效产生的后果来确

5

定。钢结构的强度破坏和大多数失稳破坏都具有延性破坏性质，所以钢结构构件设计的目标可靠指标按照《建筑结构可靠度设计统一标准》规定最低为3.2。但是，某些壳体结构和受压圆管失稳时具有脆性破坏的特征，其可靠指标应该取3.7。钢结构连接的承载能力极限状态经常是强度破坏而不是屈服，其可靠指标应该比构件的高，推荐取4.5。采用这些不同的目标可靠指标就是为了使不同的结构或者构件在设计时达到相同的可靠度水准。由于疲劳破坏的不确定性更大，研究方法也不很成熟，我国现行设计标准仍然采用容许应力法，而不采用概率极限状态设计的方法。

在结构构件设计时，涉及可靠度指标的参数隐含在计算公式里。结构工程师需要掌握的是钢结构极限状态法的基本原理，正确理解概率极限状态的概念和含义，以便正确处理设计、施工、工程事故分析、工程加固中出现的各种复杂问题。

1.4.1 钢结构的极限状态

和其他土木工程结构一样，钢结构的极限状态分为承载力极限状态和正常使用极限状态两类。

（1）承载力极限状态对应于构件和连接的强度破坏、脆性断裂和因过度变形而不适于继续承载，结构或构件丧失稳定，结构转变为机动体系和结构倾覆。

（2）正常使用极限状态对应于影响结构、构件和非结构构件正常使用或外观的变形，影响正常使用的振动，影响正常使用或耐久性能的局部损坏。

承载力极限状态可理解为结构或构件发挥允许的最大承载功能的状态。结构或构件由于塑性变形而使其几何形状发生显著改变，虽未达到最大承载力，但已彻底不能使用，也属于达到这种状态。承载力极限状态虽然涉及变形，但其立足点是以不能继续承受荷载为前提。通常情况下承载力极限状态是不可逆的，一旦发生，结构就会失效，因此必须给予足够的重视。

强度破坏是构件破坏的基本形式。强度破坏是指构件的某一截面或连接所承受的应力超过材料的强度而导致的破坏。构件截面削弱处经常是强度破坏的控制截面。在钢结构实际工程中，真正的强度破坏并不多见，这往往是因为材料达到抗拉强度 f_u 之前已经发生了比较大的塑性变形而不能继续承担荷载。钢材具有良好的塑性变形能力，并且在屈服之后还会强化，抗拉强度高于屈服强度，在设计钢结构时可以考虑适当利用材料的塑性。但是，伴随钢材塑性的增加，变形也随之变大，如果最终导致结构产生过大的变形而不适于继续承载，也达到了承载力极限状态。例如，桁架的受拉弦杆如果以抗拉强度而不是以屈服强度作为极限承载力，受拉弦杆就会产生大变形，桁架就不能继续承载。所以，钢构件抗拉设计的标准值取自屈服强度而不是抗拉强度。

和强度破坏相反，失稳在钢结构中具有普遍的可能性。钢结构的受弯、受压、受压兼受弯的构件截面中都存在不同程度的压应力。只要有压应力存在，稳定问题就不可避免。钢构件的截面小，组成构件的板件比较薄，失稳可能性现象比钢筋混凝土结构严重得多。构件和结构一旦失稳，一定是突然发生的，其后果不堪设想。导致构件丧失稳定的因素很多，也比较复杂，不仅涉及构件的尺寸和材料的性能，还涉及结构的整体状况。所以保证结构和构件的稳定是钢结构十分突出的重要问题。

正常使用极限状态可理解为结构或构件达到使用功能上允许的某个限值的状态。例如，某些结构必须控制变形才能满足使用要求，因为过大的变形会造成该结构上的轨道严重变形，影响轨上车辆的行走，更大的变形易导致桥面损坏。钢屋架的大变形会导致屋面材料出现裂缝或者屋面积水等后果，过大的变形还会使人们在心理上产生不安全的感觉。正常使用极限状态所指的局部损坏是以结构或构件无法继续使用为前提。正常使用极限状态中的变形和振动限制，通常都在弹性范围内，可以通过改变结构或者构件的服役状态以减小变形和振动。正常使用极限状态是一种可逆的极限，可靠度的要求可以放宽些。桁架的下弦杆一般由强度控制，杆件也比较长，截面可以做得较小。但是太柔的杆件在运输、安装过程中都易于变形，在动荷载环境下还会产生振动，必须满足最大长细比的要求，往往不由它所承担内力的大小所控制。

1.4.2　钢结构的设计表达式

（1）对于承载力极限状态，钢结构采用基本变量标准值和分项系数形式的概率极限状态设计表达式：

$$\gamma_G S_{Gk} + \gamma_Q S_{Qk} \leqslant \frac{R_k}{\gamma_0 \gamma_R} \tag{1-1}$$

式中　γ_G、γ_Q——永久荷载分项系数和可变荷载分项系数，一般情况下 γ_G 取 1.2，γ_Q 取 1.4；在 S_{Gk} 和 S_{Qk} 异号的情况下 γ_G 取 1.0，γ_Q 仍然取 1.4；

　　　　γ_0——结构重要性系数，根据结构破坏后果的严重性按照规范的有关规定采用；

　　　　γ_R——结构抗力分项系数，Q235 钢构件取 1.087，Q345、Q390、Q420 和 Q460 钢构件取 1.111；

　　S_{Gk}、S_{Qk}——永久荷载效应和可变荷载效应；

　　　　R_k——按标准的材料性能、几何参数和抗力计算公式求得的构件抗力值。

通常施加在结构上的可变荷载往往不止一种，这些荷载不可能同时达到各自的最大值，因此，还要考虑荷载的组合效应。除永久荷载和第一个可变荷载外，其他可变荷载的效应都乘以不大于1的系数，即：

$$\gamma_0 \left(\gamma_G S_{Gk} + \gamma_{Q1} S_{Q1k} + \sum_i^n \varphi_{ci} \gamma_{Qi} S_{Qik} \right) \leqslant R \tag{1-2}$$

式中　S_{Q1k}、S_{Qik}——最大的和第 i 个可变荷载效应；如果不明确哪个荷载效应为最大，就需要把不同的可变荷载作为第一个来进行比较，找出最不利的组合；

φ_{ci}——第 i 个可变荷载的组合系数，按有关规范的规定采用。

遇到以永久荷载为主的结构时，式(1-2)的 γ_G 取 1.35 而不是 1.2。此时，所有的可变荷载都应乘以组合值系数。

在《钢结构设计标准》GB 50017—2017 和《公路钢结构桥梁设计规范》JTGD 64—2015 中，对式(1-2)中的 R 和 S 都取为应力，例如构件强度验算的公式为：

$$\sigma \leqslant f$$

式中　$f = f_y / \gamma_R$——钢材的强度设计值，见本书附录 2 附表 2-1；

σ——构件在荷载设计值组合下的应力。

世界上大多数国家对疲劳验算不采用概率极限状态设计法，而是采用容许应力法，上述式(1-2)不再适用。具体方法在第 2 章中详细介绍。

(2) 由于正常使用极限状态属于可逆的极限，可靠度的要求比承载力极限状态要宽些，当验算变形是否超过规定限值时，不考虑荷载分项系数，只用荷载标准值。对钢与混凝土组合梁，因混凝土在长期荷载下有蠕变的影响，还应考虑荷载效应的准永久荷载组合，也就是长期效应组合。对于拉杆和压杆，变形是指长细比；对于受弯的梁和桁架，变形是指挠度。这些容许变形值在相关标准里都有规定。

结构在风荷载作用下可能产生顺风向和横风向振动，这些振动会影响正常使用，加速度过大的摆动也会使人感觉不适。在工程实践中采用限制压型钢板组合楼板自振频率的办法，来降低振动的影响，这种做法已编入了相关技术规程。

本教材共分 7 章。钢结构材料的基本性能和可能的破坏形式是钢结构设计和施工的控制因素，对保证安全、防止破坏具有重要的作用，分别在第 2 章和第 3 章有所论述。焊缝和螺栓是连接的基本形式，关于这些连接的计算和构造要求在第 4 章介绍。轴心受力构件(第 5 章)、受弯构件(第 6 章)、拉弯和压弯构件(第 7 章)分别介绍这些主要受力构件的工作性能和计算方法以及构件之间的连接和支座等。

小结及学习指导

(1) 钢结构与钢筋混凝土结构和木结构相比，具有工业化程度高，强度高且抗震性能优良，绿色环保并可再生等优势。在设计和施工中，要特别注意钢结构容易失稳、脆性状态下裂纹容易扩展和抗火性能差等不利因素。

(2) 根据钢结构的优点和缺点，不难确定其合理的使用范围。大跨度、高层、重型、密闭结构和压力容器、抗震要求高的应优先采用钢结构，另外一方面，住宅和轻型厂房、拆装频繁的设施应采用钢结构。

（3）钢结构杆件有受拉(杆和索)、受压、受弯、拉弯、压弯等受力形式。这些基本单元组成了各种形式的钢结构。本教材介绍钢构件和组成钢构件的板件，它们可以组合成各种复杂形式的结构体系。

（4）承载力极限状态主要涉及强度、稳定、疲劳、倾覆破坏和不能继续承载的变形，正常使用极限状态主要涉及变形(刚度)、振动和影响正常使用或耐久性能的局部损坏。在钢结构设计和施工中，保证构件、连接和结构的两个极限状态都十分重要。

（5）学习本章时，要深入理解式(1-1)中各项符号的含义和使用方法。各项系数在荷载组合中要根据不同情况按规范规定取值。另外，材料抗力分项系数 γ_R 是隐含在附表2-1的。

思考题

1-1 钢结构具有哪些特点？

1-2 为什么说钢结构在复杂情况下性能优越？

1-3 钢结构适合建造哪些类型的结构？

1-4 钢结构构件分为哪两类？钢结构杆件按照受力状态又分为哪些类型？

1-5 钢结构疲劳计算采用什么设计方法？

1-6 钢结构的极限状态分为哪两类？它们分别对应于结构的哪些变形和破坏形态？

1-7 试写出钢结构的设计表达公式(1-1)并解释其中各个符号的意义。

第2章
钢结构的材料

本章知识点

> 【知识点】掌握钢材在单向均匀拉伸、反复应力、复杂应力作用下的性能，掌握化学成分、冶金缺陷、钢材硬化、温度、应力集中等对钢材性能的影响；熟悉钢材的种类和规格、掌握选用钢材的原则，会正确使用教材附录中钢材的表格；掌握强度、变形、塑性、韧性、冷弯、可焊性、沿厚度方向指标的概念；掌握疲劳破坏中的应力幅和应力比、疲劳寿命、疲劳强度的概念，掌握钢材和钢结构疲劳破坏的概念及其影响因素，会对构件和连接进行常幅和变幅疲劳验算。
>
> 【重点】钢材的基本性能及其影响因素，钢材的性能指标，疲劳破坏的概念和疲劳验算方法。
>
> 【难点】对钢材韧性性能的概念，变幅疲劳验算方法。

我国钢材种类比较多，钢材的性能也各不相同。在几百种碳素钢和合金钢中，只有少数几种适用于钢结构。在建筑钢结构工程和桥梁钢结构工程中推荐的普通碳素结构钢是 Q235，低合金高强度结构钢是 Q345、Q390、Q420、Q460 和 Q345 GJ钢。掌握钢材在各种应力状态下和不同使用条件下的工作性能，是为了合理地选择和使用钢材，以满足结构安全可靠和节约钢材的要求。图 2-1 所示为叠放在一起的 I 字钢，图 2-2 是钢板截剪的情形。详细资料见本页二维码。

图 2-1 叠放在一起的 I 字钢   图 2-2 裁剪钢板

2.1 钢材在单向均匀受拉时的应力-应变关系

了解钢材的工作性能应该从其单向均匀拉伸时的性能入手。

图 2-3 是低碳钢标准试件的常温、静载、一次拉伸时的应力-应变曲线。钢材的工作特性可以分为下列几个阶段：

（1）弹性阶段（OE 段）

图 2-3 的纵坐标 $\sigma = N/A$，N 为拉力，A 为试件截面面积。曲线的 OE 段为直线，应力与应变呈正比，符合胡克定律。f_p 称为比例极限，f_e 称为弹性极限。比例极限和弹性极限相距很近，实际上很难区分，故通常只提比例极限。

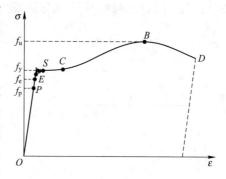

图 2-3 碳素结构钢的应力-应变曲线

（2）屈服阶段（ESC 段）

应力超过比例极限后，随着应力的增加，曲线在 ES 段应力 σ 与应变 ε 不呈正比关系，此时的变形包括了弹性变形和塑性变形两部分，在应力应变图上表现为开始出现弯曲，不再保持直线状态。试件卸载后也不能完全恢复原来的长度。

对于低碳钢，这个阶段出现明显的屈服台阶 SC 段，此阶段在应力保持不变的情况下，应变继续增加。在应力应变曲线开始进入塑性流动范围时，曲线波动较大，以后逐渐趋于平稳，波动部分的最低值（下限）比较稳定，相应的应力 f_y 称为屈服点，是确定材料强度的依据。

（3）强化阶段（CB 段）

超过屈服台阶的末端 C 点后，材料出现应变硬化，曲线上升，直至曲线最高处的 B 点，这点的应力 f_u 称为抗拉强度或极限强度。当以屈服点 f_y 作为强度限值时，抗拉强度 f_u 成为材料的强度储备。

（4）颈缩阶段（BD 段）

当应力达到最大值 B 点时，在试件某个截面上出现横向收缩，截面面积开始显著缩小，塑性变形迅速增大，称为颈缩，至 D 点而断裂。颈缩的出现及其大小，以及 D 点对应的塑性变形是反应钢材塑性性能的重要指标。

对于没有缺陷和没有残余应力的试件，比例极限和屈服点几乎重合，而且屈服点前的应变很小（对低碳钢约为 0.15%）。在屈服台阶的末端（图 2-3 中的 C 点），结构将产生很大的残余变形（对低碳钢，此时的应变 $\varepsilon_c = 2.5\%$ 左右）。由于达到 f_y 后结构仍然具有较大的强度储备和变形储备，所以有充分理由把屈服点作为设计依据。

为了简化计算，在强度设计中通常假定在屈服点以前钢材为完全弹性，屈服点以后则为完全塑性，这样就可把钢材视为理想的弹塑性体，其应力-应变曲线可以用双直线近似代替，如图 2-4 所示。需要注意的是，这种简化不能用于稳定计算，因为它忽略了残余应力的影响。

高强度钢（如热处理钢）没有明显的屈服点和屈服台阶。这类钢的屈服条件是根据试验分析结果规定的，故称为条件屈服点（或屈服强度）。条件屈服点是以卸荷后试件中残余应变为 0.2% 时所对应的应力定义的，一般用 $f_{0.2}$ 表示，见

12

图 2-5。由于这类钢材不具有明显的塑性平台，设计中不宜利用它的塑性。

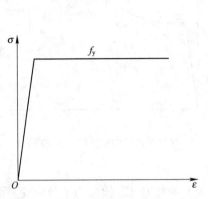

图 2-4　理想弹塑性体的应力-应变曲线

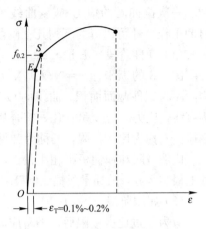

图 2-5　高强度钢的应力-应变曲线

2.2　钢结构用钢的几项重要性能指标

2.2.1　钢材的强度和变形指标

以低碳钢为例，Q235 钢在实验室里明显表现出弹性、塑性、强化和颈缩四个阶段，各个阶段的应力和应变大致为：

（1）弹性阶段，比例极限 $f_p \approx 200 \text{N/mm}^2$，应变 $\varepsilon_p \approx 0.1\%$；

（2）屈服阶段，屈服点 $f_y \approx 235 \text{N/mm}^2$，应变 $\varepsilon_y \approx 0.15\%$；

（3）强化和颈缩阶段，抗拉强度 $f_u \approx 370 \sim 460 \text{N/mm}^2$，应变 $\varepsilon_u \approx 21\% \sim 26\%$。

2.2.2　钢材的塑性性能指标

钢材的塑性性能可以用断后伸长率 δ 和断面收缩率 ψ 衡量。试件被拉断时的绝对变形值与试件原标距之比的百分数，称为断后伸长率。断后伸长率代表材料在单向拉伸时的塑性应变的能力。δ 值按下式计算：

$$\delta = \frac{l_1 - l_0}{l_0} \times 100\% \tag{2-1}$$

式中　δ——断后伸长率；

l_1——试件拉断后标距间的长度；

l_0——试件原标距长度。

断面收缩率 ψ 是指试件拉断后，颈缩区的断面面积缩小值与原断面面积比值的百分比，按下式计算：

$$\psi = \frac{A_0 - A_1}{A_0} \times 100\% \tag{2-2}$$

式中　A_0——试件原来的断面面积；

A_1——试件拉断后颈缩区的断面面积。

断面收缩率 ψ 是衡量钢材塑性的一个比较真实和稳定的指标，不过难以测量到精确值，因而钢材塑性指标仍然采用伸长率作为保证要求，断面收缩率在要求更严格的情况下作为一个重要补充指标。

屈服强度、抗拉强度和断后伸长率是钢材最重要的三项力学性能指标。碳素结构钢和低合金高强度钢的拉伸性能分别见附录 1 附表 1-4 和附表 1-6。

2.2.3 钢材物理性能指标

钢材在单向受压（保证试件不失稳）时，受力性能基本上和单向受拉时相同。受剪的情况也相似，但剪变模量 G 低于弹性模量 E。

钢材和钢铸件的弹性模量 E、剪变模量 G、线性膨胀系数 α 和质量密度 ρ 见表 2-1。

钢材和钢铸件的物理性能指标   表 2-1

弹性模量 $E(N/mm^2)$	剪变模量 $G(N/mm^2)$	线膨胀系数 $\alpha(℃^{-1})$	质量密度 $\rho(kg/m^3)$
$206×10^3$	$79×10^3$	$12×10^{-6}$	7850

2.2.4 钢材的韧性

钢材的强度和塑性指标是由静力试验得到的，不能反映材料防止脆性断裂的能力。韧性是钢材在塑性变形和断裂过程中吸收能量的能力，它是钢材强度和塑性的综合性能，是判断钢材是否出现脆性破坏最主要的指标。韧性指标一般由冲击试验获得，称为冲击韧性指标，用 A_{kv} 表示。

冲击试验的试件一般采用带 V 形缺口的夏比（Charpy）试件，尺寸为 10mm×10mm×55mm（图 2-6），在一种专门的夏比试验机上进行。当摆锤在一定高度落下试件被冲断后，摆锤所做的冲击功为冲击韧性 A_{kv}，单位为 J（焦耳）。A_{kv} 值越大，说明试件所代表的钢材断裂前吸收的能量越大，韧性越好，强度和塑性综合性能越优越。通常情况下当钢材强度提高时，韧性降低，钢材趋于脆性。

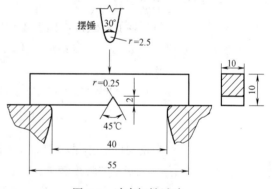

图 2-6 冲击韧性试验

冲击韧性 A_{kv} 与环境温度有关。温度越低，冲击韧性值越低。我国钢材标准中将试验分为四档，即 +20℃ 时的 A_{kv}，0℃ 时的 A_{kv}，−20℃ 时的 A_{kv}，−40℃ 时的 A_{kv}。当结构的工作环境很恶劣时，对材料的要求就比较高，需要满足比结构工作温度更低的冲击韧性值。

需要指出的是，钢材的韧性虽然是用冲击试验值来测量的，但是韧性不足的钢材并非只在动荷载作用下才产生破坏。在静载、低温等情况下，都有可能发生脆性破坏，特别是应力集中比较严重的厚钢板脆性破坏倾向很严重，在工程中需要特别注意。

碳素结构钢和低合金高强度钢的冲击性能分别见附录 1 附表 1-4 和附表 1-7。

2.2.5 钢材的冷弯性能

冷弯性能是判别钢材塑性变形能力及冶金质量的综合指标。对于重要的结构，需要有良好的冷热加工工艺性能的保证。钢材的冷弯性能用常温下的冷弯试验来确定(图 2-7)。试验时按照规定的弯心直径在试验机上用冲头缓慢加压，使试件弯成 180°，如果试件外面、里面和侧面均不出现裂纹或分层，即为合格。冷弯试验不仅能直接检验钢材的弯曲变形能力和塑性性能，还能暴露钢材内部的冶金缺陷。硫、磷偏析和硫化物与氧化物的掺杂情况，都将降低钢材的冷弯性能。冷弯试验是鉴定钢材质量(主要是塑性和可焊性)的一种良好方法，常作为静力拉伸试验和冲击试验的补充试验。

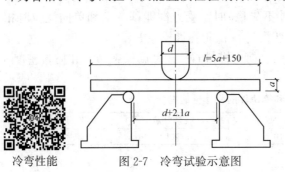

冷弯性能　　　图 2-7　冷弯试验示意图

碳素结构钢的冷弯性能见本页二维码和附录 1 附表 1-5。

2.2.6 钢材的可焊性

钢结构的焊接是最常见的连接形式。钢材满足可焊性要求指的是焊缝及其附近金属的焊接安全可靠，不产生或者少产生焊接裂缝，其塑性和力学性能都不低于母材。

(1) 对于低碳钢，如下化学成分的钢材具有较好的可焊性：含碳量控制在 0.12%～0.20%，含锰量小于 0.7%，含硅量小于 0.4%，含硫量和含磷量小于 0.045%；

(2) 对于低合金钢，用碳当量(C_E)衡量钢材的可焊性：

$$C_E = C + \frac{Mn}{6} + \left(\frac{Cr + Mo + V}{5}\right) + \left(\frac{Ni + Cu}{15}\right) \tag{2-3}$$

当钢材的碳当量小于 0.45% 时其可焊性是好的，超出该范围的幅度越多，焊接性能变差的程度越大。

需要指出的是，用碳当量来确定钢材的可焊性并不能完全保证钢材焊接的安全可靠。是否产生裂缝，与焊缝和焊缝附近金属的性能、焊接方法、所使用的焊条、施焊温度等诸多因素有关。可焊性稍差的钢材，须保证更加严格的工艺措施。

2.2.7 钢材沿厚度方向的性能

由较厚钢板组成的焊接承重结构，在焊接过程中或者在厚度方向受拉作用时，常常会产生与厚度方向垂直(称为 Z 方向)的裂纹，出现层状撕裂。为了避免这种情况发生，采用"厚度方向性能钢板"是必要的。现行国家标准《厚度方向性能钢板》GB/T 5313 把它分为 Z15、Z25、Z35 三个级别，这种钢板被严格控制含硫量和断面收缩率，三个级别钢板的含硫量分别不大于

0.01％、0.007％和0.005％；单个试件的断面收缩率分别不小于10％、15％和25％，同时三个试件断面收缩率的平均值也分别不小于15％、25％和35％。Z15、Z25、Z35的命名由此而来。

2.3　钢材在单轴反复应力作用下的工作性能

钢材在单轴反复应力作用下的工作特性，可用应力-应变试验曲线表示。当构件反复应力$|\sigma| \leqslant f_y$，即材料处于弹性阶段时，由于弹性变形是可以恢复的，因此反复应力作用下钢材的材性无变化，也不存在残余变形。当钢材的反复应力$|\sigma| \geqslant f_y$，即材料处于弹塑性阶段时，重复应力和反复应力引起塑性变形的增长。图 2-8(a)表示σ超过f_y卸载后马上加载的情况，应力-应变曲线不发生变化；图 2-8(b)表示重新加载前有一定间歇时期(在室内温度下大于 5天)后的应力-应变曲线，屈服点提高的同时塑性性能降低，并且极限强度也稍有提高。这种现象称为钢的时效现象。图 2-8(c)表示钢材受拉之后的抗压性能有所退化，这种现象称为包辛格效应。

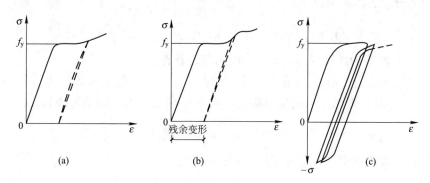

图 2-8　重复或反复加载时钢材的σ-ε曲线

钢材在多次重复的循环应变作用下滞回环丰满而稳定。图 2-9 表示 Q235 钢在$\sigma = \pm 366 \text{N/mm}^2$，$\varepsilon = -0.017524 \sim 0.017476$，循环次数 $n = 684$ 时的应力-应变滞回曲线。这是钢材一种极好的性能，为钢结构在地震作用下耗能能力提供了保障。

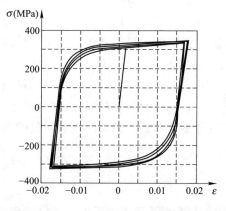

图 2-9　Q235 钢材 σ-ε 滞回曲线

2.4 钢材在复杂应力作用下的工作性能

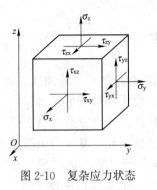

图 2-10 复杂应力状态

在单向拉力试验中，单向应力达到屈服点时，钢材即进入塑性状态。在实际工程中，构件所受的内力是复杂的，比如在平面或立体应力（图2-10)作用下，钢材是否进入塑性状态，就不能按其中一项应力是否达到屈服点来衡量，而应该取一个综合的指标来判别。对于接近理想弹塑性材料的钢材，按照能量理论（或第四强度理论），在三向应力作用下，折算应力 σ_{zs} 以主应力表示时可按下式计算：

$$\sigma_{zs}=\sqrt{\frac{1}{2}\left[(\sigma_1-\sigma_2)^2+(\sigma_2-\sigma_3)^2+(\sigma_3-\sigma_1)^2\right]} \tag{2-4}$$

以应力分量表示时可按下式计算：

$$\sigma_{zs}=\sqrt{\sigma_x^2+\sigma_y^2+\sigma_z^2-(\sigma_x\sigma_y+\sigma_y\sigma_z+\sigma_z\sigma_x)+3(\tau_{xy}^2+\tau_{yz}^2+\tau_{zx}^2)} \tag{2-5}$$

当 $\sigma_{zs}<f_y$ 时即为弹性状态，$\sigma_{zs}\geqslant f_y$ 时为塑性状态。

如三向应力中有一向应力很小（如厚度较小，厚度方向的应力可忽略不计)或为零时，则属于平面应力状态，式(2-5)所定义的屈服条件成为：

$$\sigma_{zs}=\sqrt{\sigma_x^2+\sigma_y^2-\sigma_x\sigma_y+3\tau_{xy}^2}=f_y \tag{2-6}$$

在一般的梁中，只存在正应力 σ 和剪应力 τ，则

$$\sigma_{zs}=\sqrt{\sigma^2+3\tau^2}=f_y \tag{2-7}$$

对只有剪应力作用的纯剪状态，令式(2-7)中的 $\sigma=0$，则

$$\sigma_{zs}=\sqrt{3\tau^2}=\sqrt{3}\tau=f_y$$

由此得钢材的剪切屈服强度

$$\tau_y=\frac{f_y}{\sqrt{3}}=0.58f_y \tag{2-8}$$

附表 2-1 中钢材抗剪强度的取值是基于式(2-8)，即取钢材的抗剪设计强度为抗拉设计强度的 0.58 倍。

由式(2-4)可见，当 σ_1、σ_2、σ_3 为同号应力且数值接近时，即使它们都大于 f_y，折算应力仍小于 f_y，说明材料很难进入塑性状态。当平面或立体应力皆为拉应力时，材料处于脆性状态，破坏时没有明显的塑性变形。

2.5 疲劳破坏

疲劳破坏，是指在连续反复荷载作用下，钢材或钢构件的应力低于极限

强度甚至低于屈服强度而发生的破坏。钢结构厂房内供桥式吊车行走的吊车梁，在车辆等移动荷载作用下的桥梁结构，都有可能出现疲劳破坏而倒塌。疲劳破坏是经过长时间的发展才出现的。在重复或交变荷载作用下，疲劳破坏过程分为三个阶段：截面上的微小缺陷开始形成裂纹，裂纹缓慢扩展，裂纹达到临界尺寸而迅速断裂。钢材在疲劳破坏之前，没有明显的变形，是一种突然发生的断裂，属于脆性破坏。

由于钢结构的疲劳破坏与钢材的疲劳破坏联系十分紧密，有必要把二者联系起来一起介绍。

2.5.1 基本概念

1. 应力比和应力幅

连续反复荷载作用下应力往复变化一周叫作一次循环（图 2-11a）。应力循环特征常用应力比 $\rho = \sigma_{min}/\sigma_{max}$ 来表示，其中 σ_{min} 为绝对值最小的应力，σ_{max} 为绝对值最大的应力，拉应力取正值，压应力取负值。由此可知，在不同的常幅循环应力谱中，应力比 ρ 的取值范围为 $-1 \leqslant \rho \leqslant 1$。当 $\rho = -1$ 时称为完全对称循环（图 2-11a），疲劳强度最小；$\rho = 0$ 时称为脉冲循环（图 2-11b）；$\rho = 1$ 时为静力荷载作用（图 2-11c）。$0 < \rho < 1$ 时为同号应力循环（图 2-11d），$-1 < \rho < 0$ 时则为异号应力循环（图 2-11e）。

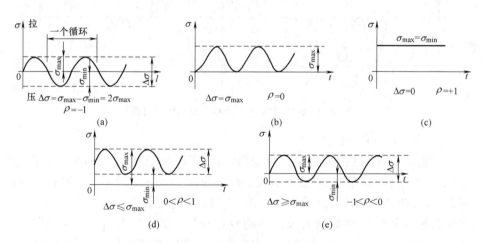

图 2-11 常幅循环应力幅

对于材料或结构的非焊接部位，残余拉应力很小，该处的疲劳强度主要与应力比 ρ 及最大应力 σ_{max} 有关。

但是对于焊接部位，由于焊缝及其附近主体金属中常有高达屈服点 f_y 的焊接残余拉应力存在，名义上的应力循环特征（应力比）$\rho = \sigma_{min}/\sigma_{max}$ 并不能代表疲劳裂缝处的真实应力状态。外荷载产生的应力循环与材料中已存在的残余应力相叠加，才是疲劳裂纹处实际的应力状态。在该处，最大拉应力是从屈服点 f_y 开始，即 $\sigma_{max} = f_y$，然后下降到 σ_{min}，再升到 f_y。所以不论应力循环是完全对称循环，还是脉冲循环，都可以用应力幅 $\Delta\sigma$ 表示其应力循环特征。

$$\Delta\sigma = \sigma_{max} - \sigma_{min} \tag{2-9}$$

式中　$\Delta\sigma$——正应力幅；

　　　σ_{max}——应力循环中的最大拉应力，取正值；

　　　σ_{min}——应力循环中的最小拉应力或压应力，拉应力取正值，压应力取负值。

由此可知，焊接部位的疲劳强度主要与应力幅 $\Delta\sigma$ 有关，而与应力比 ρ、名义应力 σ_{max}、σ_{min} 及钢材的静力强度 f_y 的关系不是非常密切。

要注意的是，应力幅计算式(2-9)中的 σ_{max}、σ_{min} 与应力比 $\rho = \sigma_{min}/\sigma_{max}$ 中的 σ_{max}、σ_{min} 的意义是不相同的。

剪应力作用下的应力幅 $\Delta\tau$ 用式（2-10）表示：

$$\Delta\tau = \tau_{max} - \tau_{min} \tag{2-10}$$

式中　$\Delta\tau$——剪应力幅；

　　　τ_{max}——应力循环中的最大剪应力；

　　　τ_{min}——应力循环中的最小剪应力。

在应力循环过程中应力幅保持为常量的应力谱称为常幅循环应力谱（图 2-12a）。在应力循环过程中应力幅随时间变化的应力谱称为变幅循环应力谱（图 2-12b）。

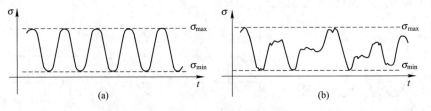

图 2-12　常幅循环应力谱和变幅循环应力谱

2. 疲劳寿命和疲劳强度

常幅应力循环的模型试验结果表明，材料或构件发生疲劳破坏时，应力幅 $\Delta\sigma$ 的大小和应力循环次数 N 有关。较小的 N 达到疲劳破坏所必须的 $\Delta\sigma$ 相对大些，这时的应力幅 $\Delta\sigma$ 称为对应循环次数 N 的疲劳强度。同样，对应 $\Delta\sigma$ 的应力循环次数 N 称为材料或构件的疲劳寿命。试验还表明，当应力幅 $\Delta\sigma$ 小到一定程度时，无论应力循环多少次也不会发生疲劳破坏，这个应力幅称为疲劳强度极限，简称疲劳极限或疲劳截止限（图 2-14a 中的水平渐近线所对应的应力幅）。

2.5.2　钢材的疲劳破坏

反复荷载引起的应力种类（如拉应力、压应力、剪应力、复杂应力等）、应力循环的形式和次数，是决定钢材疲劳强度的外部主要原因。钢材内部残余应力的大小和应力集中的程度对疲劳强度的影响非常大。生产和加工过程都会导致钢材的残余应力出现，而材料内部不可避免的缺陷包含或类似于微裂纹，是应力集中的主要来源。在裂纹根部出现的应力集中，使材料处于三向拉应力状态，塑性变形受到限制。在反复荷载作用下，裂纹根部应力集中处的应力也随着交替变化，加快了裂纹的扩展。

钢材的疲劳强度与应力比的关系可以采用无残余应力的小型试件或者实物模拟缩尺试件所做的疲劳试验得到。断裂力学的分析方法对深刻理解疲劳破坏的机理有比较大的帮助。考察钢材的疲劳性能对于解决结构和构件的疲劳问题奠定了至关重要的基础。

2.5.3 钢结构的疲劳破坏及影响因素

钢构件和钢结构的疲劳与钢材的疲劳属于相同的性质，但是也有许多不同之处。在钢构件和钢结构中，各种缺陷是裂纹的起源，如：焊接结构焊缝中的微观裂纹、孔洞、夹渣等缺陷，非焊接结构中在冲孔、剪切、气割等处存在的微观裂纹等（可参见本页二维码）。所以钢构件和结构的疲劳破坏过程中没有裂纹形成阶段，只有后两个阶段，即：裂纹的缓慢扩展和最后迅速断裂。

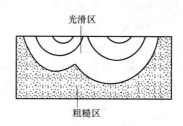

钢构件疲劳破坏的断口一般可分为光滑区和粗糙区两部分(图 2-13)，微观裂纹在连续反复作用应力下逐步扩展，裂纹两侧的材料时而相互挤压时而分离，形成光滑区；裂纹在长期连续反复应力作用下日益扩展使构件截面被逐渐削弱，直至截面残余部分不足以抵抗破坏时，构件会突然断裂。表面呈颗粒状的粗糙区就是由撕裂作用形成的。

图 2-13 断口示意图

应力集中是影响疲劳强度的重要因素。应力集中程度越严重，钢构件越容易发生疲劳破坏，疲劳强度就越低。钢构件产生应力集中的原因远比钢材的复杂，这也是它的计算比钢材的要困难得多的主要原因。钢构件产生应力集中的主要原因有三类：第一类是构件形状变化引起的，如截面形状突变、截面削弱(包括螺栓孔对截面的削弱)、构件表面凹凸不平等；第二类是钢构件内部存在的残余应力势必引起应力集中；第三类是钢构件在冷加工过程中，如制造过程中剪切、冲孔、切割等，加工硬化会导致应力集中和韧性降低。

疲劳问题是多因素的随机现象，钢构件一般尺寸比较大，只能采用带有残余应力的实际试件(甚至足尺试件)进行试验确定其疲劳强度的大小，试验数据的处理也必须采用统计的方法。断裂力学只能在一定程度上起到辅助作用。研究表明，钢构件疲劳强度与钢材的静力强度 f_y 之间的影响关系并不明显。因此，当构件或连接的承载力由疲劳强度起控制作用时，采用高强度钢材显得不经济。

2.5.4 钢结构的疲劳验算

1. 基本验算公式

对同样的构件或连接在疲劳试验机上用不同的应力幅 $\Delta\sigma_1$、$\Delta\sigma_2$ … 进行常幅循环应力试验，可得到疲劳破坏时不同的疲劳寿命 N_1、N_2…，将足够多的试验点连接起来就能得到该构件或连接的 $\Delta\sigma\text{-}N$ 曲线（图 2-14a），此曲线为算术坐标上的疲劳曲线。采用双对数坐标轴时，绘得的疲劳曲线接近直线（图 2-14b 中的实线），其方程式为：

$$\lg N = b - m\lg\Delta\sigma \tag{a}$$

为确保计算结果有足够大的概率保证，采用图 2-14(b) 中实线下方的平行虚线，其方程为：

$$\lg N = b - m\lg\Delta\sigma - 2\sigma_n \tag{b}$$

式中　b——实线在横坐标轴上的截距；

　　　m——直线对纵坐标轴的斜率（绝对值）；

　　　σ_n——标准差，根据试验数据由统计理论公式得出，它表示 $\lg N$ 的离散程度。

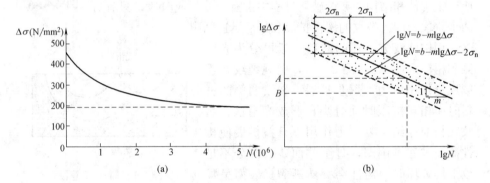

图 2-14　$\Delta\sigma\text{-}N$ 曲线

(a) 算术坐标上的 $\Delta\sigma\text{-}N$ 曲线；(b) 对数坐标上的 $\Delta\sigma\text{-}N$ 曲线

若 $\lg N$ 呈正态分布，式 (b) 的计算结果的保证率是 97.7%。将式 (b) 改写为：

$$\Delta\sigma = \left(\frac{10^{b-2\sigma_n}}{N}\right)^{\frac{1}{m}} = \left(\frac{C_Z}{N}\right)^{\frac{1}{m}} \tag{c}$$

式 (c) 中的 $\Delta\sigma$ 即为容许应力幅 $[\Delta\sigma]$，将 m 调整为整数，改记为 β_z，得：

$$[\Delta\sigma] = \left(\frac{C_Z}{N}\right)^{\frac{1}{\beta_Z}} \tag{2-11}$$

式中　N——应力循环次数（预期使用寿命）；

　　C_Z、β_Z——根据附表 9-1～附表 9-5 确定构件和连接分类后，按表 2-2 取值。

由式 (2-11) 可知，确定了参数 C_Z 和 β_Z，就可根据设计基准期内所验算构件或连接可能出现的应力循环次数 n（令 n 等于应力循环次数 N）确定容许应力幅 $[\Delta\sigma]$，或根据设计应力幅水平预估应力循环次数 N。

附录 9 根据常见的钢结构构件和连接形式，按照非焊接、纵向传力焊缝、横向传力焊缝、非传力焊缝、钢管截面以及剪应力作用等情况，针对正应力幅疲劳计算，分为 14 个类别，即 Z1～Z14（附录 9 附表 9-1～附表 9-5），如图 2-15 所示；针对剪应力幅疲劳计算，分为 3 个类别，即 J1～J3（附录 9 附表 9-6），如图 2-16 所示。

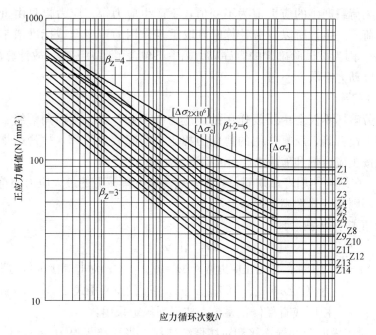

图 2-15　关于正应力幅的疲劳强度 S-N 曲线

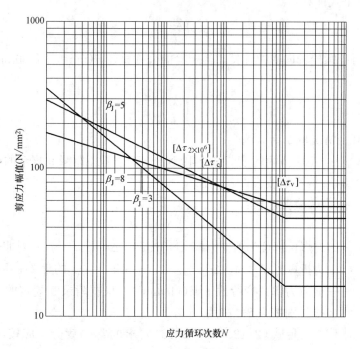

图 2-16　关于剪应力幅的疲劳强度 S-N 曲线

　　根据国际上的研究结果，将 $n=1×10^8$ 作为各类构件和连接疲劳极限对应的应力循环次数。实际的应力循环次数 n 少到一定程度，就不会发生疲劳破坏。换句话说，直接承受动力荷载重复作用的钢结构构件，如吊车梁、桥梁等以及它们的连接，当实际应力循环次数 $n≥5×10^4$ 次时，才需要进行疲劳计算。

永久荷载产生的应力值为不变值，不产生应力幅。应力幅只由重复作用的可变荷载产生，所以疲劳计算时，取重复作用的可变荷载标准值来计算应力幅 $\Delta\sigma$。因为按试验确定的容许应力幅中已包含了动力影响，故计算荷载时，不再乘以动力系数。

2. 疲劳计算

疲劳破坏不仅会由反复作用的正应力幅引起，对于侧面角焊缝、受剪螺栓和剪力栓钉等，反复作用的剪应力幅也会引起疲劳破坏，故规范规定疲劳强度须按正应力幅和剪应力幅分别计算。

（1）在结构使用寿命期间，当常幅疲劳或变幅疲劳的最大应力幅符合下列公式时，则疲劳强度满足要求。

1）正应力幅疲劳计算：

$$\Delta\sigma < \gamma_t [\Delta\sigma_L] \tag{2-12}$$

式中　$\Delta\sigma$——对焊接部位为正应力幅，$\Delta\sigma = \sigma_{max} - \sigma_{min}$；对非焊接部位为折算正应力幅，$\Delta\sigma = \sigma_{max} - 0.7\sigma_{min}$；$\sigma_{max}$、$\sigma_{min}$ 的意义见式(2-9)（N/mm²）；

γ_t——板厚或直径修正系数，按下列规定采用：

① 对于横向角焊缝连接和对接焊缝连接，当连接板厚 t(mm)超过 25mm 时，应按下式计算：

$$\gamma_t = \left(\frac{25}{t}\right)^{0.25}$$

② 对于螺栓轴向受拉连接，当螺栓的公称直径 d(mm)大于 30mm 时，应按下式计算：

$$\gamma_t = \left(\frac{30}{d}\right)^{0.25}$$

③ 其余情况取 $\gamma_t = 1.0$；

$[\Delta\sigma_L]$——正应力幅的疲劳截止限(N/mm²)，根据附录 9 规定的构件和连接类别按表 2-2 采用。

2）剪应力幅疲劳计算：

$$\Delta\tau < [\Delta\tau_L] \tag{2-13}$$

式中　$\Delta\tau$——对焊接部位为剪应力幅（N/mm²），$\Delta\tau = \tau_{max} - \tau_{min}$；对非焊接部位为折算剪应力幅，$\Delta\tau = \tau_{max} - 0.7\tau_{min}$；$\tau_{max}$、$\tau_{min}$ 的意义见式(2-10)；

$[\Delta\tau_L]$——剪应力幅的疲劳截止限(N/mm²)，根据附录 9 规定的构件和连接类别按表 2-3 采用。

（2）对不能满足式(2-12)、式(2-13)要求的常幅疲劳，应按下列规定计算：

① 正应力幅的疲劳计算应符合下列规定：

$$\Delta\sigma \leqslant \gamma_t [\Delta\sigma] \tag{2-14}$$

当 $n \leqslant 5 \times 10^6$ 时：

$$[\Delta\sigma] = \left(\frac{C_Z}{n}\right)^{1/\beta_Z} \tag{2-15a}$$

正应力幅的疲劳计算参数　　　　表 2-2

构件与连接类别	构件与连接相关系数		循环次数 n 为 2×10^6 次的容许正应力幅 $[\Delta\sigma]_{2\times10^6}$ (N/mm²)	循环次数 n 为 5×10^6 次的容许正应力幅 $[\Delta\sigma]_{5\times10^6}$ (N/mm²)	疲劳截止限 $[\Delta\sigma_L]_{1\times10^8}$ (N/mm²)
	C_Z	β_Z			
Z1	1920×10^{12}	4	176	140	85
Z2	861×10^{12}	4	144	115	70
Z3	3.91×10^{12}	3	125	92	51
Z4	2.81×10^{12}	3	112	83	46
Z5	2.00×10^{12}	3	100	74	41
Z6	1.46×10^{12}	3	90	66	36
Z7	1.02×10^{12}	3	80	59	32
Z8	0.72×10^{12}	3	71	52	29
Z9	0.50×10^{12}	3	63	46	25
Z10	0.35×10^{12}	3	56	41	23
Z11	0.25×10^{12}	3	50	37	20
Z12	0.18×10^{12}	3	45	33	18
Z13	0.13×10^{12}	3	40	29	16
Z14	0.09×10^{12}	3	36	26	14

当 $5\times10^6 < n \leqslant 1\times10^8$ 时：

$$[\Delta\sigma] = \left[([\Delta\sigma]_{5\times10^6})^2 \frac{C_Z}{n} \right]^{1/(\beta_Z+2)} \tag{2-15b}$$

当 $n > 1\times10^8$ 时：

$$[\Delta\sigma] = [\Delta\sigma_L] \tag{2-15c}$$

式中　$[\Delta\sigma]$——常幅疲劳的容许正应力幅（N/mm²）；

$\quad\quad n$——应力循环次数；

$\quad C_Z$、β_Z——构件和连接的相关参数，应根据附录 9 的构件和连接类别，按表 2-2 采用；

$[\Delta\sigma]_{5\times10^6}$——循环次数 n 为 5×10^6 次的容许正应力幅（N/mm²）；应根据附录 9 的构件和连接类别，按表 2-2 采用。

② 剪应力幅的疲劳计算应符合下列规定：

$$\Delta\tau \leqslant [\Delta\tau] \tag{2-16}$$

当 $n \leqslant 1\times10^8$ 时

$$[\Delta\tau] = \left(\frac{C_J}{n} \right)^{1/\beta_J} \tag{2-17a}$$

当 $n > 1\times10^8$ 时：

$$[\Delta\tau] = [\Delta\tau_L] \tag{2-17b}$$

式中　$[\Delta\tau]$——常幅疲劳的容许剪应力幅（N/mm²）；

$\quad C_J$、β_J——构件和连接的相关参数，应根据附录 9 的构件和连接类别，按表 2-3 采用。

剪应力幅的疲劳计算参数   表 2-3

构件与连接类别	构件与连接的相关系数		循环次数 n 为 2×10^6 次的容许剪应力幅 $[\Delta\tau]_{2\times10^6}$ (N/mm^2)	疲劳截止限 $[\Delta\tau_L]_{1\times10^8}$ (N/mm^2)
	C_J	β_J		
J1	4.10×10^{11}	3	59	16
J2	2.00×10^{16}	5	100	46
J3	8.61×10^{21}	8	90	55

一般应选取受拉区应力集中较严重处以及受剪部位剪应力幅较大处进行疲劳强度验算。

(3) 对不能满足式(2-12)和式(2-13)要求的变幅疲劳，应按下列规定计算。

1) 若能预测结构的设计应力谱时。

大多数钢结构所承受的循环应力不是常幅的，而是随机变幅的，如吊车梁、桥梁上的荷载等。对变幅疲劳，若能预测结构在使用寿命期间各种荷载的频率分布、应力幅水平以及频次分布总和所构成的设计应力谱时，可将其折算成等效常幅疲劳，按下式计算：

① 正应力幅的疲劳计算：

$$\Delta\sigma_e \leqslant \gamma_t [\Delta\sigma]_{2\times10^6} \tag{2-18}$$

$$\Delta\sigma_e = \left[\frac{\sum n_i(\Delta\sigma_i)^{\beta_Z} + ([\Delta\sigma]_{5\times10^6})^{-2}\sum n_j(\Delta\sigma_j)^{\beta_Z+2}}{2\times10^6}\right]^{1/\beta_Z} \tag{2-19}$$

式中 $\Delta\sigma_e$——由变幅疲劳预期使用寿命(总循环次数 $n=\sum n_i + \sum n_j$)折算成循环次数 $n=2\times10^6$ 次的等效正应力幅 (N/mm^2)；

   $[\Delta\sigma]_{2\times10^6}$——循环次数 $n=2\times10^6$ 次容许正应力幅(N/mm^2)；应根据附录 9 的构件和连接类别，按表 2-2 采用；

   $\Delta\sigma_i$、n_i——应力谱中循环次数 $n\leqslant5\times10^6$ 范围内的正应力幅 $\Delta\sigma_i$ (N/mm^2) 及其频次；

   $\Delta\sigma_j$、n_j——应力谱中循环次数 $5\times10^6<n\leqslant1\times10^8$ 范围内的正应力幅 $\Delta\sigma_j$ (N/mm^2) 及其频次。

② 剪应力幅的疲劳计算：

$$\Delta\tau_e \leqslant [\Delta\tau]_{2\times10^6} \tag{2-20}$$

$$\Delta\tau_e = \left[\frac{\sum n_i(\Delta\tau_i)^{\beta_J}}{2\times10^6}\right]^{1/\beta_J} \tag{2-21}$$

式中 $\Delta\tau_e$——由变幅疲劳预期使用寿命(总循环次数 $n=\sum n_i$)折算成循环次数 $n=2\times10^6$ 次的等效剪应力幅 (N/mm^2)；

   $[\Delta\tau]_{2\times10^6}$——循环次数 $n=2\times10^6$ 次容许剪应力幅(N/mm^2)；应根据附录 9 的构件和连接类别，按表 2-3 采用；

   $\Delta\tau_i$、n_i——应力谱中循环次数 $n\leqslant1\times10^8$ 范围内的剪应力幅 $\Delta\tau_i$ (N/mm^2) 及其频次。

2) 重级工作制吊车梁和重级、中级工作制吊车桁架的变幅疲劳计算。

吊车运行时不总是满载，吊车上小车的位置也在变化，并且吊车工作的频繁程度也频繁变化。因此吊车梁或吊车桁架的疲劳就是一种变幅疲劳。标准规定可取应力循环中的最大应力幅按下列公式计算：

① 正应力幅的疲劳计算：

$$\alpha_f \Delta\sigma \leqslant \gamma_t [\Delta\sigma]_{2\times10^6} \tag{2-22}$$

② 剪应力幅的疲劳计算：

$$\alpha_f \Delta\tau \leqslant [\Delta\tau]_{2\times10^6} \tag{2-23}$$

式中 α_f——欠载效应的等效系数，按表 2-4 采用。

吊车梁和吊车桁架欠载效应的等效系数 α_f 表 2-4

吊车类别	α_f
A6、A7 工作级别(重级)的硬勾吊车(如均热炉车间夹钳吊车)	1.0
A6、A7 工作级别(重级)的软勾吊车	0.8
A4、A5 工作级别(中级)的吊车	0.5

对于直接承受动力荷载重复作用的抗剪摩擦型高强度螺栓连接可不进行疲劳验算，但其连接处开孔主体金属应进行疲劳计算。

上述计算方法在某些情况下是不适用的，需要采用特殊的方法验算疲劳。如，构件表面温度高于 150℃时，构件处于海水腐蚀环境中，焊后经热处理消除残余应力的构件，结构处于低周-高应变疲劳条件等。

2.6 影响钢材性能的主要因素

2.6.1 化学成分的影响

钢材的化学成分直接影响着钢材的力学性能。铁(Fe)是钢材的基本元素，纯铁质软，在碳素结构钢中约占99%。其他元素虽然仅占1%，但对钢材的力学性能有着决定性的影响。在一定含量的情况下，有益的元素有碳(C)、硅(Si)、锰(Mn)等，有害的元素包括硫(S)、磷(P)、氮(N)、氧(O)等。低合金钢中合金元素含量不超过5%，如铜(Cu)、钒(V)、钛(Ti)、铌(Nb)、铬(Cr)等。

碳是碳素结构钢的主要微量元素，它直接影响钢材的强度、塑性、韧性和可焊性等。碳含量增加，钢的强度(屈服点和抗拉强度)提高，而塑性、韧性和低温冲击韧性下降，同时恶化钢的可焊性和抗腐蚀性。因此，尽管碳是使钢材获得足够强度的主要元素，但对含碳仍要加以限制，钢结构用钢的含碳量一般不大于0.22%，在用作焊接结构的钢材中，一般应控制在0.12%～0.20%之间。

硫和磷都是钢材中的杂质，属于有害成分，它们降低了钢材的塑性、韧性、可焊性和疲劳强度。硫能生成易于溶化的化合物硫化铁，当热加工或焊接温度达到800～1200℃时，硫化铁融化使钢材变脆出现裂纹，称为"热脆"。此外，硫还会降低钢的冲击韧性和抗锈蚀性能，因此，一般硫的含量应不超过0.05%，在焊接结构中不超过0.045%。磷以固溶体的形式溶解于铁素体中，这种固溶体很脆，同时磷的偏析比硫严重得多，富磷区促使钢材变脆（冷脆），降低钢材的

25

塑性、韧性及可焊性。磷的含量一般应控制不超过 0.05%，焊接结构不超过 0.045%。但是，磷可提高钢材的强度和抗锈性。工程中高磷钢的含磷量达到了 0.12%，是通过减少含碳量来保持一定的塑性和韧性的。

氧和氮也是钢中的有害杂质，它们使钢变得极脆；氧的作用与硫类似，使钢材发生热脆；氮的作用和磷类似，使钢冷脆。由于氧、氮容易在熔炼过程中逸出，一般不会超过极限含量，故通常不要求作含量分析。

硅和锰是都是炼钢的脱氧剂，它们使钢材的强度提高，含量不过高时，对塑性和韧性无显著的不良影响。在碳素结构钢中，硅的含量应不大于 0.3%，锰的含量为 0.3%~0.8%。对于低合金高强度结构钢，锰的含量可达 1.2%~1.6%，硅的含量可达 0.10%~0.30%。

钒和钛是钢中的合金元素，能提高钢的强度和抗腐蚀性能，又不显著降低钢的塑性。

铜在碳素结构钢中属于杂质成分。它可以显著地提高钢的抗腐蚀性能，也可以提高钢的强度，但对可焊性有不利影响。

碳素结构钢和低合金高强度钢的化学成分分别见附表 1-1 和附表 1-2。

2.6.2 冶金缺陷

常见的冶金缺陷有偏析、非金属夹杂、气孔、裂纹及分层等。偏析是钢中化学成分的不一致和不均匀性，特别是硫、磷的偏析会严重恶化钢材的塑性、冷弯性能、冲击韧性及焊接性能。非金属夹杂指的是钢中含有的硫化物与氧化物等杂质，浇铸时非金属夹杂物在轧制后能造成钢材的分层，会严重降低钢材的冷弯性能。气孔是浇铸钢锭时由氧化铁与碳作用所生成的一氧化碳气体不能充分逸出而形成的。这些缺陷都将影响钢材的力学性能。

冶金缺陷对钢材性能的影响，不仅在结构或构件受力工作时表现出来，有时在加工制作过程中也可表现出来。

2.6.3 钢材硬化的影响

冷拉、冷弯、冲孔、机械剪切等冷加工使钢材产生很大塑性变形，从而提高了钢的屈服点，同时降低了钢的塑性和韧性，这种现象称为冷作硬化（或应变硬化）。

在高温时熔化于铁中的少量氮和碳，随着时间的增长逐渐从纯铁中析出，形成自由碳化物和氮化物，对纯铁体的塑性变形起遏制作用，从而使钢材的强度提高，塑性、韧性下降。这种现象称为时效硬化，俗称老化。时效硬化的过程一般很长，但如在材料塑性变形后均匀加热并保温一段时间，可使时效硬化发展特别迅速，这种方法称人工时效。

由于硬化的结果总是要降低钢材的塑性和韧性，因此，在普通钢结构中，不利用硬化所提高的强度，有些重要结构还要求对钢材进行人工时效后检验其冲击韧性是否合格。另外，对于加工所形成的局部应变硬化部分，还应用刨边或扩钻予以消除，以保证结构具有足够的抗脆性破坏能力。

2.6.4　温度的影响

钢材性能随温度变动而有所变化。总的趋势是：温度升高，钢材强度降低，应变增大；反之，温度降低，钢材强度会略有增加，塑性和韧性却会降低而使钢材变脆(图 2-17)。

温度约在 200℃以内时钢材性能没有很大变化，430～540℃之间强度急剧下降，600℃时强度很低不能承担荷载。但在 250℃左右，钢材的强度反而略有提高，同时塑性和韧性均下降，材料有转脆的倾向，钢材表面氧化膜呈现蓝色，称为蓝脆现象。钢材应避免在蓝脆温度范围内进行热加工。当温度在 260～320℃时，在应力持续不变的情况下，钢材以很缓慢的速度继续变形，此种现象称为徐变现象。

当温度从常温开始下降，特别是接近或达到负温度范围内时，钢材强度虽有提高，但其塑性和韧性降低，材料逐渐变脆，这种性质称为低温冷脆。图 2-18 是钢材冲击韧性与温度的关系曲线。由图可见，随着温度的降低冲击韧性值迅速下降，材料将由塑性破坏转变为脆性破坏。这一转变是在一个温度区间 $T_1 \sim T_2$ 内完成的，此温度区 $T_1 \sim T_2$ 称为钢材的脆性转变温度区，在此区内曲线的反弯点所对应的温度 T_0 称为转变温度。如果把低于 T_0 完全脆性破坏的最高温度 T_1 作为钢材的脆断设计温度即可保证钢结构低温工作的安全。每种钢材的脆性转变温度区及脆断设计温度需要由大量的实验资料和使用经验统计分析确定。

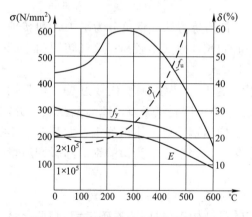

图 2-17　温度对钢材力学性能的影响

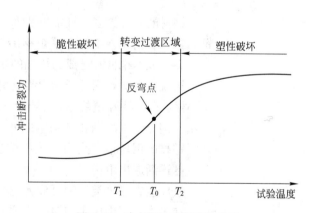

图 2-18　冲击韧性和温度的关系

2.6.5　应力集中的影响

钢材的工作性能和力学性能指标都是以轴心受拉杆件中应力沿截面均匀分布的情况作为基础的。实际上在钢构件中经常存在着截面改变、孔洞、槽口、凹角以及钢材内部缺陷等。此时，构件中的应力分布将不再保持均匀，而是在某些区域产生局部高峰应力，在另外一些区域则应力降低，形成所谓应力集中现象(图 2-19 的 1-1 剖面)。高峰区的最大应力与净截面的平均应力

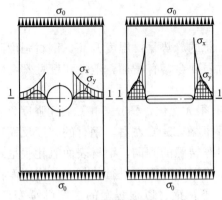

图 2-19 孔洞和槽孔处的应力集中

之比称为应力集中系数。研究表明，在应力高峰区域总是存在着同号的双向或三向应力，这是因为由高峰拉应力引起的截面横向收缩受到附近低应力区的阻碍而引起垂直于内力方向的拉应力 σ_y，在较厚的构件里还产生厚度方向的应力 σ_z，使材料处于复杂受力状态。由能量强度理论得知，这种同号的平面或立体应力场有使钢材变脆的趋势。应力集中系数愈大，变脆的倾向亦愈严重。

土木工程中使用的钢材塑性较好，在一定程度上能促使应力进行重分配，使应力分布严重不均的现象趋于平缓。故受静荷载作用的构件在常温下工作时，在计算中可不考虑应力集中的影响。但在负温或动力荷载作用下工作的结构，应力集中的不利影响将十分突出，往往是引起脆性破坏的根源，故在设计中应采取措施避免或减小应力集中，并选用质量优良的钢材。

2.7 钢结构用钢材的种类和规格

2.7.1 钢材的种类

钢材的品种繁多，性能差别很大。按冶炼方法，钢可分为平炉钢和转炉钢，二者质量相差不多。平炉钢冶炼时间长，故成本较高；氧气转炉钢生产效率高，成本也低，已成为炼钢的主要方式。

按脱氧方法，钢可分为沸腾钢(代号为 F)、半镇静钢(代号为 b)、镇静钢(代号为 Z)和特殊镇静钢(代号为 TZ)。沸腾钢脱氧较差，镇静钢脱氧充分，半镇静钢介于镇静钢和沸腾钢之间。结构用钢一般采用镇静钢，尤其是近年轧制钢材的钢坯推广采用连续铸锭法生产，钢材必然为镇静钢。沸腾钢质量差，已逐渐退出市场。

按成型方法分类，钢可分为轧制钢(热轧、冷轧)、锻钢和铸钢。

在土木工程中使用的钢材主要有碳素结构钢(也叫普通碳素钢)和低合金钢两类。普通碳素钢主要成分是铁和碳，低合金钢还含有锰、钒等合金元素，具有较高的强度。

(1) 碳素结构钢

钢的牌号由代表屈服点的字母 Q、屈服点数值、质量等级符号(A、B、C、D)和脱氧方法符号等四个部分按顺序组成。根据钢材厚度(直径)不大于 16mm 时的屈服点数值，普通碳素钢分为 Q195、Q215、Q235、Q255、Q275 五种牌号。按质量等级将钢分为 A、B、C、D 四级，A 级钢只保证抗拉强度、屈服点、伸长率，必要时尚可附加冷弯试验的要求，化学成分对碳、锰可以不作为交货条件。B、C、D 级钢除了保证抗拉强度、屈服点、伸长率和冷弯试验合格外，B、C、D 级还分别要求 +20℃、0℃、-20℃ 冲击功不小于 27J。不同质量等级的钢对碳、硫、磷的化学成分极限含量有不同的要求。

钢结构一般用 Q235，因此钢的牌号根据需要可采用 Q235A、Q235B、Q235C 和 Q235D 等。对 Q235 来说，A、B 两级钢的脱氧方法可以是 Z、b 或 F，C 级钢只能是 Z，D 级钢只能是 TZ。若常用 Z 和 TZ，其代号可以省去。冶炼方法一般由供方自行决定，设计者不再另行提出，如需方有特殊要求时可在合同中加以注明。

碳素结构钢按现行标准规定的化学成分和机械性能取值，见附表 1-1 和附表 1-3。

（2）低合金钢

低合金钢也称低合金高强度钢，具有较好的屈服强度和抗拉强度，也有良好的塑性和冲击韧性，尤其是低温冲击韧性，并具有耐腐蚀、耐低温的优良性能。根据屈服点大小，低合金钢分为 Q295、Q345、Q390、Q420、Q460 五种牌号，按质量等级分为 A、B、C、D、E 五级，交货时供应方应提供力学性能质保书，其内容为抗拉强度、屈服点、伸长率和冷弯试验；提供化学成分质保书，其内容为碳、锰、硅、硫、磷、钒、铌和钛等含量。A 级钢没有冲击功要求；B、C、D 级分别要求提供 +20℃、0℃、-20℃ 冲击功不小于 34J，E 级要求提供 -40℃ 冲击功不小于 27J。低合金钢的脱氧方法为 Z 或者 TZ，应以热轧、冷轧、正火及回火状态交货。

采用低合金钢能够减轻结构重量，达到节约钢材和延长使用寿命的目的。

低合金钢按现行标准规定的化学成分和机械性能取值，见附表 1-2 和附表 1-4。

（3）优质碳素结构钢

优质碳素结构钢是碳素钢经过热处理，如调质处理和正火处理得到的，综合性能较好。它与碳素钢的主要区别在于杂质元素少，其他缺陷也受到严格限制。用于高强度螺栓的 8.8 级优质碳素钢（45 号钢）和 10.9 级低合金高强度钢的强度较高，塑性和韧性也比较优越。

（4）耐候钢和耐火钢

在钢冶炼过程中，加入少量特定的合金元素，如铜（Cu）、铬（Cr）、镍（Ni）、钼（Mo）、铌（Nb）、钛（Ti）、锆（Zr）、钒（Q）等，使之在金属基体表面上形成保护层，以提高钢材耐大气腐蚀性能，这类钢称为耐候钢。耐候钢比碳素结构钢的力学性能高，低温冲击韧性好，冷热成型性能和可焊性也都好。

耐火钢是在钢种加入少量的贵金属钼（Mo）、铬（Cr）、铌（Nb）等，具有较好抗高温性能，特别是在高温下具有较高强度。

2.7.2 钢材的选择

1. 选用原则

钢材的选择在钢结构设计中是首要环节，正确选择钢材的目的是保证结构安全可靠、经济合理；在钢结构施工和管理中，钢材进场后的调配、运输、储存、焊接、维护等，都涉及钢材的性能指标和使用要求；在钢结构加固维修时，对服役多年的原结构以及加固所用的钢材，都必须有全面的了解才能使加固维修的方案正确有效。所以，对于结构工程师，正确选用和合理使用钢材是十分重要的。

选择钢材时应综合考虑的主要因素有：

（1）结构的重要性

为满足安全可靠和经济合理的双重要求，对重要结构、某些结构的重要部位和工作环境差的结构，应考虑选用质量好的钢材，而对一般工业与民用建筑结构，可按工作性质选用普通质量的钢材。结构安全等级不同，要求的钢材质量也应不同。例如，大跨度屋架、重级工作制吊车梁、钢桥主梁是重要结构，普通梁柱、钢桥的次梁是一般结构，楼梯扶手、桥梁走道围栏等是非承重结构，应根据情况选择不同牌号的钢材。

（2）荷载情况

结构上作用的荷载可分为静力荷载和动力荷载两种；承受动力荷载的结构或构件中，也分成经常满载和不经常满载两种情况。直接承受动力荷载的结构和强烈地震区的结构，应选用综合性能好的钢材；一般承受静态荷载的结构则可选用价格较低的 Q235 或 Q345 钢。

（3）连接方法

钢结构的连接方法分成焊接和非焊接，两种方法对钢材质量的要求也不一样。由于在焊接过程中会产生焊接变形、焊接应力以及其他焊接缺陷，如咬肉、气孔、裂纹、夹渣等，有导致结构产生裂缝或脆性断裂的可能。因此，焊接结构对材质的力学性能、可焊性和化学成分都有较高的要求。例如，焊接结构必须严格控制碳、硫、磷的极限含量，而非焊接结构对含碳量可降低要求。

（4）钢材厚度

钢材厚度较大时，辊轧次数少，材料的压缩比小，板中存在的缺陷较多，容易产生与厚度方向垂直的裂缝，称为层状撕裂；厚板往往处于平面应力状态，沿厚度方向变形受到限制，容易产生脆断。厚度大的钢材不但强度较低，而且塑性、冲击韧性和焊接性能也较差。因此，厚度大的焊接结构应采用材质较好的钢材。当焊接承重结构钢板的厚度大于 40mm 时，应该有如 2.2 节中要求的 Z 向性能的要求。

对于重要的焊接受拉和受弯构件，荷载引起的拉应力与多向焊接残余拉应力叠加，使构件的工作环境更不利，材质要求应该高一些。

（5）结构所处的温度和环境

钢材处于低温时容易冷脆，因此在低温条件下工作的结构，尤其是焊接结构，应选用具有良好抗低温脆断性能的镇静钢。此外，露天结构的钢材容易产生时效，有害介质作用的钢材容易腐蚀、疲劳和断裂，也应注意选择优质的钢材。

2. 钢材选择建议

承重结构所用的钢材应具有屈服强度、抗拉强度、断后伸长率和碳、磷含量的合格保证，对焊接结构尚应具有碳当量的合格保证。

焊接承重结构以及重要的非焊接承重结构采用的钢材应具有冷弯试验的合格保证，对直接承受动力荷载或需验算疲劳的构件所用的钢材尚应具有冲击韧性的合格保证。

实际上，除了需要验算疲劳的结构对冲击韧性比较敏感以外，低温和钢板厚度对不承受疲劳荷载的结构也有很重要的影响。《钢结构设计标准》扩大了前一版规范的规定，增加了低温和板厚对所有钢材质量等级要求的影响，采用质量等级要求的方式替代以往根据使用温度提出钢材冲击韧性指标的要求，使钢材的选择更加合理，见表2-5。

钢材质量等级选用表　　　　　　　　　　　　　表 2-5

		工作温度（℃）		
		$T>0$	$-20<T\leqslant 0$	$-40<T\leqslant -20$
不需验算疲劳	非焊接结构	B（允许使用 A）	B	B	受拉构件及承重结构的受拉板件：
	焊接结构	B（允许使用 Q345A～Q420A）			1. 板厚或直径小于40mm：C
需验算疲劳	非焊接结构	B	Q235B、Q390C Q345GJC Q420C Q345B、Q460C	Q235C、Q390D Q345GJC Q420D Q345C、Q460D	2. 板厚或直径不小于40mm：D 3. 重要承重结构的受拉板材宜选建筑结构用板材
	焊接结构	B	Q235C、Q390D Q345GJC Q420D Q345C、Q460D	Q235D、Q390E Q345GJD Q420E Q345D、Q460E	

对于焊条、焊丝、普通螺栓和高强度螺栓用材的选择，要符合相应的规定。

对于一些复杂或大跨度的建筑钢结构，有时需要用到铸钢。铸钢是指含碳量在 2.11%～6.69% 之间的铁碳合金，铸钢应符合国家标准《一般工程用铸造碳素钢》GB/T 11352—2009 的规定。

如前所述，钢结构工程中使用的钢材牌号为 Q235、Q345、Q390、Q420 和 Q460 等。Q420 钢和 Q460 钢厚板已在我国大型钢结构工程中批量应用，成为关键受力部位的主选材料。当然，调研和试验结果表明，其整体质量水平还有待提高，在工程应用中应加强监督。Q345GJ 钢与 Q345 的力学性能指标相近，前者的优点是微量元素含量得到更好的控制，塑性性能较好，屈服强度变化范围小，有冷加工成型要求（如方矩管）或抗震要求的构件优先采用，而一般情况下采用 Q345 钢比较经济。

鉴于实际工程中钢材供应的复杂情况，对于已有国家材料标准但尚未列入《钢结构设计标准》的钢材，以及国外进口且满足国际材料标准的钢材，在满足《钢结构设计标准》的相应规定后可视为合格钢材用于工程设计。

需要说明的是，钢材的强度与韧性、可焊性往往是逆向的关系，强度高则韧性低、焊接性能变坏，选用钢材时应特别注意。但随着轧制工艺的不断革新，钢材的这些性能有可能同时改善。例如，国外现在已能生产屈服强度高达 500MPa、焊接性能良好的控轧 H 型钢。另外，其他一些因素如钢材的工艺性能、加工费用等都成为是否选用高强度钢材的重要前提。可以相信，随着我国经济实力的不断增强和技术的不断进步，高强度钢材会越来越多的运用在国内大型工程中。

2.7.3　钢材的规格

钢结构采用的钢材主要有钢板、型钢、圆钢、薄壁型钢和焊接钢管等。其中型钢有 H 型钢、角钢、工字钢、槽钢和钢管（图 2-20）。除了冷弯薄壁型钢、焊接成型的 H 型钢和钢管外，大部分型钢都是热轧成型的。

（1）厚钢板（厚度 4.5～60mm，宽度 700～3000mm），热轧成型。主要用作梁、柱、实腹式框架等构件的腹板和翼缘，以及桁架中的节点板。

（2）薄钢板（厚度为 0.35～4mm，宽度 500～1800mm），冷轧成型。主要用于制造冷弯薄壁型钢。

也有把钢板分为薄板（0.35～4mm）、中板（4.5～20mm）、厚板（22～60mm）和特厚板（＞60mm）。土木工程常用钢板的类型和规格已很丰富，详见附表 3-9。

（3）扁钢（厚度为 4～60mm，宽度 12～200mm）。主要用于组合梁的翼缘板、各种构件的连接板、桁架节点板和零件等。

钢板的表示方法为，在符号"—"后加"宽度×厚度×长度"，如—600×10×1200，单位为"mm"。钢板和扁钢的规格见附表 3-9。

（4）角钢，热轧成型，分不等边和等边两种。不等边角钢（图 2-20b）的表示方法为，在符号"∟"后加"长边宽×短边宽×厚度"，如 ∟ 100×80×8，对于等边角钢（图 2-20a）则以边宽和厚度表示，如 ∟ 100×8，单位皆为"mm"。角钢用来组成独立的受力构件，或作为受力构件之间的连接零件。

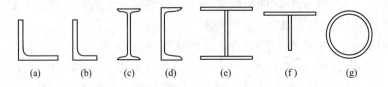

（a）　　（b）　　（c）　　（d）　　（e）　　（f）　　（g）

图 2-20　热轧型钢的截面

角钢的规格见附表 3-5 和附表 3-6。

（5）工字钢，热轧成型，有普通工字钢和轻型工字钢之分（图 2-20c），用号数表示，号数即为其截面高度的厘米数。20 号以上的工字钢，同一号数有三种腹板厚度，分别为 a、b、c 三类，如 I30a、I30b、I30c，由于 a 类腹板较薄，用作受弯构件较为经济。轻型工字钢的腹板和翼缘均较普通工字钢薄，因而在相同重量下其截面模量和回转半径均较大。

普通工字钢的规格见附表3-1。

(6) 槽钢，热轧成型，有普通槽钢和轻型槽钢两种（图 2-20d），也以其截面高度的厘米数编号，如〔30a。号码相同的轻型槽钢，其翼缘较普通槽钢宽而薄，腹板也较薄，回转半径较大，重量较轻。

普通槽钢的规格见附表3-4。

(7) H 型钢和剖分 T 型钢，有热轧成型和焊接两种，是世界各国使用很广泛的型钢（图 2-20e）。与普通工字钢相比，其翼缘内外两侧平行，便于与其他构件相连。它做成的柱子可以达到截面绕两个主轴的回转半径相等，使钢材最大限度的发挥潜力。H 型钢分为宽翼缘 H 型钢（代号 HW，翼缘宽度 B 与截面高度 H 相等）、中翼缘 H 型钢（代号 HM，$B \approx 2/3H$）和窄翼缘 H 型钢〔代号 HN，$B = (1/3 \sim 1/2)H$〕。各种 H 型钢均可剖分为 T 型钢（图 2-20f）供应，对应于宽翼缘、中翼缘、窄翼缘，其代号分别为 TW、TM 和 TN。H 型钢和剖分 T 型钢的规格标记均采用高度 $H \times$ 宽度 $B \times$ 腹板厚度 $t_1 \times$ 翼缘厚度 t_2 表示。例如 HM340×250×9×14，其剖分 T 型钢为 TM170×250×9×14，单位均为"mm"。

H 型钢的规格见附表3-2，部分 T 型钢的规格见附表3-3。

(8) 钢管，有热轧无缝钢管和焊接钢管两种（图 2-20g），用符号"ϕ"后面加"外径×厚度"表示，如 ϕ400×6，单位为"mm"。钢管常用于网架和网壳结构的受力构件，也可以在钢管内浇灌混凝土做成钢管混凝土构件，用于柱和拱。

普通钢管的规格见附表3-7。

(9) 薄壁型钢，冷轧成型（图 2-21a～f），用薄钢板（一般采用 Q215、Q235 或 Q345 钢），经模压或弯曲而制成，其壁厚一般为 1.5～5mm。其实，冷弯薄壁型钢的壁厚并无特别的限制，主要取决于加工设备的能力，在国外，冷弯薄壁型钢的壁厚已经用到了 25mm。冷弯薄壁型钢多用于厂房的檩条、墙梁，也可用作承重柱和梁。

冷弯薄壁型钢的使用要符合《冷弯薄壁型钢技术规范》GB 50018 的有关规定。

(10) 压型钢板，冷轧成型，带有防锈涂层的彩色薄板（图 2-21g～j），所用钢板厚度为 0.4～1.6mm，一般用作轻型屋面及墙面等维护结构。

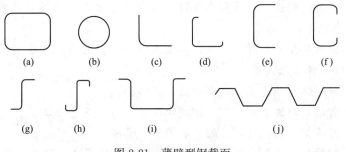

图 2-21　薄壁型钢截面

小结及学习指导

(1) 钢材在单向均匀拉伸时的四个工作阶段以及对应的屈服点、抗拉强度、变形、伸长率是对钢材最基本性能的描述，具有重要的意义。简化的理想弹性塑性体对钢材强度分析十分重要。这些概念在以后各章的叙述中要经常用到。

(2) 低碳钢的主要性能指标，包括强度、变形、塑性(包括伸长率和断面收缩率)、韧性(常温冲击韧性和负温冲击韧性)、冷弯、可焊性、沿厚度方向的指标(Z 向性能)的概念是正确选择钢材的基础知识，现行规范对这些数值有具体的规定。附录列出了主要的一些规定，初学者应该有所熟悉。

(3) 在三向同号应力下钢材的强度大大提高，但是塑性指标会下降很多，在异号应力下会提前破坏，这些在式(2-4)中得到体现。三向同号应力场往往还伴随应力集中，是引起脆性破坏的主要因素。

(4) 在连续反复荷载作用下，钢材或钢构件易发生疲劳破坏，其疲劳强度低于极限强度甚至低于屈服强度，属于脆性破坏范畴。影响疲劳强度的因素有钢材内部缺陷、焊接残余应力、冷加工、构造不合理等，其根源都和应力集中有关。焊接部位的疲劳强度可以用应力幅 $\Delta\sigma$ 表示。

(5) 疲劳验算式(2-11)是验算焊接部位的应力幅，它是应力集中程度的函数，按照构件和连接的类型查有关附表确定 C_Z 和 β_Z 值。式(2-11)是对焊接部位经过概率统计得到的，对于非焊接部位和吊车梁、吊车桁架，引入相应的系数进行调整后再行验算。钢桥的疲劳验算规定虽略有不同，但基本概念和处理方式是一样的。

(6) 影响钢材性能的主要因素有化学元素、冶金缺陷、钢材硬化、温度、应力集中等。了解这些影响因素的影响是正确选择和使用钢材的重要出发点。

(7) 钢材的品种繁多，性能差别很大。根据结构的重要性、荷载情况、连接方法、钢材厚度、结构形式和服役温度等正确的选用钢材是设计、建造钢结构的前提。现行规范对钢材选用有明确的规定，初学者应该熟悉。

思考题

2-1 钢材的塑性、韧性和冷弯性能各是什么含义？在设计结构时，对这些性能的要求是如何体现的？

2-2 钢结构在承受静力荷载，甚至在没有外力的情况下也有可能出现脆性断裂。这是什么原因？

2-3 引起钢材性能变脆的影响因素有哪些？

2-4 何谓钢材的疲劳破坏？钢材疲劳破坏的特点是什么？

2-5 影响钢结构疲劳强度的主要因素有哪些？

2-6 钢材的应力集中除了导致截面内局部高峰应力，还会产生哪些危害？

第3章
钢结构的可能破坏形式

本章知识点

【知识点】设计建造钢结构的目的、钢结构破坏的原因；构件的强度破坏、结构的强度破坏；构件的整体失稳、结构的整体失稳；构件的局部失稳、结构的局部失稳、按板件宽厚比大小确定的构件截面等级；疲劳破坏；构件的变形破坏、结构的变形破坏；脆性断裂破坏、引起脆性断裂破坏的原因、防止脆性断裂的措施。

【重点】钢结构或钢构件各种可能的破坏形式及其有效的预防措施。

【难点】整体失稳与局部失稳的区别，脆性断裂破坏与失稳破坏的区别。

3.1 概述

钢结构设计的目的是使结构能完成安全、适用、耐久的预定功能，达到技术先进、经济合理、安全适用、确保质量的要求。只有在钢结构不发生破坏的条件下，这些要求才能得以满足。因此，与钢结构工程有关的人员应该对钢结构可能发生的各种破坏形式有十分清楚的了解，从而采取有效的措施来防止任何一种破坏形式的发生。

钢结构破坏的原因之一是由于材料发生破坏而引起的。钢材的破坏形式主要有：①钢材的塑性破坏，是在外力作用下钢材应力逐渐增大，超过屈服点，并达到抗拉强度，在钢材发生一段持续时间较长的明显变形后，最终才破坏。也就是说钢材的塑性破坏有明显的预兆。②钢材的脆性破坏是外力对钢材产生的应力处于较低水平、钢材还没有产生明显变形的情况下突然产生的断裂。脆性破坏发生时，钢材内部可能有严重的应力集中现象，局部应力甚至会超过屈服点和抗拉强度，或者是钢材的韧性处于较低的水平。钢材发生脆性破坏的特点是破坏前没有显著的变形，突然发生断裂破坏。③钢材的疲劳破坏，是在连续反复荷载长期作用下，在钢材应力还较低的情况下，突然发生脆性断裂破坏。钢材的疲劳破坏是钢材脆性破坏形式中的一种特殊形式。

36

　　钢结构破坏的另一个原因是结构体系本身不能满足安全、适用、耐久预定目标而引起的。主要的破坏形式有：①构件或节点(连接)材料的强度破坏；②结构或构件的整体失稳破坏；③结构或构件的局部失稳破坏；④连接(主要是焊缝)附近母材的疲劳破坏；⑤结构或构件的变形破坏；⑥结构的脆性断裂破坏。

3.2　钢结构的强度破坏

　　在结构的整体稳定性和局部稳定性有保证的情况下，随着荷载的逐步增加，构件截面上的内力达到极限承载力时，构件将发生强度破坏。在杆件系统钢结构中，可能发生强度破坏的钢构件主要有两种：受拉构件和稳定性有保证的受弯构件。

3.2.1　受拉钢构件的强度破坏

　　承受静力荷载作用，常温条件下工作的受拉钢构件，如果没有严重的应力集中、应变硬化及时效硬化等缺陷，随着荷载的增大，构件截面的应力将达到钢材的屈服点 f_y，进入塑性变形阶段，构件出现明显的伸长；然后钢材进入强化阶段，构件上的拉应力继续增大；最后，当拉应力达到钢材的抗拉强度 f_u 后，受拉构件被拉断而破坏。由于此类构件在拉断前有明显的伸长，因此很容易被发现并采取加固措施，从而防止破坏的发生。

　　受拉钢构件由于设计、制造、使用不当，可能不发生上述有明显变形的塑性强度破坏，而发生没有明显变形的脆性断裂破坏(见本章 3.7 节)。如：构件承受较大的动力荷载作用；构件截面突变造成严重的应力集中；在受力的受拉构件上随意施焊造成材质变脆；低温、应变硬化、时效硬化严重致使钢材韧性性能降低等。

3.2.2　受弯钢构件的强度破坏

　　整体稳定和局部稳定有保证的受弯钢构件，在荷载逐渐增大的过程中，将经历弹性工作阶段、弹塑性工作阶段、塑性工作阶段(形成塑性铰)。对于静定的简支钢梁，形成塑性铰就意味着结构转变为机构而破坏，破坏前将有很大的挠曲变形。对于钢框架结构中的超静定框架梁或其他结构中的超静定多跨连续钢梁，出现一个塑性铰时，结构还未转变为机构，还能承受继续加大的荷载，但不断变化的内力重分配导致结构最终破坏。

　　对于此类超静定钢梁，如果能保证结构只发生强度延性破坏，就可以利用钢材的塑性性能，对结构进行塑性设计，从而取得较好的经济效益。

　　钢构件的强度破坏很有可能导致整体结构的破坏。但在工程实践中，结构纯粹的强度破坏是很少发生的，因为个别构件的强度破坏所伴随的明显变形将会改变整体结构的内力分配格局，从而使某些部位的构件受力变号或超载，最终导致钢结构发生其他形式的破坏。

3.3 钢结构的整体失稳破坏

钢材的强度比其他建筑结构材料（如：混凝土、砌体、木材等）要高得多，所以在相同的荷载条件、相同的结构体系中，钢构件的截面要小得多，钢构件要显得更加细长。由于这个原因，钢结构中受到压应力作用构件的设计，一般不由强度问题控制，而是由稳定问题控制。

3.3.1 钢结构的整体失稳

结构整体失稳破坏是在外荷载逐渐增大的过程中，结构所承受的外荷载还没有达到按强度计算得到的结构强度破坏荷载时，结构已不能承载并产生较大变形，整个结构偏离初始的平衡位置而破坏。

在外荷载达到临界值并继续增大而导致钢结构整体失稳过程中，变形的增长是迅速持续的，结构将在很短的时间内失去承载能力而破坏。结构的整体失稳破坏往往是由于结构中的某个构件或部件首先发生某种形式破坏而诱发产生的。如：1907 年加拿大魁北克大桥在施工过程中因缀条刚度不足而引发弦杆整体失稳，最终导致 9000t 重的钢桥整体失稳坠入河中，造成 75 人死亡。1978 年美国哈特福特市体育馆因压杆屈曲而造成钢网架屋盖整体失稳坠塌。1990 年我国某厂会议室屋顶五榀梭形轻型钢屋架因腹杆平面外失稳而诱发屋盖整体失稳倒塌（图 3-1），造成 42 人死亡、179 人受伤的特大事故。

图 3-1　某厂四楼会议室钢屋盖整体失稳倒塌现场

另外，2008 年初，我国南方地区大范围暴雪冻雨气候造成大量输电线钢塔架倒塌及许多轻型门式刚架屋盖垮塌，也都是因为超载造成了结构中某个构件首先发生失稳破坏，而最终导致结构整体失稳破坏的。

3.3.2 钢构件的整体失稳

钢构件由于截面形式不同、受力状态不同，其整体失稳破坏的形式也不相同。

（1）轴心受压钢构件的整体失稳形式，可能是弯曲失稳、扭转失稳或弯扭失稳。

① 双轴对称工字形截面轴心受压构件的整体失稳形式是弯曲失稳。

② 十字形截面轴心受压构件在一般情况下出现弯曲失稳，但当为短粗构件时也会出现扭转失稳。

③ 单轴对称截面轴心受压构件，在绕非对称轴失稳时为弯曲失稳，而在

37

绕对称轴失稳时则为弯扭失稳。

轴心受压杆件整体失稳的原因及计算详见第5章。

（2）受弯构件(梁)的整体失稳形式为弯扭失稳。梁整体失稳的原因及计算详见第6章。

（3）实腹式单向压弯构件：

① 单轴对称截面，弯矩作用在对称轴平面（绕非对称轴）时，弯矩作用平面内（绕非对称轴）的失稳形式为弯曲失稳；弯矩作用平面外（绕对称轴）的失稳形式为弯扭失稳。

② 单轴对称截面，弯矩作用在非对称轴平面（绕对称轴）时，弯矩作用平面内外（绕两个轴）的失稳形式均为弯扭失稳。

③ 双轴对称截面，在弯矩作用平面内的失稳形式为弯曲失稳；在弯矩作用平面外的失稳形式为弯扭失稳。

（4）实腹式双向压弯构件的整体失稳形式为弯扭失稳。

压弯杆件整体失稳的原因及计算详见第7章。

图3-2是压杆弯曲失稳的情况。图3-3是压杆弯扭失稳的情况。

图3-2 压杆弯曲失稳　　　　　图3-3 压杆弯扭失稳

为防止钢结构的整体失稳破坏，在结构整体布置时就必须考虑整个结构体系及其组成部分各构件的稳定性要求。然后，必须对结构中可能发生失稳的钢构件进行稳定性验算，以确保各构件的稳定承载力满足要求。

3.4 钢结构的局部失稳破坏

3.4.1 结构的局部失稳

结构的局部失稳破坏是指：在外荷载逐渐增大的过程中，结构作为整体还没有发生强度破坏或整体失稳破坏，结构中的局部构件已经不能承受分配给它的内力而失去稳定。例如在钢框架结构中发生失稳的局部构件可以是受压的柱或受弯的梁。

超静定结构中的某个构件发生失稳后，整个结构并不会立即失去承载能力。但已经失稳的局部构件刚度的不断退化，将使结构产生内力重分配，从而使结构整体的工作状态不断恶化。因此，对于出现了局部失稳破坏的整体结构，应及时采取措施，更换或加固已失稳的局部构件，以防止发生结构的整体失稳破坏。

3.4.2　构件的局部失稳

钢构件的局部失稳是指，在外荷载不断增大的过程中，钢构件还没有发生强度破坏或整体失稳破坏，而组成该构件的某些板件已不能承受分配给它的内力作用而失去稳定，发生侧向挠曲。发生侧向挠曲的板件可以是构件中的受压翼缘板或受压腹板。

钢构件的局部失稳会使构件的工作状况变坏，有可能导致构件提前发生强度破坏或整体失稳破坏。现行的《钢结构设计标准》GB 50017—2017 规定，普通钢结构构件，不能利用受压翼缘的屈曲后强度，从而使其满足相关的宽厚比限值的要求。对于直接承受动力荷载作用的结构或构件，如桥梁、吊车梁等，也不利用腹板的屈曲后强度。

钢构件中的受压板件由于宽厚比太大而发生屈曲时，板件的局部会出现可以观察到的局部变形(图 3-4)，但此时该板件并未丧失承载能力。由于板件屈曲后存在着较大的横向张力(特别对于四边支承板件)，而使板件屈曲后仍有很大的屈曲后承载能力。因此构件整体也不会因为其受压板件的局部屈曲而失去承载能力，构件可以承受继续增大的荷载。

图 3-4　T 形截面压杆
腹板失去局部稳定

但是在只承受静力荷载作用的特定条件下，可以有目的地利用腹板的屈曲后强度，以达到节约钢材的目的。能利用腹板屈曲后强度的普通钢结构构件有：受弯构件、轴心受压构件和压弯构件。

3.4.3　按板件宽厚比大小确定的构件截面等级（截面板件宽厚比等级）

受压板件局部失稳的屈曲荷载与板件的边界条件、宽厚比等因素有关，宽厚比越大，屈曲荷载越小。截面板件宽厚比指截面板件平直段的宽度和厚度之比，或受弯或压弯构件腹板平直段的高度与腹板厚度之比。《钢结构设计标准》根据不同的应用情况，将构件截面按板件宽厚比的大小分为五个等级。表 3-1 是压弯和受弯构件的截面板件宽厚比等级及限值。

压弯和受弯构件的截面板件宽厚比等级及限值　　　　表 3-1

构件	截面板件宽厚比等级		S1 级	S2 级	S3 级		S4 级	S5 级
压弯构件（框架柱）	H 形截面	翼缘 b/t	$9\varepsilon_k$	$11\varepsilon_k$	$13\varepsilon_k$		$15\varepsilon_k$	20
		腹板 h_0/t_w	$(33+13\alpha_0^{1.3})\varepsilon_k$	$(38+13\alpha_0^{1.39})\varepsilon_k$	$0\leqslant\alpha_0\leqslant1.6$ $(16\alpha_0+0.5\lambda+25)\varepsilon_k$		$(45+25\alpha_0^{1.66})\varepsilon_k$	250
					$16<\alpha_0\leqslant2.0$ $(48\alpha_0+0.5\lambda-26.2)\varepsilon_k$			
	箱形截面	壁板（腹板）间翼缘 b_0/t	$30\varepsilon_k$	$35\varepsilon_k$	$0\leqslant\alpha_0\leqslant1.6$ $(12.8\alpha_0+0.4\lambda+20)\varepsilon_k$ 且不小于 $40\varepsilon_k$		$45\varepsilon_k$	—
					$1.6<\alpha_0\leqslant2.0$ $(38.4\alpha_0+0.4\lambda-21)\varepsilon_k$			
	圆钢管截面	径厚比 D/t	$50\varepsilon_k^2$	$70\varepsilon_k^2$	$90\varepsilon_k^2$		$100\varepsilon_k^2$	—
受弯构件（梁）	工字形截面	翼缘 b/t	$9\varepsilon_k$	$11\varepsilon_k$	$13\varepsilon_k$		$15\varepsilon_k$	20
		腹板 h_0/t_w	$65\varepsilon_k$	$72\varepsilon_k$	$(40.4+0.5\lambda)\varepsilon_k$		$124\varepsilon_k$	250
	箱形截面	壁板（腹板）间翼缘 b_0/t	$25\varepsilon_k$	$32\varepsilon_k$	$37\varepsilon_k$		$42\varepsilon_k$	—

（1）S1 级截面（一级塑性截面、塑性转动截面、特厚实截面）：板件的宽厚比最小。可达全截面塑性，保证塑性铰具有塑性设计要求的转动能力，且在转动过程中承载力不降低，板件不会发生局部失稳。符合塑性设计条件的构件应采用这类截面。《钢结构设计标准》规定，不直接承受动力荷载的超静定梁、由实腹式构件组成的单层框架结构、水平荷载作为主导可变荷载的荷载组合不控制构件截面设计的 2~6 层框架结构等，可以采用塑性设计方法进行设计。

（2）S2 级截面（二级塑性截面、有限塑性转动截面、次特厚实截面）：板件的宽厚比比 S1 级截面的稍大。可达全截面塑性，但由于局部屈曲，故塑性转动能力有限。

（3）S3 级截面（弹塑性设计截面、厚实截面）：板件宽厚比比 S2 级截面的大。此类截面的板件，在构件受弯并形成塑性铰但不发生塑性铰转动时，板件不会发生局部失稳。构件截面的翼缘全部屈服，腹板可发展不超过 1/4 截面高度的塑性。符合弹塑性设计条件的构件应采用这类截面。通常普通钢结构中不需要计算疲劳的构件，可以采用弹塑性设计方法进行设计。

（4）S4 级截面（弹性设计截面、非厚实截面）：板件宽厚比大于 S3 级截面的宽厚比。此类截面的板件，在构件受弯并当边缘纤维应力达到屈服点时，板件不会发生局部失稳。符合弹性设计条件的构件应采用这类截面。对于直接承受动力荷载的构件，如桥梁、吊车梁等，宜采用弹性设计方法进行设计。

（5）S5 级截面（超屈曲设计截面、纤细截面、薄壁截面）：板件宽厚比最大。此类截面的板件，在边缘纤维达到屈服应力前，板件可能发生局部失稳。符合利用屈曲后强度设计方法的构件宜采用此类截面。只承受静力荷载作用的某些普通钢结构构件，如：受弯构件、轴心受压构件和压弯构件，可以利用腹板的屈曲后强度。冷弯薄壁型钢结构构件既可以利用腹板的屈曲后强度，也可以利用受压翼缘的屈曲后强度。

表 3-1 中的参数应按下式计算：

$$\alpha_0 = \frac{\sigma_{max} - \sigma_{min}}{\sigma_{max}} \tag{3-1}$$

式中　σ_{max}——腹板计算高度边缘的最大压应力（N/mm²）；

　　　σ_{min}——腹板计算高度另一边缘相应的应力（N/mm²），压应力取正值，拉应力取负值。

表 3-1 中 ε_k 为钢号修正系数，$\varepsilon_k = \sqrt{235/f_y}$，式中 f_y 为钢材牌号中屈服点的数值。b 为工字形、H 形截面的翼缘外伸宽度，t、h_0、t_w 分别是翼缘厚度、腹板净高和腹板厚度。对轧制型截面，腹板净高不包括翼缘腹板过渡处圆弧段；对于箱形截面，b_0、t 分别为壁板间的距离和壁板厚度；D 为圆管截面外径；λ 为构件在弯矩平面的长细比。

对箱形截面梁及单向受弯的箱形截面柱，其腹板宽厚比限值可根据 H 形截面腹板采用。

腹板的宽厚比可通过设置加劲肋减小。

采用轻屋盖的钢结构单层工业厂房抗震设计中，厂房框架柱、梁的板件宽厚比，应符合以下规定：（1）塑性耗能区板件宽厚比限值可根据其承载力的高低按性能目标确定。（2）塑性耗能区外的板件宽厚比限值，可按表 3-1 中的 S4 级采用。（3）当 S5 级截面的板件宽厚比小于 S4 级经 ε_σ 修正的板件宽厚比时，可归属为 S4 级截面。ε_σ 为应力修正因子，$\varepsilon_\sigma = \sqrt{f_y/\sigma_{max}}$，式中 f_y 为钢材牌号中屈服点的数值。

3.5　钢结构的疲劳破坏

钢材的疲劳破坏是经过长时间的发展才出现的，钢结构的疲劳破坏常出现在桥梁结构和重级工作制的钢吊车梁中。有时，受到地震反复作用的钢结构也会出现疲劳裂缝。另外，受到海浪长期拍打作用的海洋钻井平台钢结构中也时有疲劳破坏发生。

影响疲劳强度的因素计算方法详见第 2 章。

3.6　钢结构变形破坏

钢结构变形破坏的实质是刚度失效造成的。引起钢结构变形破坏的主要原因有：设计不当、制造不当、使用不当等。

由于钢结构有材料强度高、塑性好的特点，特别是冷弯薄壁型钢的应用和轻钢结构的迅速发展，使得钢结构构件的截面越来越小，板件及壁厚越来越薄。在这种情况下，再加上原材料以及加工、制造、安装过程中的缺陷和不合理的工艺等原因，钢结构的变形破坏不容忽视。

3.6.1　构件的变形破坏

在钢结构设计中，构件的刚度不满足使用要求，导致构件的变形过大而无法正常使用、正常安装。如：水平放置的构件长细比过大时，在其自重作用下可能出现影响使用的挠曲；在动力荷载作用下，大长细比的构件可能出现过大的振动。轴心受压构件长细比过大时，不但其稳定承载力低，而且会出现很大的侧向挠曲，从而无法正常使用。受弯构件(梁)挠度过大时不但影响美观，而且可能导致构件无法正常使用。钢吊车梁挠度过大，就可能导致吊车轮卡轨而无法正常开行。

在钢结构的制造过程中，由于工艺不合理等原因而造成构件本身存在严重的弯曲、扭曲、局部凹凸变形等。这些变形不但影响到美观，而且给结构构件的连接、安装带来很大的困难。

在钢结构的使用过程中，随意改变结构的用途，发生意外事故或结构超载，都会导致钢构件的变形破坏事故发生。

3.6.2　结构的变形破坏

钢结构设计中，如果结构支撑体系布置不当，有可能导致结构的变形破坏。在钢结构中支撑体系是保证结构整体刚度的重要组成部分，它不仅对抵抗水平荷载和地震作用起到主要作用，而且对保证结构的正常使用起着关键作用。如：有钢吊车梁的工业厂房，当支撑布置不够，引起结构整体刚度较弱时，就可能在吊车运行时发生过大的结构振动和摇晃，吊车轮与轨道之间出现严重的啃轨现象，甚至出现整体结构无法正常使用。

结构的变形破坏也可能是由于施工安装不当引起的。如：山西某地区医学院科技楼报告厅钢网架屋顶，在网架及屋面板安装完毕后，网架结构的悬挑边已出现了 150mm 的竖向变形，大大超过设计和规范的要求，如果再加上吊顶荷载和屋面雪载，变形会进一步增大。造成该工程结构变形破坏事故发生的主要原因是，在安装该螺栓球节点网架时，施工单位的安装人员未按规定的合理工序安装，有的螺栓拧得过紧，有的则松得连套筒还能转动，从而酿成此次事故。

虽然结构变形破坏事故发生初期，只是由于变形过大而使结构无法正常使用，但是，如果此时不及时对结构采取加固补救措施，随着变形的进一步增加，结构破坏的形式就很可能发生转变，往往会导致整体结构的垮塌。因此必须对结构的变形破坏事故有足够的重视。

3.7 钢结构的脆性断裂破坏

3.7.1 结构脆性断裂破坏的实例

结构的脆性断裂破坏是结构各种可能破坏形式中最危险的一种。脆性断裂破坏前，钢材的应力通常小于屈服点 f_y，不发生显著的变形，破坏突然发生，无任何预兆。由于脆性断裂的突发性、瞬间破坏、来不及补救，往往会导致灾难性的后果。所以，应该高度重视脆性断裂破坏的严重性并加以防范。

钢结构脆性断裂破坏的事例不胜枚举，这里仅举三起典型的实例加以说明。

1938～1950年，比利时阿尔贝运河上有14座钢桥脆性断裂，其中有6座桥梁是低温冷脆引起的，其余的原因为：应力集中严重、残余应力过大、钢材的冲击韧性值太小。

图 3-5　某焊接油轮一断为二的情况

1954年，英国32000t油轮"世界协和号"在爱尔兰海域脆性断裂沉没，在船的中仓部位，从船底开始裂开，沿横隔板向船体的横截面发展，直至贯穿甲板，整个船体一裂为二（图 3-5）。原因是该船大部分的钢板的冲击韧性不满足要求。

1989年1月，我国内蒙古某糖厂废蜜钢储罐在气温－11.9℃时发生爆裂事故。该罐直径20m，高15.76m，用6～18mm厚的钢板焊成，罐身共上下10层，容量5600t，当时实贮4300t，应力尚低。破坏时整个罐体炸裂为五大部分，废蜜罐爆裂的冲击力将相距4m处6.5m×6.5m的两层废蜜泵房夷为平地，楼板等被抛出原地约21m。事后调查结论表明，该起事故起因于一些焊缝严重未焊透，焊缝质量差引起裂纹扩展，导致突发低温脆断。

3.7.2 引起脆性断裂的主要原因

虽然钢结构所使用的结构用钢有较好的塑性和韧性，但是在一定条件下，仍然有发生脆性断裂的可能。主要原因有以下几个方面：

1. 材质缺陷

钢材中的某些元素含量过高时，会严重降低钢材的塑性和韧性，脆性则相应变大。如：含硫、氧过多时引起"热脆"；含磷、氮过多时引起"冷脆"；含氢过多则引起"氢脆"，含碳量过多导致钢材变脆，可焊性变差。

另外，钢材本身存在的内部冶金缺陷，如：裂纹、偏析、非金属夹杂以及分层等也能使钢材抗脆性断裂的能力大大降低。

2. 应力集中和残余应力

在构件的孔洞、缺口、截面突变处会产生应力集中，此处会出现同号的平面或立体拉应力场，使钢材的塑性变形能力受到限制，从而导致钢材变脆。应力集中程度越严重，钢材的塑性变形能力降低越多，脆性断裂的危险性就越大。

如果构件中有较严重的应力集中，并伴随有较大的残余应力，情况会更加严重。构件中的应力集中、残余应力与构件的构造细节、焊缝位置、施工工艺等因素有关。在设计时，应尽量避免焊缝过分集中、避免三向焊缝相交、避免构件截面的突变。在施工时要采用正确的施焊工艺、施焊顺序，保证焊缝的施工质量，尽量减少焊缝缺陷。

3. 工作环境温度

当环境温度下降到某一温度区间时，钢材的韧性值会急剧下降，出现低温冷脆现象。此时构件如果受到较大的动力荷载作用，就很容易出现脆性断裂。因此，在低温下工作的钢结构，特别是受动力荷载作用的焊接钢结构，钢材应具有负温($-20\,℃$或$-40\,℃$)冲击韧性的合格保证，以提高构件抵抗低温脆性断裂的能力。

4. 钢板厚度

钢板厚度对脆性断裂有较大的影响。钢板厚度越大，不但强度越低、塑性越差，而且韧性也越低。因此，通常钢板越厚，脆性断裂破坏的倾向也越大。厚钢板、特厚钢板的"层状撕裂"问题也是引起脆性断裂破坏的原因之一。

3.7.3 防止脆性断裂的措施

防止钢结构脆性断裂的措施主要有以下几方面：

(1) 合理选择钢材

钢结构中结构用钢的选择原则是既要保证结构安全可靠，又要做到经济合理，尽量降低用钢量。选择结构用钢材时应考虑的因素有：结构的重要性、荷载特征、连接方法以及工作环境。对于在低温条件下承受较大动力荷载的焊接结构，应选择韧性较高的钢材。

(2) 合理设计

应该在考虑钢材的断裂韧性水平、最低工作温度、荷载特征、应力集中等因素后，选择合理的结构形式，特别是选择合理的构造细节十分重要。钢结构连接和加工工艺的选择应尽量减少结构的应力集中和焊接约束力，焊接构件宜采用较薄的板件组成。力求保证结构的几何连续性和刚度的连贯性。为防止结构倒塌，设计时宜采用荷载可沿多途径传递的方案。例如：采用超静定结构，一旦个别构件断裂，结构仍能维持几何稳定不致倒塌，从而赢得时间进行补救。

标准规定，在低温条件下工作或制作安装的钢结构构件应进行防脆断设计。在工作温度等于或低于－30℃的地区，焊接构件宜采用实腹式构件，避免采用手工焊接的格构式构件。在工作温度等于或低于－20℃的地区，结构设计及施工应符合如下规定：①承重构件和节点的连接宜采用螺栓连接，施工临时安装连接应避免采用焊缝连接。②受拉构件的钢材边缘宜为轧制边或自动气割边。对厚度大于10mm的钢材采用手工气割或剪切边时，应沿全长刨边。③板件制孔应采用钻成孔或先冲后扩钻孔。④受拉构件或受弯构件的拉应力区不宜使用角焊缝。⑤对接焊缝的质量等级不得低于二级。

对于特别重要或特殊的结构构件和连接节点，可采用断裂力学等方法对其进行抗脆断验算。

（3）合理加工和安装

在钢结构的制作过程中，冷热加工都可能使钢材变脆。焊接易使钢材中产生裂纹、类裂纹缺陷以及焊接残余应力。在钢结构的安装过程中，如果工艺不合理就容易产生装配残余应力及其他缺陷。因此，在加工安装钢结构之前必须制定合理的加工和安装工艺，以便尽量减少缺陷，降低残余应力。应避免现场低温焊缝。

（4）合理使用及合理维修

在钢结构的使用过程中，不能随意改变结构设计所规定的用途、荷载及环境。同时，在结构的使用过程中，严禁在结构上随意加焊零部件以免导致材料损伤；严禁设备超载、超速运行。此外，在钢结构的长期使用过程中，应加强定期的缺陷或损坏情况的监测，对损坏的构件及时进行维修。

小结及学习指导

本章介绍了钢结构或钢构件各种可能的破坏形式，引起这些破坏发生的主要原因及预防这些破坏的有效措施。

（1）可能发生强度破坏的钢构件主要是轴心受拉构件和受弯构件。其他类型的钢构件往往不由强度条件控制设计，因此，一般不会发生强度破坏。钢结构作为整体发生强度破坏的可能性也很小。

（2）失稳破坏是钢结构或钢构件的主要破坏形式。大多数钢构件或钢结构都是由稳定条件控制设计的。

（3）失稳破坏具有多样性。应正确区分构件整体失稳与结构整体失稳的不同。也应正确区分构件局部失稳与结构局部失稳的不同。

（4）变形过大属于正常使用极限状态范畴。虽然变形过大的直接后果一般不太严重，但如果不对已发生过大变形的结构或构件采取及时的修补措施，则很可能导致结构失去承载能力。

（5）脆性断裂破坏是结构最危险的破坏形式。了解引起脆性破坏的各种原因，从而在设计、施工、使用钢结构时采取有效措施，防止脆性断裂破坏的发生。

思考题

3-1　由于结构体系本身不满足安全、适用、耐久预定功能而引起的钢结构破坏形式主要有哪几种?

3-2　为什么工程实践中单纯的结构强度破坏很少发生?

3-3　钢结构构件的整体失稳和钢结构的整体失稳有何不同?

3-4　轴心受压钢构件的整体失稳形式有哪几种?

3-5　钢构件的局部失稳和钢结构的局部失稳有何不同?

3-6　引起钢结构变形过大的主要原因有哪些?

3-7　钢结构各种可能破坏形式中最危险的是哪一种? 为什么?

3-8　引起钢结构脆性断裂破坏的主要原因有哪些?

3-9　防止钢结构脆性断裂的主要措施有哪些?

第4章
钢结构的连接

本章知识点

【知识点】钢结构常用的连接方法及其特点；焊缝缺陷及质量检验方法；焊接残余应力和焊接残余变形；全焊透对接焊缝连接的构造和计算；直角角焊接连接的构造和计算；普通螺栓连接的构造和计算；高强度螺栓连接的性能和计算。

【重点】钢结构连接设计中的主要问题；连接的受力性能、构造要求和计算方法。

【难点】焊接残余应力、焊接残余变形形成的原因及其对钢结构工作性能的影响。

4.1 概述

在钢结构中，连接占有很重要的地位。连接把板材和型材组合在一起，进而又连接构成了整体结构，例如门式刚架中节点连接(图 4-1)、钢框架梁拼接连接(图 4-2)、网架节点(图 4-3)、钢桥节点(图 4-4)等。

钢结构连接的方式及其质量优劣直接影响钢结构的工作性能，所以钢结构的连接必须符合安全可靠、传力明确、构造简单、制作方便和节约钢材的原则。在传力过程中，连接应有足够的强度，被连接件间应保持正确的位置，以满足传力和使用要求。由于连接的加工和安装比较复杂而且费工，因此选

图 4-1 门式刚架梁柱节点，刚架梁翼缘与柱焊接，梁腹板与柱用螺栓连接

图 4-2 钢框架梁拼接连接，钢梁翼缘间焊接连接，腹板采用高强度螺栓连接

图 4-3 网架节点（采用焊接空心
球节点连接）

图 4-4 某拱形桁架钢桥中的杆件
（采用焊接连接）

定合适的连接方案和节点构造是钢结构设计的重要环节。连接设计不合理会影响结构的造价、安全和寿命。

钢结构的连接方法有焊接连接（图 4-5a）、螺栓连接（图 4-5b）和铆钉连接（图 4-5c）。在工程中的同一连接部位，不得采用普通螺栓或承压型高强度螺栓与焊缝共同受力。在工程改建或修复时作为加固补强措施采用的栓焊并用连接，其计算与构造应符合相关规定。

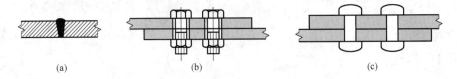

| (a) | (b) | (c) |

图 4-5 钢结构的连接方法
(a)焊接连接；(b)螺栓连接；(c)铆钉连接

1. 焊接连接

在实际工程中，焊接连接是钢结构最主要的连接方式，除在建筑结构中广泛使用外，桥梁结构中钢板件间的工厂连接更是优先选用焊接。焊接是通过加热，将焊条熔化后，在被连接的焊件之间形成液态金属，再经冷却和凝结形成焊缝，使焊件连成一体。焊接连接的优点是经济，不削弱焊件截面，构造简单，加工方便，易于采用自动化作业。另外，焊接的刚度大，连接的密封性好，但是焊件内有较大的残余应力，焊接结构对裂纹很敏感，局部裂纹一旦发生，就容易扩展到整体。所以焊缝质量易受材料、焊接工艺的影响，低温冷脆问题也较为突出。

2. 螺栓连接

螺栓连接需要先在构件上开孔，然后通过拧紧螺栓产生紧固力将被连接板件连成一体。螺栓连接的优点是安装方便，易于拆卸，特别适用于工地安装和拼接。其缺点是需要在板件上开孔，对构件截面有一定的削弱，有时还需增加辅助连接件，故用料增加，构造较繁。

螺栓连接分为普通螺栓连接和高强度螺栓连接两种。对于次要构件、结构构造性连接和临时连接，可以采用普通螺栓连接。对于主要受力结构，应采用高强度螺栓连接。

3. 铆钉连接

铆钉连接的韧性和塑性都比较好，但其构造复杂，比焊接费料，比螺栓连接费工，现已很少使用。

4.2 焊接连接的方法及特性

4.2.1 焊接连接的方法及焊缝的形式

1. 焊接连接的方法

钢结构常用的焊接方法有电弧焊、电渣焊、气体保护焊和电阻焊等。

（1）电弧焊

电弧焊的原理是通电后在涂有焊药的焊条和焊件间产生电弧，由电弧提供热源，使焊条熔化，滴落在焊件上被电弧吹成的小凹槽熔池中，并与焊件熔化部分冷却后凝结成焊缝，把构件连接成一体。电弧焊的焊缝质量比较可靠，是一种最常用的焊接方法。

电弧焊分为手工电弧焊（图 4-6）和自动或半自动埋弧焊（图 4-7）。

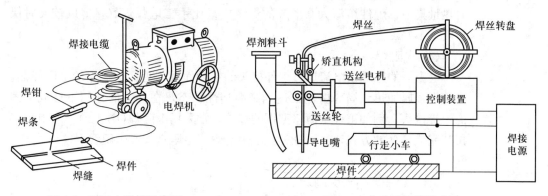

图 4-6　手工电弧焊示意图　　　　图 4-7　自动埋弧焊示意图

手工电弧焊在通电后，焊药随焊条熔化而形成熔渣覆盖在焊缝上，同时产生气体，防止空气与熔化的液体金属接触，保护焊缝不受空气中有害元素的影响。钢结构中常用的焊条型号有 E43、E50、E55 和 E60 系列，其中字母 "E" 表示焊条，后两位数字表示熔敷金属抗拉强度的最小值，单位为 N/mm^2，例如 E43 型焊条，其抗拉强度即为 $430N/mm^2$。焊条应与主体金属强度相适应，当不同强度的钢材连接时，可采用与较低强度的钢材相适应的焊条。

手工电弧焊具有设备简单、适应性强的优点，适用于短焊缝或曲折焊缝的焊接，或施工现场的焊接。

自动或半自动埋弧焊时，没有涂层的焊丝插入从漏斗中流出的焊剂中，通电后由于电弧作用熔化焊丝及焊剂，熔化后的焊剂浮在熔化金属表面起保护作用，使熔化的金属不与外界空气接触，焊剂还可提供给焊缝必要的合金元素以改善焊缝质量。焊接进行时，焊接设备或焊体自行移动或人工移动，焊剂不断由漏斗漏下，电弧完全被埋在焊剂之内，焊丝也不断下降、熔化并完成焊接。自动或半自动埋弧焊所采用的焊丝和焊剂要保证其熔敷金属的抗拉强度不低于相应手工焊焊条的数值。

自动焊和半自动焊的焊缝质量均匀，焊缝内部缺陷少，塑性好，冲击韧性高，抗腐蚀性强，适用于直长焊缝。

（2）电渣焊

电渣焊的原理是利用电流通过熔渣时所产生的热量来熔化金属的一种方法。焊丝作为电极伸入并穿过渣池，使渣池产生电阻热将焊件金属及焊丝熔化，沉积于熔池中，形成焊缝。电渣焊一般在立焊位置进行，目前工程中多用熔嘴电渣焊，以管状焊条作为熔嘴，填充丝从管内递进（图 4-8）。

（3）气体保护焊

气体保护焊是利用二氧化碳气体或其他惰性气体作为保护介质的一种电弧熔焊方法。它直接依靠惰性气体在电弧周围形成局部的保护层，以防止有害气体的侵入并保证焊接过程的稳定性。

气体保护焊的焊缝熔化区没有熔渣，焊工能够清楚地看到焊缝成型的过程。保护气体呈喷射状有助于熔滴的过渡，适用于全位置的焊接。由于焊接时热量集中，焊件熔深大，形成的焊缝质量比手工电弧焊好，但风较大时保护效果不好。

（4）电阻焊

电阻焊的原理是电流通过焊件接头的接触面及邻近区域产生的电阻能热，将被焊金属加热到局部熔化或达到高温塑性状态，在外力的作用下形成牢固的焊接接头。例如工程中薄壁型钢的焊接，常采用电阻焊（图 4-9）。电阻焊接按其完成焊缝的方式，又可分为：电阻对焊、电阻点焊和电阻线焊。

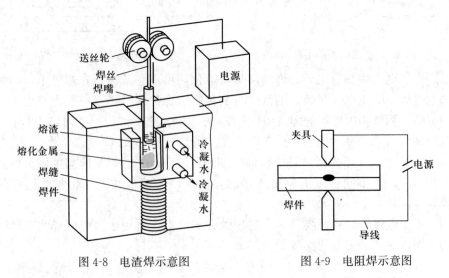

图 4-8　电渣焊示意图　　　　　图 4-9　电阻焊示意图

2. 焊缝的形式

焊缝形式可按不同方法进行划分。

按构件的相对位置分为平接、搭接、顶接和角接等(图 4-10)。

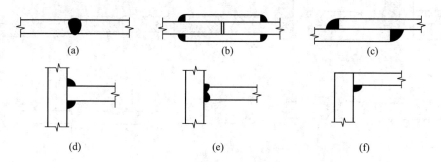

图 4-10 按构件相对位置划分的连接
(a)、(b)平接；(c)搭接；(d)、(e)顶接；(f)角接

按受力特性的不同可分为对接焊缝和角焊缝两种形式。在上面图 4-10 中
(a)和(e)为对接焊缝；(b)、(c)、(d)、(f)为角焊缝。

按施焊位置分为俯焊、横焊、立焊和仰焊(图 4-11)。俯焊时操作方便，
生产效率高，质量易于保证。立焊和横焊的质量及生产效率比俯焊稍差一些。
仰焊的操作条件最差，焊缝质量不易保证，应尽量采用便于俯焊的焊接构造，
避免采用仰焊焊缝。

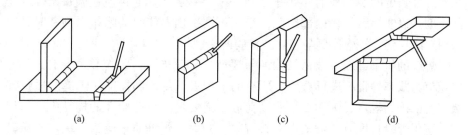

图 4-11 按施焊位置划分的连接
(a)俯焊；(b)横焊；(c)立焊；(d)仰焊

4.2.2 焊缝的缺陷及质量检查标准

在焊接过程中，焊缝金属及其附近热影响区钢材的表面或内部会产生各
种焊缝缺陷。焊缝缺陷种类很多，其中裂纹(图 4-12a、b)是焊缝连接中最危
险的缺陷，分为热裂纹和冷裂纹，前者是在焊接时产生的，后者是在焊缝冷
却的过程中产生的。气孔(图 4-12c)是由空气侵入或受潮的药皮熔化时产生的
气体形成的，也可能是焊件金属上的油、锈、垢物等引起的。焊缝的其他缺
陷有烧穿、夹渣、未焊透、未熔合、咬边、焊瘤(图 4-12d、e、f、g、h、i、
j)以及焊缝尺寸不符合要求、焊缝成形不良等。这些缺陷的存在，削弱了焊缝
的截面面积，不同程度地降低了焊缝强度，在缺陷处容易形成应力集中，对
结构和构件产生不利的影响，成为连接破坏的隐患和根源，因此施工时应引
起足够的重视。

为了避免并减少上述缺陷，保证焊缝连接的可靠性，除了采用合理的焊

51

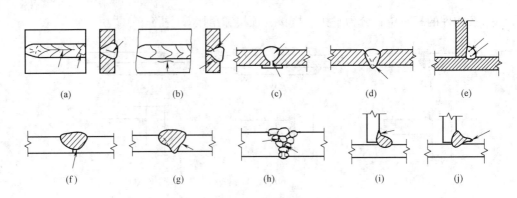

图 4-12 焊缝缺陷

(a)热裂纹；(b)冷裂纹；(c)气孔；(d)烧穿；(e)夹渣；(f)根部未焊透；

(g)边缘未熔合；(h)层间未熔合；(i)咬边；(j)焊瘤

接工艺和措施外，对焊缝进行质量检查非常重要。焊缝依其质量检查标准分为三级，其中三级焊缝只要求通过外观检查，即检查焊缝实际尺寸是否符合设计要求和有无看得见的裂纹、咬边等缺陷。对于重要结构或要求焊缝金属强度等于被焊金属强度的对接焊缝，必须在外观检查的基础上，再做一级或二级质量检验(无损检验)，并满足相应的要求。其中二级要求用超声波检验每条焊缝长度的 20%，且不小于 200mm；一级要求用超声波检验每条焊缝全部长度，以便揭示焊缝内部缺陷。当超声波探伤不能对缺陷作出判断时，应采用射线探伤，探伤比例与超声波检验的比例相同。

焊缝的质量等级应根据结构的重要性、荷载特性、焊缝形式、工作环境以及应力状态等情况进行选用，所有的工程设计规范和标准对焊缝的质量等级都有明确的规定。例如在承受动荷载且需要进行疲劳验算的构件中，作用力垂直于焊缝长度方向的横向对接焊缝受拉时，焊缝质量应为一级，受压时不应低于二级；工作环境温度等于或低于 −20℃ 的地区，构件对接焊缝的质量不得低于二级；承受动荷载但不需要疲劳验算的搭接连接角焊缝，其质量等级可为三级等。

4.2.3　焊接残余应力和焊接残余变形

1. 焊接残余应力的成因

钢结构的焊接过程是在焊件局部区域加热熔化后又冷却凝固的热过程，也是一个不均匀加热和冷却的过程。由于在焊缝附近及周围金属区域温度场分布是不均匀的(图 4-13)，这就导致焊件产生不均匀的膨胀，温度高的钢材膨胀大，但受到周围温度较低、膨胀量较小的钢材所限制，产生了热态塑性压缩。焊缝冷却时，被塑性压缩的焊缝区趋向于缩短，由于收缩不均匀又受到周围钢材限制而产生受拉的残余应力。在低碳钢和低合金钢中，这种拉应力经常达到钢材的屈服强度。焊接应力是一种无荷载作用下的内应力，而且在焊件内部自相平衡，即焊缝及附近金属产生拉应力，距焊缝稍远区段内产生压应力。

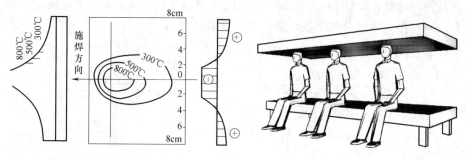

图 4-13 焊接升温时焊缝附近的温度场和应力场　　图 4-14　焊接残余应力成因的示意图

[讨论] 可以用一个比较形象的比喻(图 4-14)来进一步说明焊接残余应力产生的原因。三个身高相等的人①、②、③坐在同一个板凳上,头顶一块不能离开各自头部的厚木板。当②号试图站起来时(相当于焊缝加热要膨胀),受到①和③号的牵制,这时②号身体承受压力,①和③号身体受拉。当焊缝加热并出现熔化时,相当于②号身体内部的压力被释放掉,这时厚木板的高度欲回落一个高度Δ(焊接金属加热部位出现热塑性变形)。在此基础上焊缝冷却收缩,②号回到座位上并继续向下蹲一个Δ,受到两边的牵制,最终的状态是②号身体内部受拉,两边的人身体受压。

所以,产生焊接残余应力的三个充分必要条件是:钢板局部加热、加热温度达到出现热塑性、钢板厚度方向具有一定的刚度,缺少其中任何一个条件都不会产生焊接残余应力。

2. 焊接残余应力的分类

焊接残余应力有纵向焊接残余应力、横向焊接残余应力和厚度方向的残余应力。

(1) 纵向焊接残余应力

纵向焊接应力是由焊缝的纵向收缩引起的。一般情况下,焊缝区及近缝两侧的纵向应力为拉应力区,远离焊缝的两侧为压应力区。用三块板焊成的工字形截面,简化的纵向焊接残余应力如图 4-15 所示。图 4-16 为实际量测得到的纵向残余应力分布情况。

(2) 横向焊接残余应力

横向焊接残余应力产生的原因有两个:一是由于焊缝纵向收缩,两块钢板趋向于形成反方向的弯曲变形,但实际上焊缝将两块钢板连成整体,是不能分开的,于是在焊缝中部产生横向拉应力,而在两端产生横向压应力(图 4-16a)。二是焊缝在施焊过程中,先后冷却的时间不同。例如图 4-16(b)所示,先焊的焊缝(2点)已经凝固,且具有一定的强度,会阻止后焊焊缝(3点)在横向的自由膨胀,使其发生横向的塑性压缩变形。当后焊部

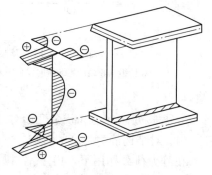

图 4-15　纵向焊接残余应力

㊿

分开始冷却时，3点焊缝的收缩就受到已凝固的2点焊缝限制而产生横向拉应力，同时在先焊部分的2点焊缝内产生横向压应力。

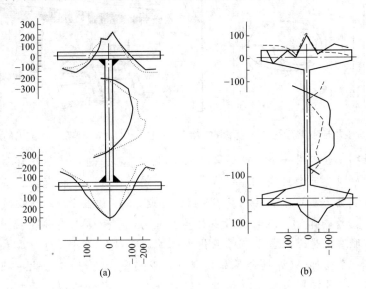

图 4-16　实际量测得到的纵向残余应力

(a)焊接工字钢残余应力分布；(b)热轧工字钢残余应力分布

（3）沿焊缝厚度方向的残余应力

当连接的钢板厚度较大时，需要进行多层施焊，产生了沿钢板厚度方向的焊接残余应力 σ_z（图 4-16c）。纵向、横向和沿厚度方向的三种焊接残余应力 σ_x、σ_y 和 σ_z 往往形成比较严重的三向同号应力场，大大降低结构连接的塑性。

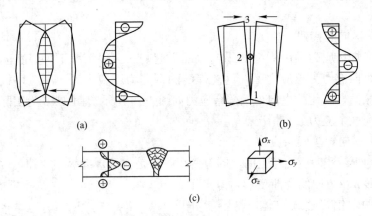

图 4-17　横向及厚度方向的焊接残余应力

(a)焊缝纵向收缩产生的横向残余应力；(b)焊缝横向收缩产生的横向残余应力；
(c)厚度方向的焊接残余应力

3. 焊接残余应力和残余变形对结构工作性能的影响

（1）对结构静力强度的影响

在静力荷载作用下，由于钢材具有一定塑性，焊接残余应力在截面上自相平衡，当焊接残余应力加上外力引起的应力达到屈服点后，应力不再增大，外力可由弹性区域继续承担，直到全截面达到屈服。因此焊接残余应力不影响结构的静力强度。

这一点可由图4-18作简要说明。假定构件符合理想弹塑性假定（图2-4），当构件无残余应力时，由图4-18(a)知其承载力为 $N=htf_y$；当构件纵向残余应力如图4-18(b)分布时，施加轴心拉力后，板中残余拉应力已达屈服强度 f_y 的塑性区域内的应力不再增大，外力 N 仅由弹性区域承担，焊缝两侧受压区的应力由原来的受压逐渐变为受拉，最后应力也达到 f_y。由于焊接残余应力在焊件内部自相平衡，残余压应力的合力必然等于残余拉应力的合力，其承载力仍为 $N=htf_y$。所以有残余应力焊件的承载能力和没有残余应力者完全相同，可见残余应力不影响结构的静力强度。

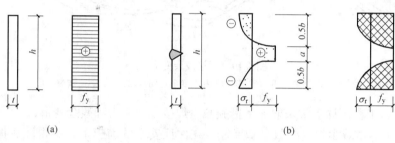

图4-18　残余应力对静力强度的影响

（2）对结构刚度的影响

焊接残余应力会降低结构的刚度。由于进入塑性状态的残余拉应力区域刚度降为零，继续增加的外力仅由弹性区域承担，因此构件必然变形增大，刚度减小。

（3）对压杆稳定性的影响

焊接残余应力使压杆的挠曲刚度减小，抵抗外力增量的弹性区惯性矩减小，从而降低其稳定承载能力。

（4）对低温冷脆的影响

焊接结构中存在着双向或三向同号拉应力场，材料塑性变形的发展受到限制，使材料变脆。特别是在低温下使裂纹更容易发生和发展，加速了构件脆性破坏的倾向。

（5）对疲劳强度的影响

焊缝及其附近的主体金属焊接拉应力通常达到钢材的屈服点，此部位是发展疲劳裂纹最为敏感的区域，因此焊接应力对结构的疲劳强度有明显不利的影响。

4. 减少焊接残余应力和残余变形的措施

在焊接过程中，由于焊缝的收缩变形，构件总要产生一些局部的鼓起、歪曲、弯曲或扭曲等，包括纵向收缩、横向收缩、角变形、弯曲变形、扭曲变形和波浪变形等（图4-19，可扫本页二维码）。这些变形应符合《钢结构工程施工质量验收规范》GB 50205的规定，否则必须加以矫正，以保证构件的承载力和正常使用。

焊接变形

4.2　焊接连接的方法及特性

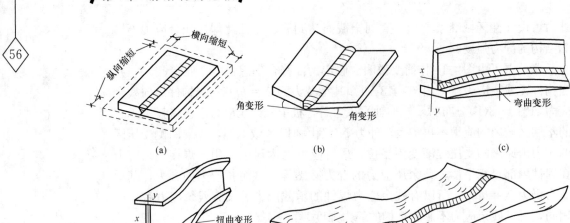

图 4-19 焊接残余变形

(a)纵向和横向收缩；(b)角变形；(c)扭曲变形；(d)弯曲变形；(e)波浪变形

(1)工程设计上常采取如下措施减少焊接残余应力和残余变形：

1)尽量减少焊缝的数量和尺寸。在保证安全的前提下，不得随意加大焊缝厚度。

2)焊缝尽可能对称布置。只要允许，应尽可能使焊缝对称于构件截面的形心轴，以减小焊接变形。图 4-20(a)、(c)所示的焊接处理措施就分别优于图 4-20(b)、(d)。

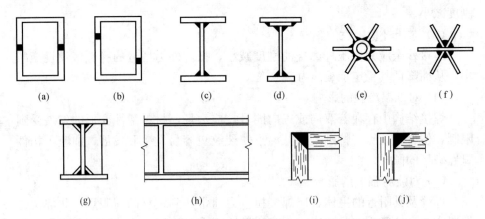

图 4-20 减少焊接残余应力和焊接残余变形的设计措施

3)避免焊缝过分集中或多方向焊缝相交于一点。当几块钢板交汇一处连接时，宜采取图 4-20(e)的方式。如果采用图 4-20(f)的方式，高度集中的热量会引起过大的焊接变形。梁腹板加劲肋与腹板及翼缘的连接焊缝，如图 4-20(g)、(h)所示，就应通过加劲肋内面切角的方式，避免其焊缝与翼缘和腹板间焊缝交叉，以保证主要焊缝(翼缘与腹板的连接焊缝)连续通过。

4)避免板厚方向的焊接应力。厚度方向的焊接收缩应力易引起板材层状撕裂，如图 4-20(i)的焊接处理方式就比图 4-20(j)的方式要好。

（2）在焊接工艺上采取如下措施减少焊接残余应力和焊接残余变形：

焊接顺序

1）采取合理的焊接次序和方向。如钢板对接时采用分段焊（图 4-21a），厚度方向分层焊（图 4-21b），工字形截面采用对角跳焊（图 4-21c），钢板分块拼焊（图 4-21d，见本页二维码）。

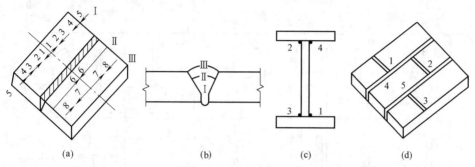

图 4-21　合理的焊接次序

(a)分段退焊；(b)沿厚度分层焊；(c)对角跳焊；(d)钢板分块拼接顺序

2）施焊前给构件一个和焊接变形相反的预变形，使构件在焊接后产生的焊接变形与之正好抵消（图 4-22a、b），从而达到减小焊接变形的目的。

3）预热、后热。对于小尺寸焊件，施焊前预热或施焊后回火（加热至 600℃左右），然后缓慢冷却，可以消除焊接残余应力。

4）用头部带小圆弧的小锤轻击焊缝，使焊缝得到延展，可减小焊接残余应力。另外，也可采用机械方法或氧—乙炔局部加热反弯（图 4-22c）以消除焊接变形。

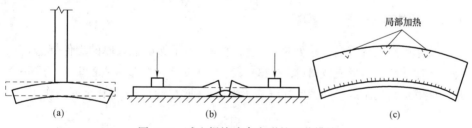

图 4-22　减少焊接残余变形的工艺措施

需要注意的是，焊接残余应力和残余变形相伴而生。焊接过程中构件如受到约束，不能自由变形，残余应力必然较大；当允许被焊构件自由变形时，残余应力会相对减少。在设计、加工、焊后工艺处理几方面同时着手，是减少残余应力和残余变形的有效途径。

4.2.4　常用焊接连接的表示符号

在钢结构施工图上要用焊缝符号表明焊缝的形式、尺寸和辅助要求。焊缝符号主要由图形符号、辅助符号和引出线等部分组成。引出线由带箭头的斜线和横线组成。箭头指到图形上相应的焊缝处，横线的上、下用来标注图形符号和焊缝尺寸。当引出线的箭头指向焊缝所在的一面时，应将图形符号和焊缝尺寸等标注在水平横线的上面；当引出线的箭头指向焊缝所在的另一面时，应将图形符号和焊缝尺寸等标注在水平横线的下面。必要时，可在水平横线的末端加一尾部作其他辅助说明。表 4-1 中列出了一些常用焊缝符号。

常用焊缝符号   表 4-1

	角焊缝				对接焊缝	塞焊缝	三边围焊缝
	单面焊缝	双面焊缝	现场焊缝	相同焊缝			
形式	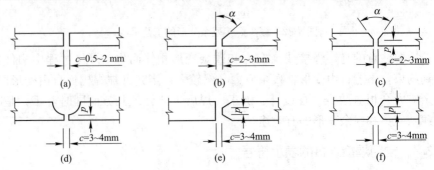						
标注方法							

4.3 对接焊缝连接的构造和计算

根据焊透的程度，对接焊缝可分为焊透型和不焊透型两种。焊透的对接焊缝强度高，受力性能好，故实际工程中均采用此种焊缝。只有当板件较厚而内力较小或不受力时，才可以采用不焊透的对接焊缝。

4.3.1 对接焊缝连接的构造

焊透的对接焊缝在连接处是完全熔透焊，为了保证把较厚的焊件焊透，在焊件一边或两边需形成坡口（图 4-23）。其中斜坡口和根部间隙 c 共同组成一个焊条能够运转的施焊空间，使焊缝易于焊；钝边 p 有托住熔化金属的作用。

图 4-23 对接焊缝的坡口形式

(a)I 形缝；(b)带钝边单边 V 形缝；(c)Y 形缝；(d)带钝边 U 形缝；

(e)带钝边 K 形缝；(f)带钝边 X 形缝

对接焊缝的坡口形式，宜根据板厚和施工条件按现行国家标准选用。当焊件厚度较小（$t \leqslant 10mm$），可采用不切坡口的直边 I 形缝（图 4-23a）。对于一般厚度（$t = 10 \sim 20mm$）的焊件，可采用有斜坡口的带钝边单边 V 形缝或 Y 形缝（图 4-23b、c），以形成一个足够的施焊空间，使焊缝易于焊透。对于较厚的焊件（$t \geqslant 20mm$），应采用带钝边 U 形缝、K 形缝或 X 形缝（图 4-23d、e、f）。

对接焊缝
引弧板

在对接焊缝的拼接处，当钢板宽度或厚度相差 4mm 以上时，为了减少应力集中，应分别从板的宽度方向或厚度方向将一侧或两侧做成图 4-24 所示的斜坡，形成平缓过渡。《钢结构设计标准》GB 50017—2017 规定，斜坡的坡度不大于 1：2.5（当需要进行疲劳计算时，坡度不大于 1：4）。《公路钢结构桥梁设计规范》JTG 64—2015 规定斜坡的坡度不大于 1：5。当板厚相差不大于 4mm 时，可不做斜坡，焊缝打磨平顺，焊缝的计算厚度取较薄板件的厚度。

对接焊缝施焊时的起弧点和落弧点，常因不易熔透而出现凹陷等缺陷，称为焊口，此处极易产生裂纹和应力集中。为消除焊口影响，焊接时可将焊缝的起点和终点延伸至引弧板（图 4-25 见本页二维码）上，焊后将引弧板多余的部分切除，并将板件沿受力方向修磨平整。对于直接承受动力荷载的焊缝，必须用引弧板施焊。仅在承受静力荷载的结构当设置引弧板有困难时，允许不设置引弧板。

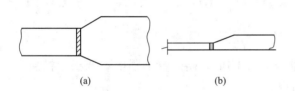

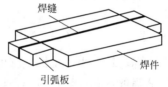

图 4-24　不同宽度或厚度的钢板连接
（a）宽度方向做斜坡；（b）厚度方向做斜坡

图 4-25　引弧板示意图

4.3.2　对接焊缝连接的计算（焊透的对接焊缝）

由于焊透的对接焊缝已经成为焊件截面的组成部分，焊缝计算截面上的应力分布和原焊件基本相同，所以对接焊缝的计算方法就和构件的强度计算相同，只是采用焊缝的强度设计值而已。因此，对于重要的构件，对接焊缝采用引弧板，且按一、二级标准检验焊缝质量合格，焊缝和构件等强，不必另行计算。在计算三级焊缝的抗拉连接时，强度设计值有所降低，其抗拉强度设计值取母材强度设计值的 85%。

1. 钢板对接连接受轴心力作用

在轴心力作用下，对接焊缝承受垂直于焊缝长度方向的轴心力（拉力或压力），如图 4-26 所示，应力在焊缝截面上均匀分布，所以焊缝强度应按式（4-1）计算：

$$\sigma = \frac{N}{l_w t} \leqslant f_t^w \quad 或 \quad f_c^w \tag{4-1}$$

式中　N——轴心拉力或压力的设计值（N）；

59

l_w——焊缝计算长度（mm）；采用引弧板施焊的焊缝，其计算长度取焊缝的实际长度；未采用引弧板时，取实际长度减去 $2t$（t 为较薄板件厚度）；

t——在对接接头中为连接件的较小厚度（mm），不考虑焊缝的余高；在 T 形接头中为腹板厚度；

f_t^w、f_c^w——对接焊缝的抗拉、抗压强度设计值（N/mm^2），见附表 2-2。

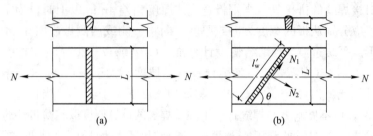

图 4-26 轴心力作用下对接焊缝连接

(a)正对接焊缝；(b)斜对接焊缝

当正对接焊缝(图 4-26a)连接的强度低于焊件的强度时，为了提高连接承载力，可改用斜对接焊缝(图 4-26b)，焊缝计算长度 $l_w' = l_w/\sin\theta$。焊缝强度计算如下：

$$N_2 = \frac{N\sin\theta}{l_w' t} \leqslant f_t^w \tag{4-2}$$

$$N_1 = \frac{N\cos\theta}{l_w' t} \leqslant f_v^w \tag{4-3}$$

经计算，当 $\tan\theta \leqslant 1.5$（即 $\theta \leqslant 56.3°$）时，斜焊缝的强度不低于母材强度，焊缝强度不必计算，但较费材料。

2. 钢板对接连接受弯矩和剪力共同作用

钢板采用对接连接，焊缝计算截面为矩形，根据材料力学可知，在弯矩和剪力作用下，矩形截面的正应力与剪应力图形分别为三角形和抛物线形(图 4-27)。焊缝截面中的最大正应力和最大剪应力不在同一点上，故应分别满足下列强度条件：

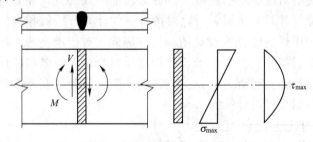

图 4-27 受弯受剪的矩形截面

$$\sigma_{max} = \frac{M}{W_w} \leqslant f_t^w \tag{4-4}$$

$$\tau_{max} = \frac{VS_w}{I_w t} = \leqslant f_v^w \tag{4-5}$$

式中　W_w——焊缝计算截面模量（mm^3）；

　　　S_w——焊缝计算截面在计算剪应力处以上或以下部分截面对中和轴的面积矩（mm^3）；

　　　I_w——焊缝计算截面惯性矩（mm^4）；

　　　f_v^w——对接焊缝的抗剪强度设计值（N/mm^2），见附表2-2。

3. 钢梁的对接或梁柱连接受弯矩和剪力共同作用

梁的拼接或梁与柱的连接可以采用对接焊缝，梁的截面形式有 T 形、工字形等，在拼接或连接节点处受弯矩和剪力共同作用。以图 4-28 所示的双轴对称焊接工字形截面梁拼接为例，说明对接焊缝的计算方法。

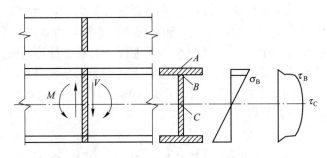

图 4-28　受弯受剪的工字形截面

焊缝计算截面为工字形，其正应力与剪应力的分布较复杂(图4-28)。截面中 A 点的最大正应力和 C 点的最大剪应力，应按式(4-4)和式(4-5)分别计算。此外，对于同时受有较大正应力和较大剪应力的位置(例如腹板与翼缘的交接处 B 点)，还应按下式验算折算应力：

$$\sigma_{eq} = \sqrt{\sigma_B^2 + 3\tau_B^2} \leqslant \beta f_t^w \tag{4-6}$$

式中　σ_B——翼缘与腹板交界处 B 点焊缝正应力（N/mm^2）；

　　　τ_B——翼缘与腹板交界处 B 点焊缝剪应力（N/mm^2）；

　　　β——系数，取 1.1，因为考虑最大折算应力只在焊缝局部位置出现，而将焊缝强度设计值提高 10%。

当轴力与弯矩、剪力共同作用时，要考虑轴力引起的正应力，焊缝的最大正应力即为轴力和弯矩引起的正应力之和，按式(4-7)验算，最大剪应力按式(4-5)验算，折算应力仍按式(4-6)验算。

$$\sigma_{max} = \frac{M}{W_w} + \frac{N}{A_w} \leqslant f_t^w \tag{4-7}$$

【例题 4-1】　梁柱对接连接——对接焊缝承受弯矩、剪力和轴力共同作用。

如图 4-29 所示，一工字形截面梁与柱翼缘采用焊透的对接焊缝连接，钢材为 Q235B 钢，焊条为 E43 型，手工焊，采用三级焊缝质量等级，施焊时采用引弧板。承受静力荷载设计值 $F = 700kN$，$N = 760kN$，试验算该焊缝的连接强度。

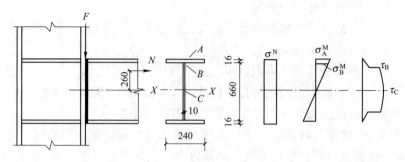

图 4-29　例题 4-1 图

【分析】　通过力学分析可得该连接承受轴心拉力、弯矩和轴心剪力的共同作用。由轴向拉应力、弯曲正应力和剪应力分布图，可找出三个危险点 A、B、C，故该焊缝的强度验算需从三个方面进行：①焊缝计算截面边缘 A 点的最大正应力满足式(4-7)；②形心 C 点的最大剪应力满足式(4-5)；③腹板与翼缘的交接处 B 点同时受有较大正应力和较大剪应力，应满足式(4-6)。

【解】　(1) 受力分析得

$$N = 760\text{kN}$$

$$M = N \cdot e = 760 \times 260 \times 10^{-3} = 197.6\text{kN} \cdot \text{m}$$

$$V = 700\text{kN}$$

(2) 焊缝截面的几何特性

$$A = 2 \times 16 \times 240 + 10 \times 660 = 14280\text{mm}^2$$

$$I_\text{x} = \frac{1}{12}(240 \times 692^3 - 230 \times 660^3) = 1117137760\text{mm}^4$$

$$W_\text{x} = \frac{I_\text{x}}{h} = \frac{1117137760}{346} = 3228722\text{mm}^3$$

$$S_\text{C} = (240 \times 16) \times 338 + (330 \times 10) \times 165 = 1842420\text{mm}^3$$

$$S_\text{B} = (240 \times 16) \times 338 = 1297920\text{mm}^3$$

(3) 各危险点的强度验算

① 最大拉应力(C 点)

$$\sigma_{\text{A,max}} = \sigma_\text{A}^\text{N} + \sigma_\text{A}^\text{M} = \frac{N}{A_\text{n}} + \frac{M}{W_\text{x}} = \frac{760 \times 10^3}{14280} + \frac{197.6 \times 10^6}{3228722} = 114.2\text{N/mm}^2 < f_\text{t}^\text{w} =$$

185N/mm^2，满足。

② 最大剪应力(C 点)

$$\tau_\text{C} = \frac{VS_\text{C}}{I_\text{x}t_\text{w}} = \frac{700 \times 10^3 \times 1842420}{1117137760 \times 10} = 115.45\text{N/mm}^2 < f_\text{v}^\text{w} = 125\text{N/mm}^2，满足。$$

③ 折算应力(B 点)

$$\tau_\text{B} = \frac{VS_\text{B}}{I_\text{x}t_\text{w}} = \frac{700 \times 10^3 \times 1297920}{1117137760 \times 10} = 81.33\text{N/mm}^2$$

$$\sigma_\text{B} = \frac{N}{A_\text{n}} + \frac{M}{W_\text{x}} \cdot \frac{h_0}{h} = \frac{760 \times 10^3}{14280} + \frac{197.6 \times 10^6}{3228722} \times \frac{330}{346} = 111.6\text{N/mm}^2$$

$$\therefore \quad \sqrt{\sigma_B^2 + 3\tau_B^2} = \sqrt{111.6^2 + 3 \times 81.33^2} = 179.7\text{N/mm}^2 < 1.1f_t^w = 1.1 \times 185 =$$

203.5N/mm^2，满足。

4.4 角焊缝连接的构造和计算

4.4.1 角焊缝连接的构造和受力性能

1. 角焊缝的形式

角焊缝是最常用的焊缝，按两焊脚边的夹角不同，可分为直角角焊缝(图4-30a)和斜角角焊缝(图4-30b)。一般应尽量采用直角焊缝；除钢管结构外，夹角大于135°或小于60°的斜角角焊缝不宜用作受力焊缝。

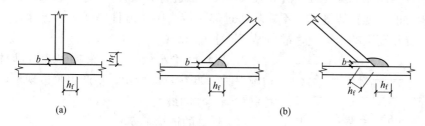

图 4-30　角焊缝的形式

(a)直角角焊缝；(b)斜角角焊缝

直角角焊缝通常做成表面微凸的等腰直角三角形，图4-30中直角边长h_f称为焊脚尺寸。角焊缝截面形式有普通焊缝、平坡焊缝、凹焊缝等几种。

一般情况下常用普通焊缝(图4-31a)。在直接承受动力荷载的结构中，为使传力平缓，正面角焊缝宜采用图4-31(b)所示边长比为1:1.5的平坡焊缝；侧面角焊缝可用边长比为1:1的凹焊缝(图4-31c)。

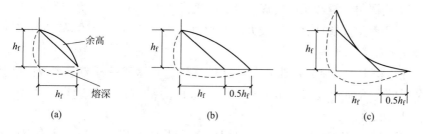

图 4-31　直角角焊缝的截面形式

(a)普通焊缝；(b)平坡焊缝；(c)凹焊缝

2. 角焊缝的构造

(1) 焊脚尺寸h_f。

角焊缝的焊脚尺寸h_f应与焊件的厚度相适应。焊脚尺寸不宜过小，否则施焊时冷却速度过快易产生裂缝；焊脚尺寸也不宜太大，避免焊接时热量过大，使焊缝冷却收缩时产生较大的焊接残余应力和残余变形，且热影响区扩大，容易产生脆性断裂。所以焊脚尺寸的最小值和最大值应满足以下要求：

1) 焊脚尺寸 h_f 最小值：应符合表 4-2 的规定。

角焊缝最小焊脚尺寸（mm）　　　　　　　　　　　表 4-2

母材厚度 t	角焊缝最小焊脚尺寸 h_f
$t \leqslant 6$	3
$6 < t \leqslant 12$	5
$12 < t \leqslant 20$	6
$t > 20$	8

表 4-2 中，母材厚度的取值应按两种情况考虑，当采用不预热的非低氢焊接方法进行焊接时，t 等于焊接接头中较厚板件的厚度，宜采用单道焊缝；当采用预热的非低氢焊接方法或低氢焊接方法进行焊接时，t 等于焊接接头中较薄板件的厚度。焊缝尺寸不要求超过焊接接头中较薄件厚度的情况除外；对于承受动荷载的角焊缝，最小焊脚尺寸为 5mm。

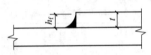

2) 焊脚尺寸 h_f 最大值：搭接焊缝沿母材棱边施焊时，如图 4-32 所示，易产生咬边现象，应控制焊脚尺寸的最大值。

图 4-32　贴边焊示意图

(2) 焊缝的计算长度 l_w。

角焊缝的长度过小，会使焊件局部加热严重，且施焊时起弧、落弧坑相距太近，加上一些可能产生的缺陷，使焊缝不够可靠。另外对搭接连接的侧面角焊缝而言，如果焊缝长度过小，也会造成严重的应力集中。但是侧面角焊缝越长，其应力沿长度分布越不均匀，两端大中间小，焊缝两端应力可先达到极限强度而破坏，而且这种应力分布的不均匀性，对承受动力荷载的构件尤其不利。所以，《钢结构设计标准》焊缝计算长度的最小值和最大值有如下规定：

1) 侧面角焊缝和正面角焊缝计算长度最小值不小于 $8h_f$ 和 40mm；

2) 侧面角焊缝计算长度最大值不超过 $60h_f$，当大于上述规定时，其超过部分在计算中不予考虑。

在工程中，工字梁的腹板与翼缘连接焊缝，屋架弦杆与节点板的连接焊缝及梁的支承加劲板与腹板的连接焊缝等内力沿侧面角焊缝全长均匀分布，焊缝计算长度不受此限。

《公路钢结构桥梁设计规范》对上述取值规定略有不同，具体内容可参见该规范。

(3) 只采用纵向角焊缝连接型钢杆件端部时（图 4-33a），为了避免因横向收缩引起型钢拱曲太大，型钢杆件的宽度不应大于 200mm，当宽度大于 200mm 时，应加横向角焊或中间塞焊（图 4-33b）；型钢杆件每一侧纵向角焊缝的长度不应小于型钢杆件的宽度。

(4) 在搭接连接中，当仅采用正面角焊缝时（图 4-34），其搭接长度不得小于焊件较小厚度的 5 倍，且不应小于 25mm。

（5）杆件端部搭接采用三面围焊时，在转角处截面突变，会产生应力集中，如在此处起灭弧，可能出现弧坑或咬边等缺陷，从而加大应力集中的影响，故围焊的转角处必须连续施焊。对于非围焊情况，当角焊缝的端部在构件转角处时，可连续地作长度为 $2h_f$ 的绕角焊（图4-35）。

不同的设计规范（标准）对上述规定略有不同，但原理是一样的。

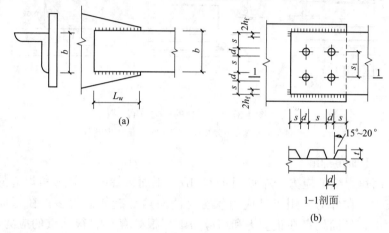

图4-33　防止板件拱曲的构造

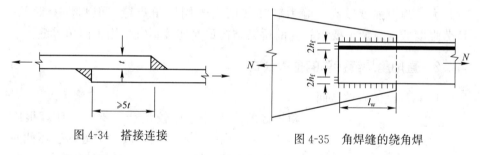

图4-34　搭接连接　　　　　图4-35　角焊缝的绕角焊

3. 角焊缝的受力性能

角焊缝按其受力的方向和位置可分为平行于力作用方向的侧面角焊缝和垂直于力作用方向的正面角焊缝，如图4-36所示。

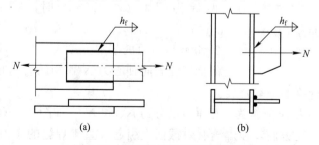

图4-36　侧面角焊缝与正面角焊缝

（a）侧面角焊缝；（b）正面角焊缝

（1）侧面角焊缝

侧面角焊缝主要承受剪应力作用，应力分布见图4-37（a）。侧面角焊缝弹性模量小，强度较低，但塑性好。在弹性阶段，其应力沿焊缝长度分布并不均匀，呈两端大中间小的状态，焊缝越长越不均匀。但由于侧面角焊缝的塑性较好，两端出现塑性变形后，产生应力重分布，可使应力分布的不均匀现象渐趋缓和。

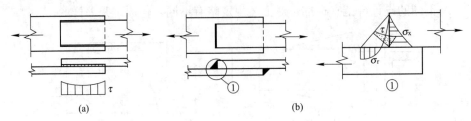

图 4-37　角焊缝的应力分布

(a)侧面角焊缝应力分布；(b)正面角焊缝应力分布

（2）正面角焊缝

正面角焊缝的应力分布见图 4-37(b)，正面角焊缝与侧面角焊缝的性能差别较大，在外力作用下其应力状态比侧面角焊缝复杂得多。在正面角焊缝截面中，各面均存在正应力和剪应力，焊根处存在着很严重的应力集中。这一方面是由于力线弯折，另一方面则是因为在焊根处正好是两焊件接触面的端部，相当于裂缝的尖端。正面角焊缝的受力以正应力为主，因而刚度较大，静力强度较高，静力破坏强度高于侧面角焊缝，但塑性变形差，疲劳强度低，对疲劳要求较高的桥梁结构重要连接不宜采用正面角焊缝。

4.4.2　直角角焊缝计算的基本公式

1. 角焊缝的有效截面

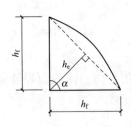

角焊缝的应力分布比较复杂，要精确计算很困难，因此常采用简化计算方法，假定焊缝的破坏截面在平分角焊缝夹角 α 的截面，称为角焊缝的有效截面，有效截面的高度(不考虑焊缝余高)称为角焊缝的有效厚度 h_e(图 4-38)。直角角焊缝有效厚度 h_e 为：当图 4-30 两焊件间隙 $b \leqslant 1.5\text{mm}$ 时，$h_e = 0.7h_f$；当 $1.5\text{mm} < b \leqslant 5\text{mm}$ 时，$h_e = 0.7(h_f - b)$。

图 4-38　角焊缝有效厚度计算简图

2. 角焊缝计算的基本公式

下面以受斜向轴心力 N 作用的直角角焊缝为例，推导角焊缝计算的基本公式。

斜向轴心力 N 分解为互相垂直的分力 N_x 和 N_y，如图 4-39(a)所示。N_y 垂直于焊缝长度方向，在焊缝有效截面上引起垂直于焊缝的应力 σ_f，该应力又可分解为垂直焊缝有效截面的 $\sigma_\perp$ 和平行焊缝有效截面的 $\tau_\perp$。

由图 4-39(b)知：
$$\sigma_\perp = \tau_\perp = \frac{\sigma_f}{\sqrt{2}} \tag{4-8}$$

N_x 平行于焊缝长度方向，在焊缝有效截面上引起剪应力。

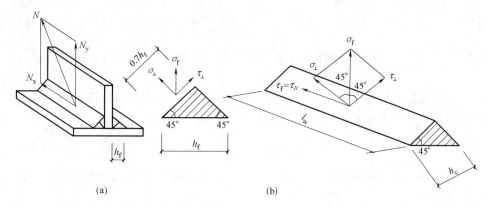

图 4-39 角焊缝有效截面上的应力分析

$$\tau_{/\!/} = \tau_f \qquad (4\text{-}9)$$

在外力作用下，直角角焊缝有效截面上产生三个方向的应力，即 $\sigma_\perp$、$\tau_\perp$、$\tau_{/\!/}$。可用下式表示三个方向应力与焊缝强度间的关系：

$$\sqrt{\sigma_\perp^2 + 3(\tau_\perp^2 + \tau_{/\!/}^2)} \leqslant \sqrt{3} f_f^w \qquad (4\text{-}10)$$

式中　$\sigma_\perp$——垂直于角焊缝有效截面上的正应力（N/mm²）；

　　　$\tau_\perp$——有效截面上垂直于焊缝长度方向的剪应力（N/mm²）；

　　　$\tau_{/\!/}$——有效截面上平行于焊缝长度方向的剪应力（N/mm²）；

　　　f_f^w——角焊缝的强度设计值（N/mm²），把它看作为剪切强度，因而乘以 $\sqrt{3}$。

将式(4-8)、式(4-9)代入式(4-10)中，化简后就得到直角角焊缝强度计算的基本公式：

$$\sqrt{\left(\frac{\sigma_f}{\beta_f}\right)^2 + \tau_f^2} \leqslant f_f^w \qquad (4\text{-}11)$$

式中　β_f——正面角焊缝的强度设计值增大系数，对直接承受静力荷载或间接承受动力荷载的结构，$\beta_f = 1.22$；对直接承受动力荷载的结构，$\beta_f = 1.0$。

　　　σ_f——按角焊缝有效截面计算，垂直于焊缝长度方向的正应力（N/mm²）；

　　　τ_f——按角焊缝有效截面计算，沿焊缝长度方向的剪应力（N/mm²）。

4.4.3　常用连接方式的直角角焊缝的计算

1. 焊缝受轴心力作用

（1）钢板连接

在实际工程中，钢板间连接是最常见的一种形式。当焊件承受通过连接焊缝形心的轴心力时，可认为角焊缝有效截面上的应力是均匀分布的，下面给出了在轴力作用下的几种典型计算公式。

① 轴心力与焊缝长度方向垂直——正面角焊缝，公式(4-11)中的 $\tau_f = 0$，所以计算公式简化为：

67

$$\sigma_f = \frac{N}{h_e \cdot \sum l_w} \leqslant \beta_f f_f^w \qquad (4\text{-}12)$$

式中 l_w——角焊缝的计算长度（mm）。有引弧板时，$l_w = l$（l 为焊缝实际长度）；无引弧板时，$l_w = l - 2h_f$。

② 轴心力与焊缝长度方向平行——侧面角焊缝，公式(4-11)中的 $\sigma_f = 0$，所以计算公式简化为：

$$\tau_f = \frac{V}{h_e \cdot \sum l_w} \leqslant f_f^w \qquad (4\text{-}13)$$

③ 轴心力与焊缝成一夹角(图 4-40)，在角焊缝有效截面上同时存在 σ_f 和 τ_f，所以按公式(4-11)计算。

式中

$$\sigma_f = \frac{F \cdot \cos\alpha}{h_e \cdot \sum l_w}; \quad \tau_f = \frac{F \cdot \sin\alpha}{h_e \cdot \sum l_w}$$

【例题 4-2】 柱与牛腿连接——角焊缝群承受剪力和拉力共同作用

如图 4-40 所示，钢板与柱翼缘用直角角焊缝连接。已知焊缝承受的静态斜向力设计值 $F = 280$kN，$\alpha = 30°$，焊脚尺寸 $h_f = 8$mm，焊缝实际长度 $l = 155$mm，钢材为 Q235B，手工焊，焊条为 E43 型，验算角焊缝的强度。

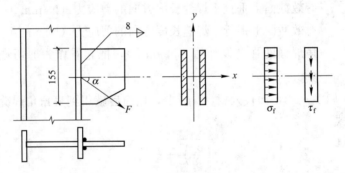

图 4-40 例题 4-2 图

【解】 此题符合上述的第③种情况。

将斜向力 F 分解为垂直于焊缝的分力 N 和平行于焊缝的分力 V，得：

$$N = F\cos\alpha = 280 \times \cos30° = 242.5\text{kN}$$

$$V = F\sin\alpha = 280 \times \sin30° = 140\text{kN}$$

则有

$$\sigma_f = \frac{N}{2 \times 0.7h_f \times l_w} = \frac{242.5 \times 10^3}{2 \times 0.7 \times 8 \times (155 - 2 \times 8)} = 155.8\text{N/mm}^2$$

$$\tau_f = \frac{V}{2 \times 0.7h_f \times l_w} = \frac{140 \times 10^3}{2 \times 0.7 \times 8 \times (155 - 2 \times 8)} = 89.9\text{N/mm}^2$$

角焊缝同时承受 σ_f 和 τ_f 的作用，可用基本公式(4-11)验算：

$$\sqrt{\left(\frac{\sigma_f}{\beta_f}\right)^2 + \tau_f^2} = \sqrt{\left(\frac{155.8}{1.22}\right)^2 + 89.9^2} = 156.1\text{N/mm}^2 < f_f^w = 160\text{N/mm}^2,$$

满足。

（2）角钢与节点板连接

桁架结构中的杆件常采用单角钢或双角钢与钢板焊接的形式，例如钢屋架的弦杆、腹杆与节点板的连接，钢桁架桥的结构杆件与节点板的连接都采用角焊缝。

当角钢与钢板用角焊缝连接时，一般采用两条侧面角焊缝（图 4-41a），也可采用三面围焊（图 4-41b），特殊情况下也允许采用 L 形围焊（图 4-41c）。

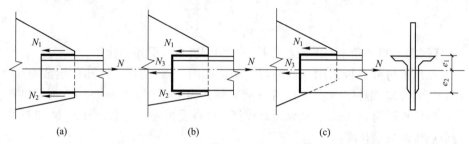

图 4-41　角钢与钢板用角焊缝连接受轴心力作用

虽然轴心力通过截面形心，但由于截面形心到角钢肢背和肢尖的距离不等，所以肢背焊缝和肢尖焊缝受力也不相等。由力的平衡关系（$\sum M=0$；$\sum N=0$）可求出各条焊缝的受力。

① 如图 4-41（a）所示，仅采用两条侧面角焊缝连接时，肢背和肢尖角焊缝所受的内力为：

$$肢背 \ N_1=e_2N/(e_1+e_2)=K_1N \qquad (4\text{-}14a)$$

$$肢尖 \ N_2=e_1N/(e_1+e_2)=K_2N \qquad (4\text{-}14b)$$

式中　K_1、K_2——肢背、肢尖角焊缝的内力分配系数，见表 4-3。

角钢角焊缝的内力分配系数　　　　　表 4-3

角钢类型	连接形式	内力分配系数	
		肢背 K_1	肢尖 K_2
等肢角钢		0.7	0.3
不等肢角钢短肢连接		0.75	0.25
不等肢角钢长肢连接		0.65	0.35

② 如图 4-41（b）所示，采用三面围焊时，正面角焊缝承担的力为：

$$N_3=0.7h_f\sum l_{w3}\beta_f f_f^w$$

则　　　　　肢背 $N_1=e_2 N/(e_1+e_2)-N_3/2=K_1 N-N_3/2$　　　　(4-15a)

肢尖 $N_2=e_1 N/(e_1+e_2)-N_3/2=K_2 N-N_3/2$　　　　(4-15b)

式中　l_{w3}——端部正面角焊缝的计算长度。采用三面围焊时，杆件端部转角处必须连续施焊，因此 l_{w3} 等于角钢拼接肢的肢宽 b。

③ 如图 4-41(c)所示，采用 L 形焊缝时，正面角焊缝承担的力为：

$$N_3=0.7h_f\sum l_{w3}\beta_f f_f^w$$

则

肢背 $N_1=N-N_3$　　　　(4-16)

【例题 4-3】　角钢与节点板连接——角焊缝群承受拉力作用。

双角钢与节点板采用三面围焊连接，如图 4-42 所示。已知角钢截面 2L $125\times80\times10$，钢材为 Q235B，手工焊，焊条为 E43 型，$h_f=8$mm，肢背和节点板搭接长度为 300mm。试确定此连接所能承受的静力荷载设计值 N 和肢尖与节点板的搭接长度。

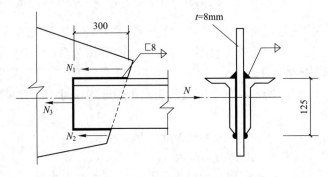

图 4-42　例题 4-3 图

【分析】　本题的连接为三面围焊连接的情况，首先根据已知条件求得端焊缝和肢背焊缝所受的内力，然后得出肢尖焊缝承受的内力，即可求出所能承受的最大静力荷载设计值和肢尖与节点板的搭接长度。

肢背和肢尖焊缝为侧面角焊缝，由公式(4-13)可推导出两侧面角焊缝的计算长度：

$$l_{w1}=\frac{N_1}{2\times0.7h_{f1}f_f^w}$$　　　　(4-17a)

$$l_{w2}=\frac{N_2}{2\times0.7h_{f2}f_f^w}$$　　　　(4-17b)

式中　h_{f1}、l_{w1}——一个角钢肢背上侧面角焊缝的焊脚尺寸及计算长度；

h_{f2}、l_{w2}——一个角钢肢尖上侧面角焊缝的焊脚尺寸及计算长度。

【解】　查表 4-3，不等肢角钢长肢相拼，角钢肢尖、肢背焊缝的分配系数 $K_2=0.35$；$K_1=0.65$；

由附表 2-2 查得：角焊缝的强度设计值为：$f_f^w=160$N/mm²。

① 焊缝受力计算

正面角焊缝承担的力为：

$$N_3 = 2h_e l_{w3} \beta_f f_f^w = 2 \times 0.7 \times 8 \times 125 \times 1.22 \times 160 \times 10^{-3} = 273.3kN$$

肢背焊缝受力：

$$N_1 = 2h_e l_{w1} f_f^w = 2 \times 0.7 \times 8 \times (300-8) \times 160 \times 10^{-3} = 523.3kN$$

因 $N_1 = K_1 N - \dfrac{N_3}{2} = 0.65N - \dfrac{273.3}{2}$

故 $N = \left(523.3 + \dfrac{273.3}{2}\right) \Big/ 0.65 = 1015.3kN$

肢尖焊缝受力：

$$N_2 = K_2 N - \frac{N_3}{2} = 0.35 \times 1015.3 - \frac{273.3}{2} = 218.7kN$$

② 焊缝长度计算

肢尖焊缝计算长度为：

$$l_{w2} = N_2 / (2 \times 0.7 h_f \times f_f^w) = 218.7 \times 10^3 / (2 \times 0.7 \times 8 \times 160) = 122mm$$

因需满足计算长度的构造要求，取肢尖焊缝长度：

$$l_2 = l_{w2} + h_f = 122 + 8 = 130mm$$

故该连接承载力为 1015.3kN，肢尖焊缝长度取为 130mm。

（3）拼接盖板的设计

两块钢板对接，上下用双盖板与之采用角焊缝连接，这一类问题在实际工程中是经常遇到的。拼接盖板和钢板的连接可采用两面侧焊或三面围焊的方法，盖板尺寸的设计应根据拼接板承载力不小于主板承载能力的原则，即拼接板的总截面面积不应小于被连接钢板的截面积，材料与主板相同，同时满足构造要求 $b \leqslant l_w$，而盖板的长度则由侧面焊缝的长度确定。

【例题 4-4】 双盖板拼接连接——角焊缝群承受拉力作用。

双盖板的拼接连接（图 4-43），钢材为 Q235B，采用 E43 型焊条，手工焊。已知钢板截面为 $-12mm \times 300mm$，承受轴心力设计值 $N = 650kN$（静力荷载）。试设计拼接盖板的尺寸。

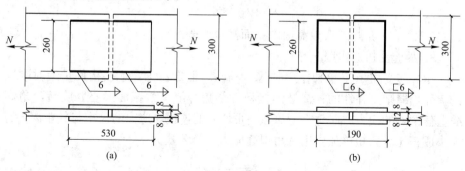

图 4-43 例题 4-4 图

(a)采用侧面角焊缝连接；(b)采用三面围焊连接

【解】 （1）采用侧面角焊缝连接时（图 4-43a）

先确定焊脚尺寸：最大焊脚尺寸 $h_{fmax} = t - (1 \sim 2) = 8 - (1 \sim 2) = 7 \sim 6mm$

最小焊脚尺寸 $h_{\text{fmin}}=1.5\sqrt{12}=5.2\text{mm}$

故取焊脚尺寸 $h_{\text{f}}=6\text{mm}$

根据强度条件选定拼接盖板的截面积，考虑到拼接板侧面施焊，拼接板每侧应缩进 20mm，略大于 $2h_{\text{f}}$，取拼接板宽度为 260mm，厚度取 8mm。

所以 $A'=2\times260\times8=4160\text{mm}^2>A=300\times12=3600\text{mm}^2$

焊缝长度，按每侧 4 条计算。

则每条侧面角焊缝的计算长度：

$$l_{\text{w}}=N/(4\times0.7h_{\text{f}}f_{\text{f}}^{\text{w}})=650\times10^3/(4\times0.7\times6\times160)=241.8\text{mm}$$

应满足 $8h_{\text{f}}\leqslant l_{\text{w}}\leqslant60h_{\text{f}}$，即 $48\text{mm}\leqslant l_{\text{w}}\leqslant360\text{mm}$

故 $l=l_{\text{w}}+2h_{\text{f}}=241.8+2\times6=253.8\text{mm}$，取 $l=260\text{mm}$。

故拼接板长度为（考虑板间缝隙 10mm）：

$$L=2l+10\text{mm}=2\times260+10=530\text{mm}$$

（2）采用三面围焊时（图 4-43b）

由上述已知，$h_{\text{f}}=6\text{mm}$，拼接板宽度为 260mm，故厚度取 8mm。

正面角焊缝承担的力为

$$N'=2h_{\text{e}}l_{\text{w}}'\beta_{\text{f}}f_{\text{f}}^{\text{w}}=2\times0.7\times6\times260\times1.22\times160\times10^{-3}=426.3\text{kN}$$

侧面角焊缝长度为（每侧 4 条）

$$l=(N-N')/(4h_{\text{e}}f_{\text{f}}^{\text{w}})+h_{\text{f}}=(650-426.3)\times10^3/(4\times0.7\times6\times160)+6=$$

$89.2\text{mm}<60h_{\text{f}}$ 取 $l=90\text{mm}$

故拼接板长度为（考虑板间缝隙 10mm）：

$$L=2l+10\text{mm}=190\text{mm}$$

比较以上两种拼接方案，可见采用三面围焊的连接方案可行且较为经济。

2. 焊缝受弯矩作用

在弯矩 M 单独作用下，角焊缝有效截面上的应力呈三角形分布，其边缘纤维最大弯曲应力的计算公式为：

$$\sigma_{\text{f}}=\frac{M}{W_{\text{w}}}\leqslant\beta_{\text{f}}\cdot f_{\text{f}}^{\text{w}} \tag{4-18}$$

式中　W_{w}——角焊缝有效截面的截面模量（mm^3）。

3. 焊缝受扭矩作用

角焊缝受扭矩 T 单独作用时（图 4-44），假定：①被连接构件是绝对刚性的，而焊缝则是弹性的；②被连接板件绕角焊缝有效截面形心 o 旋转，角焊缝上任一点的应力方向垂直于该点与形心 o 的连线，应力的大小与其距离 r 的大小成正比。扭矩单独作用时角焊缝应力计算公式为：

$$\tau_{\text{A}}=\frac{T\cdot r_{\text{A}}}{J} \tag{4-19}$$

式中　J——角焊缝有效截面的极惯性矩（mm^4），$J=I_{\text{x}}+I_{\text{y}}$；

　　　r_{A}——A 点至形心 o 点的距离（mm）。

上式所给出的应力 τ_{A} 与焊缝长度方向呈斜角，把它分解到 x 轴上和 y 轴上的分应力为：

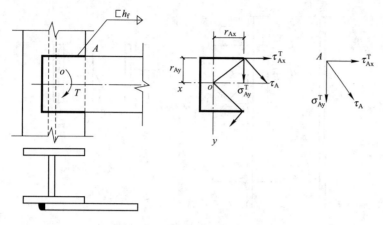

图 4-44　受扭矩作用的角焊缝

$$\tau_{Ax}^{T}=\frac{T \cdot r_{Ay}}{J} \quad \text{（侧面角焊缝受力性质）} \tag{4-20a}$$

$$\sigma_{Ay}^{T}=\frac{T \cdot r_{Ax}}{J} \quad \text{（正面角焊缝受力性质）} \tag{4-20b}$$

[讨论]　在学习过程中，很容易将焊缝所受的弯矩和扭矩作用混淆，我们可以通过下面的分析来加以区别。图 4-45(a) 中，力矩与焊缝群的计算截面垂直，则焊缝受弯矩作用；图 4-45(b) 中，力矩与焊缝群的计算截面位于同一平面内，则焊缝受扭矩作用。

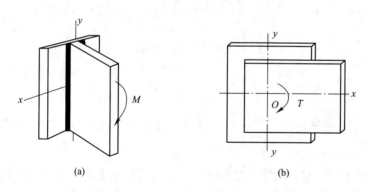

(a)　　　　　　　　　　　　(b)

图 4-45　弯矩和扭矩的区别
(a)力矩 M 与焊缝群所在平面相互垂直，焊缝群受弯矩作用；
(b)力矩 T 与焊缝群所在平面相互垂直，焊缝群受扭矩作用

【例题 4-5】　柱与牛腿连接——角焊缝群承受弯矩和剪力共同作用。

在柱翼缘上焊接一块钢板，采用两条侧面角焊缝连接(图 4-46)。已知焊脚尺寸 $h_f=8mm$，连接受集中静力荷载 $F=160kN$，试验算连接焊缝的强度能否满足要求。（施焊时无引弧板）

【分析】　钢板与柱采用角焊缝连接，承受弯矩、剪力作用。从焊缝计算截面上的应力分布可以看出，图中的 A 点的弯曲应力和剪应力分别按式(4-18)、式(4-13)求得。A 点受力最大，如果该点强度满足要求，则角焊缝连接即可以

73

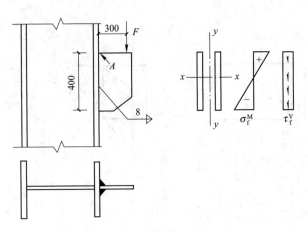

图 4-46 例题 4-5 图

安全承载。

【解】 查附表 2-2，$f_f^w = 160 \text{N/mm}^2$，将外荷载向焊缝群形心简化，

得：
$$V = F = 160 \text{kN}$$
$$M = Fe = 160 \times 300 = 48000 \text{kN} \cdot \text{mm}$$

因施焊时无引弧板，所以

$$l_w = l - 2h_f = 400 - 2 \times 8 = 384 \text{mm}$$

$$A_w = 2 \times 0.7 h_f \times l_w = 2 \times 0.7 \times 8 \times 384 = 4300.8 \text{mm}^2$$

$$W_w = \frac{2h_e l_w^2}{6} = \frac{2 \times 0.7 \times 8 \times 384^2}{6} = 275251.2 \text{mm}^3$$

$$\tau_f^V = \frac{V}{A_w} = \frac{160000}{4300.8} = 37.2 \text{N/mm}^2$$

$$\sigma_f^M = \frac{M}{W_w} = \frac{48 \times 10^6}{275251.2} = 174.4 \text{N/mm}^2$$

所以 $\sqrt{\left(\dfrac{\sigma_f}{\beta_f}\right)^2 + \tau_f^2} = \sqrt{\left(\dfrac{174.4}{1.22}\right)^2 + 37.2^2} = 147.25 \text{N/mm}^2 < f_f^w = 160 \text{N/mm}^2$，

故该连接强度满足要求。

【例题 4-6】 柱与工字形梁连接——角焊缝群承受弯矩和剪力共同作用。

如图 4-47 所示工字形牛腿与钢柱的连接节点，静态荷载设计值 $N = 365 \text{kN}$，偏心距 $e = 250 \text{mm}$，焊脚尺寸 $h_f = 6 \text{mm}$，钢材为 Q235B，焊条为 E43 型，手工焊，施焊时采用引弧板。试验算角焊缝的强度。

当工字形梁（或牛腿）与钢柱翼缘连接时（图 4-47a），通常承受弯矩 M 和剪力 V 的联合作用。图 4-47(b) 为焊缝有效截面的示意图，由于翼缘的竖向刚度较差，一般不考虑其承受剪力，所以假设全部剪力由腹板焊缝承受，且剪应力在腹板焊缝上是均匀分布的，而弯矩则由全部焊缝承受（图 4-47c）。

【分析】 由于翼缘焊缝只承受垂直于焊缝长度方向的弯曲应力，最大应力发生在翼缘焊缝的最外边缘纤维处，应满足角焊缝的强度条件：

$$\sigma_{f1} = \frac{M}{I_w} \cdot \frac{h}{2} \leqslant \beta_f f_f^w \tag{4-21}$$

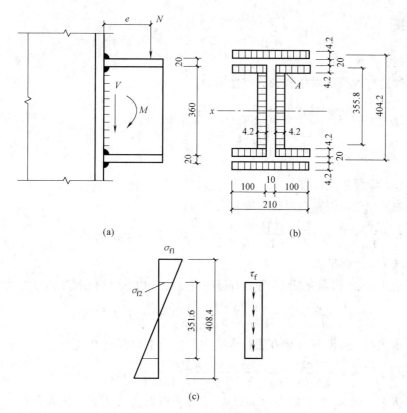

图 4-47 例题 4-6 图

式中 h——上下翼缘焊缝有效截面最外纤维之间的距离（mm）；

I_w——全部焊缝有效截面对中和轴的惯性矩（mm^4）。

腹板焊缝承受垂直于焊缝长度方向的弯曲正应力和平行于焊缝长度方向的剪应力。设计控制点为翼缘焊缝与腹板焊缝的交点处 A，此处的弯曲应力和剪应力分别按下式计算：

$$\sigma_{f2} = \frac{M}{I_w} \cdot \frac{h_2}{2} \qquad (4-22)$$

$$\tau_f = \frac{V}{\sum(h_{e2}l_{w2})} \qquad (4-23)$$

式中 h_2——腹板焊缝的实际长度（mm）；

$\sum(h_{e2}l_{w2})$——腹板焊缝有效截面积之和（mm^2）。

则腹板焊缝在 A 点的强度验算式为：

$$\sqrt{\left(\frac{\sigma_{f2}}{\beta_f}\right)^2 + \tau_f^2} \leqslant f_f^w \qquad (4-24)$$

【解】

（1）受力分析

将竖向力 N 向焊缝群形心简化，在角焊缝形心处引起剪力和弯矩，属于承受弯矩 M 和剪力 V 的联合作用的情况。

则
$$V=N=365\text{kN}$$
$$M=Ne=365\times0.25=91.25\text{kN}\cdot\text{m}$$

（2）参数计算

焊缝有效截面对中和轴的惯性矩为：

$$I_x=2\times\frac{4.2\times351.6^3}{12}+2\times210\times4.2\times202.1^2+4\times100\times4.2\times177.9^2$$

$$=155.64\times10^6\text{mm}^4$$

（3）焊缝强度计算

由式（4-21）得翼缘焊缝的最大应力为：

$$\sigma_{f1}=\frac{M}{I_x}\cdot\frac{h}{2}=\frac{91.25\times10^6\times408.4}{10^6\times155.64\times2}=119.72\text{N/mm}^2<\beta_f f_f^w=1.22\times160=$$

195N/mm^2，满足。

由式（4-22）得翼缘焊缝与腹板焊缝的交点处 A 由弯矩 M 引起的最大应力为：

$$\sigma_{f2}=\frac{M}{I_w}\cdot\frac{h_2}{2}=\frac{91.25\times10^6}{155.64\times10^6}\cdot\frac{351.6}{2}=103.07\text{N/mm}^2$$

由式（4-23）得剪力 V 在腹板焊缝中产生的平均剪应力为：

$$\tau_f=\frac{V}{2\times h_{e2}\times l_{w2}}=\frac{365\times10^3}{2\times0.7\times6\times351.6}=123.58\text{N/mm}^2$$

将求得的 σ_{f2}、τ_f 带入式（4-24），验算腹板焊缝 A 点处的折算应力

$$\sqrt{\left(\frac{\sigma_{f2}}{\beta_f}\right)^2+\tau_f^2}=\sqrt{\left(\frac{103.07}{1.22}\right)^2+123.58^2}=149.7\text{N/mm}^2<f_f^w=160\text{N/mm}^2,$$

满足强度要求。

【例题 4-7】 柱与牛腿连接——角焊缝群承受扭矩和剪力共同作用。

试验算如图 4-48 所示牛腿与钢柱的角焊缝连接。已知采用三围角焊缝，$h_f=8\text{mm}$，钢材为 Q235B，焊条为 E43 型，手工电弧焊。构件上所受设计荷载值为 $F=217\text{kN}$，偏心距为 $e=300\text{mm}$（至柱边缘的距离），搭接尺寸 $l_1=400\text{mm}$，$l_2=300\text{mm}$。

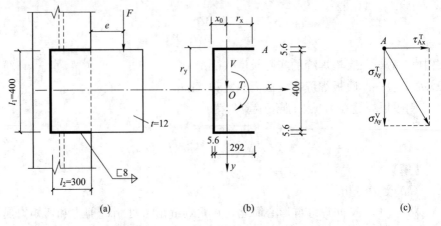

(a)　　　　　　　　(b)　　　　　　　　(c)

图 4-48　例题 4-7 图

【分析】 角焊缝承受扭矩 T、剪力 V 共同作用，扭矩作用下 A 点受力最大(距离形心 O 的半径最大)，由剪力作用产生的剪应力在焊缝有效截面上是均匀分布的，两者叠加，焊缝边缘 A 点受力最大，对应的应力分量 τ_{Ax}^{T}、σ_{Ay}^{T}(按式 4-20 计算)和 σ_{Ay}^{V}，然后按下式验算危险点 A 应力:

$$\sqrt{\left(\frac{\sigma_{Ay}^{T}+\sigma_{Ay}^{V}}{\beta_{f}}\right)^{2}+(\tau_{Ax}^{T})^{2}}\leqslant f_{f}^{w} \tag{4-25}$$

【解】

(1) 求几何特性

确定角焊缝有效截面的形心位置

$$x_0=\frac{2\times(300-8)\times5.6\times(146+5.6)+(400+2\times5.6)\times5.6\times2.8}{2\times292\times5.6+411.2\times5.6}=9\text{cm}$$

$$I_x=\frac{1}{12}\times0.7\times0.8\times40^3+2\times0.7\times0.8\times29.76\times20.28^2=16695\text{cm}^4$$

$$\begin{aligned}I_y&=\frac{2}{12}\times0.7\times0.8\times29.76^3+2\times0.7\times0.8\times29.76\times(14.88-9)^2\\&\quad+0.7\times0.8\times40\times6.2^2\\&=2460+1152+861=4473\text{cm}^4\end{aligned}$$

角焊缝有效截面的极惯性矩为:

$$J=I_x+I_y=21168\text{cm}^4$$

焊缝 A 点到 x、y 轴的距离为:

$$r_x=20.76\text{cm}, \quad r_y=20.28\text{cm}$$

(2) 将外力 F 向焊缝形心 O 点简化，得

剪力 $V=F=217\text{kN}$

扭矩 $T=F\times(30+30-9)/100=110.67\text{kN}\cdot\text{m}$

(3) 焊缝强度计算

焊缝 A 点为设计控制点，应力有

$$\tau_{Ax}^{T}=\frac{T\cdot r_y}{J}=\frac{110.67\times202.8\times10^6}{21168\times10^4}=106\text{N/mm}^2$$

$$\sigma_{Ay}^{T}=\frac{T\cdot r_x}{J}=\frac{110.67\times207.6\times10^6}{21168\times10^4}=108\text{N/mm}^2$$

$$\sigma_{Ay}^{V}=\frac{V}{\sum h_e l_w}=\frac{217\times10^3}{0.7\times8\times(2\times297.6+400)}=38.9\text{N/mm}^2$$

$$\therefore \sqrt{\left(\frac{\sigma_{Ay}^{T}+\sigma_{Ay}^{V}}{\beta_{f}}\right)^{2}+(\tau_{Ax}^{T})^{2}}=\sqrt{\left(\frac{104.4+38.9}{1.22}\right)^{2}+102^2}$$

$$=160.4\text{N/mm}^2\approx f_{f}^{w}=160\text{N/mm}^2$$

故焊角尺寸取 8mm 可以满足连接传力要求。

※4.4.4 斜角角焊缝及部分焊透的对接焊缝的计算

1. 斜角角焊缝的计算

斜角角焊缝一般用于腹板倾斜的 T 形接头(图 4-49)，采用与直角角焊缝相

同的计算公式(4-11)进行计算；但是考虑到斜角角焊缝的受力角度分解与直角角焊缝不同，因此对斜角角焊缝不论静力荷载还是动力荷载，一律取 $\beta_f=1.0$，即计算公式采用如下形式：

$$\sqrt{\sigma_f^2+\tau_f^2}\leqslant f_f^w \tag{4-26}$$

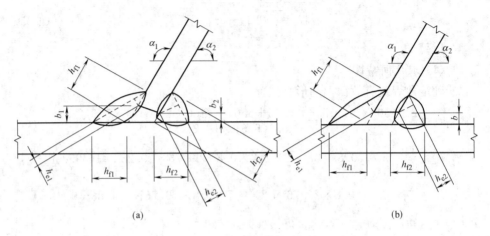

图 4-49　斜角角焊缝

在确定斜角角焊缝的有效厚度时(图 4-49)，假定焊缝在其所成夹角的最小斜面上发生破坏，因此当两焊边夹角 $60°\leqslant\alpha_2<90°$ 或 $90°<\alpha_1\leqslant135°$，且根部间隙($b$、$b_1$ 或 b_2)不大于 1.5mm 时，焊缝有效厚度为：

$$h_e=h_f\cos\frac{\alpha}{2} \tag{4-27}$$

当根部间隙大于 1.5mm 时，焊缝有效厚度计算时应扣除根部间隙，即应取为：

$$h_e=\left(h_f-\frac{根部间隙}{\sin\alpha}\right)\cos\frac{\alpha}{2} \tag{4-28}$$

任何根部间隙不得大于 5mm，当图 4-49(a)中的 $b_1>5$mm 时，可将板边切割成图 4-49(b)的形式。

2. 部分焊透的对接焊缝和 T 形对接与角接组合焊缝的计算

在钢结构连接中，有时遇到板件较厚而受力较小的对接焊缝，此时焊缝主要起联系作用，可采用部分焊透的对接焊缝。部分焊透对接焊缝必须在设计图上注明坡口的形式和尺寸。坡口形式分 V 形、单边 V 形、U 形、J 形和 K 形(图 4-50)。

部分焊透的对接焊缝实际上只起类似于角焊缝的作用，故其强度计算方法与直角角焊缝相同，在垂直于焊缝长度方向的压力作用下，取 $\beta_f=1.22$，其他受力情况取 $\beta_f=1.0$，其有效厚度应采用：

对 V 形坡口，当 $\alpha\geqslant60°$时，$h_e=s$；当 $\alpha<60°$时，$h_e=0.75s$。

对 U 形、J 形坡口，$h_e=s$。

对 K 形和单边 V 形坡口焊缝，当 $\alpha=45°\pm5°$时，$h_e=s-3$(mm)。

其中，α 是 V 形坡口的夹角；s 为焊缝根部至焊缝表面(不考虑余高)的最

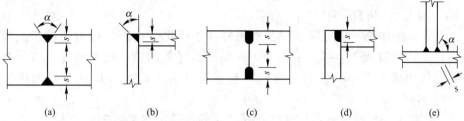

图4-50 部分焊透对接焊缝和T形对接与角接组合焊缝的截面
(a)V形坡口；(b)单边V形坡口；(c)U形坡口；(d)J形坡口；(e)K形坡口

短距离；有效厚度的最小值为 $1.5\sqrt{t}$，t 为坡口所在焊件的较大厚度。

当熔合线处焊缝截面边长等于或接近于最短距离 s（图4-50b、d、e）时，抗剪强度设计值应按角焊缝的强度设计值乘以0.9。

在直接承受动力荷载的结构中，垂直于受力方向的焊缝不宜采用部分焊透的对接焊缝。因未施焊的部分总是存在严重的应力集中，易使焊缝脆断。

4.5 螺栓连接的形式和构造要求

4.5.1 螺栓连接的形式及特点

1. 普通螺栓连接

普通螺栓的优点是安装和拆卸便利，不需特殊的工具。普通螺栓由35号钢和优质碳素钢中的45号钢制成，按制造方法及精度不同，分为A、B、C三级，其中A级和B级为精制螺栓，C级为粗制螺栓。工程中常用的螺栓直径有16mm、20mm、22mm、24mm等。

A、B级螺栓栓杆需机械加工，尺寸准确，被连接构件要求制成Ⅰ类孔，螺栓直径与孔径相差 $0.2\sim0.5$mm，A、B级螺栓间的区别只是尺寸不同，其中A级为螺栓杆直径 $d\leqslant24$mm 且螺栓杆长度 $l\leqslant150$mm 的螺栓，B级为 $d>24$mm 或 $l>150$mm 的螺栓。A、B级螺栓的受力性能较好，受剪工作时变形小，但制造和安装费用较高，目前在工程中已经很少使用了。

C级螺栓表面粗糙，采用Ⅱ类孔，螺杆与螺孔之间接触不够紧密，存在较大的孔隙，螺栓直径与孔径相差 $1.0\sim1.5$mm，当传递剪力时，连接变形较大，工作性能差，但传递拉力的性能较好。C级螺栓宜用于承受拉力的连接，或用于次要结构和可拆卸结构的受剪连接以及安装时的临时固定。

A、B级螺栓性能等级有5.6级和8.8级两种，C级螺栓性能等级有4.6级和4.8级两种。螺栓性能等级的含义是（以8.8级为例）：小数点前的数字"8"表示螺栓热处理后的最低抗拉强度为 800N/mm^2，小数点及小数点后面的数字".8"表示其屈强比（屈服强度与抗拉强度之比）为0.8。

2. 高强度螺栓连接

高强度螺栓在工程上的使用日益广泛。高强度螺栓的螺杆、螺帽和垫圈

79

均采用高强度钢材制作，螺栓的材料 8.8 级为 35 号钢、45 号钢、40B 钢；10.9 级为 20MnTiB 钢和 35VB 钢。

高强度螺栓安装时通过拧紧螺帽在杆中产生较大的预拉力把被连接板夹紧，连件间就产生很大的压力，从而提高连接的整体性和刚度。按受剪时的极限状态的不同，高强度螺栓连接可分为摩擦型连接和承压型连接两种。

高强度螺栓摩擦型连接和承压型连接的本质区别是极限状态不同。在抗剪设计时，高强螺栓摩擦型连接依靠部件接触面间的摩擦力来传递外力，即外剪力达到板件间最大摩擦力为连接的极限状态。其特点是孔径比螺栓公称直径大 1.5～2.0mm，故连接紧密，变形小，传力可靠，疲劳性能好；可用于直接承受动力荷载的结构、构件的连接。高强度螺栓摩擦型连接工程中应用较多，如框架梁柱连接、门式刚架端板连接等。

在抗剪设计时，高强度螺栓承压型连接起初由摩擦传递外力，当摩擦力被克服后，板件产生相对滑动，同普通螺栓连接一样，依靠螺栓杆抗剪和螺栓孔承压来传力，连接承载力比摩擦型高，可节约钢材。但由于孔径比螺栓公称直径大 1.0～1.5mm，在摩擦力被克服后变形较大，故工程中高强度螺栓连接承压型仅适用于承受静力荷载或间接承受动力荷载的结构、构件的连接。较高温度下的高强度螺栓易产生松弛使摩擦力减少。故当其环境温度为 100～150℃时，承载力应降低 10%。

4.5.2 螺栓的排列和构造要求

螺栓的排列应简单整齐、统一而紧凑，使构造合理，安装方便。螺栓在构件上的排列有并列(图 4-51a)和错列(图 4-51b)两种。并列简单整齐，连接板尺寸较小，但对构件截面削弱较大；而错列对截面削弱较小，但螺栓排列没有并列紧凑，连接板尺寸较大。

不论采用哪种排列，螺栓的中距(螺栓的中心间距)、端距(顺内力方向螺栓中心至构件边缘的距离)和边距(垂直内力方向螺栓中心至构件边缘的距离)都应满足下列要求：

(1) 受力要求：在顺受力方向，螺栓的端距过小时，钢板有剪断的可能。对于受拉构件，螺栓的中距不应过小，否则对钢板截面削弱太多，构件有可能沿直线或折线发生净截面破坏。对于受压构件，沿作用力方向螺栓中距不应过大，否则被连接的板件间容易发生凸曲现象。因此，从受力角度应规定螺栓的最大和最小容许间距。

(2) 构造要求：若螺栓中距和边距过大，则钢板不能紧密贴合，潮气易于侵入缝隙而产生腐蚀，所以，构造上要规定螺栓的最大容许间距。

(3) 施工要求：为便于转动螺栓扳手，就要保证一定的作业空间。所以，施工上要规定螺栓的最小容许间距。

根据以上要求，钢板上螺栓的排列见图 4-51 和表 4-4。

型钢上螺栓的排列见图 4-52 和表 4-5、表 4-6、表 4-7。

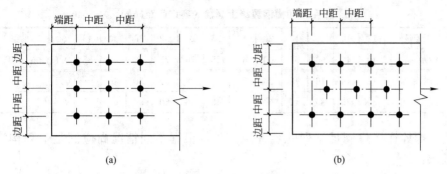

图 4-51　钢板上螺栓的排列

(a)并列；(b)错列

钢板上螺栓的容许间距　　　　　　　　　　　　　表 4-4

名称	位置和方向			最大容许距离 （取两者的较小值）	最小容许距离
中心间距	外排（垂直内力或顺内力方向）			$8d_0$ 或 $12t$	$3d_0$
	中间排	垂直内力方向		$16d_0$ 或 $24t$	
		顺内力方向	构件受压力	$12d_0$ 或 $18t$	
			构件受拉力	$16d_0$ 或 $24t$	
	沿对角线方向			—	
中心至构件 边缘距离	顺内力方向			$4d_0$ 或 $8t$	$2d_0$
	垂直内 力方向	剪切或手工气割边			$1.5d_0$
		轧制边、自动气 割或锯割边	高强度螺栓		$1.5d_0$
			其他螺栓		$1.2d_0$

　　当钢板与角钢、槽钢等刚性构件相连时，螺栓最大间距可按中间排数值采用。

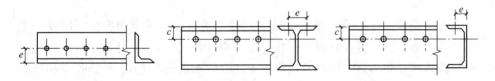

图 4-52　型钢上螺栓的排列

角钢上螺栓的容许间距（mm）　　　　　　　　表 4-5

肢宽		40	45	50	56	63	70	75	80	90	100	110	125
单行	e	25	25	30	30	35	40	40	45	50	55	60	70
	d_0	11.5	13.5	13.5	15.5	17.5	20	22	22	24	24	26	26

工字钢和槽钢腹板上螺栓的容许间距（mm）　　　　　　表 4-6

工字钢号	12	14	16	18	20	22	25	28	32	36	40	45	50	56	63
线距 $c_{\min}$	40	45	45	45	50	50	55	60	60	65	70	75	75	75	75
槽型钢号	12	14	16	18	20	22	25	28	32	36	40				
线距 $c_{\min}$	40	45	50	50	55	55	55	60	65	70	75				

工字钢和槽钢翼缘上螺栓的容许间距(mm) 表 4-7

工字钢号	12	14	16	18	20	22	25	28	32	36	40	45	50	56	63
线距 e_{min}	40	40	50	55	60	65	65	70	75	80	80	85	90	95	95
槽型钢号	12	14	16	18	20	22	25	28	32	36	40				
线距 e_{min}	30	35	35	40	40	45	45	45	50	56	60				

螺栓连接除满足排列的容许距离外，根据不同情况尚应满足下列构造要求：

(1) 为使连接可靠，每一杆件在节点上以及拼接接头的一端，永久性螺栓数不宜少于两个。但根据实践经验，对组合构件的缀条，其端部连接可采用一个螺栓，某些塔桅结构的腹杆也有用一个螺栓的情况。

(2) 对直接承受动力荷载的普通螺栓受拉连接，应采用双螺帽或其他能防止螺帽松动的有效措施，比如采用弹簧垫圈或将螺帽和螺杆焊死等方法。

(3) C级螺栓宜用于沿其杆轴方向受拉的连接，在承受静力荷载或间接承受动力荷载结构中的次要连接、承受静力荷载的可拆卸结构的连接、临时固定构件用的安装连接中，也可用C级螺栓受剪。但在重要的连接中，不宜采用C级螺栓，而应优先采用高强度螺栓。

(4) 当型钢构件拼接采用高强度螺栓连接时，由于构件本身抗弯刚度较大，为了保证高强度螺栓摩擦面的紧密贴合，应采用高强度螺栓摩擦型连接，拼接件宜采用刚度较弱的钢板。

4.6 螺栓连接的计算

4.6.1 普通螺栓连接的计算

普通螺栓连接按受力情况可分为螺栓受剪、螺栓受拉和螺栓同时受剪受拉。当外力垂直于螺栓杆时，螺栓承受剪力(图 4-53a)；当外力平行于螺栓杆时，螺栓承受拉力(图 4-53b)；图 4-53(c)所示的螺栓同时承受剪力和拉力作用。

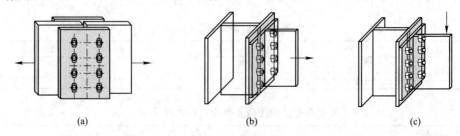

(a)   (b)   (c)

图 4-53 螺栓按受力情况分类
(a)螺栓受剪；(b)螺栓受拉；(c)螺栓同时受剪受拉

1. 螺栓受剪时的工作性能

图 4-54 是普通螺栓连接承受剪力作用的工作示意图。当外剪力不大时，首先由构件间的摩擦力抵抗外力，随着外力增大，并超过摩擦力以后，构件间发生相对滑移，使螺栓杆与孔壁接触，螺栓杆受剪，同时孔壁受压。

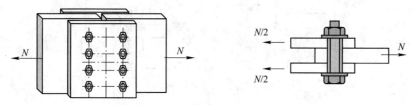

图 4-54　普通螺栓受剪时的工作示意图

当连接处于弹性阶段时，螺栓群中各螺栓受力不等，表现为两端螺栓受力大而中间螺栓受力小(图 4-55)。当连接一侧两端的螺栓距离，即连接长度 $l_1 \leq 15d_0$(d_0 为螺孔直径)时，由于连接进入弹塑性工作阶段后内力发生重分布，使各螺栓受力趋于均匀，故可认为轴心力 N 由每个螺栓平均分担。当连接长度 $l_1 > 15d_0$ 时，各螺栓受力严重不均匀，端部的螺栓会因受力过大而首先发生破坏，随后依次向内逐排破坏(即所谓解纽扣现象)。因此当连接长度 l_1 较大时，应将螺栓的承载力设计值乘以折减系数 β(高强度螺栓连接同样如此)。

$$\left. \begin{array}{lll} \text{当 } l_1 \leq 15d_0 \text{ 时，} & \beta = 1.0 \\ \text{当 } 15d_0 < l_1 \leq 60d_0 \text{ 时，} & \beta = 1.1 - l_1/(150d_0) \\ \text{当 } l_1 > 60d_0 \text{ 时，} & \beta = 0.7 \end{array} \right\} \qquad (4\text{-}29)$$

式中　d_0——螺栓孔径。

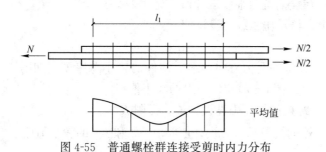

图 4-55　普通螺栓群连接受剪时内力分布

2. 螺栓受剪时的破坏形式

普通螺栓连接受剪达到极限承载力时可能发生的破坏形式有五种：

① 当螺杆直径较小而板件较厚时，螺杆可能先被剪断(图 4-56a)，该种破坏形式称为螺栓杆受剪破坏；

② 当螺杆直径较大而板件较薄时，板件可能先被挤坏(图 4-56b)，该种破坏形式称为孔壁承压破坏，也叫作螺栓承压破坏；

③ 当板件净截面面积因螺栓孔削弱太多时，板件可能被拉断(图 4-56c)；

④ 当螺栓排列的端距太小时，端距范围内的板件有可能被螺杆冲剪破坏(图 4-56d)；

83

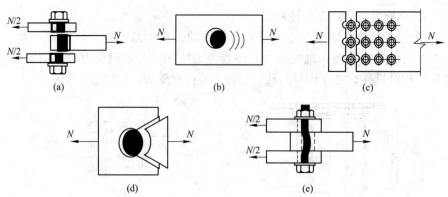

图 4-56 普通螺栓连接受剪的破坏形式

⑤ 当连接钢板太厚，螺栓杆太长时，可能发生弯曲破坏(图 4-56e)。

上述五种破坏形式中，前三种必须通过计算加以防止，其中栓杆被剪断和孔壁承压破坏通过计算单个螺栓承载力来控制，板件被拉断则由验算构件净截面强度来控制。后两种通过构造措施加以防止，即控制端距 $e \geqslant 2d_0$；限制板叠厚度 $\sum t \leqslant 5d$(d 为栓杆直径)。

3. 单个普通螺栓的承载力设计值

(1) 单个螺栓抗剪承载力设计值

$$N_v^b = n_v \frac{\pi \cdot d^2}{4} f_v^b \tag{4-30}$$

式中　n_v——螺栓受剪面数(图 4-57)，单剪 $n_v = 1$，双剪 $n_v = 2$，四剪面 $n_v = 4$ 等；

　　　d——螺栓杆的直径(mm)；

　　　f_v^b——螺栓的抗剪强度设计值，见附表 2-5。

(2) 单个螺栓承压承载力设计值

$$N_c^b = d \cdot \sum t \cdot f_c^b \tag{4-31}$$

式中　$\sum t$——在同一受力方向的承压构件的较小总厚度，如图 4-57(c)中 $\sum t$ 取 $(a+c+e)$ 和 $(b+d)$ 的较小值；

　　　f_c^b——螺栓的承压强度设计值，见附表 2-5。

则单个螺栓的抗剪承载力设计值应取 N_v^b 和 N_c^b 的较小值

$$N_{\min}^b = \min \{N_v^b, N_c^b\} \tag{4-32}$$

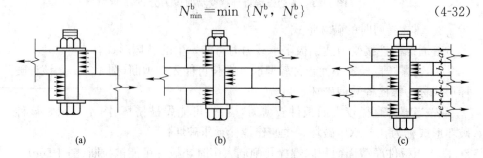

图 4-57 螺栓连接的受剪面数
(a)单剪；(b)双剪；(c)四剪面

（3）单个螺栓的抗拉承载力设计值

螺栓连接在拉力作用下，螺栓受到沿杆轴方向的作用，构件的接触面有脱开趋势。螺栓连接受拉时的破坏形式表现为螺栓杆被拉断，其部位多在被螺纹削弱的截面处，所以按螺栓的有效截面直径计算抗拉承载力设计值。

$$N_t^b = \frac{\pi \cdot d_e^2}{4} f_t^b = A_e f_t^b \tag{4-33}$$

式中　d_e、A_e——分别为螺栓杆螺纹处的有效直径和有效面积，见附表 8-1；

f_t^b——螺栓的抗拉强度设计值，见附表 2-5。

4. 螺栓群连接计算

（1）螺栓群承受轴心剪力作用

1）所需螺栓数目

当外力通过螺栓群形心时，在连接长度范围内，计算时假定所有螺栓受力相等，按下式计算所需螺栓数目

$$n = \frac{N}{\beta \times N_{min}^b} \quad （取整数） \tag{4-34}$$

式中　N——作用于螺栓群的轴心力设计值。

2）板件净截面强度计算

$$\sigma = \frac{N}{A_n} \leqslant f \tag{4-35}$$

式中　A_n——构件净截面面积，计算方法如下：

① 并列式排列时（图 4-58a）

$$A_1 = A_2 = A_3 = t_1(b - 3d_0)$$

$$N_1 = N; \quad N_2 = N - (N/9) \times 3; \quad N_3 = N - (N/9) \times 6$$

因 $t_1 \leqslant t_2$，故最危险截面在 t_1 板的 1-1 断面。

② 错列式排列时（图 4-58b）

正截面　　　　　　　$A_1 = A_3 = t_1(b - 2d_0)$

齿形截面 $A_2 = t_1(l - 3d_0)$；其中 l 为图 4-58b 中 2-2 截面的折线长度。危险截面决定于 A_1 和 A_2 的较小值。

$$N_1 = N; \quad N_2 = N; \quad N_3 = N - (N/8) \times 3$$

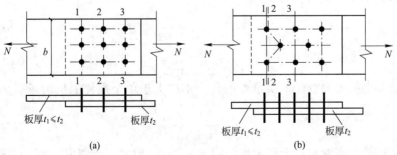

（a）　　　　　　　　　　　　　　　　　　　　　　　　　（b）

图 4-58　板件净截面示意

a. 钢板搭接连接的计算

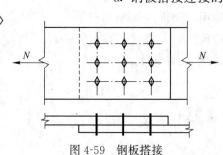

图 4-59 钢板搭接

钢板搭接连接的形式是很常见的，除了用角焊缝连接外，还可以用螺栓连接(图 4-59)。

螺栓群承受轴心剪力作用，每个螺栓平均分担剪力。螺栓强度满足下式：

$$\frac{N}{n} \leqslant \beta N_{\min}^{b} \tag{4-36}$$

b. 钢板对接连接时拼接盖板的设计

当钢板是对接连接，并采用螺栓连接的方法时，需在钢板的上下加双盖板，这种连接形式在工程中是常见的。盖板尺寸的设计应根据等强原则，即材料与主板相同，拼接板承载力不小于主板承载能力，同时盖板的长度由螺栓的排列距离确定。

（2）螺栓群承受扭矩作用

如图 4-60 所示，螺栓群受到扭矩 T 作用，每个螺栓均受剪，但承受的剪力大小或方向均有所不同。

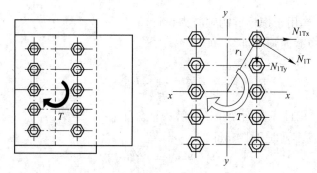

图 4-60 螺栓群承受扭矩作用示意图

为了便于设计，分析螺栓群受扭矩作用时采用下列计算假定：

① 连接板件为绝对刚性，螺栓为弹性体；

② 连接板件绕螺栓群形心旋转，各螺栓所受剪力大小与该螺栓至形心距离 r_i 成正比，剪力方向则与连线 r_i 垂直。

螺栓 1 距形心 O 最远，其所受剪力 N_{1T} 最大。为便于计算，可将 N_1^T 分解为 x 轴和 y 轴上的两个分量：

$$N_{1x}^{T} = \frac{T \cdot y_1}{\sum x_i^2 + \sum y_i^2} \tag{4-37a}$$

$$N_{1y}^{T} = \frac{T \cdot x_1}{\sum x_i^2 + \sum y_i^2} \tag{4-37b}$$

故受力最大的螺栓 1 所承受的合力不应大于单个螺栓的抗剪承载力设计值 $N_{\min}^{b}$，即

$$\sqrt{(N_{1x}^{T})^2 + (N_{1y}^{T})^2} \leqslant N_{\min}^{b} \tag{4-38}$$

当螺栓群布置在一个狭长带，例如 $y_1 > 3x_1$ 时，可近似取 $x_i = 0$ 以简化计算，则上式为：

$$N_{1Tx} \leqslant N_{min}^b \qquad (4-39)$$

（3）螺栓群承受轴心拉力作用

当拉力通过螺栓群形心时，假定所有螺栓所受的拉力相等（图 4-61），则

$$\frac{N}{n} \leqslant N_t^b \quad 或 \quad n \geqslant \frac{N}{N_t^b} \quad （取整）$$

$$(4-40)$$

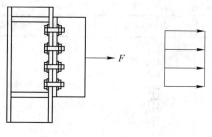

图 4-61　螺栓群受轴心拉力作用示意图

式中　N_t^b——单个普通螺栓的抗拉承载力设计值（N），见附表 2-5。

（4）螺栓群受弯矩作用

螺栓群在弯矩作用下，上部螺栓受拉，因而有使连接上部分离的趋势，使螺栓群形心下移。与螺栓群拉力相平衡的压力产生于下部的接触面上，精确确定中和轴的位置比较复杂。为便于计算，通常假定中和轴在最下排螺栓轴线上（图 4-62）。

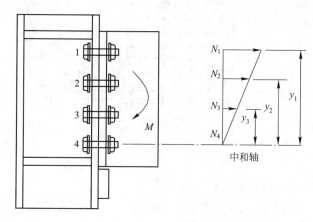

图 4-62　螺栓群受弯矩作用示意图

因此，在弯矩 M 作用下螺栓 1 所受的最大拉力为：

$$N_1^M = \frac{M \cdot y_1}{m \sum y_i^2} \qquad (4-41)$$

式中　m——螺栓群的列数。

［讨论］　如何正确地判断螺栓受弯矩作用还是受扭矩作用，是学习螺栓计算的重要环节，表 4-8 给出了这两种受力的区别。

螺栓受弯矩和扭矩的区别　　　　　　　　　　表 4-8

作用力示意	作用力和螺栓群的关系	作用力	单个螺栓受力
	作用力与螺栓群在同一平面内	扭矩	单个螺栓受剪力作用，按抗剪计算

作用力示意	作用力和螺栓群的关系	作用力	单个螺栓受力
	作用力与螺栓群所在的平面垂直	弯矩	单个螺栓受拉,按抗拉计算

【例题 4-8】 双盖板拼接连接——普通螺栓群承受剪力作用。

两块截面为-14mm×400mm 的钢板,采用双盖板和 C 级普通螺栓的拼接连接,如图 4-63 所示。钢材为 Q235B,螺栓 4.6 级,M20,承受轴心力设计值 $N=935$kN(静力荷载),试设计此连接。

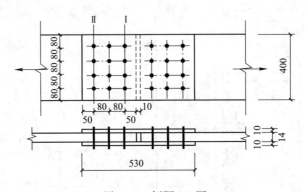

图 4-63 例题 4-8 图

【分析】 此连接设计包括三个内容:

① 确定盖板截面尺寸。由等强原则知,拼接板的总截面积不应小于被连接钢板的截面积,材料与主板相同。

② 确定所需螺栓数目并排列。在轴心剪力作用下,单个螺栓所受实际剪力不超过其承载力设计值,假定所有螺栓受力相等,计算连接一侧所需螺栓数目。

③ 验算板件净截面强度。

【解】

① 确定连接盖板的截面

采用双盖板拼接,截面尺寸为 10mm×400mm,盖板截面面积之和大于被连接钢板截面面积,钢材采用 Q235B。

② 确定所需螺栓数目和螺栓排列布置

单个螺栓抗剪承载力设计值:

$$N_v^b = n_v \frac{\pi \cdot d^2}{4} f_v^b = 2 \times \frac{\pi \cdot 20^2}{4} \times 140 \times 10^{-3} = 87.92 \text{kN}$$

单个螺栓承压承载力设计值:

$$N_c^b = d \cdot \sum t \cdot f_c^b = 20 \times 14 \times 305 \times 10^{-3} = 85.4 \text{kN}$$

$$\therefore \quad N_{min}^b = 85.4\text{kN}$$

则连接一侧所需螺栓数目为：$n \geqslant \dfrac{N}{N_{min}^b} = \dfrac{935}{85.4} = 11$ 个，取 $n = 12$ 个。

采用如图 4-63 所示的并列布置，连接盖板尺寸为 $2-10 \times 400 \times 530$，其螺栓的中距、边距和端距均满足构造要求。

③ 验算板件净截面强度

连接钢板在截面 I-I 受力最大，盖板在截面 II-II 受力最大，但因两者钢材相同，且盖板截面面积之和大于被连接钢板截面面积，故只验算被连接钢板净截面强度。设螺栓孔径 $d_0 = 21.5\text{mm}$。

$$A_n = (b - n_1 d_0)t = (400 - 4 \times 21.5) \times 14 = 4396\text{mm}^2$$

$$\therefore \sigma = \frac{N}{A_n} = \frac{935 \times 10^3}{4396} = 212.7\text{N/mm}^2 < f = 215\text{N/mm}^2，构件强度满足。$$

【例题 4-9】 柱与牛腿的连接——普通螺栓群承受偏心剪力作用。

验算图 4-64 所示的普通螺栓连接。柱翼缘板厚度为 10mm，连接板厚度为 8mm，钢材为 Q235B，荷载设计值 $F = 150\text{kN}$，偏心距 $e = 250\text{mm}$，螺栓为 M22 粗制螺栓。

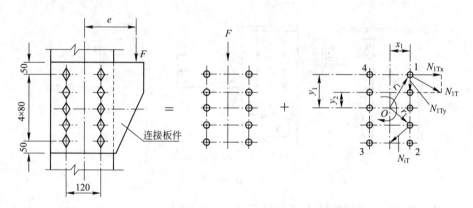

图 4-64　例题 4-9 图

【分析】 由受力分析得出，螺栓群在偏心剪力作用下，可简化为螺栓群同时承受轴心剪力 F 和扭矩 $T = F \cdot e$ 的联合作用。找出最危险的螺栓，该螺栓所受剪力的合力应满足承载力要求。

【解】

（1）受力分析

将 F 简化到螺栓群形心 O，可得轴心剪力和扭矩分别为：

$$V = F = 150\text{kN}$$

$$T = F \cdot e = 150 \times 0.25 = 37.5\text{kN} \cdot \text{m}$$

（2）单个螺栓的设计承载力计算

$$N_v^b = n_v \frac{\pi d^2}{4} f_v^b = 1 \times \frac{3.14 \times 22^2}{4} \times 140 \times 10^{-3} = 53.2\text{kN}$$

$$N_c^b = d\sum t \cdot f_c^b = 22 \times 8 \times 305 \times 10^{-3} = 53.7\text{kN}$$

$$\therefore \qquad N_{\min}^{b}=53.2kN$$

（3）螺栓强度验算

$$\sum x_i^2+\sum y_i^2=10\times 60^2+4\times 160^2+4\times 80^2=164000mm^2$$

$$N_{1x}^{T}=\frac{T\cdot y_1}{\sum x_i^2+\sum y_i^2}=\frac{37.5\times 10^6\times 160}{0.164\times 10^6}=36.6kN$$

$$N_{1y}^{T}=\frac{T\cdot x_1}{\sum x_i^2+\sum y_i^2}=\frac{37.5\times 10^6\times 60}{0.164\times 10^6}=13.7kN$$

$$N_{1F}=\frac{V}{n}=\frac{150}{10}=15kN$$

$$N_1=\sqrt{(N_{1x}^{T})^2+(N_{1F}^{T}+N_{1y}^{T})^2}=\sqrt{36.6^2+(13.7+15)^2}=46.5kN<N_{\min}^{b}=$$

$53.2kN$，强度满足要求。

【例题 4-10】 柱与牛腿的连接——普通螺栓群承受偏心拉力作用。

如图 4-65 所示，牛腿用 M22 的 4.6 级 C 级普通螺栓连接于钢柱上，梁、柱均采用 Q235B 级钢材承受偏心拉力设计值 $F=150kN$，$e=150mm$，验算此连接是否安全。

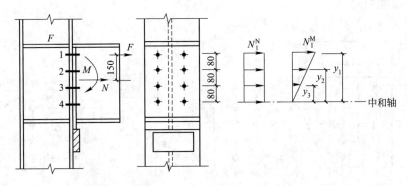

图 4-65 例题 4-10 图

【分析】 牛腿用螺栓连接于柱子上，此时螺栓群相当于承受轴心拉力 N 以及弯矩 $M=N\cdot e$ 所产生的拉力之和。

在轴心拉力作用下，单个螺栓所受的拉力为：

$$N_1^{N}=\frac{N}{n}$$

螺栓群在弯矩 M 和轴心力 N 共同作用下，螺栓 1 受到的拉力最大，要求所受的合力 $N_{1,\max}$ 不应大于其抗拉承载力 N_t^{b}，即

$$N_{1,\max}=\frac{N}{n}+\frac{M\cdot y_1}{m\sum y_i^2}\leqslant N_t^{b} \tag{4-42}$$

【解】

（1）将外力 N 简化到螺栓群形心 O，可得轴心拉力和弯矩分别为

$$N=150kN$$

$$M=N\cdot e=150\times 0.15=22.5kN\cdot m$$

（2）单个螺栓的设计承载力计算

$$N_t^b = \frac{\pi d_e^2}{4} f_t^b = 303 \times 170 \times 10^{-3} = 51.51 \text{kN}$$

(3) 螺栓强度验算

在 N 作用下：

$$N_1^N = \frac{N}{n} = \frac{150}{8} = 18.75 \text{kN}$$

在 M 作用下，最上排螺栓受力最大。

$$\therefore N_{1,\max}^M = \frac{M y_1}{m \sum y_i^2} = \frac{22.5 \times 10^6 \times 240}{2(240^2 + 160^2 + 80^2)} = 30.13 \text{kN}$$

$\therefore$ 螺栓 1 所受最大拉力的合力：

$N_{1,\max}^{N,M} = N_1^N + N_{1,\max}^M = 18.75 + 30.13 = 48.88 \text{kN} < N_t^b = 51.51 \text{kN}$，故螺栓连接安全。

(4) 螺栓群同时受拉力和剪力

螺栓群承受拉力和剪力共同作用时，按拉剪螺栓计算，公式如下：

$$\sqrt{\left(\frac{N_v}{N_v^b}\right)^2 + \left(\frac{N_t}{N_t^b}\right)^2} \leqslant 1 \tag{4-43}$$

$$N_v = \frac{V}{n} \leqslant N_c^b \tag{4-44}$$

式中　N_v、N_t——分别为受力最大的螺栓所受的剪力和拉力。

【例题 4-11】　柱与梁连接——普通螺栓群承受拉力和剪力共同作用。

已知梁柱采用普通 C 级螺栓连接，如图 4-66 所示，梁端支座板下设有支托，钢材为 Q235B，螺栓直径为 $d = 20 \text{mm}$，焊条为 E43 型，手工焊，此连接承受的静力荷载设计值为：$V = 277 \text{kN}$，$M = 38.7 \text{kN} \cdot \text{m}$，验算此连接强度。

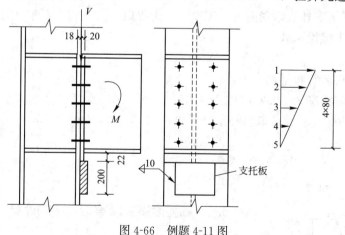

图 4-66　例题 4-11 图

【分析】　此螺栓群受弯矩 M 和剪力 V 共同作用，这种连接可以有两种计算方法。

(1) 不设置支托，按拉剪螺栓计算；

(2) 对于粗制螺栓，一般不宜受剪（承受静力荷载的次要连接或临时安装连接除外）。此时可设置焊接在柱上的支托，支托焊缝承受剪力，螺栓只承受拉力作用。

支托焊缝计算 $\quad\tau_f=\dfrac{\alpha\cdot V}{0.7h_f\sum l_w}\leqslant f_f^w$ (4-45)

式中 α——考虑剪力对焊缝的偏心影响系数，可取 $1.25\sim1.35$。

【解】 查表得 $f_v^b=140N/mm^2$，$f_c^b=305N/mm^2$，$f_t^b=170N/mm^2$。

(1) 假定不设支托，螺栓群承受拉力和剪力

① 单个普通螺栓的承载力

抗剪 $N_v^b=n_v\dfrac{\pi\cdot d^2}{4}f_v^b=1\times\dfrac{\pi\cdot 20^2}{4}\times140\times10^{-3}=43.96kN$

抗压 $N_c^b=d\cdot\sum t\cdot f_c^b=20\times18\times305\times10^{-3}=109.8kN$

抗拉 $N_t^b=\dfrac{\pi\cdot d_e^2}{4}f_t^b=A_e f_t^b=244.8\times170\times10^{-3}=41.62kN$

② 螺栓连接强度验算

螺栓既受剪又受拉，受力最大的螺栓为"1"，其受力为：

$$N_v=\frac{V}{n}=\frac{277}{10}=27.7kN$$

$$N_1^M=\frac{M\cdot y_1}{m\sum y_i^2}=\frac{38.7\times320\times10^6}{2\times(80^2+160^2+240^2+320^2)}=32.25kN$$

验算"1"螺栓受力

$$\sqrt{\left(\frac{N_v}{N_v^b}\right)^2+\left(\frac{N_1^M}{N_t^b}\right)^2}=\sqrt{\left(\frac{27.7}{43.96}\right)^2+\left(\frac{32.25}{41.62}\right)^2}=0.999<1.0$$

$N_v=27.7kN<N_c^b=109.8kN$。

满足要求。

(2) 假定支托板承受剪力，螺栓只承受弯矩

① 单个螺栓承载力：

$$N_t^b=41.62kN$$

② 连接验算包括两个内容：

螺栓验算 $N_1^M=32.25kN<N_t^b=41.62kN$，满足要求。

支托板焊缝验算，取偏心影响系数 $\alpha=1.35$，焊角尺寸为 $h_f=10mm$。

$$\tau_f=\frac{\alpha\cdot V}{h_e\sum l_w}=\frac{1.35\times277\times10^3}{2\times0.7\times10\times(200-20)}=148.4N/mm^2<f_f^w=160N/mm^2$$

满足要求。

4.6.2 高强度螺栓摩擦型连接的计算

1. 高强度螺栓的预拉力 P

高强螺栓摩擦型连接是依靠被连接件之间的摩擦力来传递连接剪力，并以剪力不超过摩擦力作为设计准则。图 4-67 所示为高强度螺栓连接示意图。摩擦力大小取决于板叠间的法向压力即螺栓的预拉力、接触表面的抗滑移系数以及传力摩

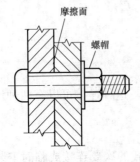

图 4-67 高强度螺栓连接

擦面数目。

高强度螺栓的预拉力是通过专用扳手扭紧螺帽实现的，一般采用扭矩法、转角法和扭剪法。

高强度螺栓的设计预拉力 P 由下式计算得到：

$$P = \frac{0.9 \times 0.9 \times 0.9}{1.2} f_u \cdot A_e = 0.608 f_u A_e \quad (4\text{-}46)$$

式中　f_u——螺栓材料经热处理后的最低抗拉强度，对于 8.8 级螺栓，$f_u = 830\text{N/mm}^2$；对于 10.9 级 $f_u = 1040\text{N/mm}^2$；

　　　　A_e——高强度螺栓的有效截面积（mm^2）。

式(4-46)中的系数考虑了以下几个因素：

① 螺栓材料抗力的变异性，引入折减系数 0.9；

② 为补偿预拉力损失超张拉 5%～10%，引入折减系数 0.9；

③ 在扭紧螺栓时，扭矩使螺栓产生的剪力将降低螺栓的抗拉承载力，引入折减系数 1/1.2；

④ 钢材由于以抗拉强度为准，为安全起见，引入附加安全系数 0.9。

高强度螺栓预拉力并不按（4-46）计算，而是直接按表 4-9 取值。

一个高强度螺栓的预拉力 P（kN）　　　　　　　　表 4-9

螺栓的性能等级	螺栓的公称直径(mm)					
	M16	M20	M22	M24	M27	M30
8.8 级	80	125	150	175	230	280
10.9 级	100	155	190	225	290	355

2. 高强度螺栓连接的摩擦面抗滑移系数 μ

高强度螺栓应严格按照施工规程操作，不得在潮湿、淋雨状态下拼装，不得在摩擦面上涂红丹、油漆等，应保证摩擦面干燥、清洁。

高强度螺栓连接的摩擦面抗滑移系数 μ 值见表 4-10。

钢材摩擦面的抗滑移系数 μ　　　　　　　　表 4-10

连接处构件接触面的处理方法	构件的钢材牌号		
	Q235 钢	Q345 钢或 Q390 钢	Q420 钢或 Q460 钢
喷硬质石英砂或铸钢棱角砂	0.45	0.45	0.45
抛丸（喷砂）	0.40	0.40	0.04
钢丝刷清除浮锈或未经处理的干净轧制面	0.30	0.35	—

钢材表面须进行除锈和粗糙处理，打磨粗糙度越大越好，钢丝刷除锈方向应与受力方向垂直。当连接构件采用不同钢材牌号时，抗滑移系数按相应较低强度者取值。当采用其他方法处理时，其处理工艺及抗滑移系数值均需经试验确定。

3. 高强螺栓摩擦型连接的承载力设计值

（1）单个高强度螺栓摩擦型连接的抗剪承载力设计值

$$N_v^b = 0.9 \kappa n_f \mu P \quad (4\text{-}47)$$

式中 0.9——抗力分项系数 γ_R 的倒数，即 $1/\gamma_R=1/1.111=0.9$；

n_f——传力的摩擦面数；

μ——高强度螺栓摩擦面抗滑移系数 μ，按表 4-9 采用；

κ——孔型系数，标准孔取 1.0；大圆孔取 0.85；内力与槽孔长向垂直时取 0.7；内力与槽孔方向平行时取 0.6；

P——单个高强度螺栓的预拉力，按表 4-9 采用。

（2）单个高强度螺栓摩擦型连接的抗拉承载力设计值

$$N_t^b=0.8P \tag{4-48}$$

4. 螺栓群的计算

（1）螺栓群承受轴心剪力作用

1）在轴心力作用下，高强度螺栓摩擦型连接所需的螺栓数目计算方法与普通螺栓相同，仍采用式（4-34），只是公式中的 N_{min}^b 采用高强度螺栓摩擦型连接的抗剪承载力设计值 N_v^b，即式（4-47）。

2）板件净截面强度

普通螺栓连接被连接钢板最危险截面在第一排螺栓孔处。高强度螺栓摩擦型连接时，一部分剪力已由孔前接触面传递（图 4-68）。一般孔前传力占该排螺栓传力的 50%。这样截面 1-1 净截面传力为

$$N'=N-0.5\frac{N}{n}\times n_1=N\left(1-\frac{0.5n_1}{n}\right) \tag{4-49}$$

式中 n——连接一侧的螺栓总数；

n_1——计算截面上的螺栓数。

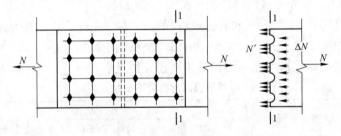

图 4-68 高强度螺栓摩擦型连接孔前传力

净截面强度 $$\sigma_n=\frac{N'}{A_n}\leqslant f \tag{4-50}$$

【例题 4-12】 双盖板连接——高强度螺栓摩擦型连接承受剪力作用。

设计如图 4-69 所示双盖板拼接连接。已知：钢材为 Q345，采用 8.8 级高强度摩擦型螺栓连接，螺栓直径 M22，构件接触面采用喷砂处理，此连接承受的轴心力设计值为 $N=1550\text{kN}$。

【分析】 在轴心力 N 的作用下，整个连接受轴心拉力作用，高强度螺栓承受剪力。

① 确定所需螺栓数目，并按构造要求排列；

② 确定盖板截面尺寸，方法同例题 4-8；

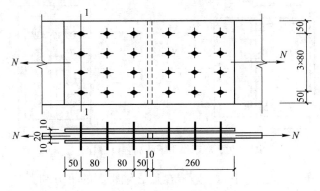

图 4-69 例题 4-12 图

③ 验算板件净截面强度。

【解】 查表 4-9 和表 4-10 知，8.8 级 M22 螺栓的预拉力 $P=150\text{kN}$，构件接触面抗滑移系数 $\mu=0.50$；由附表 2-1，Q345 钢板强度设计值 $f=295\text{N/mm}^2$

① 确定所需螺栓数目和螺栓排列布置

单个螺栓抗剪承载力设计值：

$$N_v^b=0.9\kappa n_f \mu P=0.9\times1\times2\times0.5\times150=135\text{kN}$$

则连接一侧所需螺栓数目为：

$$n\geqslant\frac{N}{N_v^b}=\frac{1550}{135}=11.5\ \text{个，取}\ n=12\ \text{个。}$$

② 确定连接盖板的截面尺寸

采用双盖板拼接，钢材采用 Q345，截面尺寸为 10mm×340mm，保证盖板截面面积之和与被连接钢板截面面积相等。

如图 4-69 所示，螺栓并列布置，连接盖板尺寸为 $2-10\times340\times530$，其螺栓的中距、边距和端距均满足构造要求。

③ 验算板件净截面强度，这部分内容属于构件的强度计算

钢板 1-1 截面强度验算

$$N'=N-0.5\frac{N}{n}n_1=1550-0.5\times\frac{1550}{12}\times4=1291.7\text{kN}$$

1-1 截面净截面面积 $A_n=t(b-n_1d_0)=2.0\times(34-4\times2.4)=48.8\text{cm}^2$

则 $\sigma_n=\frac{N'}{A_n}=\frac{1291.7}{48.8}\times10=264.7\text{N/mm}^2<f=295\text{N/mm}^2$，连接满足要求。

（2）螺栓群承受弯矩作用

高强度螺栓群在弯矩 M 作用下（图 4-70），由于被连接构件的接触面一直保持紧密贴合，可认为受力时中和轴在螺栓群的形心线处。所以在弯矩作用下，最外排螺栓受力最大，应按式（4-51）计算：

$$N_1=\frac{My_1}{\sum y_i^2}\leqslant N_t^b \tag{4-51}$$

式中 y_1——螺栓群形心轴至最外排螺栓的距离；

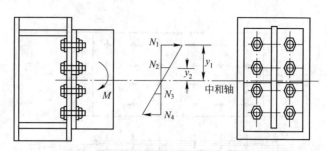

图 4-70 弯矩作用下的高强度螺栓连接

$\sum y_i^2$——形心轴上、下每个螺栓至形心轴距离的平方和。

（3）螺栓群同时承受剪力和拉力作用

在外拉力的作用下，板件间的挤压力降低。每个螺栓的抗剪承载力也随之减少。另外，由试验知，抗滑移系数随板件间的挤压力的减小而降低。《钢结构设计标准》GB 50017—2017 规定其承载力采用直线相关公式表达：

$$\frac{N_v}{N_v^b} + \frac{N_t}{N_t^b} \leqslant 1 \tag{4-52}$$

式中 N_v、N_t——单个高强度螺栓所承受的剪力和拉力；

   N_v^b——单个高强度螺栓抗剪承载力设计值，$N_v^b = 0.9\kappa n_f \mu P$；

   N_t^b——单个高强度螺栓抗拉承载力设计值，$N_t^b = 0.8P$。

【例题 4-13】 柱与梁连接—高强度螺栓摩擦型连接承受弯矩、剪力和轴力共同作用。

如图 4-71 所示，高强度螺栓摩擦型连接承受 M、V、N 共同作用，图中内力均为设计值。被连接构件的钢材为 Q235B，螺栓为 10.9 级 M20，接触面采用喷砂处理，验算此连接的承载力是否满足。

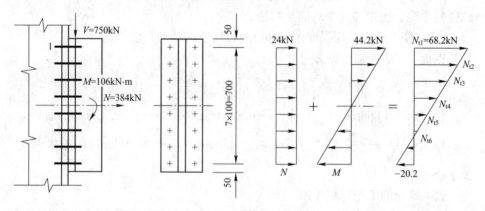

图 4-71 例题 4-13 图

【分析】 高强度螺栓摩擦型连接承受 M、V、N 共同作用，此时螺栓在受拉的同时受剪，其承载力应满足式(4-52)。解题关键有两点：①弄清楚高强度螺栓和普通螺栓受弯矩作用时中和轴位置的区别；②找出最危险螺栓，按式(4-52)验算该螺栓。

【解】

（1）单个高强度螺栓摩擦型连接抗剪，抗拉承载力设计值

$$N_v^b=0.9\kappa n_f\mu P=0.9\times1\times1\times0.45\times155=62.775\text{kN}$$

$$N_t^b=0.8P=0.8\times155=124\text{kN}$$

（2）求危险螺栓的受力

螺栓同时受 V、M 和 N 作用，螺栓 1 受力最大。

$$N_1^M=\frac{My_1}{m\sum y_i^2}=\frac{106\times10^3\times350}{2\times2(50^2+150^2+250^2+350^2)}=44.2\text{kN}$$

$$N_1^N=\frac{N}{n}=\frac{384}{16}=24\text{kN}$$

$$\therefore\qquad N_{1t,\max}=N_1^N+N_1^M=24+44.2=68.2\text{kN}$$

$$N_1^V=\frac{V}{n}=\frac{750}{16}=46.88\text{kN}$$

（3）承载力验算

$$\frac{Nv}{N_v^b}+\frac{N_t}{N_t^b}=\frac{46.88}{62.775}+\frac{68.2}{124}=0.75+0.55=1.3>1，\text{连接不安全。}$$

4.6.3 高强螺栓承压型连接的计算

高强度螺栓承压型连接以螺栓杆被剪断或孔壁挤压破坏为承载能力的极限状态，可能的破坏形式和普通螺栓相同。

（1）在抗剪连接中，高强度螺栓承压型连接的承载力设计值的计算方法与普通螺栓相同，只是采用高强度螺栓的抗剪、承压设计值。但当剪切面在螺纹处时，其受剪承载力设计值应按螺纹处的有效面积进行计算，即 $N_v^b=n_v\cdot\dfrac{\pi d_e^2 f_v^b}{4}$，$f_v^b$ 为高强螺栓的抗剪设计值。

（2）在受拉连接中，承压型连接的高强度螺栓抗拉承载力设计值的计算方法与普通螺栓相同，按式（4-34）进行计算。

（3）同时承受剪力和拉力的连接中高强度螺栓承压型连接应按下式计算：

$$\sqrt{\left(\frac{N_v}{N_v^b}\right)^2+\left(\frac{N_t}{N_t^b}\right)^2}\leqslant1 \tag{4-53}$$

$$N_v\leqslant N_c^b/1.2 \tag{4-54}$$

式中　1.2——折减系数，高强度螺栓承压型连接在施加预拉力后，板的孔前有较高的三向压应力，使板的局部挤压强度大大提高，因此 N_c^b 比普通螺栓高。但当施加外拉力后，板件间的局部挤压力随外拉力增大而减小，螺栓的 N_c^b 也随之降低且随外力变化。为计算简便，取固定值 1.2 考虑其影响。

小结及学习指导

本章主要内容包括完全焊透的对接焊缝、直角角焊缝、普通螺栓和高强

度螺栓连接的工作原理、构造和计算。在学习时，应结合所学的力学知识，熟练掌握各种常用连接在外力作用下的受力分析方法，理解连接应满足的强度条件。

1. 焊接连接是钢结构常用的连接方法。不但工厂加工构件采用焊接，主要承重构件的现场连接或拼接也常采用焊接。

2. 影响焊缝质量的因素有坡口的形式和尺寸、焊材的选用、焊接工艺以及工人的操作技术等。应严格控制焊接的质量，避免或减少焊接缺陷的产生。

3. 焊接过程中的不均匀温度场、焊件的刚度以及由它引起的局部塑性变形是产生焊接残余应力和焊接残余变形的根本原因。焊接残余应力和变形降低结构的刚度和稳定性，严重影响结构的疲劳强度、抗脆断能力和耐腐蚀的能力。

4. 对接焊缝可用于对接连接、T形连接和角接连接。焊透的对接焊缝受力时，其计算截面上的应力状态与被连接构件相同。对接焊缝在外力作用下的计算方法，实际上与构件强度的计算方法相同，只是焊缝的强度设计值采用 f_t^w、f_c^w、f_v^w。

5. 焊缝长度大于 $60h_f$ 的角焊缝在工程中的应用增多，在计算焊缝强度时可以不考虑超过 $60h_f$ 部分的长度，也可对全长焊缝的承载力进行折减，但有效焊缝计算长度不应超过 $180h_f$。

6. 角焊缝按它与外力方向的不同可分为侧面角焊缝和正面角焊缝，正面角焊缝的强度高于侧面角焊缝。正确理解直角角焊缝计算公式及符号的含义。正应力是垂直于焊缝有效截面($h_e l_w$)的正应力；剪应力是平行于焊缝有效截面($h_e l_w$)的剪应力。

7. 螺栓连接计算包括轴心剪力或扭矩作用下的受剪计算、轴心拉力或弯矩作用下的受拉计算、几种力共同作用下的拉剪计算三种情况。

8. 普通螺栓连接受弯矩作用时，其受拉区最外排螺栓受到最大的拉力，与螺栓群拉力相平衡的压力产生于下部的接触面上，取中和轴在弯矩指向一侧第一排螺栓形心轴处；高强度螺栓连接在弯矩作用下，由于被连接构件的接触面一直保持紧密贴合，取中和轴在螺栓群的形心轴处。

9. 高强度螺栓依照受剪螺栓的极限状态不同分为摩擦型和承压型两种。高强度螺栓承压型连接不应用于直接承受静力荷载的结构。

10. 在剪力作用下，计算高强度螺栓摩擦型连接最危险截面螺孔处的板件净截面强度时，需考虑一部分剪力已由孔前接触面传递。

11. 判断受弯或受扭是角焊缝连接(或螺栓连接)计算的一个难点。当直接作用的力矩或由偏心力引起的力矩所作用的平面与焊缝群(螺栓群)所在平面垂直时，焊缝(螺栓)受弯；当直接作用的力矩或由偏心力引起的力矩所作用的平面与焊缝(螺栓群)所在平面平行时，焊缝(螺栓受扭)。

12. 连接节点的构造设计和计算是整个钢结构设计工作中的一个重要环节。随着钢结构的日益发展，越来越多的结构中涉及钢结构节点，如钢屋盖连接节点、空间钢网架结构连接节点、门式刚架连接节点、多高层钢结构连接节点等。本章中的例题主要针对一些简单节点连接的受力计算，为后续相关知识打下基础。工程中常用的节点如柱脚设计、梁柱连接、主次梁连接等，可根据需要参考第 5 章和第 6 章内容。

思考题

4-1 钢结构常用的连接方法有哪几种？简述钢结构焊接连接的特性。

4-2 焊条的级别及选用原则是什么？

4-3 按施焊的相对位置分，焊接形式有哪几种？哪种质量最好？

4-4 焊缝质量检验级别分几级？每个级别应采用什么检验方法？

4-5 焊接残余应力的成因是什么？其特点是什么？

4-6 焊接残余应力和残余变形对结构工作有什么影响？工程中如何减少残余应力和残余变形的影响？

4-7 对接焊缝连接为什么采用坡口？坡口的形式有哪些？

4-8 简述引弧板的作用。有、无引弧板时，对接焊缝的计算长度应怎样取值？

4-9 了解常用焊缝的表示方法。

4-10 何谓正面角焊缝和侧面角焊缝？它们各有何特点？

4-11 角焊缝的焊脚尺寸和计算长度的构造要求有哪些？

4-12 什么是角焊缝的有效截面？有效截面高度取多少？

4-13 掌握角焊缝的基本计算公式，理解公式中各个符号的意义。

4-14 如图 4-72 所示为屋架下弦节点，集中荷载 F 作用在下弦节点上，讨论下弦与节点板间焊缝计算方法。

4-15 分析图 4-73 中的角焊缝在荷载 P 的作用下，最危险的受力点是哪一个？

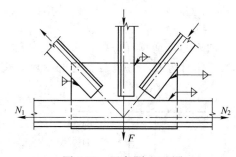

图 4-72　思考题 4-14 图

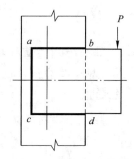

图 4-73　思考题 4-15 图

4-16 螺栓的排列方式有几种？螺栓排列应满足哪些要求？

4-17 熟悉螺栓的表示符号，普通螺栓和高强度螺栓的级别如何表示？有什么含义？

4-18 按受力性质不同，螺栓连接分为几种类型？

4-19 普通螺栓受剪连接时有哪几种破坏形式？规范中采用哪些方法避

免这些破坏的发生?

4-20 螺栓连接的 d、d_0、d_e 分别表示什么意思? 它们分别用于哪种计算中?

4-21 高强度螺栓连接分哪两种类型? 它们的承载能力极限状态有何不同?

4-22 在弯矩作用下,普通螺栓连接和高强度螺栓摩擦型连接的计算方法有何不同?

习题

4-1 如图 4-74 所示,T 形牛腿与柱采用对接焊缝连接,承受的荷载设计值 $N=150$kN,材料为 Q345 钢,手工焊,焊条为 E50 型,焊缝质量等级为三级,加引弧板。验算此连接的强度是否满足。

4-2 角钢与节点板采用三围角焊缝连接,如图 4-75 所示,钢材为 Q235 钢,焊条为 E43 型,采用手工焊,承受的静力荷载设计值 $N=850$kN,试设计所需焊缝的焊脚尺寸和焊缝长度。

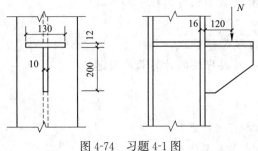

图 4-74 习题 4-1 图

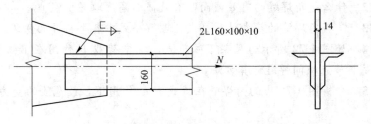

图 4-75 习题 4-2 图

4-3 图 4-76 所示盖板与被连接钢板间采用三面围焊连接,焊脚尺寸 $h_f=8$mm,承受轴心拉力设计值 $N=1000$kN。钢材为 Q235B,焊条为 E43 型,设计盖板的尺寸。

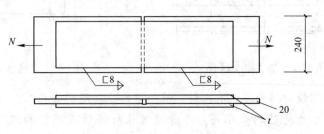

图 4-76 习题 4-3 图

4-4 如图 4-77 所示,钢板与柱翼缘用直角角焊缝连接,钢材为 Q235

钢，手工焊，E43 型焊条，承受斜向力设计值 $F=390kN$（静载），$h_f=8mm$。试校核此焊缝的构造要求并验算此焊缝是否安全。

4-5 图 4-78 所示角钢两边用角焊缝与柱相连，焊脚尺寸 $h_f=8mm$，钢材 Q345B，焊条为 E50 型，手工焊，承受静力荷载设计值 $F=300kN$，试验算此焊缝强度是否满足（转角处绕焊 $2h_f$，可不计焊口的影响）。

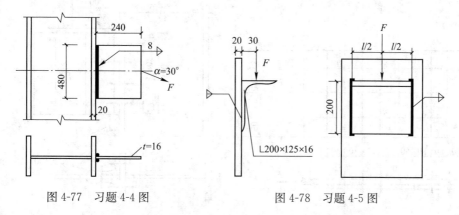

图 4-77　习题 4-4 图　　　　图 4-78　习题 4-5 图

4-6　试验算图 4-79 中的角焊缝连接，钢材为 Q235B，荷载设计值 $F=100kN$，$e_1=300mm$。

4-7　C 级普通螺栓连接如图 4-80 所示，构件钢材为 Q235 钢，螺栓直径 $d=20mm$，孔径 $d_0=21.5mm$，承受静力荷载设计值 $V=240kN$。试按下列条件验算此连接是否安全：

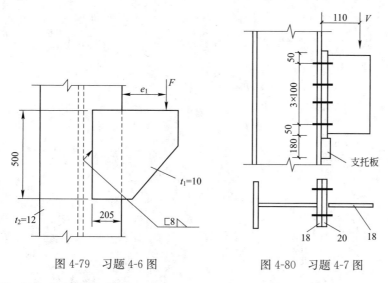

图 4-79　习题 4-6 图　　　　图 4-80　习题 4-7 图

（1）假定支托承受剪力；

（2）假定支托不受力。

4-8　如图 4-81 所示，钢板采用双盖板连接，构件钢材为 Q345 钢，螺栓为 10.9 级高强度螺栓摩擦型，接触面喷砂处理，螺栓直径 $d=20mm$，孔径 $d_0=22mm$，试计算此连接所能承受的最大轴心力设计值 $F=$？

4-9 牛腿用连接角钢 2∟100×125×18 及 M22 高强度螺栓(10.9 级)摩擦型与柱相连，螺栓布置如图 4-82 所示，钢材为 Q235 钢，接触面采用喷砂处理，承受的偏心荷载设计值 $F=150\text{kN}$，支托板仅起临时安装作用，分别验算角钢两肢上的螺栓强度是否满足。

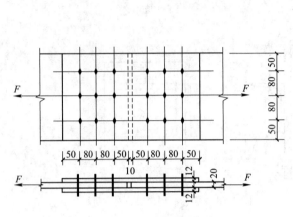

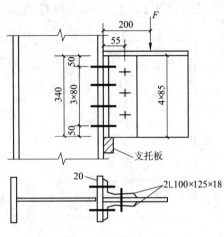

图 4-81 习题 4-8 图　　　　　图 4-82 习题 4-9 图

第5章
轴心受力构件

本章知识点

【知识点】轴心受力构件的强度计算方法，刚度及长细比概念；理想轴心受压杆件的3种屈曲形式，初始缺陷对轴心受压构件整体稳定承载力的影响，受压构件整体稳定承载力的计算方法和设计简化；轴心受压矩形薄板的临界力及局部稳定，组成板件的容许宽厚比及腹板屈曲后强度的应用；实腹式及格构式轴心受压柱的设计方法；连接节点及柱脚的构造与计算。

【重点】钢结构学习中，稳定概念是非常重要的，本章有关整体稳定和局部稳定的概念是整个钢结构基本构件稳定计算的基础，需要重点学习和理解。

【难点】轴心受力构件整体稳定的概念，各种初始缺陷对杆件整体稳定承载力的影响，组成板件的局部稳定，节点及柱脚的连接构造及计算。

　　轴心受力构件广泛应用于建筑中的各种平面和空间桁架(图5-1a)、网架(图5-1b)、塔架(图5-1c)和支撑等杆件体系结构中。这些结构通常假设其节点为铰接连接(见本页二维码)，当荷载仅在节点上作用时，其组成杆件只产生轴向拉力和压力的作用，分别称为轴心受拉构件和轴心受压构件。

(a)   (b)

图5-1　轴心受力构件在工程中的应用(一)

(a)桁架中的腹杆和下弦杆是轴心受力构件；(b)网架中几乎所有的杆件都不承受弯矩

(c)

图 5-1　轴心受力构件在工程中的应用（二）

(c)塔架是压弯结构，但空间杆系中的每根杆件都只承受轴力

轴心受压构件也常用作支承其他结构的承重柱，如大型工作平台支柱（图 5-2），钢桁架桥中的结构杆件，也是轴心受力构件（图 5-3）。

图 5-2　工作平台柱的两端一般为铰接，　　图 5-3　钢桁架桥中的腹杆是轴心受力构件

是轴心受压柱

轴心受力构件的常用截面形式可分为实腹式和格构式两大类。

实腹式构件制作简单，与其他构件连接也较方便，其常用截面形式很多。采用较多的是单个型钢截面，如圆钢、钢管、角钢、T 型钢、槽钢、工字钢、H 型钢等（图 5-4a），也可选用由型钢或钢板组成的组合截面（图 5-4b）。一般桁架结构中的弦杆和腹杆，除 T 型钢外，也常采用角钢或双角钢组合截面（图 5-4c），在轻型结构中则可采用由薄钢板冷弯成型的冷弯薄壁型钢截面（图 5-4d）。以上这些截面中，圆钢、组成板件宽厚比较小的紧凑型截面，或对两主轴刚度相差悬殊的单槽钢、T 型钢和角钢等，一般只用于轴心受拉构件。而受压构件为了提高其截面刚度，通常采用较为开展、组成板件宽而薄的截面。

格构式构件容易使压杆实现两主轴方向的等稳定性，刚度大，抗扭性能也好，用料较省。其截面一般由两个或多个型钢肢件组成（图 5-5），肢件间采用缀条（图 5-6a）或缀板（图 5-6b）连成整体，缀板和缀条统称为缀材。

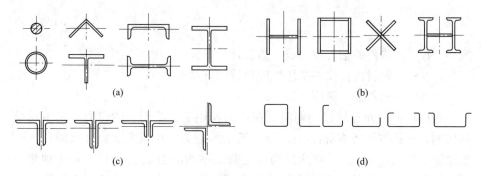

图 5-4　轴心受力实腹式构件的截面形式

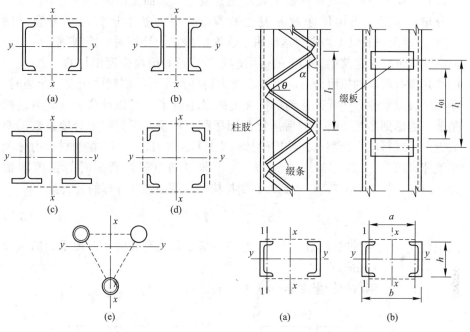

图 5-5　轴心受力格构式构件的
常用截面形式

图 5-6　格构式构件的缀材布置
(a)缀条柱；(b)缀板柱

　　轴心受力构件的计算应同时满足承载能力极限状态和正常使用极限状态的要求。对于承载能力极限状态，受拉构件一般以强度控制，而受压构件需同时满足强度和稳定的要求。对于正常使用极限状态，是通过保证构件的刚度——限制其长细比来达到的。因此，按受力性质的不同，轴心受拉构件的计算包括强度和刚度计算，而轴心受压构件的计算则包括强度、稳定和刚度计算。

5.1　轴心受力构件的强度和刚度

5.1.1　轴心受力构件的强度计算

　　轴心受力构件的强度承载力是以截面应力达到钢材的屈服应力为极限，即当截面没有孔洞削弱时，应按下式验算毛截面的屈服强度：

$$\sigma = \frac{N}{A} \leqslant f \tag{5-1}$$

式中 N——构件的轴心拉力或压力设计值（N）；

f——钢材的抗拉或抗压强度设计值（N/mm²）；

A——构件的毛截面面积（mm²）。

当构件的截面有局部削弱时，在拉力作用下，截面上的应力分布不再是均匀的，在孔洞附近有如图 5-7（a）所示的应力集中现象。在弹性阶段，孔壁边缘的最大应力 σ_{max} 可能达到构件毛截面平均应力 σ_a 的 3 倍。对于理想弹塑性材料而言，若拉力继续增加，当孔壁边缘的最大应力达到材料的屈服强度以后，应力不再继续增加而只发展塑性变形，截面上的应力产生塑性内力重分布，最后，当构件净截面发生断裂时，应力基本达到均匀分布（图5-7b），因而一般以平均应力达到屈服强度限值作为计算时的控制值。由于目前高强度钢材在建筑钢结构上的运用越来越广泛，而高强度钢材的应力-应变曲线并没有明显的屈服台阶，当轴心受力构件截面有孔洞削弱而发生断裂时，净截面极限承载力实际已达到抗拉强度的最小值 f_u。若以此作为计算时的控制值，考虑到净截面断裂的后果比截面屈服更严重，因而抗力分项系数需要取更大，现行国家标准《钢结构设计标准》GB 50017—2017 在钢材抗力分项系数平均值 1.1 的基础上再乘以 1.3，即得到净截面断裂时的强度限值$1/(1.1 \times 1.3) f_u = 0.7 f_u$，得到轴心受拉构件净截面强度计算的公式：

$$\sigma = \frac{N}{A_n} \leqslant 0.7 f_u \tag{5-2}$$

式中 A_n——构件的净截面面积，当构件多个截面有孔时，取最不利的截面（mm²）；

f_u——钢材抗拉强度最小值（N/mm²）。

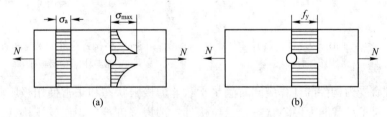

图 5-7 理想弹塑性材料有孔洞拉杆的截面应力分布

(a)弹性状态应力；(b)极限状态应力

对于轴心受压构件，因孔洞处有螺栓直接传力，截面强度可按式（5-1）计算。

当轴心受拉构件采用普通螺栓连接时，若螺栓为并列布置，则 A_n 应按最危险的正交截面计算；若螺栓错列布置，则构件既可能沿正交截面破坏，也可能沿齿状截面破坏，因此 A_n 应取较小面积计算(详见第 4 章 4.6.1 节)。

当轴拉受力杆件采用高强度螺栓摩擦型连接，在验算杆件的净截面强度时，因为截面上每个螺栓所传之力的一部分已经由摩擦力在孔前传走，净截面上所受内力应扣除已传走的力(详见第 4 章 4.6.2 节)。

《公路钢结构桥梁设计规范》JTGD 64—2015 对轴心受拉构件的强度计算

不区分毛截面和净截面，采用统一的强度计算公式，规定轴心受拉构件的截面强度按下式计算：

$$\gamma_0 N_d \leqslant A_0 f_d \qquad (5\text{-}3)$$

式中　γ_0——结构重要性系数；

　　　N_d——轴心拉力设计值（N）；

　　　A_0——净截面面积（mm^2）；

　　　f_d——钢材的抗拉、抗压和抗弯强度设计值（N/mm^2）。

与《钢结构设计标准》一样，当轴心受拉杆件采用高强度螺栓摩擦型连接时，考虑孔前传力，承载力公式为：

$$\left(1-0.5\frac{n_1}{n}\right)\gamma_0 N_d \leqslant A_0 f_d \qquad (5\text{-}4)$$

式中　n——在节点或拼接处，构件一端连接的高强度螺栓数目；

　　　n_1——所计算截面（最外列螺栓处）上高强度螺栓数目。

为了考虑板件局部失稳、初始缺陷和残余应力等对轴心受压构件承载力的影响，《公路钢结构桥梁设计规范》规定轴心受压构件的截面强度按下式计算：

$$\gamma_0 N_d \leqslant A_{\text{eff, c}} f_d \qquad (5\text{-}5)$$

式中　N_d——最不利截面轴心压力设计值；

　　　$A_{\text{eff,c}}$——考虑局部稳定影响的有效截面面积（有关有效截面的概念见
　　　　　　　　5.3.4节）。

5.1.2　刚度计算

为满足结构的正常使用要求，轴心受力构件不应做得过分柔细，而应具有一定的刚度，以保证构件不会产生过度的变形。

受拉和受压构件的刚度是以其长细比 λ 来衡量的，当构件的长细比太大时，会产生不利影响。

此外，由于压杆的承载能力极限状态一般由整体稳定控制，长细比若过大，除具有前述各种不利因素外，还使得构件的极限承载力显著降低，同时，初弯曲和自重产生的挠度也将对构件的整体稳定带来不利影响。

为了保证轴心受力构件具有一定的刚度，对构件的最大长细比 λ 应提出要求，即

$$\lambda = \frac{l_0}{i} \leqslant [\lambda] \qquad (5\text{-}6)$$

式中　l_0——构件的计算长度（mm）；

　　　i——截面的回转半径（mm）；

　　　$[\lambda]$——构件的容许长细比，一般是根据构件的重要性和荷载情况，在总
　　　　　　　结钢结构长期使用经验的基础上给出。

表 5-1 是我国国家标准《钢结构设计标准》对于受拉构件容许长细比的规定。

验算容许长细比时，在直接或间接承受动力荷载的结构中，计算单角钢受拉构件的长细比时，应采用角钢的最小回转半径，但计算在交叉点相互连接的交叉杆件平面外的长细比时，可采用与角钢肢边平行轴的回转半径。我国《钢结构设计标准》对于受拉构件容许长细比的规定是：除对腹杆提供平面外支点的弦杆外，承受静力荷载的结构受拉构件，可仅计算竖向平面内的长细比；中、重级工作制吊车桁架下弦杆的长细比不宜超过 200；在设有夹钳或刚性料耙等硬钩起重机的厂房中，支撑的长细比不宜超过 300；受拉构件在永久荷载与风荷载组合作用下受压时，其长细比不宜超过 250；跨度等于或大于 60m 的桁架，其受拉弦杆和腹杆的长细比，承受静力荷载或间接承受动力荷载时不宜超过 300，直接承受动力荷载时，不宜超过 250；受拉构件的长细比不宜超过表 5-1 规定的容许值。

受拉构件的长细比容许值 表 5-1

项次	构件名称	承受静力荷载或间接承受动力荷载的结构			直接承受动力荷载的结构
		一般建筑结构	对腹杆提供平面外支点的弦杆	有重级工作制吊车的厂房	
1	桁架的杆件	350	250	250	250
2	吊车梁或吊车桁架以下的柱间支撑	300	—	200	—
3	其他拉杆、支撑、系杆等（张紧的圆钢除外）	400	—	350	—

对受压构件来说，由于刚度不足产生的不利影响远比受拉构件严重。计算单角钢受压构件的长细比时，应采用角钢的最小回转半径，但计算在交叉点相互连接的交叉杆件平面外的长细比时，可采用与角钢肢边平行轴的回转半径。验算容许长细比时，可不考虑扭转效应。轴心受压构件的容许长细比宜符合下列规定：跨度等于或大于 60m 的桁架，其受压弦杆、端压杆和直接承受动力荷载的受压腹杆的长细比不宜大于 120；轴心受压构件的长细比不宜超过表 5-2 规定的容许值，但当杆件内力设计值不大于承载能力的 50% 时，容许长细比值可取 200。

受压构件的长细比容许值 表 5-2

项次	构件名称	容许长细比
1	轴心受压柱、桁架和天窗架中的杆件	150
	柱的缀条、吊车梁或吊车桁架以下的柱间支撑	
2	支撑	200
	用以减小受压构件长细比的杆件	

5.2 轴心受压构件的整体稳定

在荷载作用下，轴心受压构件的破坏方式主要有两类：短而粗的轴心受压构件主要是强度破坏；而细长的轴心受压构件受外力作用后，当截面上的平均应力远低于钢材的屈服强度时，常由于其内力和外力间不能保持平衡的稳定性，些微扰动即可能促使构件产生很大的变形而丧失承载能力，这种现象称为丧失整体稳定性，或称屈曲。由于钢材强度高，钢结构构件的截面大都轻而薄，因而细长轴心压杆的破坏主要是由失去整体稳定性所控制。

稳定问题对钢结构是一个极其重要的问题。在钢结构工程事故中，因失稳导致破坏者较为常见。近几十年来，由于结构形式的不断发展和较高强度钢材的应用，使构件更超轻型而薄壁，更容易出现失稳现象，因而对结构稳定性的研究以及对结构稳定知识的掌握也就更有必要。

5.2.1 理想轴心受压构件的屈曲

所谓理想轴心压杆就是假定杆件完全平直，截面沿杆件均匀，荷载沿杆件形心轴作用，杆件在受荷之前没有初始应力和初始弯曲，荷载作用在截面形心上，不产生任何初始偏心，也没有初弯曲等缺陷。如果理想轴心受压杆件失稳，叫作发生屈曲。实际轴心压杆必然存在一定的初始缺陷，如初弯曲、荷载的初偏心和残余应力等。为了分析的方便，通常先假定不存在这些缺陷，即按理想轴心受压构件进行分析，然后再分别考虑以上初始缺陷的影响。

视构件的截面形状和尺寸，理想轴心压杆可能发生三种不同的屈曲形式：

（1）弯曲屈曲——只发生弯曲变形，杆件的截面只绕一个主轴旋转，杆的纵轴由直线变为曲线。这是双轴对称截面最常见的屈曲形式，也是钢结构中最基本、最简单的屈曲形式。单轴对称截面绕其非对称轴屈曲时也会发生弯曲屈曲。

图 5-8（a）就是两端铰支工字形截面压杆发生绕弱轴弯曲屈曲的情况。

（2）扭转屈曲——失稳时杆件除支承端外的各截面均绕纵轴扭转，这是少数双轴对称截面压杆可能发生的屈曲形式。图 5-8（b）为长度较小的十字形截面杆件可能发生的扭转屈曲情况。

（3）弯扭屈曲——单轴对称截面绕其对称轴屈曲时，杆件在发生弯曲变形的同时必然伴随着扭转。图 5-8（c）即为 T 形单轴对称截面的弯扭屈曲情况（见本页二维码）。

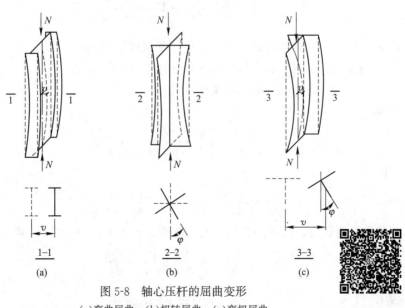

图 5-8　轴心压杆的屈曲变形

(a)弯曲屈曲；(b)扭转屈曲；(c)弯扭屈曲

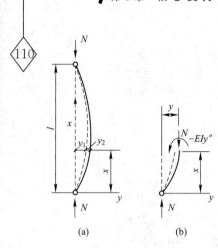

图 5-9　两端铰支轴心压杆屈
曲时的临界状态

5.2.2　理想轴心受压构件的弹性弯曲屈曲

如图 5-9 所示，两端铰支的理想细长压杆，当压力 N 较小时，杆件只产生轴向的压缩变形，杆件轴线保持平直；如有横向干扰使之微弯，干扰撤去后，杆件将恢复原来的直线状态，这表示杆件的平衡是稳定的。当逐渐加大压力 N 到某一数值时，如有干扰使杆件微弯，撤去此干扰后，杆件仍然保持微弯状态而不再恢复其原有的直线状态（图 5-9a），但杆件在微弯状态下的平衡是稳定的，这种现象称为平衡的"分支"，而且此时外力和内力的平衡是随遇的，叫做随遇平衡或中性平衡。当外力 N 超过此数值时，微小的干扰将使杆件产生很大的弯曲变形，随即产生破坏，此时的平衡是不稳定的，即杆件"屈曲"。

随遇平衡状态是从稳定平衡过渡到不稳定平衡的一个临界状态，所以称此时的外力 N 值为临界力。此临界力可定义为理想轴心压杆呈微弯状态的轴心压力。

轴心压杆发生弯曲屈曲时，截面中将引起弯矩 M 和剪力 V，若沿杆件长度上任一点由弯矩产生的变形为 y_1，由剪力产生的变形为 y_2（图 5-9），则任一点的总变形为 $y=y_1+y_2$，由材料力学知，在小变形条件下：

$$\frac{\mathrm{d}^2 y_1}{\mathrm{d}x^2}=-\frac{M}{EI}$$

而剪力 V 产生的轴线转角为：

$$\gamma=\frac{\mathrm{d}y_2}{\mathrm{d}x}=\frac{\beta}{GA}\cdot V=\frac{\beta}{GA}\cdot\frac{\mathrm{d}M}{\mathrm{d}x}$$

式中　A、I——杆件截面面积（mm^2）和惯性矩（mm^4）；

　　　E、G——材料的弹性模量和剪变模量（$\mathrm{N/mm^2}$）；

　　　β——与截面形状有关的系数。

因为

$$\frac{\mathrm{d}^2 y_2}{\mathrm{d}x^2}=\frac{\beta}{GA}\cdot\frac{\mathrm{d}V}{\mathrm{d}x}=\frac{\beta}{GA}\cdot\frac{\mathrm{d}^2 M}{\mathrm{d}x^2}$$

所以

$$\frac{\mathrm{d}^2 y}{\mathrm{d}x^2}=\frac{\mathrm{d}^2 y_1}{\mathrm{d}x^2}+\frac{\mathrm{d}^2 y_2}{\mathrm{d}x^2}=-\frac{M}{EI}+\frac{\beta}{GA}\cdot\frac{\mathrm{d}^2 M}{\mathrm{d}x^2}$$

在随遇平衡状态，由于任意截面的外弯矩 $M=N\cdot y$（图 5-9b），得：

$$\frac{\mathrm{d}^2 y}{\mathrm{d}x^2}=-\frac{N}{EI}y+\frac{\beta N}{GA}\cdot\frac{\mathrm{d}^2 y}{\mathrm{d}x^2}$$

或

$$y''\left(1-\frac{\beta N}{GA}\right)+\frac{N}{EI}y=0 \tag{5-7a}$$

令 $k^2 = \dfrac{N}{EI\left(1 - \dfrac{\beta N}{GA}\right)}$，则得到下式：

$$y'' + k^2 y = 0 \tag{5-7b}$$

这是一个常系数线性二阶齐次方程，其通解为：

$$y = A\sin kx + B\cos kx \tag{5-7c}$$

式中，A、B 为待定常数，由边界条件确定：

对两端铰支杆，当 $x=0$ 时，$y=0$，可由式(5-7c)得 $B=0$，从而

$$y = A\sin kl \tag{5-7d}$$

又由 $x=l$ 处 $y=0$，得

$$A\sin kl = 0 \tag{5-7e}$$

使式(5-7e)成立的条件，一是 $A=0$，但由式(5-7d)知，若 $A=0$ 则有 $y=0$，意味着杆件处于平直状态，这与杆件屈曲时保持微弯平衡的前提相悖，不是我们所需要的解。二是 $\sin kl = 0$，由此可得 $kl = n\pi (n=1, 2, 3, \cdots)$，取最小值 $n=1$，得 $kl=\pi$，即 $k^2 = \pi^2/l^2$，即

$$k^2 = \dfrac{N}{EI\left(1 - \dfrac{\beta N}{GA}\right)} = \dfrac{\pi^2}{l^2} \tag{5-7f}$$

上式中解出 N，即为压杆随遇平衡时的临界力 N_{cr}：

$$N_{cr} = \dfrac{\pi^2 EI}{l^2} \cdot \dfrac{1}{1 + \dfrac{\pi^2 EI}{l^2} \cdot \dfrac{\beta}{GA}} = \dfrac{\pi^2 EI}{l^2} \cdot \dfrac{1}{1 + \dfrac{\pi^2 EI}{l^2} \cdot \gamma_1} \tag{5-8}$$

式中　$\gamma_1 = \beta/(GA)$——单位剪力时的轴线转角（$1/N$）；

　　　　l——两端铰支杆的长度（mm）。

又式(5-7d)，可得到两端铰支杆的挠曲线方程为：

$$y = A\sin \pi x/l$$

式中　A——杆长中点的挠度，是很微小的不定值（mm^2）。

临界状态时的截面平均应力称为临界应力 σ_{cr}：

$$\sigma_{cr} = \dfrac{N_{cr}}{A} = \dfrac{\pi^2 E}{\lambda^2} \cdot \dfrac{1}{1 + \dfrac{\pi^2 EA}{\lambda^2} \cdot \gamma_1} \tag{5-9}$$

式中　$\lambda = l/i$——杆件的长细比；

$i = \sqrt{I/A}$——对应于屈曲轴的截面回转半径（mm）。

通常剪切变形的影响较小，对实腹构件若略去剪切变形，临界力或临界应力只相差 3‰左右。若只考虑弯曲变形，则上述临界力和临界应力一般称为欧拉临界力 N_E 和欧拉临界应力 σ_E，它们的表达式为：

$$N_E = \dfrac{\pi^2 EI}{l^2} = \dfrac{\pi^2 EA}{\lambda^2} \tag{5-10}$$

$$\sigma_E = \dfrac{\pi^2 E}{\lambda^2} \tag{5-11}$$

在上述欧拉临界力和临界应力的推导中，假定弹性模量 E 为常量（即材料

符合胡克定律），所以只有当求得的欧拉临界应力 σ_E 不超过材料的比例极限 f_p 时，式(5-11)才是有效的，即使式(5-10)和式(5-11)有效的条件是：

$$\sigma_E = \frac{\pi^2 E}{\lambda^2} \leqslant f_p$$

或长细比

$$\lambda \geqslant \lambda_p = \pi \sqrt{E/f_p}$$

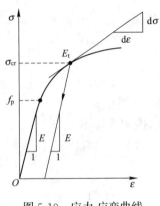

图 5-10　应力-应变曲线

5.2.3　理想轴心受压构件的弹塑性弯曲屈曲

当杆件的长细比 $\lambda < \lambda_p$ 时，临界应力超过了材料的比例极限 f_p，此时弹性模量 E 不再是常量，上述推导的欧拉临界力即式(5-10)不再适用，此时应考虑钢材的非弹性性能。

图 5-10 表示一弹塑性材料的应力-应变曲线，在应力到达比例极限 f_p 以前为一直线，其斜率为一常量，即弹性模量 E；在应力到达 f_p 以后则为一曲线，其切线斜率随应力的大小而变化。斜率 $d\sigma/d\varepsilon = E_t$ 称为钢材的切线模量。轴压构件的非弹性屈曲（或称弹塑性屈曲）问题既需考虑几何非线性（二阶效应），又需考虑材料的非线性，因此确定杆件的临界力较为困难。

1889 年，德国科学家恩格塞尔(F. Engesser)提出了可以用切线模量理论来解决这个问题。

切线模量理论假设，在屈曲应力超过比例极限后的非弹性阶段，加载时应力-应变关系应遵循相应于切线模量 E_t 的规律，在杆件的弹塑性屈曲阶段，若用切线模量 E_t 代替弹性模量 E，则可像弹性屈曲那样建立内外弯矩的平衡微分方程。

若忽略剪切变形的影响，内外弯矩的平衡方程为：

$$-EI_t y'' = N \cdot y$$

解此微分方程，可得理想轴心压杆弹塑性阶段切线模量临界力和临界应力分别为：

$$N_{cr,t} = \frac{\pi^2 E_t I}{l^2} \tag{5-12}$$

$$\sigma_{cr,t} = \frac{\pi^2 E_t}{\lambda^2} \tag{5-13}$$

5.2.4　初始缺陷对轴心受压构件稳定承载力的影响

实际轴心压杆与理想轴心压杆不一样，它不可避免地存在初始缺陷。这些初始缺陷有力学缺陷和几何缺陷两种，力学缺陷包括残余应力和截面各部分屈服点不一致等；几何缺陷包括初弯曲和加载初偏心等。其中对轴心压杆弯曲稳定承载力影响最大的是残余应力、初始弯曲和初始偏心。

1. 残余应力的影响

结构用钢材小试件的应力-应变曲线可认为是理想弹塑性的，即可假定屈服点 f_y 与比例极限 f_p 相等（图 5-11a），也就是在屈服点 f_y 之前为完全弹性，应力达到 f_y 就呈完全塑性。从理论上来说，压杆临界应力与长细比的关系曲线（亦称柱子曲线）应如图 5-11（b）所示，即当 $\lambda \geqslant \pi \sqrt{E/f_y}$ 时为欧拉曲线；当 $\lambda < \pi \sqrt{E/f_y}$ 时，则由屈服条件 $\sigma_{cr} = f_y$ 控制，为一水平线。

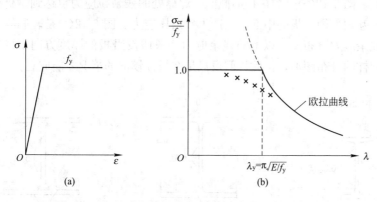

图 5-11　理想弹塑性材料的应力-应变曲线和柱子曲线

但是，一般压杆的试验结果却常处于图 5-11（b）用"×"标出的位置，它们明显地比上述理论值低。在一个时期内，人们是用试件的初弯曲和初偏心来解释这些试验结果，直到 20 世纪 50 年代初期，人们才发现试验结果偏低的原因还有残余应力的影响，而且对有些压杆残余应力的影响是最主要的。

残余应力是钢结构构件还未承受荷载前即已存在于构件截面上的自相平衡的初始应力，其产生的原因主要有：

（1）焊接时的不均匀加热和不均匀冷却。这是焊接结构最主要的残余应力（详见第 4 章）；

（2）型钢热轧后的不均匀冷却；

（3）板边缘经火焰切割后的热塑性收缩；

（4）构件经冷校正后产生的塑性变形。

残余应力有平行于杆轴方向的纵向残余应力和垂直于杆轴方向的横向残余应力，对板件厚度较大的截面，还存在厚度方向的残余应力。横向及厚度方向残余应力的绝对值一般很小，而且对杆件承载力的影响甚微，故通常只考虑纵向残余应力。截面实际量测得到的纵向残余应力详第 4 章 4.2.3 节。

实测的残余应力分布图一般是比较复杂而离散的，不便于分析时采用。通常是将残余应力分布图进行简化，得出其计算简图。结构分析时采用的纵向残余应力计算简图，一般由直线或简单的曲线组成，如图 5-12 所示。其中图 5-12（a）是轧制普通工字钢的纵向残余应力分布图，由于其腹板较薄，热轧后首先冷却，翼缘在冷却收缩过程中受到腹板的约束，因此翼缘中产生纵向残余拉应力，而腹板中部受到压缩作用产生纵向压应力。图 5-12（b）是轧制 H

型钢，由于翼缘较宽，其端部先冷却，因此具有残余压应力，其值为 $\sigma_{rc}=$ $0.3f_y$ 左右（f_y 为钢材屈服点），而残余应力在翼缘宽度上的分布，西欧各国常假设为抛物线，美国则常取为直线。图 5-12(c)为翼缘是轧制边或剪切边的焊接工字形截面，其残余应力分布情况与轧制 H 型钢类似，但翼缘与腹板连接处的残余拉应力通常达到钢材屈服点。图 5-12(d)为翼缘是火焰切割边的焊接工字形截面，翼缘端部和翼缘与腹板连接处都产生残余拉应力，而后者也经常达到钢材屈服点。图 5-12(e)是焊接箱形截面，焊缝处的残余拉应力也达到钢材的屈服点，为了互相平衡，板的中部自然产生残余压应力。图 5-12(f)是轧制等边角钢的纵向残余应力分布图。以上的残余应力一般假设沿板的厚度方向不变，板内外都是同样的分布图形，但此种假设只是在板件较薄的情况才能成立。

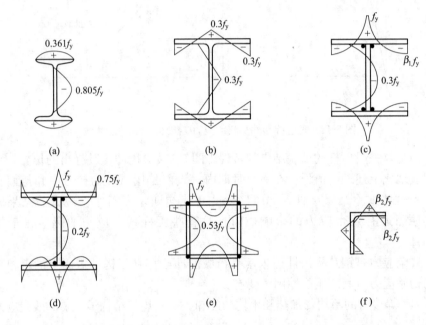

图 5-12　纵向残余应力简化图（$\beta_1=0.3\sim0.6$，$\beta_2\approx0.25$）

对厚板组成的截面，残余应力沿厚度方向有较大变化，不能忽视。图 5-13(a)为轧制厚板焊接的工字形截面沿厚度方向的残余应力分布图，其翼缘板外表面具有残余压应力，端部压应力可能达到屈服点；翼缘板的内表面与腹板连接焊缝处有较高的残余拉应力（达 f_y）；而在板厚的中部则介于内、外表面之间，随板件宽厚比和焊缝大小而变化。图 5-13(b)是轧制无缝圆管，由于外表面先冷却，后冷却的内表面受到外表面的约束，故有残余拉应力，而外表面具有残余压应力，从而产生沿厚度变化的残余应力，但其值不大。

残余应力的存在也可用短柱试验来验证，从杆件截取一短段（其长度不宜太大，使受压时不会失稳）进行压力试验，可以绘出平均应力 $\sigma=N/A$ 与应变 ε 的关系曲线（图 5-14e）。现以图 5-12(b)的 H 型钢为例说明残余应力的影响。为了说明问题的方便，将对受力性能影响不大的腹板部分略去（图 5-14a），假设柱截面集中于两翼缘。

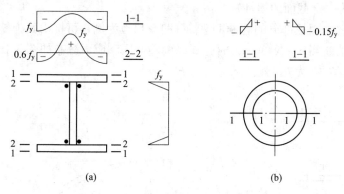

图 5-13 厚板（或厚壁）截面的残余应力

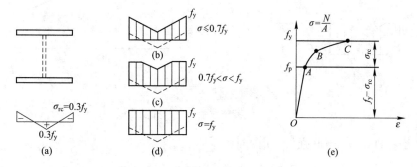

图 5-14 轧制 H 型钢短柱试验应力变化和 σ-ε 曲线

　　假设翼缘端部残余压应力 $\sigma_{rc}=0.3f_y$，当外力产生的应力 $\sigma=N/A$ 小于 $0.7f_y$ 时，截面全部为弹性的。如外力增加使 σ 达到 $0.7f_y$ 以后，翼缘端部开始屈服并逐渐向内发展，能继续抵抗增加外力的弹性区逐渐缩小（图 5-14b、c）。所以，在应力-应变曲线（图 5-14e）中，$\sigma=0.7f_y$ 之点（图 5-14e 中 A 点）即为最大残余压应力为 $0.3f_y$ 的有效比例极限 f_p 所在点。由此可知，有残余应力的短柱的有效比例极限为：

$$f_p=f_y-\sigma_{rc}$$

式中　σ_{rc}——截面中绝对值最大的残余压应力（N/mm^2）。

　　根据轴心压杆的屈曲理论，当屈曲时的平均应力 $\sigma=N/A\leqslant f_p$ 或长细比 $\lambda\geqslant\lambda_p=\pi\sqrt{E/f_p}$ 时，可采用欧拉公式计算临界应力。当 $\sigma>f_p$ 或 $\lambda<\lambda_p$ 时，杆件截面内将出现部分塑性区和部分弹性区（图 5-14c）。由于截面塑性区应力不可能再增加，能够产生抵抗力矩的只是截面的弹性区，此时的临界力和临界应力应为：

$$N_{cr}=\frac{\pi^2EI_e}{l_0{}^2}=\frac{\pi^2EI}{l^2}\cdot\frac{I_e}{I}$$

$$\sigma_{cr}=\frac{\pi^2E}{\lambda^2}\cdot\frac{I_e}{I}$$

式中　I_e——弹性区的截面惯性矩（或有效惯性矩）（mm^4）；

I——全截面的惯性矩（mm^4）。

仍以忽略腹板部分的轧制 H 型钢（图 5-14a）为例，可推出其弹塑性阶段的临界应力值。当 $\sigma = N/A > f_p$ 时，翼缘中塑性区和应力分布如图 5-15(a)、(b) 所示，翼缘宽度为 b，弹性区宽度为 kb。

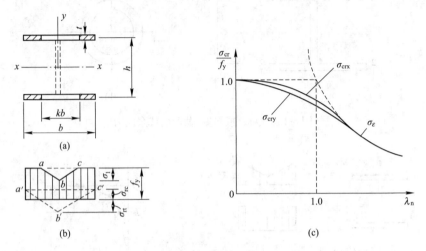

图 5-15　仅考虑残余应力的柱子曲线

当杆件绕 x-x 轴（强轴）屈曲时：

$$\sigma_{crx} = \frac{\pi^2 E}{\lambda_x^2} \cdot \frac{I_{ex}}{I_x} = \frac{\pi^2 E}{\lambda_x^2} \cdot \frac{2t \, (kb) \, h^2/4}{2tbh^2/4} = \frac{\pi^2 E}{\lambda_x^2} \cdot k \tag{5-14}$$

当杆件绕 y-y 轴（弱轴）屈曲时

$$\sigma_{cry} = \frac{\pi^2 E}{\lambda_y^2} \cdot \frac{I_{ey}}{I_y} = \frac{\pi^2 E}{\lambda_y^2} \cdot \frac{2t \, (kb)^3/12}{2tb^3/12} = \frac{\pi^2 E}{\lambda_y^2} \cdot k^3 \tag{5-15}$$

由于 $k < 1.0$，故知残余应力对弱轴的影响比对强轴的影响要大得多。画成如图 5-15(c) 所示的无量纲柱子曲线，纵坐标是屈曲应力 σ_{cr} 与屈服强度 f_y 的比值，横坐标是正则化长细比 $\lambda_n = \frac{\lambda}{\pi} \sqrt{f_y/E}$。由图可知，在 $\lambda_n = 1.0$ 处残余应力对轴心压杆稳定承载力的影响最大。

2. 初弯曲的影响

实际的压杆不可能完全挺直，总会有微小的初始弯曲。对两端铰支杆，通常假设初弯曲的曲线形式沿全长呈正弦曲线分布（图 5-16a），即假设其初始挠度曲线为：

$$y_0 = v_0 \sin \frac{\pi x}{l} \tag{5-16}$$

式中　v_0——压杆长度中点的最大初始挠度。

有初弯曲的构件受压后，杆的挠度增加，设杆件任一点的挠度增加量为 y，则杆件任一点的总挠度为 $y_0 + y$。取脱离体如图 5-16(b) 所示，在距原点 x 处，外力产生的力矩为 $N(y_0 + y)$，内部应力形成的抵抗弯矩为 $-EIy''$（这里不计入 $-EIy_0''$，因为 y_0 为初弯曲，杆件在初弯曲状态下没有应力，不能提供抵抗弯矩），建立平衡微分方程式：

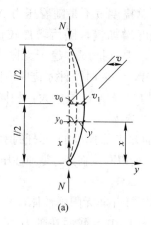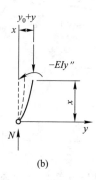

图 5-16　有初弯曲的轴心压杆

$$-EIy''=N(y_0+y)$$

将式(5-16)代入，得

$$EIy''+N\left(v_0\sin\frac{\pi x}{l}+y\right)=0 \tag{5-17}$$

对于两端铰支的理想直杆，可以推想得到，在弹性阶段，增加的挠度也呈正弦曲线分布，即

$$y=v_1\sin\frac{\pi x}{l} \tag{5-18}$$

式中　v_1——杆件长度中点所增加的最大挠度。

将式(5-18)的 y 和两次微分的 $y''=-v_1\dfrac{\pi^2}{l^2}\sin\dfrac{\pi x}{l}$ 代入式(5-17)中，得：

$$\sin\frac{\pi x}{l}\left[-v_1\frac{\pi^2EI}{l^2}+N(v_1+v_0)\right]=0$$

由于 $\sin\dfrac{\pi x}{l}\neq0$，必然有等式右端方括号中的数值为零，令 $\dfrac{\pi^2EI}{l^2}=N_E$，得：

$$-v_1N_E+N(v_1+v_0)=0$$

因而得

$$v_1=\frac{Nv_0}{N_E-N}$$

杆长中点的总挠度为：

$$v=v_1+v_0=\frac{Nv_0}{N_E-N}+v_0=\frac{N_E\cdot v_0}{N_E-N}=\frac{v_0}{1-N/N_E} \tag{5-19}$$

式中，$\dfrac{1}{1-\dfrac{N}{N_E}}$ 称为挠度放大系数，即具有初挠度为 v_0 的轴心压杆，在压力 N 作用下，任一点的挠度 v 为初始挠度 v_0 乘以挠度放大系数。

图 5-17 中的实线为根据式(5-19)画出的压力-挠度曲线，它们都建立在材料为无限弹性体的基础上，有如下特点：

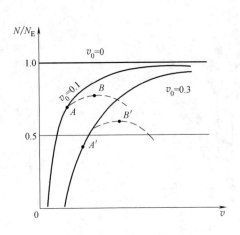

图 5-17　有初弯曲压杆的压力挠度
曲线(v_0 和 v 为相对数值)

（1）具有初弯曲的压杆，一经加载就产生挠度的增加，而总挠度 v 不是随着压力 N 按比例增加的，开始挠度增加慢，随后增加较快，当压力 N 接近 N_E 时，中点挠度 v 趋于无限大。这与理想直杆($v_0=0$)$N=N_E$ 时杆件才挠曲不同。

（2）压杆的初挠度 v_0 值愈大，相同压力 N 情况下，杆的挠度愈大。

（3）初弯曲即使很小，轴心压杆的承载力总是低于欧拉临界力。所以欧拉临界力是弹性压杆承载力的上限。

由于实际压杆并非无限弹性体，只要挠度增大到一定程度，杆件中点截面在轴力 N 和弯矩 Nv 作用下边缘开始屈服(图 5-17 中的 A 点或 A' 点)，随后截面塑性区不断增加，杆件即进入弹塑性阶段，致使压力还未达到 N_E 之前就丧失承载能力。图 5-17 中的虚线即为弹塑性阶段的压力-挠度曲线。虚线的最高点(B 点和 B' 点)为压杆弹塑性阶段的极限压力点。

对无残余应力仅有初弯曲的轴心压杆，截面开始屈服的条件为：

$$\frac{N}{A}+\frac{N \cdot v}{W}=\frac{N}{A}+\frac{Nv_0}{\left(1-\dfrac{N}{N_E}\right)W}=f_y$$

整理后得：

$$\frac{N}{A}\left(1+v_0\frac{A}{W} \cdot \frac{\sigma_E}{\sigma_E-\sigma}\right)=f_y$$

或

$$\sigma\left(1+\varepsilon_0 \cdot \frac{\sigma_E}{\sigma_E-\sigma}\right)=f_y \tag{5-20}$$

式中　$\varepsilon_0=v_0 \cdot A/W$——初弯曲率；

　　　σ_E——欧拉临界应力（N/mm^2）；

　　　W——截面模量（mm^3）。

公式(5-20)为以 σ 为变量的一元二次方程，解出其有效根，就是以截面边缘屈服作为准则的临界应力 σ_{cr}。

$$\sigma_{cr}=\frac{f_y+(1+\varepsilon_0)\sigma_E}{2}-\sqrt{\left[\frac{f_y+(1+\varepsilon_0)\sigma_E}{2}\right]^2-f_y\sigma_E} \tag{5-21}$$

上式称为柏利（Perry）公式，它由"边缘屈服准则"导出，如果取初弯曲 $v_0=l/1000$（《钢结构工程施工质量验收规范》GB 50205 规定的最大允许值），则初弯曲率为：

$$\varepsilon_0=\frac{l}{1000} \cdot \frac{A}{W}=\frac{l}{1000} \cdot \frac{1}{\rho}=\frac{\lambda}{1000} \cdot \frac{i}{\rho}$$

式中 $\rho = W/A$——截面核心距（mm）；

  i——截面回转半径（mm）。

对各种截面及其对应轴，i/ρ 值各不相同，因此由柏利公式确定的 σ_{cr}-λ 曲线就有高低。图 5-18 为焊接工字形截面在 $v_0 = l/1000$ 时的柱子曲线，从图中可以看出，绕弱轴(惯性矩及回转半径较小的主轴，如图中的 y 轴)的柱子曲线低于绕强轴(惯性矩及回转半径较大的主轴，如图中的 x 轴)的柱子曲线。

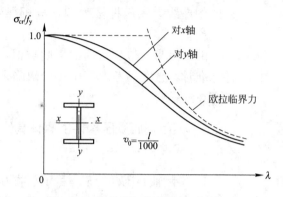

图 5-18 仅考虑初弯曲时的柱子曲线

3. 初偏心的影响

杆件尺寸的偏差和安装误差会产生作用力的初始偏心，图 5-19 表示两端均有最不利的相同初偏心距 e_0 的铰支柱。假设杆轴在受力前是平直的，在弹性工作阶段，杆件在微弯状态下建立的微分方程为：

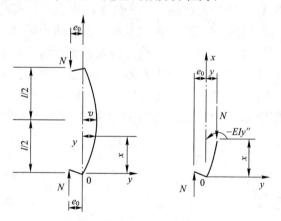

图 5-19 有初偏心的压杆

$$EIy'' + N(e_0 + y) = 0$$

引入 $k^2 = N/(EI)$ 可得：

$$y'' + k^2 y = -k^2 e_0 \tag{5-22}$$

解此微分方程，可得杆长中点挠度 v 的表达式为：

$$v = e_0 \left(\sec \frac{kl}{2} - 1 \right) = e_0 \left(\sec \frac{\pi}{2} \sqrt{\frac{N}{N_E}} - 1 \right) \tag{5-23}$$

根据公式(5-23)画出的压力-挠度曲线如图 5-20 所示，与图 5-17 对比可

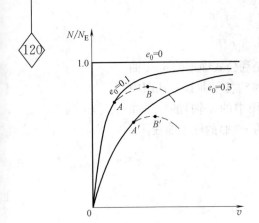

图 5-20 有初偏心压杆的压力-
挠度曲线（e_0 和 v 是相对数值）

知，具有初偏心的轴心压杆，其压力-挠度曲线与初弯曲压杆的特点相同，只是图 5-17 的曲线不通过原点，而图 5-20 的曲线都通过原点。可以认为，初偏心影响与初弯曲影响类似，但影响的程度却有差别。初弯曲对中等长细比杆件的不利影响较大；初偏心的数值通常较小，除了对短杆有较明显的影响外，杆件愈长影响愈小。图 5-20 的虚线表示压杆按弹塑性分析得到的压力-挠度曲线。

由于初偏心与初弯曲的影响类似，各国在制订设计标准时，通常只考虑其中一个缺陷来模拟两个缺陷都存在的影响。

5.2.5 实际轴心受压构件的整体稳定承载力和多柱子曲线

1. 实际轴心压杆的整体稳定承载力

以上介绍了理想轴心受压直杆和分别考虑各种初始缺陷轴压杆的整体稳定临界力或临界应力。对理想的轴心受压直杆，其弹性弯曲屈曲临界力为欧拉临界力 N_E（图 5-21 中的压力-挠度曲线 1），弹塑性弯曲屈曲临界力为切线模量临界力 N_t（图 5-21 中的曲线 2），这些都属于分枝屈曲，即杆件屈曲时才产生挠度。但具有初弯曲（或初偏心）的压杆，一经压力作用就产生挠度，其压力-挠度曲线如图 5-21 中的曲线 3，图中的 A 点表示压杆跨中截面边缘屈服。边缘屈服准则就是以 N_A 作为最大承载力。但从极限状态设计来说，压力还可增加，只是压力超过 N_A 后，构件进入弹塑性阶段，随着截面塑性区的不断扩展，v 值增加得更快，到达 B 点之后，压杆的抵抗能力开始小于外力的作用，不能维持稳定平衡。曲线的最高点 B 处的压力 N_B，才是具有初弯曲压杆真正的极限承载力，以此为准则计算压杆稳定，称为"最大强度准则"。

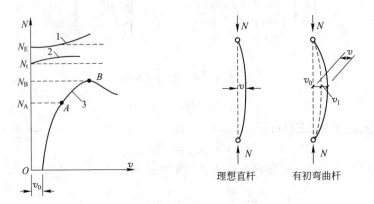

理想直杆　　　有初弯曲杆

图 5-21 轴心压杆的压力-挠度曲线

实际轴心压杆，各种缺陷同时达到最不利的可能性极小。对普通钢结构，通常只考虑影响最大的残余应力和初弯曲两种缺陷。

采用最大强度准则计算时，如果同时考虑残余应力和初弯曲缺陷，则沿横截面的各点以及沿杆长方向各截面，其应力-应变关系都是变数，很难列出临界力的解析式，只能借助计算机用数值方法求解。求解方法常用数值积分法，由于运算方法不同，又分为压杆挠曲线法（CDC 法）和逆算单元长度法等。

2. 轴心受压构件的柱子曲线

压杆失稳时临界应力 σ_{cr} 与长细比 λ 之间的关系曲线称为柱子曲线。由于各类钢构件截面上的残余应力分布情况和大小有很大差异，其影响又随压杆屈曲方向而不同。另外初弯曲的影响也与截面形式和屈曲方向有关。从图 5-22 可以看出，这些柱子曲线呈相当宽的带状分布（虚线所包的范围），这个范围的上、下限相差较大，特别是中等长细比的常用情况相差尤其显著。因此，若用一条曲线来代表，显然不合理。所以，国际上多数国家和地区都采用多条柱子曲线来代表这个分布带。

我国现行《钢结构设计标准》所采用的轴心受压柱子曲线按最大强度准则确定，在理论计算的基础上，结合工程实际，将这些柱子曲线合并归纳为四组，取每组中柱子曲线的平均值作为代表曲线，即图 5-22 中的 a、b、c、d 四条曲线。在 $\lambda=40\sim120$ 的常用范围，柱子曲线 a 比曲线 b 高出 4%～15%；而曲线 c 比曲线 b 低 7%～13%。d 曲线则更低，主要用于厚板截面。图中纵坐标 $\varphi=\sigma_{cr}/f_y$。

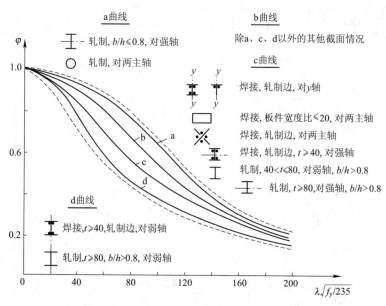

图 5-22　我国国家标准《钢结构设计标准》采用的柱子曲线

轴心受压构件柱子曲线的截面分类见表 5-3 和表 5-4，其中表 5-3 是构件组成板件厚度 $t<40$mm 的情况，而表 5-4 是组成板件厚度 $t\geqslant40$mm 的情况。

《钢结构设计标准》GB 50017—2017 轴心受压构件的截面分类（板厚 $t<40\text{mm}$）

表 5-3

截面形式		对 x 轴	对 y 轴
轧制		a 类	a 类
轧制	$b/h \leqslant 0.8$	a 类	b 类
	$b/h > 0.8$	a* 类	b* 类
焊接，翼缘为焰切边 / 焊接		a 类	a 类
轧制	x 轴 a^* 类 / y 轴 a^* 类	b 类	b 类
轧制，焊接（板件宽厚比>20）/ 轧制或焊接		b 类	b 类
焊接 / 轧制截面和翼缘为焰切边的焊接截面		b 类	b 类
格构式 / 焊接，板件边缘焰切		b 类	b 类
焊接，翼缘为轧制或剪切边		b 类	c 类
焊接，板件边缘轧制或剪切 / 焊接，轧制板件宽厚比≤20		c 类	c 类

《钢结构设计标准》GB 50017—2017 轴心受压构件的截面分类（板厚 $t \geq 40mm$）

表 5-4

截面情况			对 x 轴	对 y 轴
轧制工字形或H形截面		$t < 80mm$	b 类	c 类
		$t \geq 80mm$	c 类	d 类
焊接工字形截面		翼缘为焰切边	b 类	b 类
		翼缘为轧制或剪切边	c 类	d 类
焊接箱形截面		板件宽厚比>20	b 类	b 类
		板件宽厚比≤20	c 类	c 类

轧制圆管以及轧制普通工字钢绕 x 轴失稳时其残余应力影响较小，故属 a 类。

工程中经常采用的大部分截面属于 b 类，如轧制 H 型钢、焊接 H 型钢、焊接圆钢管以及各种组合截面等。

格构式构件绕虚轴的稳定计算，由于不考虑塑性深入截面，采用边缘屈服准则确定 φ 值，经分析，其柱子曲线与 b 曲线接近，故取用 b 曲线。

当槽形截面用于格构式柱的分肢时，由于分肢的扭转变形受到缀件的牵制，所以计算分肢绕其自身对称轴的稳定时，也可用 b 曲线。

翼缘为轧制或剪切边的焊接工字形截面，绕弱轴失稳时最外边缘为残余压应力，与轴向应力产生的压应力叠加后截面较早进入屈服，使稳定承载能力降低，故将其归入 c 曲线。

表 5-3 中 a* 类取值与钢材牌号有关，Q235 钢取 b 类，Q345、Q390、Q420 和 Q460 取 a 类；b* 类 Q235 钢取 c 类，Q345、Q390、Q420 和 Q460 取 b 类。这是因为热轧型钢的残余应力峰值与钢材强度无关，即残余应力与材料屈服强度的相对值随钢材强度的提高而减小，对构件稳定承载力的不利影响亦减弱，因而对屈服强度达到和超过 345MPa、截面宽度与高度的比值 $b/h > 0.8$ 的 H 型钢和等边角钢的 φ 值，可提高一类采用。

板件厚度大于 40mm 的轧制工字形截面和焊接实腹截面，残余应力不但沿板件宽度方向变化，在厚度方向的变化也比较显著，另外厚板质量较差也会对稳定带来不利影响，故应按照表 5-4 进行分类。

我国《公路钢结构桥梁设计规范》JTGD 64—2015 也是将轴心受力构件整体稳定计算的柱子曲线分为 a、b、c、d 共四条曲线（见表5-5），其截面形式的分类与《钢结构设计标准》大体相似。

123

《公路钢结构桥梁设计规范》JTGD 64—2015 轴心受力构件整体稳定系数的截面分类

表 5-5

横截面形式		限制条件		屈曲方向	屈曲曲线类型
轧制截面	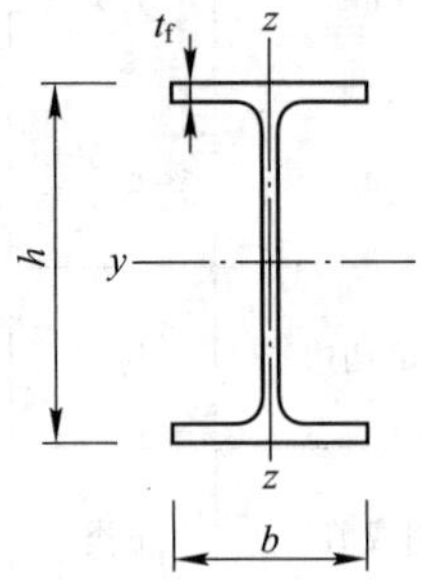	$h/b>1.2$	$t_f \leqslant 40mm$	y 轴 z 轴	a b
			$40 < t_f \leqslant 100mm$	y 轴 z 轴	b c
		$h/b \leqslant 1.2$	$t_f \leqslant 100mm$	y 轴 z 轴	b c
焊接工字形截面	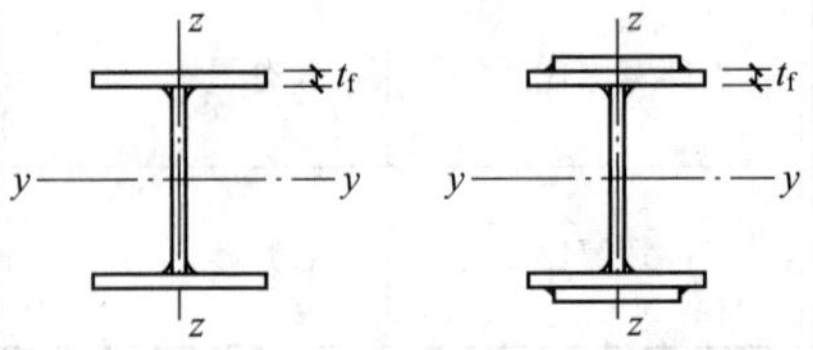	$t_f \leqslant 40mm$		y 轴 z 轴	b c
		$t_f > 40mm$		y 轴 z 轴	c d
空心截面	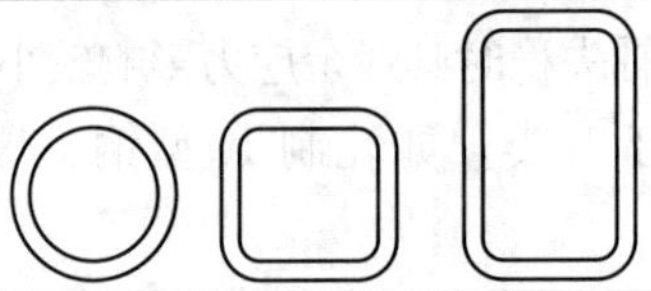	热轧		任意	a
		冷弯		任意	c
焊接箱形截面	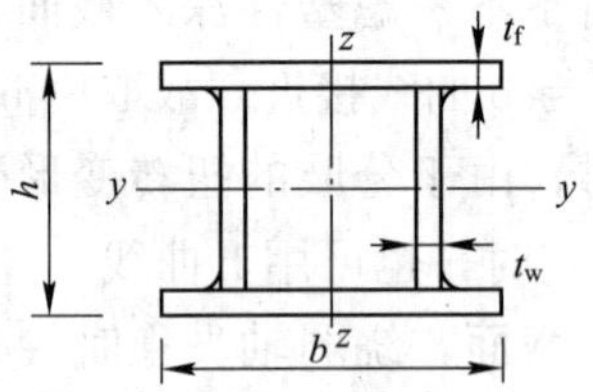	一般截面 （空心截面除外）		任意	b
		宽焊缝 $a>0.5t_f$ $b/t_f<30$ $h/t_w<30$		任意	c
槽形 T 形 截面	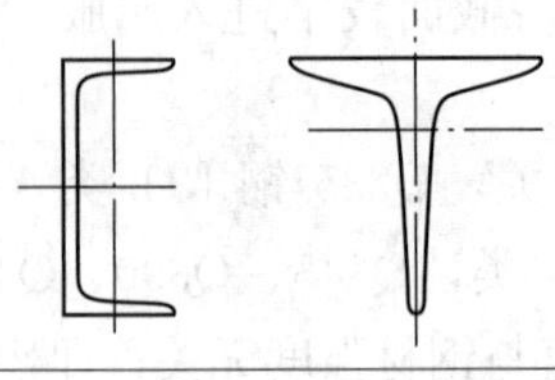	任意		任意	c
L 形截面	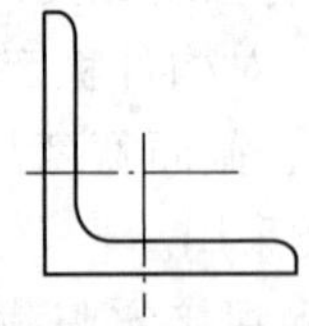	任意		任意	b

3. 轴心受压构件的整体稳定计算

轴心受压构件截面所受压应力应不大于其整体稳定的临界应力，考虑抗力分项系数 γ_R 后，应按下式进行计算：

$$\sigma = \frac{N}{A} \leqslant \frac{\sigma_{cr}}{\gamma_R} = \frac{\sigma_{cr}}{f_y} \cdot \frac{f_y}{\gamma_R} = \varphi f \tag{5-24}$$

式中 $\varphi=\sigma_{cr}/f_y$ 称为轴心受压构件的整体稳定系数，轴心受压构件的整体稳定计算式即是在此基础上得到的，采用下列形式：

$$\frac{N}{\varphi A f}\leqslant 1.0 \tag{5-25}$$

式中整体稳定系数 φ 值可以拟合成柏利（Perry）公式(5-19)的形式来表达，即：

$$\varphi=\frac{\sigma_{cr}}{f_y}=\frac{1}{2}\left\{\left[1+(1+\varepsilon_0)\frac{\sigma_E}{f_y}\right]-\sqrt{\left[1+(1+\varepsilon_0)\frac{\sigma_E}{f_y}\right]^2-4\,\frac{\sigma_E}{f_y}}\right\} \tag{5-26}$$

此公式只是借用了 Perry 公式的形式，φ 值并不是以截面的边缘屈服为准则，而是先按最大强度理论确定出压杆的极限承载力后再反算出 ε_0 值。因此，式中的 ε_0 值实质为考虑初弯曲、残余应力等综合影响的等效初弯曲率。对于规范中采用的四条柱子曲线，ε_0 的取值分别为：

a 类截面：$\varepsilon_0=0.152\bar{\lambda}-0.014$

b 类截面：$\varepsilon_0=0.300\bar{\lambda}-0.035$

c 类截面：$\varepsilon_0=0.595\bar{\lambda}-0.094(\bar{\lambda}\leqslant 1.05\ 时)$

$\qquad\qquad\ \varepsilon_0=0.302\bar{\lambda}+0.216(\bar{\lambda}>1.05\ 时)$

d 类截面：$\varepsilon_0=0.915\bar{\lambda}-0.132(\bar{\lambda}\leqslant 1.05\ 时)$

$\qquad\qquad\ \varepsilon_0=0.432\bar{\lambda}+0.375(\bar{\lambda}>1.05\ 时)$

式中 $\bar{\lambda}=\sqrt{\dfrac{f_y}{E}}$ 是一个无量纲的参数，称为正则化长细比。

$$\bar{\lambda}=\frac{f_y}{\left(\dfrac{\pi^2 E}{\lambda^2}\right)}=\frac{\lambda}{\pi}\sqrt{\frac{f_y}{E}}$$

上述 ε_0 值只适用于 $\bar{\lambda}>0.215$（相当于 $\lambda>20\sqrt{235/f_y}$）的情况。

当 $\bar{\lambda}\leqslant 0.215$（即 $\lambda\leqslant 20\sqrt{235/f_y}$）时，Perry 公式不再适用，可以采用一条近似曲线，使 $\bar{\lambda}=0.215$ 与 $\bar{\lambda}=0(\varphi=1.0)$ 相衔接，即：

$$\varphi=1-\alpha_1\bar{\lambda}^2 \tag{5-27}$$

其中，系数 α_1 取值如下：

a 类截面，$\alpha_1=0.41$；b 类截面，$\alpha_1=0.65$；

c 类截面，$\alpha_1=0.73$；d 类截面，$\alpha_1=1.35$。

式(5-26)和式(5-27)就是附录 5 附表 5-1～附表 5-5 中整体稳定系数 φ 值的表达式。其值根据表 5-3 和表 5-4 的截面分类和构件的长细比查出。

《公路钢结构桥梁设计规范》中轴心受压构件的整体稳定计算式也是在公式(5-24)的基础上得到的，由于桥中的轴心受压构件常常采用箱形截面，在计算局部稳定对轴心受压构件的影响时，为了考虑板件局部失稳、初始缺陷和残余应力等对轴心受压构件承载力的影响，将受压板件按翼缘板处理，杆件的截面按有效截面计算，即采用下列形式：

轴心受压杆件的有效截面与毛截面形心相同时，杆件稳定按下式计算：

$$\frac{\gamma_0 N_{\mathrm{d}}}{\chi A_{\mathrm{eff,\,c}}} \leqslant f_{\mathrm{d}} \tag{5-28}$$

式中　N_{d}——轴心压力设计值，当压力沿轴向变化时取构件中间 1/3 部分的最大值（N/mm²）；

　　　f_{d}——钢材的抗压强度设计值（N/mm²）；

　　　$A_{\mathrm{eff,c}}$——考虑局部稳定影响的有效截面面积（mm²）（有关有效截面的概念详见 5.3.5 节）；

　　　χ——轴心受压构件整体稳定折减系数，根据相对长细比 $\bar{\lambda} = \dfrac{\lambda}{\pi}\sqrt{\dfrac{f_{\mathrm{y}}}{E}}$

与表 5-5 的截面分类按下式计算，取截面两主轴稳定系数中的较小值。

$$\begin{cases} \bar{\lambda} \leqslant 0.2 \text{ 时：} \chi = 1 \\[2mm] \bar{\lambda} > 0.2 \text{ 时：} \chi = \dfrac{1}{2}\left\{ 1 + \dfrac{1}{\bar{\lambda}^2}(1+\varepsilon_0) - \sqrt{\left[1 + \dfrac{1}{\bar{\lambda}^2}(1+\varepsilon_0)\right]^2 - \dfrac{4}{\bar{\lambda}^2}} \right\} \end{cases} \tag{5-29}$$

式(5-29)也采用了 Perry 公式的形式，等同于式(5-26)，只是在表达方式上略有不同。此外，对于公式中等效初弯曲率 ε_0 的取值，《公路钢结构桥梁设计规范》与《钢结构设计标准》稍有不同，采用下列公式计算：

$$\varepsilon_0 = \alpha(\bar{\lambda} - 0.2)$$

式中　α——与构件截面分类有关的参数，按表 5-6 取值。

《公路钢结构桥梁设计规范》中参数 α 的取值　　　　表 5-6

曲线类别	a	b	c	d
参数 α	0.2	0.35	0.5	0.8

实际的工程应用中，需首先根据构件的截面形式确定分类，然后通过构件的长细比 λ 计算出（或查表得到）轴心受力构件的整体稳定系数 φ 值，进而代入式(5-25)或式(5-28)进行构件的整体稳定验算。

构件长细比 λ 应按照下列规定确定：

(1) 截面形心与剪心重合的构件，当计算弯曲屈曲时：

$$\left.\begin{array}{l} \lambda_{\mathrm{x}} = l_{0\mathrm{x}}/i_{\mathrm{x}} \\ \lambda_{\mathrm{y}} = l_{0\mathrm{y}}/i_{\mathrm{y}} \end{array}\right\} \tag{5-30}$$

式中　$l_{0\mathrm{x}}$、$l_{0\mathrm{y}}$——构件对主轴 x 和 y 的计算长度（mm）；

　　　i_{x}、i_{y}——构件截面对主轴 x 和 y 的回转半径（mm）。

当计算扭转屈曲时，长细比按下式计算：

$$\lambda_{\mathrm{z}} = \sqrt{\frac{I_0}{I_{\mathrm{t}}/25.7 + I_\omega/l_\omega^2}} \tag{5-31}$$

式中　I_0、I_{t}、I_ω——分别为构件毛截面对剪心的极惯性矩（mm⁴）、截面抗扭惯性矩（mm⁴）和扇性惯性矩（mm⁶），对十字形截

面可近似取 $I_\omega = 0$；

l_ω——扭转屈曲的计算长度（mm），两端铰支且端截面可自由翘曲的轴心受力构件，取几何长度 l；两端嵌固且端部截面翘曲完全受到约束时，取 $0.5l$。

对于双轴对称十字形截面，当板件宽厚比不超过 $15\varepsilon_k$ 时，不会产生扭转失稳，因此可不计算扭转屈曲。

（2）截面为单轴对称的构件

以上讨论柱的整定稳定临界力时，假定构件失稳时只发生弯曲而没有扭转，即所谓弯曲屈曲。对于单轴对称截面，当绕非对称轴失稳时为弯曲屈曲，长细比可按式（5-30）计算。当绕对称轴失稳时，由于截面形心与弯心（即剪切中心）不重合，在弯曲的同时总伴随着扭转，即形成弯扭屈曲。在相同情况下，弯扭失稳比弯曲失稳的临界应力要低。因此，对双板 T 形和槽形等单轴对称截面当绕对称轴(设为 y 轴)失稳时，应取计及扭转效应的换算长细比 λ_{yz} 代替 λ_y：

$$\lambda_{yz} = \frac{1}{\sqrt{2}} \left[(\lambda_y^2 + \lambda_z^2) + \sqrt{(\lambda_y^2 + \lambda_z^2)^2 - 4(1 - y_s^2/i_0^2)\lambda_y^2\lambda_z^2} \right]^{\frac{1}{2}} \quad \text{(5-32a)}$$

$$i_0^2 = y_s^2 + i_x^2 + i_y^2 \quad \text{(5-32b)}$$

式中　y_s——截面形心至剪心的距离（mm）；

i_0——截面对剪心的极回转半径（mm）；

λ_y——构件对对称轴的长细比；

λ_z——扭转屈曲换算长细比；按式（5-31）计算

式(5-32)所涉及的几何参数计算复杂，为简化计算，对工程中常用的单角钢截面和双角钢组合 T 形截面(图 5-26)，绕对称轴的换算长细比 λ_{yz} 可采用下列近似公式确定：

① 等边单角钢截面(图 5-23a)

当绕两主轴弯曲的计算长度相等时，可不计算弯扭屈曲。

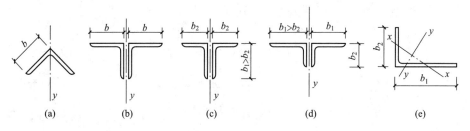

图 5-23　单角钢截面和双角钢组合 T 形截面

② 等边双角钢（图 5-23b）

当 $\lambda_y \geqslant \lambda_z$ 时：

$$\lambda_{yz} = \lambda_y \left[1 + 0.16 \left(\frac{\lambda_z}{\lambda_y} \right)^2 \right] \quad \text{(5-33a)}$$

当 $\lambda_y < \lambda_z$ 时：

$$\lambda_{yz}=\lambda_z\left[1+0.16\left(\frac{\lambda_y}{\lambda_z}\right)^2\right] \tag{5-33b}$$

$$\lambda_z=3.9\frac{b}{t} \tag{5-33c}$$

③ 长肢相并的不等边双角钢（图 5-23c）

当 $\lambda_y \geqslant \lambda_z$ 时：

$$\lambda_{yz}=\lambda_y\left[1+0.25\left(\frac{\lambda_z}{\lambda_y}\right)^2\right] \tag{5-34a}$$

当 $\lambda_y < \lambda_z$ 时：

$$\lambda_{yz}=\lambda_z\left[1+0.25\left(\frac{\lambda_y}{\lambda_z}\right)^2\right] \tag{5-34b}$$

$$\lambda_z=5.1\frac{b_2}{t} \tag{5-34c}$$

④ 短肢相并的不等边双角钢（图 5-23d）

当 $\lambda_y \geqslant \lambda_z$ 时：

$$\lambda_{yz}=\lambda_z\left[1+0.06\left(\frac{\lambda_z}{\lambda_y}\right)^2\right] \tag{5-35a}$$

当 $\lambda_y < \lambda_z$ 时：

$$\lambda_{yz}=\lambda_z\left[1+0.06\left(\frac{\lambda_y}{\lambda_z}\right)^2\right] \tag{5-35b}$$

$$\lambda_z=3.7\frac{b_1}{t} \tag{5-35c}$$

（3）截面无对称轴且剪心和形心不重合的构件

截面无对称轴且剪心和形心不重合的构件，当绕任意轴发生弯扭失稳时，根据弹性稳定理论，可推出下列换算长细比的计算公式：

$$\lambda_{xyz}=\pi\sqrt{\frac{EA}{N_{xyz}}} \tag{5-36a}$$

$$(N_x-N_{xyz})(N_y-N_{xyz})(N_z-N_{xyz})-N_{xyz}^2(N_x-N_{xyz})\left(\frac{y_s}{i_0}\right)^2-$$

$$N_{xyz}^2(N_y-N_{xyz})\left(\frac{x_s}{i_0}\right)^2=0 \tag{5-36b}$$

$$i_0^2=i_x^2+i_y^2+x_s^2+y_s^2 \tag{5-36c}$$

$$N_x=\frac{\pi^2EA}{\lambda_x^2} \tag{5-36d}$$

$$N_y=\frac{\pi^2EA}{\lambda_y^2} \tag{5-36e}$$

$$N_z=\frac{1}{i_0^2}\left(\frac{\pi^2EI_\omega}{l_\omega^2}+GI_t\right) \tag{5-36f}$$

式中　　N_{xyz}——弹性完善杆的弯扭屈曲临界力，由式（5-36b）确定（mm）；

　　　　x_s、y_s——截面剪心的坐标（mm）；

i_0——截面对剪心的极回转半径（mm）；

N_x、N_y、N_z——分别为绕 x 轴和 y 轴的弯曲屈曲临界力和扭转屈曲临界力（N）；

E、G——分别为钢材弹性模量和剪变模量（N/mm²）。

对于工程上常用的不等边角钢轴压构件，换算长细比可采用下列简化公式（图 5-23e）：

当 $\lambda_x \geqslant \lambda_z$ 时：

$$\lambda_{xyz} = \lambda_x \left[1 + 0.25 \left(\frac{\lambda_z}{\lambda_x} \right)^2 \right] \qquad (5\text{-}37a)$$

当 $\lambda_x < \lambda_z$ 时：

$$\lambda_{xyz} = \lambda_z \left[1 + 0.25 \left(\frac{\lambda_x}{\lambda_z} \right)^2 \right] \qquad (5\text{-}37b)$$

$$\lambda_z = 4.21 \frac{b_1}{t} \qquad (5\text{-}37c)$$

式中，x 轴为角钢的弱轴，b_1 为角钢长肢宽度（mm）。

【例题 5-1】 某简支桁架如图 5-24 所示，承受竖向荷载设计值 $P = 250\text{kN}$，桁架弦杆及斜腹杆均采用双角钢截面，节点处采用 10mm 厚节点板连接，钢材为 Q235。根据其所受内力大小，已初选斜腹杆采用由两个等边双角钢 2∟125×8 组合而成的 T 形截面，试确定该桁架斜腹杆在桁架平面内和平面外的长细比。

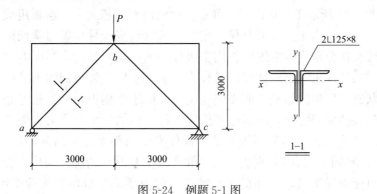

图 5-24 例题 5-1 图

【解】 本例中的斜腹杆 ab 和 bc 为轴心受压杆，其与桁架弦杆在节点的连接为铰接连接，因此平面内和平面外的计算长度 $l_{0x} = l_{0y} = l$（l 为节点间杆件的几何长度）。根据图示桁架的几何尺寸，可计算得到斜腹杆的几何长度：

$$l_{ab} = 3000 \times \sqrt{2} = 4243\text{mm}$$

即：$l_{0x} = l_{0y} = 4243\text{mm}$。

查附录 3 附表 3-4，可得到两个组合等边双角钢 2∟125×8 的截面参数，$A = 2 \times 19.75 = 39.5\text{cm}^2$，$b = 125\text{mm}$，$t = 8\text{mm}$，$i_x = 3.88\text{cm}$，$i_y = 5.48\text{cm}$。

双角钢组合 T 形截面为单轴对称截面，当在桁架平面内失稳，即绕非对称轴（x-x 轴）失稳时为弯曲失稳，其长细比应为：

$$\lambda_x = \frac{l_{0x}}{i_x} = \frac{4243}{38.8} = 109.36$$

此斜腹杆在桁架平面外失稳，即绕对称轴(y-y 轴)失稳时，应取计及扭转效应的换算长细比 λ_{yz} 代替 λ_y，首先计算 λ_y：

$$\lambda_y = \frac{l_{0y}}{i_y} = \frac{4243}{54.8} = 77.43$$

对等边双角钢截面，可以采用简化公式（5-33）计算，因为

$$\lambda_z = 3.9\,\frac{b}{t} = 3.9 \times \frac{125}{8} = 60.94 < \lambda_y = 77.43$$

所以按式（5-33a）计算绕对称轴（y-y 轴）的换算长细比：

$$\lambda_{yz} = \lambda_y \left[1 + 0.16\left(\frac{\lambda_z}{\lambda_y}\right)^2\right] = 77.43 \times \left[1 + 0.16 \times \left(\frac{60.94}{77.43}\right)^2\right] = 85.1$$

所以，此单轴对称截面的斜腹杆，在桁架平面内的长细比 $\lambda_x = 109$，在桁架平面外的长细比 $\lambda_{yz} = 85$。

5.3 轴心受压构件的局部稳定

5.3.1 板件的局部稳定性

轴心受压构件的截面大多由若干矩形薄板（或薄壁圆管矩形管截面）所组成，如图 5-25 所示工字形截面，可看作由两块翼缘板和一块腹板组成。在轴心受压构件中，为了提高其整体稳定性，这些组成板件应做得宽而薄。由于这些组成板件分别受到沿纵向作用于板件中面的均布压力，当压力大到一定程度，在构件尚未达到整体稳定承载力之前，个别板件可能因不能保持其平面平衡状态而发生波形凸曲而丧失稳定性。由于个别板件丧失稳定并不意味着构件失去整体稳定性，因而这些板件先行失稳的现象就称为失去局部稳定性。图5-25 为一工字形截面轴心受压构件发生局部失稳时的变形形态示意，图 5-25(a)和图 5-25(b)分别表示腹板和翼缘失稳时的情况。构件丧失局部稳定后还可能继续维持着整体的平衡状态，但由于部分板件屈曲后退出工作，使构件的有效截面减少，并改变了原来构件的受力状态，从而会加速构件整体失稳而丧失承载能力。

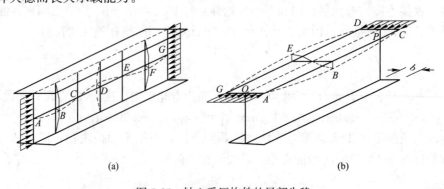

(a)　　　　　　　　　　　　(b)

图 5-25　轴心受压构件的局部失稳

5.3.2 轴心受压矩形薄板的临界力

图 5-25(a)和图 5-25(b)所示轴心受压构件的腹板和翼缘板，均可以视为一个均匀受压的矩形薄板，若将钢材视为弹性材料，则可以运用弹性稳定理论计算其临界力和临界应力。

如图 5-26 所示的四边简支矩形薄板，沿板的纵向(x 方向)中面内单位宽度上作用有均匀压力 N_x(N/mm)。与轴心受压构件的整体稳定相类似，当板弹性屈曲时，可建立板在微弯平衡状态时的平衡微分方程：

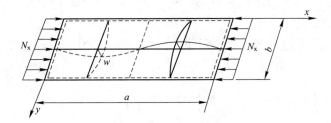

图 5-26　四边简支单向均匀受压板的屈曲

$$D\left(\frac{\partial^4 w}{\partial x^4}+2\frac{\partial^4 w}{\partial x^2\partial y^2}+\frac{\partial^4 w}{\partial y^4}\right)+N_x\frac{\partial^2 w}{\partial x^2}=0 \tag{5-38}$$

式中　$D=\dfrac{Et^3}{12(1-v^2)}$——板单位宽度的抗弯刚度；

　　　$v=0.3$——材料的泊松比。

抗弯刚度 D 比同宽度梁的抗弯刚度 $EI=\dfrac{Et^3}{12}$ 大，这是由于板条弯曲时，其宽度方向的变形受到相邻板条约束的缘故。

因为板为平面结构，在弯曲屈曲后的变形为 $w=w(x,\ y)$，所以式(5-38)是一个以挠度 w 为未知量的常系数线性四阶偏微分方程。

若板为四边简支，则其边界条件为：

当 $x=0$ 和 $x=a$ 时：$w=0$，$\dfrac{\partial^2 w}{\partial x^2}+v\dfrac{\partial^2 w}{\partial y^2}=0$(即 $M_x=0$)

当 $y=0$ 和 $y=b$ 时：$w=0$，$\dfrac{\partial^2 w}{\partial y^2}+v\dfrac{\partial^2 w}{\partial x^2}=0$(即 $M_y=0$)

满足上述边界条件的解是一个二重三角级数：

$$w=\sum_{m=1}^{\infty}\sum_{n=1}^{\infty}A_{mn}\sin\frac{m\pi x}{a}\sin\frac{n\pi y}{b}\quad(m,\ n=1,\ 2,\ 3,\cdots) \tag{5-39}$$

式中　m、n——板屈曲时沿 x 轴和沿 y 轴方向的半波数。

将式(5-39)中的挠度 w 微分后代入式(5-38)，得：

$$\sum_{m=1}^{\infty}\sum_{n=1}^{\infty}A_{mn}\left[\frac{m^4\pi^4}{a^4}+2\frac{m^2 n^2\pi^4}{a^2 b^2}+\frac{n^4\pi^4}{b^4}-\frac{N_x}{D}\frac{m^2\pi^2}{a^2}\right]\sin\frac{m\pi x}{a}\sin\frac{n\pi y}{b}=0$$

当板处于微弯状态时，应该有

$$A_{mn}\neq0,\quad\sin\frac{m\pi x}{a}\neq0;\quad\sin\frac{n\pi y}{b}\neq0$$

故满足上式恒为零的唯一条件是括号内的式子为零，令：

$$\left[\frac{m^4\pi^4}{a^4}+2\frac{m^2n^2\pi^4}{a^2b^2}+\frac{n^4\pi^4}{b^4}-\frac{N_x}{D}\frac{m^2\pi^2}{a^2}\right]=0$$

解得：

$$N_x=\frac{\pi^2D}{b^2}\left(\frac{mb}{a}+\frac{n^2a}{mb}\right)^2$$

临界荷载是板保持微弯状态的最小荷载，只有 $n=1$（即在 y 方向为一个半波）时 N_x 有最小值，于是得四边简支板单向均匀受压时的临界荷载为：

$$N_{crx}=\frac{\pi^2D}{b^2}\left(\frac{mb}{a}+\frac{a}{mb}\right)^2=\frac{\pi^2D}{b^2}\cdot\kappa \tag{5-40}$$

式中　$\kappa=\left(\frac{mb}{a}+\frac{a}{mb}\right)^2$——板的屈曲系数。

相应的临界应力：

$$\sigma_{crx}=\frac{N_{crx}}{1\times t}=\frac{\pi^2D}{tb^2}\cdot\kappa=\frac{\kappa\pi^2E}{12(1-v^2)}\frac{1}{(b/t)^2} \tag{5-41}$$

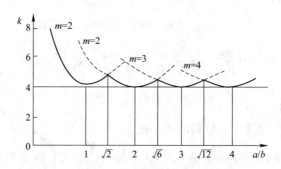

图 5-27　四边简支单向均匀受压板的屈曲系数

图 5-27 分别绘出了 $m=1,2,\cdots$ 时在不同板宽比 a/b 的 κ 值。可以看到，对于任一 m 值，κ 的最小值等于 4，而且除 $a/b<1$ 的一段外，图中实曲线的 κ 值变化不大。因此，对于四边简支单向均匀受压板，当 $a/b\geqslant1$ 时，对任何 m 和 a/b 情况均可取屈曲系数 $\kappa=4$。

当板的两侧边不是简支时，也可用与上述相同的方法求出屈曲系数 κ 值。图 5-28 列出了不同支承条件时单向均匀受压板的 κ 值。

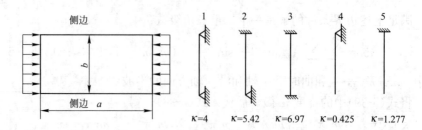

图 5-28　单向均匀受压板的屈曲系数

矩形板通常作为钢构件的一个组成部分，非受荷的两纵边假设为简支或固定，都是计算模型中的两个极端情况。实际板件两纵边的支承情况往往介于两者之间，例如轴心受压柱的腹板可以认为是两侧边支承于翼缘的均匀受压板，由于翼缘对腹板有一定的弹性约束作用，故腹板的 κ 值应介于图 5-28 中 1、3 两情况的 κ 值之间。如取实际板件的屈曲系数为 $\chi\kappa$（χ 称为嵌固系数或弹性约束系数，大于 1.0），用以考虑纵边的实际支承情况，则由图 5-28 可知四边支承板的 χ 的最大值为 $\chi=\dfrac{6.97}{4}=1.7425$，即 $1.0 \leqslant \chi \leqslant 1.7425$。

5.3.3　轴心受压构件组成板件的容许宽厚比

板件在稳定状态所能承受的最大应力（即临界应力）与板件的形状、尺寸、支承情况以及应力情况等有关。当板件所受纵向平均压应力等于或大于钢材的比例极限时，板件纵向进入弹塑性工作阶段，而板件的横向仍处于弹性工作阶段，使矩形板呈正交异性。考虑材料的弹塑性影响以及板边缘约束后板件的临界应力可用下式表达：

$$\sigma_{cr}=\frac{\sqrt{\eta}\chi\kappa\pi^2 E}{12(1-\nu^2)}\left(\frac{t}{b}\right)^2 \tag{5-42}$$

式中　χ——板边缘的弹性约束系数；

　　　κ——屈曲系数；

　　$\eta=\dfrac{E_t}{E}$——弹性模量折减系数，根据轴心受压构件局部稳定的试验资料，可取为：

$$\eta=0.1013\lambda^2\left(1-0.0248\lambda^2\frac{f_y}{E}\right)\frac{f_y}{E} \tag{5-43}$$

在工程应用中，为了避免临界应力的复杂求解过程，通常采用限制翼缘和腹板宽厚比（或高厚比）的方法，以保证构件在丧失整体稳定承载力之前不会发生组成板件的局部屈曲。即轴心受压构件的局部稳定验算考虑等稳定性，保证板件的局部失稳临界应力（式 5-42）不小于构件整体稳定的临界应力（φf_y），即：

$$\frac{\sqrt{\eta}\chi\kappa\pi^2 E}{12(1-\nu^2)}\left(\frac{t}{b}\right)^2 \geqslant \varphi f_y \tag{5-44}$$

式（5-44）中的整体稳定系数 φ 可用 Perry 公式（5-21）来表达。显然，φ 值与构件的长细比 λ 有关。由上式即可确定出板件宽厚比的限值，以 H 形截面的板件为例：

（1）翼缘

由于 H 形截面的腹板一般较翼缘板薄，腹板对翼缘板几乎没有嵌固作用，因此翼缘板可视为一边简支于腹板、另两边简支于相邻翼缘、一边自由的三边简支一边自由的均匀受压板（类似图 5-28 中的第 4 种情况），此时其屈曲系数 $\kappa=0.425$，弹性约束系数 $\chi=1.0$。由式（5-44）可以得到翼缘板悬伸部分的宽厚比 b/t_f 与长细比 λ 的关系曲线，此曲线的关系式较为复杂，为了便于应用，采用下列简单的直线式表达：

133

$$\frac{b}{t_f} \leqslant (10 + 0.1\lambda)\varepsilon_k \tag{5-45}$$

式中　b、t_f——分别为翼缘板自由外伸长度和厚度（mm）；

　　　　λ——构件两方向长细比的较大值，当 $\lambda < 30$ 时，取 $\lambda = 30$；当 $\lambda > 100$ 时，取 $\lambda = 100$。

（2）腹板

腹板可视为纵向简支于翼缘板而其余两边简支于相邻腹板的四边支承板，此时屈曲系数 $\kappa = 4$。当腹板发生屈曲时，翼缘板作为腹板纵向边的支承，对腹板将起一定的弹性嵌固作用，这种嵌固作用可使腹板的临界应力提高，根据试验可取弹性约束系数 $\chi = 1.3$。仍由式(5-44)，经简化后得到腹板高厚比 h_0/t_w 的简化表达式：

$$\frac{h_0}{t_w} \leqslant (25 + 0.5\lambda)\varepsilon_k \tag{5-46}$$

其他截面构件的板件宽厚比限值见表 5-7。对箱形截面中的板件，其宽厚比限值是近似借用了箱形梁翼缘板的规定(参见第 6 章)；对圆管截面是根据材料为理想弹塑性体，轴向压应力达屈服强度的前提下导出的。

轴心受压构件板件宽厚比限值　　　　　　　　　　表 5-7

截面及板件尺寸	宽厚比限值
	$b/t_f \leqslant (10 + 0.1\lambda)\varepsilon_k$ $h_0/t_w \leqslant (25 + 0.5\lambda)\varepsilon_k$
	$b/t_f \leqslant (10 + 0.1\lambda)\varepsilon_k$ 热轧剖分 $h_0/t_w \leqslant (15 + 0.2\lambda)\varepsilon_k$ 焊接　$h_0/t_w \leqslant (13 + 0.17\lambda)\varepsilon_k$
	$\lambda \leqslant 80\varepsilon_k$ 时 　　　　$w/t \leqslant 15\varepsilon_k$ $\lambda > 80\varepsilon_k$ 时 　　　　$w/t \leqslant 5\varepsilon_k + 0.125\lambda$
	$b_0/t \leqslant 40\varepsilon_k$
	$d/t \leqslant 100\varepsilon_k^2$

等边角钢宽厚比限值中，w、t分别为角钢的平板宽度和厚度，简化计算时，w可取为$b-2t$，b为角钢宽度；λ为构件的长细比，按角钢绕非对称主轴计算回转半径。

如前所述，轴心受压构件的板件宽厚比限值是根据等稳定性条件得到的，计算时以构件达到整体稳定承载力φfA为极限条件，当轴压构件实际承受的压力小于稳定承载力φfA，即式（5-44）的右端小于φf_y时，板件宽厚比限值显然还可以加大，即可乘以放大系数$\alpha=\sqrt{\varphi fA/N}$，其中$N$为轴压构件实际承受的轴力设计值。

5.3.4　腹板屈曲后强度的利用

当工字形截面的腹板高厚比h_0/t_w不满足式（5-43）的要求时，可以加厚腹板，但此法不一定经济，较有效的方法是在腹板中部设置纵向加劲肋。由于纵向加劲肋与翼缘板构成了腹板纵向边的支承，因此加强后腹板的有效高度h_0成为翼缘与纵向加劲肋之间的距离，如图5-29所示。

限制腹板高厚比和设置纵向加劲肋，是为了保证在构件丧失整体稳定之前腹板不会出现局部屈曲。实际上，四边支承理想平板在屈曲后还有很大的承载能力，一般称之为屈曲后强度。板件的屈曲后强度主要来自于平板中面的横向张力，因而板件屈曲后还能继续承载。屈曲后继续施加的荷载大部分将由边缘部分的腹板来承受，此时板内的纵向压力出现不均匀分布，如图5-30(a)所示。

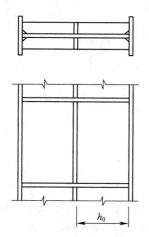

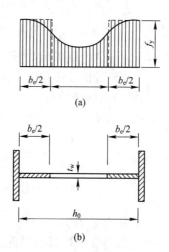

图 5-29　实腹柱的腹板加劲肋　　　图 5-30　腹板屈曲后的有效截面

工程中，当构件受力较小主要由刚度控制时或为了避免加劲肋施工的困难，可以利用腹板的屈曲后强度。

钢结构工程中对腹板屈曲后强度的应用，近似以图5-30(a)中虚线所示的应力图形来代替板件屈曲后纵向压应力的分布，即引入等效宽度b_e和有效截面A_e的概念。考虑腹板截面部分退出工作，实际平板可由一应力等于f_y但宽度只有b_e的等效平板来代替。计算时，腹板截面面积仅考虑两侧宽度各为

$b_e/2$ 的部分，如图 5-30(b)所示，然后采用有效截面验算轴心受压构件的强度和稳定性。当验算强度时，采用有效净截面面积，验算稳定时，可采用有效毛截面面积，孔洞对截面的影响可以不考虑，即：

强度计算

$$\frac{N}{A_{ne}} \leqslant f \tag{5-47}$$

稳定性计算

$$\frac{N}{\varphi A_e f} \leqslant 1.0 \tag{5-47a}$$

$$A_{ne} = \sum \rho_i A_{ni} \tag{5-47b}$$

$$A_e = \sum \rho_i A_i \tag{5-47c}$$

式中 A_{ne}、A_e——分别为构件的有效净截面面积和有效毛截面面积（mm²）；

A_{ni}、A_i——分别为各组成板件的有效净截面面积和有效毛截面面积（mm²）；

φ——稳定系数，可按构件毛截面计算；

ρ_i——各组成板件的有效截面系数，与板件截面的高厚比或宽厚比有关，有效截面系数可分别按式(5-48a)～式(5-49a)计算。

① 箱形截面的壁板、H 形截面或工字形截面的腹板

当 $b/t > 42\varepsilon_k$ 时：

$$\rho_i = \frac{1}{\lambda_{np}}\left(1 - \frac{0.19}{\lambda_{np}}\right) \tag{5-48a}$$

$$\lambda_{np} = \frac{b/t}{56.2} \cdot \frac{1}{\varepsilon_k} \tag{5-48b}$$

式中 b、t——分别为壁板或腹板的净宽度和厚度（mm）；

λ_{np}——板件的正则化宽厚比，按式（5-48）计算。

② 单角钢截面的外伸肢

当 $b/t > 15\varepsilon_k$ 时：

$$\rho_i = \frac{1}{\lambda_{np}}\left(1 - \frac{0.1}{\lambda_{np}}\right) \tag{5-49a}$$

$$\lambda_{np} = \frac{b/t}{16.8} \cdot \frac{1}{\varepsilon_k} \tag{5-49b}$$

对于约束状态近似为三边支承的翼缘板外伸肢，虽也存在屈曲后强度，但其影响远较四边支承板为小。我国《钢结构设计标准》GB 50017—2017 中对三边支承板外伸肢不考虑屈曲后强度，其宽厚比必须满足表 5-7 的规定。

5.3.5 《公路钢结构桥梁设计规范》JTGD 64—2015 中有效截面的计算方法

《公路钢结构桥梁设计规范》JTGD 64—2015 中采用有效截面的方法计算局部稳定对轴心受压构件的影响，有效宽度 $b^p_{e,i}$ 和面积 $A_{eff,c}$ 按下式计算：

$$b^p_{e,i} = \rho_i b_i \tag{5-50a}$$

$$A_{\mathrm{eff,c}} = \sum b_{\mathrm{e},i}^{\mathrm{p}} t_i + \sum A_{\mathrm{s},j} \qquad (5\text{-}50\mathrm{b})$$

式中 $b_{\mathrm{e},i}^{\mathrm{p}}$——第 i 块受压板件考虑局部稳定影响的有效宽度（mm）；

b_i、t_i——第 i 块受压板件的宽度和厚度（图 5-31）（mm）；

$\sum A_{\mathrm{s},j}$——有效宽度范围内受压板件的加劲肋面积之和；

ρ_i——第 i 块受压板件的局部稳定折减系数，按《公路钢结构桥梁设计规范》JTGD 64—2015 计算。

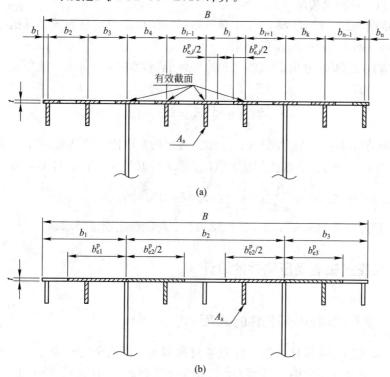

图 5-31 考虑受压加劲板局部稳定影响的受压板件有效宽度示意图

(a)刚性加劲肋的加劲板有效截面；(b)柔性加劲肋的加劲板有效截面

矩形轴心受压板件的局部稳定折减系数按下式计算：

$$\begin{cases} \bar{\lambda} \leqslant 0.4 \text{ 时：} \rho = 1 \\ \bar{\lambda} > 0.4 \text{ 时：} \rho = \dfrac{1}{2}\left\{ 1 + \dfrac{1}{\bar{\lambda}_{\mathrm{p}}^2}(1+\varepsilon_0) - \sqrt{\left[1 + \dfrac{1}{\bar{\lambda}_{\mathrm{p}}^2}(1+\varepsilon_0)\right]^2 - \dfrac{4}{\bar{\lambda}_{\mathrm{p}}^2}} \right\} \end{cases} \qquad (5\text{-}51\mathrm{a})$$

$$\varepsilon_0 = 0.8(\bar{\lambda}_{\mathrm{p}} - 0.4) \qquad (5\text{-}51\mathrm{b})$$

$$\bar{\lambda}_{\mathrm{p}} = \sqrt{\frac{f_y}{\sigma_{\mathrm{cr}}}} = 1.05\left(\frac{b}{t}\right)\sqrt{\frac{f_y}{E}\left(\frac{1}{\kappa}\right)} \qquad (5\text{-}51\mathrm{c})$$

式中 $\bar{\lambda}_{\mathrm{p}}$——相对宽厚比；

b——加劲板宽度（腹板或刚性纵向加劲肋的间距）（mm）；

t——加劲板板厚（mm）；

E——弹性模量（N/mm²）；

κ——加劲板的弹性屈曲系数。

137

圆筒轴心受压的局部稳定折减系数按下式计算：

$$\rho=\begin{cases} 1.0 & \left(\dfrac{D}{t}\leqslant 70\right) \\[2mm] 1-0.0016\left(\dfrac{D}{t}-70\right) & \left(70<\dfrac{D}{t}<400\right) \end{cases} \tag{5-52}$$

式中　D——圆筒外径（mm）；

　　　t——圆筒板厚（mm）。

【例题 5-2】　验算例题 5-1 中受压斜腹杆的局部稳定是否满足《钢结构设计标准》GB 50017—2017 的要求。

【解】　已知等边角钢∟125×8 的外伸肢宽度 $b=125$mm，肢厚 $t=8$mm，其宽厚比为：

$$\frac{w}{t}=\frac{b-2t}{t}=\frac{125-2\times 8}{8}=13.625$$

《钢结构设计标准》GB 50017—2017 规定的宽厚比限值见表 5-7，公式中的长细比为构件两方向长细比的较大值，应取 $\lambda_x=109>\lambda_y=85$，且 $\lambda_x>80$，则

$$5\varepsilon_k+0.125\lambda=5\times\sqrt{\frac{235}{235}}+0.125\times 109=18.625$$

角钢外伸肢的 $w/t=13.625<18.625$，局部稳定满足要求。

5.4　实腹式轴心受压构件的设计

5.4.1　实腹式轴心受压构件的截面形式

实腹式轴心受压柱一般采用双轴对称截面，以避免弯扭失稳。常用截面形式有轧制普通工字钢、H 型钢、焊接工字形截面、型钢和钢板的组合截面、圆管和方管截面等，如图 5-4 所示。

选择轴心受压实腹柱的截面时，应考虑以下几个原则：

（1）面积的分布应尽量开展，以增加截面的惯性矩和回转半径，提高柱的整体稳定性和刚度；

（2）使两个主轴方向等稳定性，即让两个方向的长细比相近，以使 $\varphi_x=\varphi_y$，从而达到经济的效果；

（3）便于与其他构件（如钢梁、基础等）进行连接；

（4）尽可能构造简单，制造省工，取材方便。

进行截面选择时一般应根据内力大小、两方向的计算长度值以及制造加工量、材料供应等情况综合进行考虑。单根轧制普通工字钢（图 5-32a）由于对 y 轴的回转半径比对 x 轴的回转半径小得多，因而只适用于计算长度 $l_{0x}\geqslant 3l_{0y}$ 的情况。热轧宽翼缘 H 型钢（图 5-32b）的最大优点是制造省工，腹板较薄，翼缘可以做到与截面的高度相同（HW 型），因而具有很好的截面特性。用三块板焊成的工字钢（图 5-32d）及十字形截面（图 5-32e）组合灵活，容易使截面分布合理，制造并不复杂。用型钢组成的截面（图 5-32c、f、g）适用于压力很

大的柱。管形及箱形截面(图 5-32h、i、j)从受力性能来看，由于两个方向的回转半径相近，因而最适合于两方向计算长度相等的轴心受压柱。这类构件为封闭式，内部不易生锈。但与其他构件的连接和构造稍嫌麻烦。

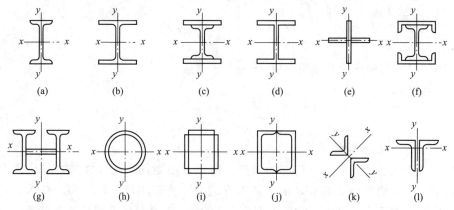

图 5-32　轴心受压实腹柱常用截面

5.4.2　实腹式轴心受压构件的截面设计

截面设计时，首先按上述原则选定合适的截面形式，再初步选择截面尺寸，然后进行强度、整体稳定、局部稳定、刚度等验算。具体步骤如下：

(1)假定柱的长细比 λ，求出需要的截面积 A。一般假定 $\lambda=50\sim100$，当压力大而计算长度小时取较小值，反之取较大值。根据 λ、截面分类和钢种可查得稳定系数 φ。则需要的截面面积为：

$$A=\frac{N}{\varphi f} \tag{5-53}$$

(2)求两个主轴所需要的回转半径

$$i_{x}=\frac{l_{0x}}{\lambda}; \quad i_{y}=\frac{l_{0y}}{\lambda} \tag{5-54}$$

(3)由已知截面面积 A，两个主轴的回转半径 i_x、i_y 优先选用轧制型钢，如普通工字钢，H 型钢等。当现有型钢规格不满足所需截面尺寸时，可以采用焊接组合截面，这时需先初步定出截面的轮廓尺寸，一般是根据回转半径确定所需截面的高度 h 和宽度 b。

$$h\approx\frac{i_{x}}{\alpha_{1}}; \quad b\approx\frac{i_{y}}{\alpha_{2}} \tag{5-55}$$

α_1、α_2 为系数，表示 h、b 和回转半径 i_x、i_y 之间的近似数值关系，常用截面可由表 5-8 查得。例如由三块钢板组成的工字形截面，$\alpha_1=0.43$，$\alpha_2=0.24$。

各种截面回转半径的近似值　　　　　　　　　　　　表 5-8

截面							
$i_x=\alpha_1 h$	0.43h	0.38h	0.38h	0.40h	0.30h	0.28h	0.32h
$i_y=\alpha_2 b$	0.24b	0.44b	0.60b	0.40b	0.215b	0.24b	0.20b

（4）由所需要的 A、h、b 等，再考虑构造要求、局部稳定以及钢材规格等，确定截面的初选尺寸。

（5）构件强度、稳定和刚度验算。

① 强度验算。

$$\sigma = \frac{N}{A} \leqslant f \tag{5-56}$$

式中 A——构件的毛截面面积（mm^2）。

② 整体稳定验算

$$\sigma = \frac{N}{\varphi A f} \leqslant 1.0 \tag{5-57}$$

③ 局部稳定验算

如上所述，轴心受压构件的局部稳定是以限制其组成板件的宽厚比来保证的。对于热轧型钢截面，由于其板件的宽厚比较小，一般能满足要求，可不验算。对于组合截面，则应根据表 5-7 的规定对板件的宽厚比进行验算。

④ 刚度验算

轴心受压实腹柱的长细比应符合规范所规定的容许长细比要求。事实上，在进行整体稳定验算时，构件的长细比已预先求出，以确定整体稳定系数 φ，因而刚度验算可与整体稳定验算同时进行。

⑤ 构造要求

当实腹柱的腹板高厚比 $h_0/t_w > 80$ 时，为防止腹板在施工和运输过程中发生变形、提高柱的抗扭刚度，应设置横向加劲肋。横向加劲肋的间距不得大于 $3h_0$，其截面尺寸要求为：双侧加劲肋的外伸宽度 b_s 应不小于 $h_0/30 + 40mm$，厚度 t_s 应大于外伸宽度的 $1/15$。

轴心受压实腹柱的纵向焊缝（翼缘与腹板的连接焊缝）受力很小，不必计算，可按构造要求确定焊缝尺寸。

【例题 5-3】 某管道支架实腹式轴心受压柱设计。

如图 5-33（a）所示为一管道支架，其支柱的设计压力为 $N = 1600kN$（设计值），柱两端铰接，钢材为 Q235B 钢，截面无孔眼削弱。当分别采用以下三种截面时，试分别验算此支柱的整体稳定承载力：

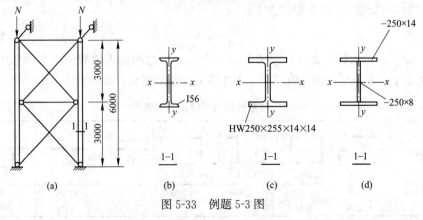

图 5-33 例题 5-3 图

① I56a 普通轧制工字钢（图 5-33b）；

② HW250×255×14×14 热轧 H 型钢（图 5-33c）；

③ 焊接工字形截面，翼缘板为焰切边（图 5-33d）。

【解】 该柱在两个方向的约束情况不相同，计算长度分别为：$l_{0x}=600\text{cm}$；$l_{0y}=300\text{cm}$。

（1）轧制工字钢（图 5-33b）

查附录 3 附表 3-1，对工字钢 I56a，其截面面积 $A=135\text{cm}^2$，绕 x 轴的回转半径 $i_x=22.0\text{cm}$，绕 y 轴的回转半径 $i_y=3.18\text{cm}$；因翼缘厚度大于 16mm，取第二组钢材的强度设计值。

整体稳定承载力验算：

长细比：

$$\lambda_x=\frac{l_{0x}}{i_x}=\frac{600}{22.0}=27.3<[\lambda]=150$$

$$\lambda_y=\frac{l_{0y}}{i_y}=\frac{300}{3.18}=94.3<[\lambda]=150$$

对于轧制工字钢，$b/h=0.30<0.8$，当绕 x 轴失稳时属于 a 类截面，当绕 y 轴失稳时属于 b 类截面，但因 λ_y 远大于 λ_x，故由 λ_y 查附录 5 附表 5-2 得 $\varphi=0.591$，代入轴心受压实腹柱整体稳定验算公式（5-57），得：

$$\frac{N}{\varphi Af}=\frac{1600\times10^3}{0.591\times135\times10^2\times205}=0.98<1.0$$

满足要求。

（2）热轧 H 型钢（图 5-33c）

查附录 3 附表 3-2，热轧 H 型钢 HW250×255×14×14 截面参数：

$A=103.93\text{cm}^2$，$i_x=10.45\text{cm}$，$i_y=6.11\text{cm}$

整体稳定承载力及刚度验算：

$$\lambda_x=\frac{l_{0x}}{i_x}=\frac{600}{10.45}=57.4<[\lambda]=150$$

$$\lambda_y=\frac{l_{0y}}{i_y}=\frac{300}{6.11}=49.1<[\lambda]=150$$

因 $\frac{b}{h}=\frac{255}{250}=1.02>0.8$，Q235H 型钢对 x 轴为 b 类截面，对 y 轴为 c 类截面，分别按附录 5 附表 5-2 和附表 5-3 查得：$\varphi_x=0.821$，$\varphi_y=0.7803$，故取 $\varphi=\min(\varphi_x,\varphi_y)=\varphi_y=0.7803$，代入轴压杆整体稳定验算公式（5-25），得：

$$\frac{1600\times10^3}{0.7803\times103.93\times10^2\times215}=0.918<1.0$$

满足要求。

（3）焊接工字形截面（图 5-33d）

截面几何特征：

$$A=2\times25\times1.4+25\times0.8=90\text{cm}^2$$

$$I_x=\frac{1}{12}(25\times27.8^3-24.2\times25^3)=13250\text{cm}^4$$

$$I_y = 2 \times \frac{1}{12} \times 1.4 \times 25^3 = 3650 \text{cm}^4$$

$$i_x = \sqrt{\frac{13250}{90}} = 12.13 \text{cm}$$

$$i_y = \sqrt{\frac{3650}{90}} = 6.37 \text{cm}$$

整体稳定承载力验算：

$$\lambda_x = \frac{l_{0x}}{i_x} = \frac{600}{12.13} = 49.5 < [\lambda] = 150$$

$$\lambda_y = \frac{l_{0y}}{i_y} = \frac{300}{6.37} = 47.1 < [\lambda] = 150$$

因翼缘为焰切边的焊接 H 型钢对 x 轴和 y 轴 φ 值均属 b 类，故由长细比的较大值，查附录 5 附表 5-2 得 $\varphi = 0.859$，

$$\frac{N}{\varphi A f} = \frac{1600 \times 10^3}{0.859 \times 90 \times 10^2 \times 215} = 0.96 < 1.0$$

亦满足要求。

【分析】

由以上计算结果可知，三种不同截面支柱的稳定承载力相当，但如果选择轧制普通工字钢，则所需要的截面面积要比热轧宽翼缘 H 型钢截面面积约大 30%，即用钢量要增加 30%。这是由于普通工字钢绕弱轴的回转半径太小，在本例情况中，尽管弱轴方向的计算长度仅为强轴方向计算长度的二分之一，前者的长细比仍远大于后者，因而支柱的稳定承载力是由弱轴所控制，对强轴则有较大富裕，这显然是不经济的。若必须采用工字钢截面，宜再增加侧向支撑的数量，以减小柱在弱轴方向的计算长度。对于轧制宽翼缘 H 型钢截面和焊接工字形截面，由于在本例中其两个方向的长细比非常接近，基本上做到了在两个主轴方向的等稳定性，用料最经济。

5.5　格构式轴心受压构件的设计

5.5.1　格构式轴心受压构件的组成及应用

格构式轴心受压构件主要是由两个或两个以上相同截面的分肢用缀材相连而成，分肢的截面常为热轧槽钢、H 型钢、热轧工字钢和热轧角钢等，如图 5-5 所示。截面中垂直于分肢腹板的形心轴叫作实轴（图 5-5 中的 y 轴），垂直于缀材面的形心轴称为虚轴（图 5-5 中的 x 轴）。分肢间用缀条（图 5-6a）或缀板（图 5-6b）连成整体。

格构式柱分肢轴线间距可以根据需要进行调整，使截面对虚轴有较大的惯性矩，从而实现对两个主轴的等稳定性，达到节省钢材的目的。对于荷载不大而柱身高度较大的柱子，可采用四肢柱（图 5-5d）或三肢柱（图 5-5e），这时两个主轴都是虚轴。当格构式柱截面宽度较大时，因缀条柱的刚度较缀板

柱为大，宜采用缀条柱。

5.5.2 格构式轴心受压构件的横向剪力

图 5-34 所示为一两端铰支轴心受压柱，绕虚轴弯曲时，假定最终的挠曲线为正弦曲线，跨中最大挠度为 v_0，则沿杆长任一点的挠度为：

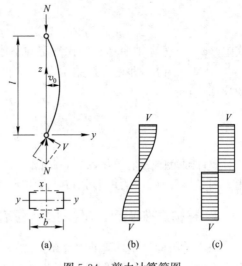

图 5-34　剪力计算简图

$$y = v_0 \sin \frac{\pi z}{l}$$

任一点的弯矩为：

$$M = N \cdot y = N v_0 \sin \frac{\pi z}{l}$$

根据弯矩与剪力的微分关系，任一点的剪力为：

$$V = \frac{\mathrm{d}M}{\mathrm{d}y} = N \frac{\pi v_0}{l} \cos \frac{\pi z}{l}$$

即剪力按余弦曲线分布（图 5-34b），最大值在杆件的两端，为：

$$V_{\max} = \frac{N\pi}{l} \cdot v_0 \tag{5-58}$$

跨度中点的挠度 v_0 可由边缘纤维屈服准则导出。当截面边缘最大应力达屈服强度时，有：

$$\frac{N}{A} + \frac{N v_0}{I_x} \cdot \frac{b}{2} = f_y$$

即

$$\frac{N}{A f_y} \left(1 + \frac{v_0}{i_x^2} \cdot \frac{b}{2} \right) = 1$$

令 $\dfrac{N}{A f_y} = \varphi$，并取 $b \approx i_x / 0.44$（表 5-8），得：

$$v_0 = 0.88 i_x (1 - \varphi) \frac{1}{\varphi} \tag{5-59}$$

将式（5-59）中的 v_0 值代入式（5-58）中，得：

$$V_{\max} = \frac{0.88\pi(1-\varphi)}{\lambda_x} \cdot \frac{N}{\varphi} = \frac{1}{k} \cdot \frac{N}{\varphi}$$

式中　$k = \dfrac{\lambda_x}{0.88\pi(1-\varphi)}$。

经过对双肢格构式柱的计算分析，在常用的长细比范围内，k 值与长细比 λ_x 的关系不大，可取为常数。对 Q235 钢构件，取 $k = 85$；对 Q345、Q390 钢和 Q420 钢构件，取 $k \approx 85 \varepsilon_k$。

因此轴心受压格构柱平行于缀材面的剪力为：

$$V_{\max} = \frac{N}{85\varphi} \cdot \frac{1}{\varepsilon_k}$$

式中　φ——按虚轴换算长细比确定的整体稳定系数。

令 $N = \varphi A f$，即得《钢结构设计标准》GB 50017—2017 规定的最大剪力的计算式：

$$V = \frac{Af}{85} \cdot \frac{1}{\varepsilon_k} \tag{5-60}$$

设计规范中为了简化计算，把图 5-34(b)所示按余弦变化的剪力分布图简化为图 5-34(c)所示的矩形分布，即将剪力 V 沿柱长度方向取为定值。

5.5.3　格构式轴心受压构件的整体稳定性

轴心受压构件整体弯曲失稳时，沿杆长各截面上存在弯矩和剪力。对实腹式构件，剪力引起的附加变形很小，对临界力的影响只占千分之三左右，因此，在确定实腹式轴心受压构件整体稳定临界力时，仅仅考虑了由弯矩作用所产生的变形，而忽略了剪力所产生的变形。格构式构件当绕其截面的实轴失稳时就属于这种情况，其稳定性能与实腹式构件相同。当格构式构件绕其截面的虚轴失稳时，因肢件之间并不是连续的板而只是每隔一定距离才用缀条或缀板联系起来，构件在缀材平面内的抗剪刚度较小，柱的剪切变形较大，剪力造成的附加挠曲变形就不能忽略。因此，构件的整体稳定临界力比长细比相同的实腹式构件低。

对格构式轴心受压构件绕虚轴的整体稳定计算，常以加大长细比的办法来考虑剪切变形的影响，加大后的长细比称为换算长细比。考虑到缀条柱和缀板柱有不同的力学模型，因此，一般采用了不同的换算长细比计算公式。

（1）双肢缀条柱的换算长细比

根据弹性稳定理论，考虑剪力影响后压杆的临界力可由式(5-9)表达为：

$$N_{cr} = \frac{\pi^2 EA}{\lambda_x^2} \cdot \frac{1}{1 + \frac{\pi^2 EA}{\lambda_x^2} \cdot \gamma} = \frac{\pi^2 EA}{\lambda_{0x}^2} \tag{5-61}$$

$$\lambda_{0x} = \sqrt{\lambda_x^2 + \pi^2 EA\gamma} \tag{5-62}$$

式中　λ_{0x}——将格构柱绕虚轴临界力换算为实腹柱临界力的换算长细比；

　　　　γ——单位剪力作用下的轴线转角。

将缀条柱视作一平行弦的桁架（图 5-35a)并取其中的一段进行分析（图 5-35b)，可以求出单位剪切角 γ。

在单位剪力作用下，斜缀条的轴

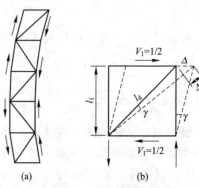

(a)　　　　　　(b)

图 5-35　缀条柱的剪切变形

向变形可由材料力学公式计算为：

$$\Delta_d = \frac{N_d l_d}{EA_1} = \frac{\frac{1}{\sin\alpha} \cdot \frac{l_1}{\cos\alpha}}{EA_1} = \frac{l_1}{EA_1 \sin\alpha\cos\alpha}$$

假设变形和剪切角是有限的微小值，则由 Δ_d 引起的水平变位 Δ 为：

$$\Delta = \frac{\Delta_d}{\sin\alpha} = \frac{l_1}{EA_1 \sin^2\alpha\cos\alpha}$$

故剪切角 γ 为：

$$\gamma = \frac{\Delta}{l_1} = \frac{1}{EA_1 \sin^2\alpha\cos\alpha} \tag{5-63}$$

式中　A_1——两侧斜缀条的总面积（mm^2）；

　　α——斜缀条与柱轴线间的夹角。

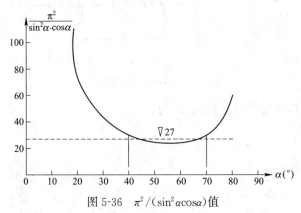

图 5-36　$\pi^2/(\sin^2\alpha\cos\alpha)$ 值

将式(5-63)代入式(5-62)中得：

$$\lambda_{0x} = \sqrt{\lambda_x^2 + \frac{\pi^2}{\sin^2\alpha\cos\alpha}\frac{A}{A_1}} \tag{5-64}$$

一般斜缀条与柱轴线间的夹角在 $40°\sim70°$ 范围内，在此常用范围 $\pi^2/(\sin^2\alpha\cos\alpha)$ 的值变化不大（图 5-36），简化取为常数 27，由此得双肢缀条柱的换算长细比为：

$$\lambda_{0x} = \sqrt{\lambda_x^2 + 27\frac{A}{A_1}} \tag{5-65}$$

式中　λ_x——整个柱对虚轴的长细比；

　　A——整个柱的毛截面面积（mm^2）；

　　A_1——一个节间内两侧斜缀条毛截面面积之和（mm^2）。

需要注意的是，当斜缀条与柱轴线间的夹角不在 $40°\sim70°$ 范围内时，$\pi^2/(\sin^2\alpha\cos\alpha)$ 值将大于 27 很多，式(5-65)是偏于不安全的，此时应按式(5-64)计算换算长细比 λ_{0x}。

（2）双肢缀板柱的换算长细比

双肢缀板柱中缀板与肢件的连接可视为刚接，因而分肢和缀板组成一个多层框架。假定变形时反弯点在各节点间的中点（图 5-37a）。若只考虑分肢和缀板在横向剪力作用下的弯曲变形，取分离体如图 5-37(b)所示，可得单位剪力作用下缀板弯曲变形引起的分肢变位 Δ_1 为：

$$\Delta_1 = \frac{l_1}{2}\theta_1 = \frac{l_1}{2} \cdot \frac{al_1}{12EI_b} = \frac{al_1^2}{24EI_b}$$

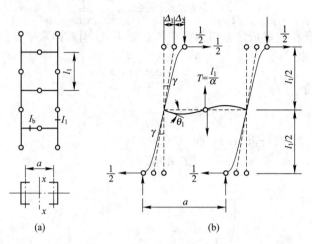

图 5-37 缀板柱的剪切变形

分肢本身弯曲变形时的变位 Δ_2 为：

$$\Delta_2 = \frac{l_1^3}{48EI_1}$$

由此得剪切角 γ 为：

$$\gamma = \frac{\Delta_1 + \Delta_2}{0.5l_1} = \frac{al_1}{12EI_b} + \frac{l_1^2}{24EI_1} = \frac{l_1^2}{24EI_1}\left(1 + 2\frac{I_1/l_1}{I_b/a}\right)$$

将此 γ 值代入式(5-62)，并令 $K_1 = I_1/l_1$，$K_b = \sum I_b/a$，得换算长细比 λ_{0x} 为：

$$\lambda_{0x} = \sqrt{\lambda_x^2 + \frac{\pi^2 A l_1^2}{24 I_1}\left(1 + 2\frac{K_1}{K_b}\right)}$$

设分肢截面积 $A_1 = 0.5A$，$A_1 l_1^2/I_1 = \lambda_1^2$，则

$$\lambda_{0x} = \sqrt{\lambda_x^2 + \frac{\pi^2}{12}\left(1 + 2\frac{K_1}{K_b}\right)\lambda_1^2} \tag{5-66}$$

式中　$\lambda_1 = l_{01}/i_1$——分肢的长细比；

　　　　i_1——分肢绕弱轴的回转半径（mm）；

　　　　l_{01}——缀板间的净距离（图 5-6b）（mm）；

　　　　$K_1 = I_1/l_1$——一个分肢的线刚度；

　　　　l_1——缀板中心距（mm）；

　　　　I_1——分肢绕弱轴的惯性矩（mm⁴）；

　　　　$K_b = \sum I_b/a$——两侧缀板线刚度之和；

　　　　I_b——缀板的惯性矩（mm⁴）；

　　　　a——分肢轴线间距离（mm）。

根据《钢结构设计标准》和《公路钢结构桥梁设计规范》的规定，缀板线刚度之和 K_b 应大于 6 倍的分肢线刚度，即 $K_b/K_1 \geqslant 6$。若取 $K_b/K_1 =$

6，则式(5-66)中的 $\frac{\pi^2}{12}\left(1+2\frac{K_1}{K_b}\right)\approx1$。计算双肢缀板柱换算长细比的简化公式为：

$$\lambda_{0x}=\sqrt{\lambda_x^2+\lambda_1^2} \tag{5-67}$$

若在某些特殊情况无法满足 $K_b/K_1\geqslant6$ 的要求时，则换算长细比 λ_{0x} 应按式(5-66)精确计算。

四肢柱和三肢柱的换算长细比计算方法，也来源于以上推导思路，具体方法可参见有关标准或规范。

5.5.4 格构式轴心受压构件分肢的稳定性

对格构式构件，除需要验算整个构件对其实轴和虚轴两个方向的稳定性外，还应考虑其分肢的稳定性。工程师们在对格构式轴心受压构件的分肢稳定进行过大量计算后总结出如下规律：

（1）对缀条柱，分肢的长细比 $\lambda_1=l_1/i_1$ 不应大于构件两方向长细比（对虚轴为换算长细比）较大值的 0.7 倍；

（2）对缀板柱，分肢的长细比 $\lambda_1=l_{01}/i_1$ 不应大于 40，并不应大于柱较大长细比 λ_{max} 的 0.5 倍（当 $\lambda_{max}<50$ 时，取 $\lambda_{max}=50$）。

当满足上面的构造规定时，分肢的稳定可以得到保证，不需要再计算分肢的稳定性。

5.5.5 格构式轴心受压构件的截面设计

轴心受压格构柱一般采用双轴对称截面，如用两根槽钢（图 5-5a、b）或 H 型钢（图 5-5c）作为肢件，两肢间用缀条（图 5-6a）或缀板（图 5-6b）连成整体。格构柱调整两肢间的距离很方便，易于实现对两个主轴的等稳定性。槽钢肢件的翼缘可以向内（图 5-5a），也可以向外（图 5-5b），前者外观平整优于后者。

用四根角钢组成的四肢柱（图 5-5d），适用于长度较大而受力不大的柱，四面皆以缀材相连，两个主轴 x-x 和 y-y 都为虚轴。三面用缀材相连的三肢柱（图 5-5e），一般用圆管作肢件，其截面是几何不变的三角形，受力性能较好，两个主轴也都为虚轴。四肢和三肢柱的缀材一般采用缀条而不用缀板。

缀条一般用单根角钢做成，而缀板通常用钢板做成。

格构柱的设计需首先选择肢柱截面和缀材的形式，中小型柱可用缀板柱或缀条柱，大型柱宜用缀条柱。然后按下列步骤进行设计：

（1）按对实轴（y-y 轴）的整体稳定选择柱的截面，方法与实腹柱的计算相同。

（2）按对虚轴（x-x 轴）的整体稳定确定两分肢的距离。

为了获得等稳定性，应使两方向的长细比相等。即使 $\lambda_{0x}=\lambda_y$。

缀条柱（双肢）：
$$\lambda_{0x}=\sqrt{\lambda_x^2+27\frac{A}{A_1}}=\lambda_y$$

即
$$\lambda_x = \sqrt{\lambda_y^2 - 27\frac{A}{A_1}}$$
(5-68)

缀板柱（双肢）：
$$\lambda_{0x} = \sqrt{\lambda_x^2 + \lambda_1^2} = \lambda_y$$

即
$$\lambda_x = \sqrt{\lambda_y^2 - \lambda_1^2}$$
(5-69)

对缀条柱应预先确定斜缀条的截面 A_1；对缀板柱应先假定分肢长细比 λ_1。

按式(5-68)或式(5-69)计算得出 λ_x 后，即可得到对虚轴的回转半径：
$$i_x = l_{0x}/\lambda_x$$

根据表 5-8，可得柱在缀材方向的宽度 $b \approx i_x/\alpha_1$，亦可由已知截面的几何量直接算出柱的宽度 b。

(3) 验算对虚轴的整体稳定性，不合适时应修改柱宽 b 再进行验算。

(4) 设计缀条或缀板（包括它们与分肢的连接）。

进行以上计算时应注意：

① 柱对实轴的长细比 λ_y 和对虚轴的换算长细比 λ_{0x} 均不得超过容许长细比 $[\lambda]$；

② 缀条柱的分肢长细比 $\lambda_1 = l_1/i_1$ 不得超过柱两方向长细比（对虚轴为换算长细比）较大值的 0.7 倍，否则分肢可能先于整体失稳；

③ 缀板柱的分肢长细比 $\lambda_1 = l_{01}/i_1$ 不应大于 40，并不应大于柱较大长细比 λ_{max} 的 0.5 倍（当 $\lambda_{max} < 50$ 时，取 $\lambda_{max} = 50$），亦是为了保证分肢不先于整体构件失去承载能力。

5.5.6 柱的横隔

格构柱的横截面为中部空心的矩形，抗扭刚度较差。为了提高格构柱的抗扭刚度，保证柱子在运输和安装过程中的截面形状不变，应每隔一段距离设置横隔。另外，大型实腹柱（工字形或箱形）也应设置横隔（图 5-38）。横隔

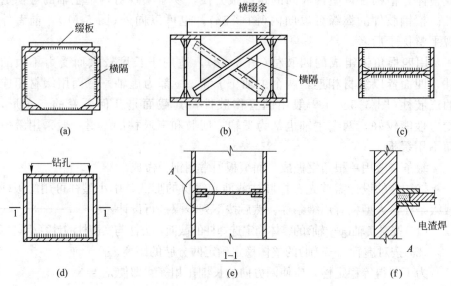

图 5-38 柱的横隔

(a)、(b)格构柱；(c)、(d)大型实腹柱；(e)1-1 截面；(f)A 节点详图

的间距不得大于柱子较大宽度的 9 倍或 8m，且每个运送单元的端部均应设置横隔。

当柱身某一处受有较大水平集中力作用时，也应在该处设置横隔，以免柱肢局部受弯。横隔可用钢板（图 5-38a、c、d）或交叉角钢（图 5-38b）做成。工字形截面实腹柱的横隔只能用钢板，它与横向加劲肋的区别在于与翼缘同宽（图 5-38c），而横向加劲肋则通常较窄。箱形截面实腹柱的横隔，有一边或两边不能预先焊接，可先焊两边或三边，装配后再在柱壁钻孔用电渣焊焊接其他边（图 5-38d）。

【例题 5-4】 格构式轴心受压柱的设计。

例题 5-3 中的管道支柱，若立柱 AB 所承受的轴向应力设计值减小为 1000kN，同时，在弱轴方向的支撑改为一道，如图 5-39（a）所示，试设计此支柱。

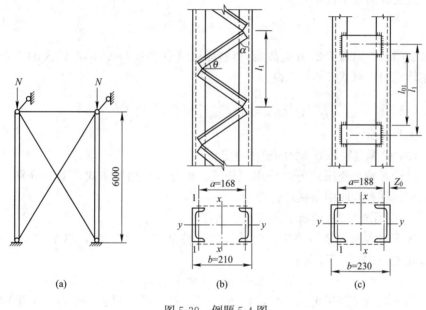

(a)　　　　　　(b)　　　　　　(c)

图 5-39　例题 5-4 图

【解】

管道支柱绕弱轴的支撑改为一道后，柱子在两个主方向的计算长度均应取柱子的几何长度，即 $l_{0x} = l_{0y} = 6000$mm。由于宽翼缘 H 型钢绕弱轴的回转半径仅约为绕强轴回转半径的 1/2，柱子的承载力取决于弱轴的整体稳定，即弱轴的长细比，特别是当轴向应力较小，构件相对比较细长，主要由弱轴的刚度控制时。鉴于柱子的这种受力特点，可以考虑采用格构式轴心受压柱。

为使两主轴实现等稳定性，可以采用双肢缀板柱或双肢缀条柱，格构式柱的两个分肢可以选用工字钢或槽钢，考虑到该柱压力不是特别大，采用两个槽钢肢尖向内的布置方式（图 5-39b、c），钢材仍采用 Q235B。

（1）首先按实轴（y-y 轴）选择柱的截面

需要先假定长细比，该柱轴力小于例题 5-3 中的实腹式柱，所以假定两方

向的长细比 $\lambda_x = \lambda_y = 70$。格构柱绕实轴和虚轴失稳时都属于 b 类截面，查附录 5 附表 5-2 可得，$\varphi_x = \varphi_y = 0.751$，Q235 钢的设计强度 $f = 215\text{N/mm}^2$，则所需要的构件截面面积为：

$$A = \frac{N}{\varphi f} = \frac{1000 \times 10^3}{0.751 \times 215} = 6193\text{mm}^2$$

实轴所需要的回转半径：

$$i_y = \frac{l_{0y}}{\lambda} = \frac{6000}{70} = 85.7\text{mm}$$

根据所需要的截面面积 A，实轴的回转半径 i_y，查附录 3 附表 3-4 选用两个槽钢，可知，2 [22a 的截面面积 $A = 63.68\text{cm}^2$，绕 y 轴的回转半径 $i_y = 8.67\text{cm}$，基本符合所需要的条件，初选 2 [22a。

（2）验算实轴（y-y 轴）的整体稳定

绕实轴的长细比：

$$\lambda_y = \frac{l_{0y}}{i_y} = \frac{600}{8.67} = 69.2 < [\lambda] = 150$$

查附录 5 附表 5-2（b 类截面）得整体稳定系数 $\varphi_y = 0.756$，代入轴心受压柱整体稳定验算式（5-50），得：

$$\frac{N}{\varphi_y A f} = \frac{1000 \times 10^3}{0.756 \times 63.68 \times 10^2 \times 215} = 0.966 < 1.0$$

满足要求。

（3）验算虚轴（x-x 轴）的整体稳定

格构式轴心受压柱可以采用缀板式，也可以采用缀条式，下面分别采用双肢缀板柱和双肢缀条柱进行设计。

① 采用图 5-39（b）所示的双肢缀条柱

按照对实轴的整体稳定，已经选择了柱肢采用 2 [22a，单个槽钢 [22a 的截面参数（图 5-39b）为：

$$A = 31.84\text{cm}^2, \quad Z_0 = 2.1\text{cm}, \quad I_1 = 157.8\text{cm}^4, \quad i_1 = 2.23\text{cm}$$

缀条截面可采用角钢 ∟45×4，$\theta = 45°$，查附录 3 附表 3-5 得一个角钢的截面面积 $A_1' = 3.49\text{cm}^2$，因此两侧斜缀条的总面积 $A_1 = 2A_1' = 6.98\text{cm}^2$。

为了计算缀板柱绕虚轴的长细比，需要首先确定柱宽 b。考虑两个主轴的等稳定性，可根据式（5-62）计算虚轴所需要的长细比：

$$\lambda_x = \sqrt{\lambda_y^2 - 27\frac{A}{A_1}} = \sqrt{69.2^2 - 27 \times \frac{2 \times 31.84}{6.98}} = 67.40$$

再计算出虚轴所需要的回转半径：

$$i_x = \frac{l_{0x}}{\lambda_x} = \frac{600}{67.4} = 8.9\text{cm}$$

本例因采用了表 5-8 中第 2 项的截面形式，其截面宽度与回转半径的近似关系为 $i_x \approx 0.44b$，故 $b \approx i_x/0.44 = 8.9/0.44 = 20.23\text{cm}$，取 $b = 210\text{mm}$（图 5-39b）。

然后可以计算出整个截面对虚轴（x-x 轴）的几何参数：

$$I_x = 2 \times \left[157.8 + 31.8 \times \left(\frac{21.0 - 2.1 \times 2}{2} \right)^2 \right] = 4803.2 \text{cm}^4$$

$$i_x = \sqrt{\frac{4803.2}{63.68}} = 8.68 \text{cm}, \quad \lambda_x = \frac{600}{8.68} = 69.1$$

考虑剪切变形的影响，缀条柱绕虚轴的长细比应采用换算长细比，即式(5-59)：

$$\lambda_{0x} = \sqrt{\lambda_x^2 + 27 \frac{A}{A_1}} = \sqrt{69.1^2 + 27 \times \frac{63.68}{6.98}} = 70.9 < [\lambda] = 150$$

根据 $\lambda_{0x} = 70.9$ 查附录 5 附表 5-2(b 类截面)，得 $\varphi_x = 0.7456$，代入轴心受压柱整体稳定验算式(5-57)，得：

$$\frac{N}{\varphi_x A f} = \frac{1000 \times 10^3}{0.7456 \times 63.68 \times 10^2 \times 215} = 0.98 < 1.0$$

满足要求。

以上对缀条柱绕实轴和虚轴的计算，保证了作为整体的格构柱截面不会丧失整体稳定性，但由于格构柱的分肢间仅用缀条连接，还需要验算单肢的稳定性。

首先需要计算柱单肢在其自身平面内(绕 1-1 轴)的长细比，已知 [22a 绕其自身平面(1-1 轴)的回转半径 $i_1 = 2.23 \text{cm}$，缀条间的距离 $l_1 = 336 \text{mm}$，可得分肢的长细比：

$$\lambda_1 = \frac{l_1}{i_1} = \frac{336}{22.3} = 15 < 0.7 \{\lambda_{0x}, \lambda_y\}_{\max} = 0.7 \times 70.9 = 49.6$$

说明单肢的稳定能保证。

② 采用图 5-39(c)所示的双肢缀板柱

同样，按照对实轴(y-y 轴)的整体稳定，已经选择了柱肢采用 2[22a，单个槽钢 [22a 的截面参数同缀条柱。缀板截面可初选为在两个缀材面上各采用一块钢板－180×8，沿柱子长度方向两块缀板中心线之间的距离 $l_1 = 960 \text{mm}$(图 5-4c)。

绕虚轴的整体稳定计算同样需首先确定柱宽 b，假定 $\lambda_1 = 35$(约等于 $0.5\lambda_y$)，考虑两个主轴的等稳定性，可根据式(5-63)计算虚轴所需要的长细比：

$$\lambda_x = \sqrt{\lambda_y^2 - \lambda_1^2} = \sqrt{69.2^2 - 35^2} = 59.7$$

再计算出虚轴所需要的回转半径：

$$i_x = \frac{l_{0x}}{\lambda_x} = \frac{600}{59.7} = 10.05 \text{cm}$$

采用(图 5-39c)的截面形式(即表 5-7 中第 2 项的截面形式)，其截面宽度与回转半径的近似关系为 $i_x \approx 0.44b$，故 $b \approx i_x / 0.44 = 10.05 / 0.44 = 22.8 \text{cm}$，取 $b = 230 \text{mm}$。

再计算出整个截面对虚轴(x-x 轴)的几何参数：

$$I_x = 2 \times \left[157.8 + 31.8 \times \left(\frac{23.0 - 2.1 \times 2}{2} \right)^2 \right] = 5935.3 \text{cm}^4$$

$$i_x = \sqrt{\frac{5935.3}{63.68}} = 9.65 \text{cm}, \quad \lambda_x = \frac{600}{9.65} = 62.1$$

缀板之间的净距离：

$$l_{01} = l_1 - 180 = 960 - 180 = 780 \text{mm}$$

分肢的长细比：

$$\lambda_1 = \frac{l_{01}}{i_1} = \frac{780}{22.3} = 35$$

考虑剪切变形的影响，缀板柱绕虚轴的长细比应采用换算长细比，即式(5-61)：

$$\lambda_{0x} = \sqrt{\lambda_x^2 + \lambda_1^2} = \sqrt{62.1^2 + 35^2} = 71.3 < [\lambda] = 150$$

查附录 5 附表 5-2(b 类截面)得 $\varphi_x = 0.743$，代入轴心受压柱整体稳定验算公式(5-50)，得：

$$\frac{N}{\varphi_x A f} = \frac{1000 \times 10^3}{0.743 \times 63.68 \times 10^2 \times 215} = 0.981 < 1.0$$

满足要求。

验算单肢的稳定，已知单肢的长细比为：

$\lambda_1 = l_{01}/i_1 = 780/22.3 = 35.0 < 40$，　并小于 $0.5 \{\lambda_{0x}, \lambda_y\}_{max} = 0.5 \times 71.3 = 35.7$
单肢的稳定能保证。

【分析】

比较缀条柱和缀板柱的计算结果，若要满足绕虚轴的整体稳定承载力，两者采用的截面宽度略有不同，缀板柱略大于缀条柱，说明在同等条件下，缀板柱绕虚轴的抗剪刚度稍逊于缀条柱。本例中的格构柱，高度和受力都不算大，对重型厂房中采用的框架柱，这个差别将更为突出。因此，一般受力和截面均较小的柱子可以考虑采用缀板柱，而当格构式柱受力较大且截面宽度较大时，则宜采用缀条柱。

对于本例中的轴心受压柱，由于两个方向的计算长度相等，当然也可以考虑采用两个主轴回转半径相等的圆钢管或箱形柱等实腹式柱，不过圆钢管的截面不如格构式截面或箱形截面开展，用钢量会稍高且与钢梁的连接较为复杂，一般可用在轴力较小时。

5.6　柱头和柱脚

单个构件必须通过相互连接才能形成结构整体，轴心受压柱通过柱头直接承受上部结构传来的荷载，同时通过柱脚将柱身的内力可靠地传给基础。最常见的上部结构是梁格系统。梁与柱的连接节点设计必须遵循传力可靠、构造简单和便于安装的原则。

5.6.1 梁与柱的连接

梁与轴心受压柱的连接只能是铰接，若为刚接，则柱将承受较大弯矩成为受压受弯柱。梁与柱铰接时，梁可支承在柱顶上(图 5-40a、b、c)。亦可连于柱的侧面(图 5-40d、e)。梁支于柱顶时，梁的支座反力通过柱顶板传给柱身。顶板与柱用焊缝连接，顶板厚度一般取 16～20mm。为了便于安装定位，梁与顶板用普通螺栓连接。图 5-40（a）的构造方案，将梁的反力通过支承加劲肋直接传给柱的翼缘。两相邻梁之间留一空隙，以便于安装，最后用夹板和构造螺栓连接。这种连接方式构造简单，对梁长度方向尺寸的制作要求不高。缺点是当柱顶两侧梁的反力不等时将使柱偏心受压。图 5-40（b）的构造方案，梁的反力通过端部加劲肋的突出部分传给柱的轴线附近，因此即使两相邻梁的反力不等，柱仍接近于轴心受压。梁端加劲肋的底面应刨平顶紧于柱顶板。由于梁的反力大部分传给柱的腹板，因而腹板不能太薄且必须用加劲肋加强。两相邻梁之间可留一些空隙，安装时嵌入合适尺寸的填板并用普通螺栓连接。对于格构柱(图 5-40c)，为了保证传力均匀并托住顶板，应在两肢柱之间设置竖向隔板。

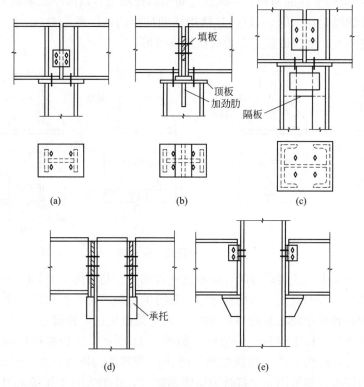

图 5-40　梁与柱的铰接连接

在多层框架的中间梁柱中，横梁只能在柱侧相连。图 5-40(d)、(e)是梁连接于柱侧面的铰接构造图。梁的反力由端加劲肋传给支托，支托可采用 T 形(图 5-40e)，也可用厚钢板做成(图 5-40d)，支托与柱翼缘间用角焊缝相连。

用厚钢板作支托的方案适用于承受较大的压力，但制作与安装的精度要求较高。支托的端面必须刨平并与梁的端加劲肋顶紧以便直接传递压力。考虑到荷载偏心的不利影响，支托与柱的连接焊缝按梁支座反力的 1.25 倍计算。为方便安装，梁端与柱间应留空隙加填板并设置构造螺栓。当两侧梁的支座反力相差较大时，柱应考虑偏心按压弯构件计算。

5.6.2　柱脚

柱脚的构造应使柱身的内力可靠地传给基础，并和基础有牢固的连接。轴心受压柱的柱脚主要传递轴心压力，与基础的连接一般采用铰接(图 5-41)。

图 5-41 是几种常用的平板式铰接柱脚。由于基础混凝土强度远比钢材低，所以必须把柱的底部放大，以增加其与基础顶部的接触面积。图 5-41(a)是一种最简单的柱脚构造形式，在柱下端仅焊一块底板，柱中压力由焊缝传至底板，再传给基础。这种柱脚只能用于小型柱，如果用于大型柱，底板会太厚。一般的铰接柱脚常采用图 5-41(b)、(c)、(d)的形式，在柱端部与底板之间增设一些中间传力零件，如靴梁、隔板和肋板等，以增加柱与底板的连接焊缝长度，并且将底板分隔成几个区格，使底板的弯矩减小，厚度减薄。图 5-41(b)中，靴梁焊于柱的两侧，在靴梁之间用隔板加强，以减小底板的弯矩，并提高靴梁的稳定性。图 5-41(c)是格构柱的柱脚构造。图 5-41(d)中，在靴梁外侧设置肋板，底板做成正方形或接近正方形。

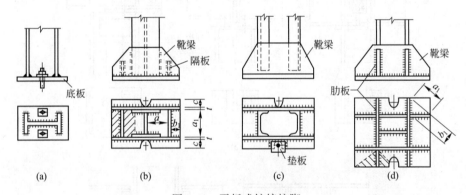

图 5-41　平板式铰接柱脚

布置柱脚中的连接焊缝时，应考虑施焊的方便与可能。例如图 5-43(b)隔板的里侧，图 5-41(c)、(d)中靴梁中央部分的里侧，都不宜布置焊缝。

柱脚是利用预埋在基础中的锚栓来固定其位置的。铰接柱脚只沿着一条轴线设立两个连接于底板上的锚栓，如图 5-41 所示。底板的抗弯刚度较小，锚栓受拉时，底板会产生弯曲变形，阻止柱端转动的抗力不大，因而此种柱脚仍视为铰接。如果用完全符合力学图形的铰，将给安装工作带来很大困难，而且构造复杂，一般情况没有此种必要。

铰接柱脚不承受弯矩，只承受轴向压力和剪力。剪力通常由底板与基础表面的摩擦力传递。当此摩擦力不足以承受水平剪力时，应在柱脚底板下设置抗剪键(图 5-42)，抗剪键可用方钢、短 T 字钢或 H 型钢做成。

铰接柱脚通常仅按承受轴向压力计算，轴向压力 N 一部分由柱身传给靴梁、肋板等，再传给底板，最后传给基础；另一部分是经柱身与底板间的连接焊缝传给底板，再传给基础。然而实际工程中，柱端难于做到齐平，而且为了便于控制柱长的准确性，柱端可能比靴梁缩进一些（图 5-41c）。

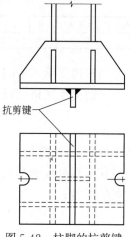

图 5-42　柱脚的抗剪键

（1）底板的计算

1）底板的面积

底板的平面尺寸决定于基础材料的抗压能力，基础对底板的压应力可近似认为是均匀分布的，这样，所需要的底板净面积 A_n（底板宽乘以长，减去锚栓孔面积）应按下式确定：

$$A_n \geq \frac{N}{\beta_c f_{cc}} \tag{5-70}$$

式中　f_{cc}——基础混凝土的抗压强度设计值；

　　　β_c——基础混凝土局部承压时的强度提高系数。

f_{cc} 和 β_c 均按现行国家标准《混凝土结构设计规范》GB 50010—2010 取值。

2）底板的厚度

底板的厚度由板的抗弯强度决定。底板可视为一支承在靴梁、隔板和柱端的受弯平板，它承受基础传来的均匀反力。靴梁、肋板、隔板和柱的端面均可视为底板的支承边，并将底板分隔成不同的区格，其中有四边支承、三边支承、两相邻边支承和一边支承等区格。在均匀分布的基础反力作用下，各区格板单位宽度上的最大弯矩分别为：

四边支承区格：

$$M = \alpha q a^2 \tag{5-71}$$

式中　q——作用于底板单位面积上的压应力，$q = N/A_n$；

　　　a——四边支承区格的短边长度；

　　　α——系数，根据长边 b 与短边 a 之比按表 5-9 取用。

α　值　　　　　　　　表 5-9

b/a	1.0	1.1	1.2	1.3	1.4	1.5	1.6	1.7	1.8	1.9	2.0	3.0	≥4.0
α	0.048	0.055	0.063	0.069	0.075	0.081	0.086	0.091	0.095	0.099	0.101	0.119	0.125

三边支承区格和两相邻边支承区格：

$$M = \beta q a_1^2 \tag{5-72}$$

式中　a_1——对三边支承区格为自由边长度，对两相邻边支承区格为对角线长度（图 5-41b、d）；

　　　β——系数，根据 b_1/a_1 值由表 5-10 查得。对三边支承区格 b_1 为垂直于自由边的宽度，对两相邻边支承区格，b_1 为内角顶点至对角线的垂直距离（见图 5-41b、d）。

155

						β	值			表 5-10
b_1/a_1	0.3	0.4	0.5	0.6	0.7	0.8	0.9	1.0	1.1	≥1.2
β	0.026	0.042	0.056	0.072	0.085	0.092	0.104	0.111	0.120	0.125

当三边支承区格的 $b_1/a_1 < 0.3$ 时，可按悬臂长度为 b_1 的悬臂板计算。

一边支承区格（即悬臂板）：

$$M = \frac{1}{2}qc^2 \tag{5-73}$$

式中　c——悬臂长度。

这几部分板承受的弯矩一般不相同，取各区格板中的最大弯矩 M_{max} 来确定板的厚度 t：

$$t \geqslant \sqrt{\frac{6M_{max}}{f}} \tag{5-74}$$

设计时要注意到靴梁和隔板的布置应尽可能使各区格板中的弯矩相差不要太大，以免所需的底板过厚。在这种情况下，应调整底板尺寸和重新划分区格。

底板的厚度通常为 20~40mm，最薄一般不得小于 14mm，以保证底板具有必要的刚度，从而满足基础反力是均布的假设。

（2）靴梁的计算

靴梁的高度由其与柱边连接所需要的焊缝长度决定，此连接焊缝承受柱身传来的压力 N。靴梁的厚度比柱翼缘厚度略小。

靴梁按支承于柱边的双悬臂梁计算，根据所承受的最大弯矩和最大剪力值，验算靴梁的抗弯和抗剪强度。

（3）隔板与肋板的计算

为了支承底板，隔板应具有一定刚度，因此隔板的厚度不得小于其宽度 b 的 1/50，一般比靴梁略薄些，高度略小些。

隔板可视为支承于靴梁上的简支梁，荷载可按承受图 5-41（b）中阴影面积的底板反力计算，按此荷载所产生的内力验算隔板与靴梁的连接焊缝以及隔板本身的强度。注意隔板内侧的焊缝不易施焊，计算时不能考虑受力。

肋板按悬臂梁计算，承受的荷载为图 5-41（d）所示的阴影部分的底板反力。肋板与靴梁间的连接焊缝以及肋板本身的强度均应按其承受的弯矩和剪力来计算。

【例题 5-5】　轴心受压柱铰接柱脚设计。

设计例题 5-3 所选择的轧制 H 型钢截面轴心受压柱的铰接柱脚。

【解】

该轴心受压柱承受轴心压力设计值 1600kN，根据受力已选择最优的柱截面为热轧宽翼缘 H 型钢 HW250×255×14×14，该型钢自重为 81.6kg/m，柱高 6m，因此，钢柱自重的设计值为：

$$Q = 81.6 \times 6 \times 1.2 = 587.52\text{kg} = 5.88\text{kN}$$

与所承受的轴力相比较，此力很小，考虑柱头构造钢板等重量，取为 10kN，即由柱身传递给柱脚的总的轴心压力设计值为 1610kN。

柱脚钢材仍采用 Q235B 钢，焊条 E43 型。柱脚的轴力最终将传递给混凝土基础，若取基础混凝土为 C20，则其抗压强度设计值 $f_c = 9.6\text{N/mm}^2$。

柱脚不承受弯矩，只承受轴向压力和剪力。该柱脚剪力为零，只需满足承受轴力的要求。

柱脚的设计包括底板、靴梁、隔板以及连接焊缝等，设计时应首先确定底板的面积和厚度，为了防止混凝土基础被压坏，底板的面积应足够大，以满足底板与混凝土基础之间的压应力小于基础混凝土抗压强度的要求。

(1) 确定柱脚底板的平面尺寸

需要的最小底板净面积：

$$A_{n0} = \frac{N}{f_c} = \frac{1610 \times 10^3}{9.6} = 167708\text{mm}^2$$

这里偏于安全没有考虑局部承压的强度提高。选用图 5-41(b) 的铰接柱脚形式，首先进行靴梁、隔板以及柱脚锚栓的布置。布置时，除要满足底板最小净面积的要求外，还应该使各区格的弯矩尽量接近。同时，柱脚锚栓的位置应尽可能位于柱脚底板的中和轴处，以满足铰接柱脚不传递弯矩的假定。

采用图 5-43 的底板构造形式，其中底板宽 450mm，长 600mm，其毛截面面积为 $450 \times 600 = 270000\text{mm}^2$，减去锚栓孔面积（约为 4000mm^2），则底板净面积为：

$$A_n = 270000 - 4000 = 266000 > A_{n0} = 167700\text{mm}^2$$

假定混凝土基础对柱脚底板的压应力为均匀分布，则有：

$$\sigma = \frac{N}{A_n} = \frac{1610 \times 10^3}{266000} = 6.05\text{N/mm}^2$$

(2) 确定柱脚底板的厚度

底板的厚度由抗弯强度确定，按照图 5-43 所示的靴梁和隔板布置方式，底板的区格有三种，需分别计算其单位宽度的弯矩。

1) 区格①承受的最大弯矩

区格①为四边支承板，这个区格长边 b 与短边 a 之比 $b/a = 278/200 = 1.39$，查表 5-8，得到 $\alpha = 0.0744$，最大弯矩：

$$M_1 = \alpha \sigma a^2 = 0.0744 \times 6.05 \times 200^2 = 18005\text{N} \cdot \text{mm}$$

2) 区格②承受的最大弯矩

区格②为三边支承板，这个区格垂直于自由边的宽度 b_1 与自由边长度 a_1 之比 $b_1/a_1 = 100/278 = 0.36$，查表 5-10，得到 $\beta = 0.0356$，最大弯矩：

$$M_2 = \beta \sigma a_1^2 = 0.0356 \times 6.05 \times 278^2 = 16647\text{N} \cdot \text{mm}$$

3) 区格③承受的最大弯矩

区格③为悬臂板，这个区格悬臂板的长度 c 为 76mm，最大弯矩：

$$M_3 = \frac{1}{2} \sigma c^2 = \frac{1}{2} \times 6.05 \times 76^2 = 17469\text{N} \cdot \text{mm}$$

这三个区格的弯矩值相差不大，说明最初靴梁和隔板的布置是合理的，不必调整底板平面尺寸和隔板位置。在这三个区格中，区格①的弯矩最大，为：

157

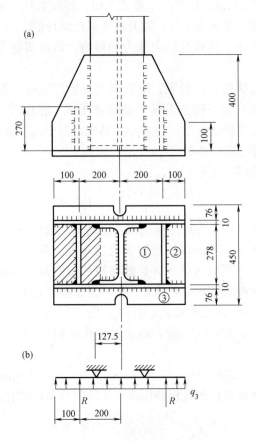

图 5-43 例题 5-5 图

$$M_{\max}=18005\text{N}\cdot\text{mm}$$

初步判定底板厚度可能会大于第一组钢材的厚度 16mm，因此，底板的设计强度取为第二组钢材的设计强度 $f=205\text{N/mm}^2$，则所需要的最小底板厚度为：

$$t\geqslant\sqrt{\frac{6M_{\max}}{f}}=\sqrt{\frac{6\times18005}{205}}=22.96\text{mm}$$

取 $t=24\text{mm}$。

（3）隔板设计

隔板可视为两端支于靴梁、跨度 $l=278\text{mm}$ 的简支梁，其受荷面积为图 5-43(a)中的阴影部分，化成线荷载为：

$$q_1=200\times6.05=1210\text{N/mm}$$

隔板与柱脚底板以及隔板与靴梁的内侧施焊比较困难，计算时仅考虑外侧一条焊缝有效。

1）隔板与柱脚底板的连接焊缝计算

隔板与柱脚底板的连接焊缝为正面角焊缝，正面角焊缝强度增大系数 $\beta_f=1.22$。取焊脚尺寸 $h_f=10\text{mm}$，进行焊缝强度计算：

$$\sigma_f = \frac{1210}{1.22 \times 0.7 \times 10} = 142 \text{N/mm}^2 < f_f^w = 160 \text{N/mm}^2$$

满足要求。

2）隔板与靴梁的连接焊缝计算

隔板与靴梁的连接（仅考虑外侧一条焊缝）为侧面角焊缝，承受隔板的支座反力，为：

$$R = \frac{1}{2} \times 1210 \times 278 = 168190 \text{N}$$

隔板的高度取决于隔板与靴梁的连接焊缝长度 l_w，设该焊缝的焊脚尺寸 $h_f = 8\text{mm}$，则：

$$l_w \geq \frac{R}{0.7 h_f f_f^w} = \frac{168190}{0.7 \times 8 \times 160} = 188 \text{mm}$$

取隔板高 270mm，隔板厚度 $t = 8\text{mm} > b/50 = 278/50 = 5.6\text{mm}$。

3）验算隔板的抗剪抗弯强度

将隔板视为两端支于靴梁的简支梁，其承受的最大弯矩和最大剪力分别为：

$$M_{max} = \frac{1}{8} \times 1210 \times 278^2 = 11.69 \times 10^6 \text{N} \cdot \text{mm}$$

$$V_{max} = R = 168190 \text{N}$$

分别进行隔板截面的抗弯强度和抗剪强度验算

$$\sigma = \frac{M_{max}}{W} = \frac{6 \times 11.69 \times 10^6}{8 \times 270^2} = 120 \text{N/mm}^2 < f = 215 \text{N/mm}^2$$

$$\tau = 1.5 \frac{V_{max}}{ht} = 1.5 \times \frac{168190}{270 \times 8} = 117 \text{N/mm}^2 < f_v = 125 \text{N/mm}^2$$

隔板的剪应力已接近钢材的抗剪强度，说明隔板的强度主要由抗剪控制。

（4）靴梁设计

靴梁与柱身的连接焊缝（焊在柱翼缘）共 4 条，假定柱的压力 $N = 1610\text{kN}$ 全部由这 4 条焊缝承受，此焊缝为侧面角焊缝，设焊脚尺寸 $h_f = 10\text{mm}$，需要的焊缝长度：

$$l_w = \frac{N}{4 \times 0.7 h_f f_f^w} = \frac{1610 \times 10^3}{4 \times 0.7 \times 10 \times 160} = 359 \text{mm}$$

取靴梁高 400mm（图 5-43a）。

靴梁的计算模型可视为支承于柱边的悬伸梁（图 5-43b），其中悬臂板下基底应力以均布荷载的形式作用在梁上，隔板的支座反力 R 以集中荷载的形式作用在距支座 72.5mm 处的梁上。初定靴梁板的厚度 $t = 10\text{mm}$，验算其抗剪和抗弯强度。

$$V_{max} = 168190 + 86 \times 6.05 \times 300 = 324280 \text{kN}$$

$$\tau = 1.5 \frac{V_{max}}{ht} = 1.5 \times \frac{324280}{400 \times 10} = 122 \text{N/mm}^2 < f_v = 125 \text{N/mm}^2$$

$$M_{max} = 168190 \times 72.5 + \frac{1}{2} \times 86 \times 6.05 \times 172.5^2 = 19.935 \times 10^6 \text{N} \cdot \text{mm}$$

$$\sigma = \frac{M_{max}}{W} = \frac{6 \times 19.955 \times 10^6}{10 \times 400^2} = 74.76 \text{N/mm}^2 < f = 215 \text{N/mm}$$

靴梁与底板的连接焊缝和柱身与底板的连接焊缝传递全部柱的压力，焊缝的总长度应为，$\sum l_w = 2\times(600-10)+4\times(100-10)+2\times(278-10)=2076\text{mm}$。

所需的焊脚尺寸为：

$$h_f = \frac{N}{1.22\times0.7\sum l_w f_f^w} = \frac{1610\times10^3}{1.22\times0.7\times2076\times160} = 5.67\text{mm}$$

取 $h_f = 8\text{mm}$。

柱脚底板通过与混凝土基础的接触面传递轴向应力，与基础的连接锚栓不受力，可按构造采用两个直径 20mm 的锚栓。

5.7 以工程实例为依据的钢柱设计综合例题

5.7.1 ［工程实例一］ 普通工业操作平台柱设计

如图 5-44(a)所示为一工作平台，试写出钢平台立柱 EF 的设计思路及步骤。

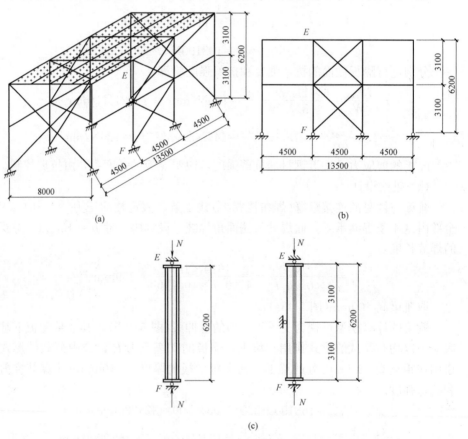

图 5-44 工程实例一图

【解】

平台结构多用于工业厂房和仓储等建筑，符合《钢结构设计标准》的适用范围。一般平台柱与平台梁的连接采用铰接，平台柱下端与基础也多采用铰接连接，因此，该平台柱不承受弯矩，为一两端铰接连接的轴心受压柱。经梁板体系的计算，可以得到由平台板通过平台梁传到钢柱 EF 上的轴心压力设计值 N。

（1）材料及截面选择

轴心受压柱的承载能力一般由稳定控制，整体稳定承载力主要取决于构件截面的刚度 EI，一般结构用钢材的弹性模量相差不大，对于主要由稳定控制的构件，高强度钢材的强度往往不能有效利用，因此，可以考虑采用普通碳素钢 Q235 或普通低合金钢 Q345，本例选用 Q235B 钢。

平台柱可以采用圆钢管、箱形截面、H 型钢或工字钢。根据图 5-44 的结构布置情况，立柱 EF 在两个主方向的支撑情况不一样，在 8m 跨度方向，计算长度 $l_{0x}=6200$mm，为柱子的几何长度；在 4.5m 跨度方向，为两道支撑之间的距离，计算长度 $l_{0y}=3100$mm。由于圆钢管和箱形截面在两个方向具有相同的回转半径，适合于用在两方向计算长度相等的构件，因此优先考虑选用热轧宽翼缘 H 型钢或焊接 H 形截面（在某些情况下也可采用轧制工字钢，但由于轧制工字钢在弱轴方向的抗弯刚度及回转半径均远小于强轴方向，在柱子两方向计算长度相差不大的情况下，选用轧制工字钢不经济），将强轴（x 轴）垂直于 8m 跨方向放置，弱轴（y 轴）垂直于 4.5m 跨方向放置，计算简图如图 5-44（b）、（c）所示。

（2）初选截面

假定柱截面无孔眼削弱，不需要进行强度验算，故应该根据整体稳定选择截面。

首先假定长细比，该平台柱高度不大但轴力较大，所以可假定两方向的长细比 λ_x、λ_y 在 60～90 范围内。热轧宽翼缘 H 型钢 $b/h>0.8$，估计构件的板厚不会超过 40mm，由表 5-3 的截面分类知，截面绕 x 轴失稳时属于 b 类截面，绕 y 轴失稳时属于 c 类截面。查附录 5 附表 5-2 及附表 5-3 可得 φ_x 及 φ_y 的值，Q235 钢的设计强度 $f=215$N/mm²，则根据轴心受压柱的整体稳定计算公式，可以计算出所需要的构件截面面积为：

$$A=\frac{N}{\varphi f}$$

同时也可以计算出构件两个主轴所需要的截面回转半径：

$$i_x=\frac{l_{0x}}{\lambda_x};\quad i_y=\frac{l_{0y}}{\lambda_y}$$

根据所需要的截面面积 A，两个主轴的回转半径 i_x、i_y 查附录 3 附表 3-2 选用轧制宽翼缘 H 型钢，初选截面型号。

（3）整体稳定承载力及刚度验算

首先由附录 3 附表 3-2 查出初选截面实际的截面面积 A、沿两个主轴的回转半径 i_x、i_y，并计算出柱子在两个主轴方向的实际长细比：

$$\lambda_x=\frac{l_{0x}}{i_x};\quad \lambda_y=\frac{l_{0y}}{i_y}$$

平台柱的容许长细比 $[\lambda]=150$，若计算所得 λ_x、λ_y 在此范围内，则刚度

161

满足要求，否则应重新选择截面。

由 λ_x 和 λ_y 分别查附录 5 附表 5-2 及附表 5-3 得 φ_x 和 φ_y，代入轴心受压实腹柱整体稳定验算公式(5-25)，即 $\dfrac{N}{\varphi A f}$ 计算出设计应力比，若计算所得值小于 1.0，则满足要求，否则应另选截面。通常情况下，如果预先假定的长细比出入不大，所选截面可一次验算通过，否则，应根据验算结果调整长细比值，重新进行截面选择。

(4) 局部稳定验算

一般而言，对于热轧型钢截面，由于其板件的宽厚比较小，能满足要求，可不进行局部稳定验算。但如果采用焊接 H 形截面，则需要分别验算翼缘及腹板的局部稳定性。

① 翼缘的局部稳定验算

事实上，焊接 H 形截面在进行初步截面选择时就应该同时考虑到翼缘截面的宽厚比应满足规范的要求，即翼缘的外伸宽度 b 与厚度 t 的比值 $b/t \leqslant (10+0.1\lambda)\sqrt{\dfrac{235}{f_y}}$，式中的长细比 λ 为构件两方向长细比 λ_x、λ_y 的较大值，f_y 为所选用钢材的屈服强度，在本例中因选用钢材 Q235B，即 $f_y=235$。

② 腹板的局部稳定验算

同理，焊接 H 形截面在进行初步截面选择时也应该同时考虑腹板的高厚比应满足规范的要求，即腹板的高度 h_0 与厚度 t_w 的比值 $h_0/t_w \leqslant (25+0.5\lambda)\varepsilon_k$。但某些情况下，若柱截面高度特别大，为节约钢材，也可以考虑利用屈曲后强度，此时腹板的高度 h_0 与厚度 t_w 的比值允许超过规范的限制，但在计算柱截面面积 A、惯性矩 I_x、I_y 时应采用有效截面，即翼缘采用全截面，而腹板截面考虑中间部分屈曲后退出工作，仅考虑靠近翼缘两侧宽度各为 $b_e/2$ 的部分腹板截面面积有效(图 5-30b)，但计算构件的稳定系数 φ 时仍可用全截面。

轴心受力柱的局部稳定验算因与长细比有关，当局部稳定不满足要求需调整截面尺寸时，又会影响到柱子长细比的计算值，因此，整体稳定与局部稳定验算有时需重复以上步骤交替进行，直到均满足要求为止。

5.7.2 [工程实例二] 某桥梁焊接箱形轴心受压柱设计

如图 5-45 所示(单位"mm")，下端固定上端自由的焊接箱形悬臂立柱，高 20m，板件厚度 $t=24$mm；纵向加劲肋采用 280×24 钢板；箱内每隔 4000mm 设一道横隔板。设钢材屈服强度 $f_y=345$MPa，设计强度 $f_d=260$MPa，弹性模量 $E=2.0\times10^5$MPa，泊松比 $v=0.3$，试计算柱顶能够承受的最大荷载 P。

【解】

(1) 纵向加劲肋刚度计算

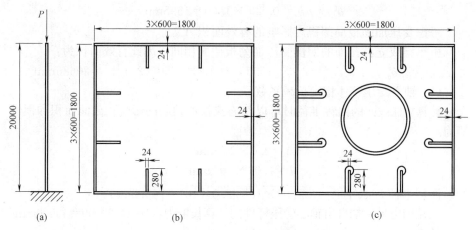

图 5-45　工程实例二图

(a)立柱；(b)标准断面；(c)横隔板断面

$$I_l = \frac{b_l t_l^3}{3} = \frac{280 \times 24^3}{3} = 1.756 \times 10^8 \, \text{mm}^4$$

$$\gamma_l = \frac{EI_l}{bD} = \frac{12(1-v^2)I_l}{bt^3} = \frac{12 \times (1-0.3^2) \times 1.756 \times 10^8}{1800 \times 24^3} = 77.6$$

$$\alpha = a/b = 4000/1800 = 2.222$$

$$n = n_l + 1 = 2 + 1 = 3$$

$$\alpha_0 = \sqrt[4]{1+(n_l+1)\gamma_l} = \sqrt[4]{1+3 \times 77.6} = 3.9$$

$$\delta_l = A_l/bt = 280 \times 24/1800 \times 24 = 0.156$$

$$\gamma_l^* = \frac{1}{n} \left[4n^2 (1+n\delta_l)\alpha^2 - (\alpha^2+1)^2 \right]$$

$$= \frac{1}{3} \left[4 \times 3^2 (1+3 \times 0.156) \times 2.222^2 - (2.222^2+1)^2 \right]$$

$$= 75.2$$

因为 $\gamma_l = 77.6 \geqslant \gamma_l^* = 75.2$，纵向加劲肋为刚性加劲肋。

(2) 轴心受压板件考虑局部稳定的有效截面计算

刚性加劲肋有：$k = 4n^2 = 4 \times 3^3 = 36$

$$\bar{\lambda}_p = \sqrt{\frac{f_y}{\sigma_{cr}}} = 1.05 \left(\frac{b}{t} \right) \sqrt{\frac{f_y}{E} \left(\frac{1}{k} \right)} = 1.05 \left(\frac{1800}{24} \right) \sqrt{\frac{345}{2.0 \times 10^5} \left(\frac{1}{36} \right)}$$

$$= 0.519$$

$$\varepsilon_0 = 0.8(\bar{\lambda}_p - 0.4) = 0.8 \times (0.519 - 0.4) = 0.0952$$

因为 $\bar{\lambda}_p = 0.519 > 0.4$，所以局部稳定折减系数：

$$\rho = \frac{1}{2} \left\{ 1 + \frac{1}{\bar{\lambda}_p^2}(1+\varepsilon_0) - \sqrt{\left[1 + \frac{1}{\bar{\lambda}_p^2}(1+\varepsilon_0) \right]^2 - \frac{4}{\bar{\lambda}_p^2}} \right\}$$

$$= \frac{1}{2} \left\{ 1 + \frac{1}{0.519^2}(1+0.0952) - \sqrt{\left[1 + \frac{1}{0.519^2}(1+0.0952) \right]^2 - \frac{4}{0.519^2}} \right\}$$

$$= 0.886$$

考虑受压加劲板局部稳定影响的有效宽度 $b_{e,i}^p$：

163

$$b_{e,i}^{p} = \rho_i b_i = 0.886 \times 1800 = 1595 \text{mm}^2$$

考虑受压加劲板局部稳定影响的有效面积 $A_{eff,c}$。

由于组成立柱截面的四侧受压加劲板截面相同，因此有效面积为：

$$A_{eff,c} = \sum b_{e,i}^{p} t_i + \sum A_{s,j} = 4 \times \{[1595 \times 24 + 2 \times (280 \times 24)]\} = 20686 \text{mm}^2$$

（3）轴心受压整体稳定折减系数

计算立柱截面的回转半径时可以忽略腹板加劲肋的影响，截面面积和惯性矩为：

$$A = 2.0 \times 10^5 \text{mm}^2;$$
$$I = 1.09 \times 10^{10} \text{mm}^4$$

回转半径 $i = \sqrt{I/A} = \sqrt{1.09 \times 10^{10}/2.0 \times 10^5} = 745.2 \text{mm}$

一端固定另一端自由轴心受压杆件的计算长度为：$l = 2 \times 20000 = 40000 \text{mm}$

长细比 $\lambda = l/i = 40000/745.2 = 53.8$

相对长细比 $\bar{\lambda} = \dfrac{\lambda}{\pi} \sqrt{\dfrac{f_y}{E}} = \dfrac{53.8}{\pi} \sqrt{\dfrac{345}{2.0 \times 10^5}} = 0.711$

对于一般焊接箱形截面为 b 类，但是对于设置加劲肋截面的柱，残余应力的影响大于无加劲肋的截面，因此采用 c 类截面计算轴心受压整体稳定折减系数：

$$\varepsilon_0 = \alpha(\bar{\lambda} - 0.2) = 0.5 \times (0.711 - 0.2) = 0.256$$

$$\chi = \frac{1}{2} \left\{ 1 + \frac{1}{\bar{\lambda}^2}(1 + \varepsilon_0) - \sqrt{\left[1 + \frac{1}{\bar{\lambda}^2}(1 + \varepsilon_0)\right]^2 - \frac{4}{\bar{\lambda}^2}} \right\}$$

$$= \frac{1}{2} \left\{ 1 + \frac{1}{0.711^2}(1 + 0.256) - \sqrt{\left[1 + \frac{1}{0.711^2}(1 + 0.256)\right]^2 - \frac{4}{0.711^2}} \right\}$$

$$= 0.714$$

（4）最大承载力

$$P_{max} = \chi f_d A_{eff,c} = 0.714 \times 260 \times 205199 = 38.1 \times 10^6 \text{N} = 38100 \text{kN}$$

小结及学习指导

只承受轴向拉力或压力的构件称为轴心受力构件，在本章学习时，应着重联系钢材的材性性能特点，理解钢结构轴心受力构件的受力及破坏特征。

（1）轴心受力构件的刚度性能一般用长细比度量，对轴心受压构件而言，长细比太大除可能影响正常使用而外，还使得其整体稳定承载力降低，因此需要对构件的长细比加以限制。同时，在选择轴心受压构件的截面形式时，应优先考虑板件较薄而比较宽大的开展截面，以保证在相同的截面积下获得较高的回转半径及较小的长细比。

（2）由于钢材的强度较高，根据强度条件所选择的截面一般比较小，因此轴心受力构件一般比较细长，对于受拉构件，细长的杆件对受力影响不大。但对于受压构件，则可能由于其整体稳定临界力较低而在其截面应力尚未达到其强度值时即发生屈曲。材料力学中讨论的理想轴心受压构件在实际工程中是不存在的，实际工程中的轴心受压构件必然存在杆件的初始弯曲、荷载的初始偏心以及残余应力的影响，这些初始缺陷将降低杆件的整体稳定承载力。因此，实际工程中轴心受压构件的柱子曲线采用考虑各种初始缺陷综合影响的等效初弯曲率得到，根据不同的截面形式，标准采用 4 条柱子曲线来计算轴心受压构件的整体稳定承载力。

（3）为了提高整体稳定承载力，轴心受压构件一般设计成板件较薄而比较宽大的开展截面，当这些截面组成板件的宽厚比（或高厚比）特别大时，在压力作用下会发生薄板的屈曲，即板件的局部失稳。轴心受压构件翼缘和腹板的临界力可以采用弹性稳定理论求解，为了便于工程应用，标准将受压板件的局部稳定验算简化为限制其宽厚比（或高厚比）的方法来实现。但是一般受压构件腹板板件的局部失稳并不意味着整个构件丧失承载能力，在某些条件下，也可以利用腹板的屈曲后强度进行设计。

（4）轴心受力构件分为实腹式和格构式，相同截面面积的条件下，格构式轴心受力构件可以通过调整多个肢之间的间距以得到更大的截面惯性矩（即截面刚度）。但格构式构件在整体失稳时剪切变形比较大，为了考虑剪切变形对受压构件整体稳定承载力的影响，格构式轴心受压构件的整体稳定验算需采用换算长细比。

（5）钢结构各基本构件之间以及构件与基础之间的连接节点是传力的关键部位，教材中给出的节点构造图虽是常用形式，但连接节点及柱脚的构造并没有固定的模式，其基本思路是保证传力直接、可靠、便于施工。对于只具备理论知识而不熟悉工程实际的初学者而言，连接节点的构造设计往往难以掌握，应侧重于概念设计并注意结合工程实际以加深理解。

思考题

5-1 什么叫作轴心受力构件？轴心受拉构件和轴心受压构件在承载能力极限状态和正常使用极限状态计算上有何异同？

5-2 轴心受拉和轴心受压构件当截面有开孔时，其计算方法有何异同？为什么？

5-3 什么叫高强度螺栓的孔前传力？摩擦型连接的高强度螺栓和承压型连接的高强度螺栓都需要考虑孔前传力吗？为什么？

5-4 轴心受力构件的刚度用什么衡量？轴心受拉构件需要限制刚度吗？为什么？

5-5 理想轴心受压构件的三种屈曲形式各有什么区别和特点？

5-6 什么叫作残余应力？轴心受力构件的残余应力是如何产生的？强度计算时需要考虑吗？

5-7 构件中的残余应力会影响轴心受拉构件的强度吗？会影响轴心受压构件的整体稳定承载力吗？为什么？

5-8 影响轴心受压构件整体稳定承载力的初始缺陷有哪些？理论上如何考虑？

5-9 什么叫作轴心受压构件的柱子曲线？我国《钢结构设计标准》GB

50017—2017 和《公路钢结构桥梁设计规范》JTGD 64—2015 中的柱子曲线各有几条？影响柱子曲线的主要因素是什么？

5-10　截面形式相同但组成板件厚度 t 大于 40mm 的轴心受压构件，其整体稳定系数 φ 的取值为什么小于 $t<40$mm 的构件？

5-11　影响轴心受压构件整体稳定系数 φ 取值的因素有哪些？

5-12　轴心受压构件的整体稳定和局部稳定有什么区别？所谓等稳定性是一个什么概念？

5-13　轴心受压构件的组成板件为什么要限制高厚比（或宽厚比）？如果一 H 型钢构件的腹板不满足高厚比要求，可以采取哪些措施？

5-14　什么叫作腹板的屈曲后强度？建筑钢结构和桥梁钢结构中是怎么运用屈曲后强度理论解决实际工程问题的？

5-15　格构式轴心受压构件整体失稳时的截面剪力是怎么产生的？在设计中如何考虑？

5-16　格构式轴心受压构件绕虚轴的整体稳定计算为什么要采用换算长细比？标准中换算长细比计算公式的推导主要考虑了哪些因素？

5-17　格构柱横隔的作用是什么？哪些情况需要设置横隔？

5-18　梁与柱的刚接连接在构造上是如何保证的？与铰接连接的主要构造区别是什么？

5-19　柱脚的刚接连接在构造上是如何保证的？与铰接连接的主要构造区别是什么？

5-20　柱脚底板的厚度由何种受力条件决定？靴梁和隔板的作用是什么？不同的布置方式会影响底板的受力吗？

习题

5-1　验算由 2∟ 63×5 组成的水平放置的轴心拉杆的强度和长细比。轴心拉力的设计值为 270kN，只承受静力作用，计算长度为 3m。杆端有一排直径为 20mm 的孔眼（图 5-46）。钢材为 Q235 钢。如截面尺寸不够，应改用什么角钢？

注：计算时忽略连接偏心和杆件自重的影响。

图 5-46　习题 5-1 图

5-2　一块—400×20 的钢板用两块拼接板—400×12 进行拼接。螺栓孔径为 22mm，排列如图 5-47 所示。钢板轴心受拉，$N=1350$kN（设计值）。钢材为 Q235 钢，解答下列问题：

（1）钢板 1-1 截面的强度是否足够？

（2）是否还需要验算 2-2 截面的强度？假定 N 力在 13 个螺栓中平均分配，2-2 截面应如何验算？

（3）拼接板的强度是否足够？

5-3　一水平放置两端铰接的 Q345 钢做成的轴心受拉构件，长 9m，截面为由 2∟ 90×8 组成的肢尖向下的 T 形截面。问是否能承受轴心力的设计值 870kN？

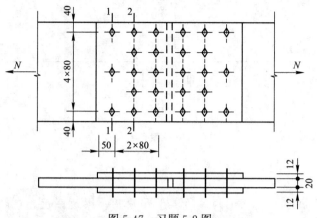

图 5-47 习题 5-2 图

5-4 某车间工作平台柱高 2.6m，按两端铰接的轴心受压柱考虑。如果柱采用 I16(16 号热轧工字钢)，试经计算解答：

(1) 钢材采用 Q235 钢时，设计承载力为多少？

(2) 改用 Q345 钢时，设计承载力是否显著提高？

(3) 如果轴心压力为 330kN(设计值)，I16 能否满足要求？如不满足，在截面不变的条件下，可以采取什么措施就能满足要求？

5-5 设某工业平台柱承受轴心压力 5000kN(设计值)，柱高 8m，两端铰接。要求设计一 H 型钢或焊接工字形截面柱。钢材为 Q235B。

5-6 如图 5-48(a)、(b)所示两种焊接 H 形截面(焰切边缘)的截面积相等，钢材均为 Q235 钢。当用作长度为 10m 的两端铰接轴心受压柱时，是否能安全承受设计荷载 3200kN？

5-7 已知某轴心受压的缀板柱，柱截面为 2[32a，如图 5-49 所示。柱长 7.5m，两端铰接，承受轴心压力设计值 $N=1500$kN，钢材为 Q235B，截面无削弱。

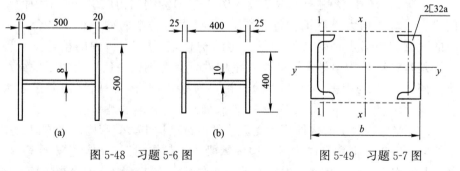

图 5-48 习题 5-6 图   图 5-49 习题 5-7 图

(1) 试设计此柱绕虚轴的截面宽度、缀板布置及尺寸。

(2) 如果改用缀条柱，试设计此柱绕虚轴的截面宽度、缀条布置及型号。

5-8 设计习题 5-5 中 H 型钢截面实腹式轴心受压柱的铰接柱脚，钢材采用 Q235B，其余条件同习题 5-5。

第6章
受 弯 构 件

本章知识点

> **【知识点】**受弯钢构件的类型和应用；梁的强度，包括：抗弯强度、抗剪强度、局部承压强度、复杂应力作用下的折算应力；梁的刚度；梁的整体稳定，包括：梁的整体失稳概念、影响梁整体稳定性的主要因素、梁的整体稳定系数、梁整体稳定的保证措施；梁的局部稳定，包括：梁局部失稳的概念、梁受压翼缘的局部稳定、梁腹板的局部稳定、组合梁考虑腹板屈曲后强度的设计概念；钢梁的设计及工程应用实例，包括：型钢梁的设计、焊接组合梁的设计；梁的拼接、主梁与次梁的连接和梁的支座。
>
> **【重点】**钢梁设计中的四个主要问题：强度、刚度、整体稳定和局部稳定。
>
> **【难点】**钢梁腹板局部稳定验算及腹板加劲肋的设置，钢梁设计中整体稳定与局部稳定条件的协调。

受弯钢构件广泛用于土木工程。图 6-1(a)为钢结构厂房，厂房中的屋面梁、吊车梁均为受弯钢构件。图 6-1(b)为厂房中的钢平台，平台结构中的次梁、主梁也是受弯钢构件。钢结构住宅(图 6-1c)中的楼盖梁、屋盖梁是建筑钢结构中最常用的受弯钢构件。受弯钢构件还广泛用于桥梁结构。图 6-1(d)为上海卢浦大桥的引桥，为梁式钢桥，桥面结构采用了大量钢梁。

以承受弯矩为主的构件称为受弯构件。钢结构中，受弯构件主要以梁或板的形式出现。本章只讨论线性构件钢梁。荷载作用下，钢梁主要受弯矩、剪力共同作用；在纯弯曲情况下只受弯矩作用。在工程中，梁除受弯矩、剪力作用外，还受很小的轴力。

钢梁广泛用于钢结构工程中，如：多高层房屋中的楼盖梁，工业厂房中的吊车梁、工作平台梁、墙架梁、檩条，以及各类钢桥中的桥面梁，水工闸门，海洋采油平台中的梁等。

钢梁按截面构成方式的不同，分为实腹式梁和空腹式梁，应用较多的是实腹式梁。实腹式钢梁按制作方法的不同分为型钢梁和组合梁两大类，如图 6-2 所示。型钢梁又可分为热轧型钢梁和冷弯薄壁型钢梁两种。在普通钢结构中，

(a)

(b)

(c)

(d)

图 6-1　受弯钢构件的应用

(a)钢结构厂房中的受弯构件——吊车梁、屋面梁；(b)厂房钢结构平台中的受弯构件的——主梁、
次梁；(c)钢结构住宅中的受弯构件——楼盖梁、屋盖梁；(d)梁式钢桥(上海卢浦大桥引桥)
中的受弯构件——桥面钢梁

　　当荷载、跨度均不太大时，多采用热轧型钢梁，如：普通工字钢、H 型钢、
槽钢(图 6-2a、b、c)，这类梁加工简单、制造方便，成本较低，应用广泛。在
轻型钢结构中，荷载、跨度均不太大时，多采用冷弯薄壁型钢梁，如：卷边槽
钢、Z 型钢、帽型钢(图 6-2d、e、f)等，此类梁截面壁薄，可有效地节省钢材。
　　当跨度或荷载较大时，型钢梁由于受截面高度的限制而不能满足强度、
刚度等方面的要求，此时必须采用焊接梁(房屋建筑钢结构中，习惯上称为
组合梁)。焊接梁中应用最广泛的是由三块钢板组成的焊接工字形截面梁
(图 6-2g)；必要时，可采用双层翼缘板组成的工字形截面梁(图 6-2i)；有

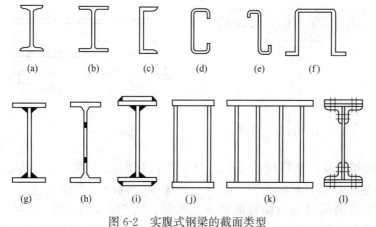

(a)　　　　(b)　　　　(c)　　　　(d)　　　　(e)　　　　(f)

(g)　　　　(h)　　　　(i)　　　　(j)　　　　(k)　　　　(l)

图 6-2　实腹式钢梁的截面类型

170

时，也可用两个剖分 T 型钢和钢板组成工字形截面梁(图 6-2h)；当梁受有较大扭矩时，或要求梁顶面较宽时，可采用焊接箱形截面梁(图 6-2j)和多室箱形截面梁(图 6-2k)；对于荷载特别大，或承受很大动力荷载且较重要的梁，可采用高强度螺栓摩擦型连接的钢梁(图 6-2l)。此外，为了充分利用钢材的强度，可采用异种钢焊接梁，对受力较大的翼缘板采用强度较高的钢材，对受力较小的腹板则采用强度较低的钢材。

为了增大梁的截面高度和截面惯性矩，可采用空腹式钢梁。图 6-3(a)、(b)所示蜂窝梁即为空腹式钢梁中的一种，它是将工字钢或 H 型钢的腹板沿图 6-3(a)所示的折线割开，然后将上、下两个 T 形左右错动，焊成如图 6-3(b)所示的梁。

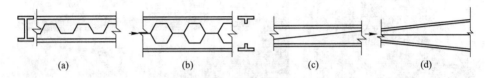

图 6-3　蜂窝梁和楔形梁

为了适应梁弯矩沿跨度的变化，如自由端承受一个集中荷载的悬臂梁，可采用如图 6-3(c)、(d)所示的楔形梁，它是将工字钢或 H 型钢的腹板沿 6-3(c)所示的斜线割开，将其中一半颠倒反向，与另一半焊接而成的，如图 6-3(d)所示。

钢与混凝土组合钢梁(图 6-4)能充分发挥钢材宜于受拉，混凝土宜于受压的各自优势，广泛应用于桥梁与高层建筑结构中，并取得了较好的经济效果。

为了增加跨度和节约钢材，工程中有时还采用预应力钢梁(图 6-5)。

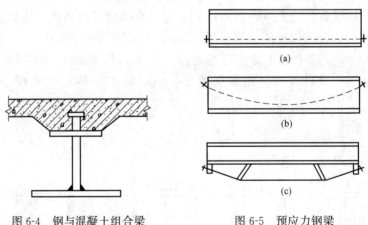

图 6-4　钢与混凝土组合梁　　　　图 6-5　预应力钢梁

钢梁按所受荷载情况的不同，分为单向弯曲梁和双向弯曲梁。单向弯曲梁只在一个主平面内受弯，双向弯曲梁则在两个主平面内受弯。工程结构中大多数的钢梁为单向弯曲梁，吊车梁、墙梁在两个主平面内受力，坡度较大屋盖上的钢檩条的主轴往往不垂直于地面，这些梁都是双向弯曲梁。

常用受弯构件截面有两条正交的形心主轴,如图 6-6 中的 x 轴与 y 轴。因为绕 x 轴的惯性矩、截面模量最大,故称 x 轴为强轴,与之正交的 y 轴则称为弱轴。

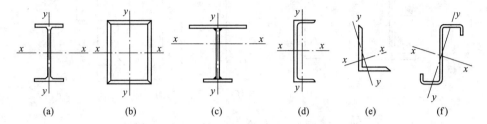

图 6-6　各种截面的强轴和弱轴

钢梁按支承条件的不同,可分为简支梁、连续梁、固端梁、悬臂梁等。单跨简支梁与多跨连续梁相比虽然用钢量较多,但是由于简支梁制作安装方便,其内力不受支座沉陷、温度变化的影响,所以在工程中得到广泛应用。

钢梁的计算内容主要有:强度、刚度、整体稳定和局部稳定。其中强度、整体稳定、局部稳定属于承载能力极限状态的计算内容,而刚度则属于正常使用极限状态的计算内容。一般热轧型钢梁因板件宽厚比不大而不需要计算局部稳定。对于长期直接承受重复荷载作用的梁,如吊车梁,如果在其设计基准期内应力循环次数 $n \geqslant 5 \times 10^4$ 时,尚应进行疲劳验算。

6.1　梁的强度和刚度

6.1.1　梁的强度

钢梁在横向荷载作用下,截面上将产生弯矩、剪力,有时还有局部压力。因此在对钢梁做强度计算时,包括抗弯强度、抗剪强度、局部承压强度的计算,以及上述三种内力共同作用下,对截面上的某些危险点进行折算应力验算。

1. 梁的抗弯强度

(1) 梁的四个工作阶段

钢材可以看作为理想的弹塑性体,随着荷载的逐渐增大,梁截面上的弯矩也随之增大,构件截面上的弯曲正应力将经历以下四个工作阶段:弹性工作阶段、弹塑性工作阶段、塑性工作阶段和应变硬化阶段。

1) 弹性工作阶段

当构件截面上的弯矩 M_x 较小,截面边缘纤维应力小于钢材屈服点 f_y 时,梁截面上的弯曲正应力呈三角形分布(图 6-7a),此时梁截面处于弹性工作阶段,截面边缘正应力 σ 可按材料力学公式计算:

$$\sigma = \frac{M_x}{W_x} \tag{6-1}$$

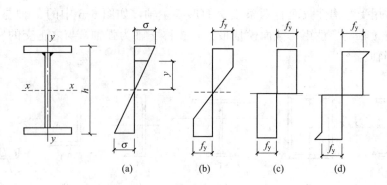

图 6-7 钢梁各工作阶段截面弯曲应力的分布

式中 M_x——绕 x 轴的弯矩（N·mm）；

W_x——对 x 轴的弹性截面模量（mm³）。

随着弯矩的增大，当截面边缘纤维应力达到屈服点 f_y 时，梁截面上的弯矩（屈服弯矩）可按下式计算：

$$M_{ex}=W_x f_y \tag{6-2}$$

以 M_{ex} 作为钢梁抗弯承载能力的极限状态，就是弹性设计方法，也称为边缘屈服准则。对需要验算疲劳的钢梁或受压翼缘板采用非厚实截面（见 3.4.3 节）的一般钢梁，常采用弹性设计方法进行计算。

2）弹塑性工作阶段

随着荷载继续增大，梁的两块翼缘板逐渐屈服，然后腹板的上、下两侧也部分屈服形成了边缘的塑性区（图 6-7b），塑性区中的正应力均等于 f_y，但在梁的中和轴附近材料仍处于弹性受力状态，此时梁截面处于弹塑性工作阶段。普通钢结构中的一般钢梁的计算，可以适当考虑截面的塑性发展，以截面部分进入塑性作为承载能力的极限，又称为有限塑性发展的强度准则。

3）塑性工作阶段

如果荷载继续增加，梁截面的塑性区不断向内发展，弹性区面积逐渐缩小，直至全截面都达到屈服（图 6-7c），此时该截面的弯矩不再增大，而梁的变形却不断增大，截面形成了塑性铰。出现这种现象的原因是低碳钢在应力达到屈服点 f_y 后，其应力-应变曲线上有很长一段基本上呈水平线的屈服台阶（见图 2-3 中曲线的 SC 段曲线段），在此受力变形过程中，钢材应力基本不变，而应变则会增大很多。此时的截面弯矩称为塑性弯矩 M_{px} 或极限弯矩，原则上可以作为承载能力极限状态，其计算公式为：

$$M_{px}=(S_{1x}+S_{2x})f_y=W_{px}f_y \tag{6-3}$$

式中 W_{px}——绕 x 轴的塑性截面模量（mm³），$W_{px}=S_{1x}+S_{2x}$；

S_{1x}、S_{2x}——分别为中和轴以上和以下截面对中和轴 x 轴的面积矩（mm³）。
此时的中和轴是与弯曲主轴平行的截面面积平分线，即该中和轴两侧的截面面积相等。

当梁进入塑性工作阶段时，全截面的应力均达到 f_y，由图 6-7(c) 可知，为了满足平衡条件，全截面上拉、压应力的总和必须为零，由此可知，此时的中和轴必然是与弯曲主轴平行的截面面积平分线。对于双轴对称截面，从弹性阶段(图 6-7a)到塑性阶段(图 6-7c)，中和轴的位置一直与截面形心轴重合，没有任何变动。但对于单轴对称截面(y 轴为对称轴)，从弹性阶段末(边缘纤维应力达到 f_y)开始，直到塑性阶段(图 6-7c)，为了满足 $\Sigma Z=0$ 的平衡条件，随着塑性深入的不断发展，中和轴的位置不断向较大翼缘一侧移动，直到成为截面面积的平分线。

4) 强化阶段

随着应变的进一步增大，钢材进入强化阶段，边缘纤维附近的应力会大于屈服点(图 6-7d)。工程设计中，由于考虑到变形过大等原因，梁的设计中一般不利用这一阶段中的应力增大。

(2) 截面形状系数 F 和截面塑性发展系数 γ

1) 截面形状系数 F

毛截面的塑性截面模量 W_{px} 和弹性截面模量 W_x 的比值称为截面形状系数 F，省去下脚标 x，即可得：

$$F=\frac{W_p}{W} \qquad (6\text{-}4)$$

截面形状系数 F 仅与截面的几何形状有关。矩形截面 $F=1.5$；圆形截面 $F=1.7$；圆管截面 $F=1.27$；工字形截面对 x 轴 $F=1.10\sim1.17$(随翼缘和腹板占总截面积的比例不同而变化)。

2) 截面塑性发展系数 γ

在普通钢结构一般钢梁的设计中，考虑到节约用钢和正常使用方面的要求，通常将梁的极限状态取在塑性弯矩 M_{px} 和屈服弯矩 M_{ex} 之间，即弹塑性弯矩，其计算公式为：

$$M=\gamma W_x f_y \qquad (6\text{-}5)$$

式中　γ——对截面形心主轴的截面塑性发展系数，$1<\gamma<F$。γ 值与截面上塑性发展的深度有关，截面上塑性区深度越大，γ 越大；当全截面塑性时，$\gamma=F$。

(3) 梁抗弯强度计算规定

对截面塑性发展深度 a 不超过梁截面高度 h 的 1/8 时，在主平面内受弯的实腹式构件，其抗弯强度按下式计算：

单向弯曲梁　　　　　　　$$\frac{M_x}{\gamma_x W_{nx}}\leqslant f \qquad (6\text{-}6)$$

双向弯曲梁　　　　　　　$$\frac{M_x}{\gamma_x W_{nx}}+\frac{M_y}{\gamma_y W_{ny}}\leqslant f \qquad (6\text{-}7)$$

式中　M_x、M_y——同一截面处绕 x 轴和绕 y 轴的弯矩设计值(对工字形截面：x 轴为强轴，y 轴为弱轴)(N·mm)；

　　　W_{nx}、W_{ny}——对 x 轴和对 y 轴的净截面模量（mm³），当截面板件宽厚比等级为 S1、S2、S3 或 S4 级时，应取全截面模量，当截面板件宽厚比等级为 S5 级时，应取有效截面模量，均匀受压翼缘有效外伸宽度可取 $15\varepsilon_k$，腹板有效截面可按《钢结构设计标准》GB 50017—2017 第 8.4.2 条规定采用；

γ_x、γ_y——截面塑性发展系数，按下列规定取值：(1) 对工字形和箱形截面，当截面板件宽厚比等级为 S4 或 S5 级时，截面塑性发展系数应取为 1.0，当截面板件宽厚比等级为 S1、S2 及 S3 级时，截面塑性发展系数应按下列规定取值：①工字形截面：$\gamma_x=1.05$，$\gamma_y=1.2$，②箱形截面：$\gamma_x=\gamma_y=1.05$；(2) 其他截面应根据其受压板件的内力分布情况确定其截面塑性发展系数，当满足 S3 级要求时，可按表 6-1 采用；(3) 对需要计算疲劳的梁，宜取 $\gamma_x=\gamma_y=1.0$。

f——钢材抗弯强度设计值（N/mm²）。

截面塑性发展系数 γ_x、γ_y 表 6-1

项次	截 面 形 式	γ_x	γ_y
1			1.2
2		1.05	1.05
3			1.2
4		$\gamma_{x1}=1.05$ $\gamma_{x2}=1.2$	1.05
5		1.2	1.2

项次	截 面 形 式	γ_x	γ_y
6		1.15	1.15
7		1.0	1.05
8			1.0

为保证梁的受压翼缘不会在梁强度破坏之前丧失局部稳定，当梁的受压翼缘的自由外伸宽度 b_1 与其厚度 t 之比 b_1/t 大于 $13\sqrt{235/f_y}$ 而不超过 $15\sqrt{235/f_y}$ 时，应取 $\gamma_x=\gamma_y=1.0$。f_y 为钢材牌号所指的屈服点，即：对 Q235 钢，取 $f_y=235\text{N/mm}^2$；对 Q345 钢，取 $f_y=345\text{N/mm}^2$；Q390，取 $f_y=390\text{N/mm}^2$；Q420 钢，取 $f_y=420\text{N/mm}^2$；Q460 钢，取 $f_y=460\text{N/mm}^2$。

（4）桥梁钢结构中箱形梁抗弯强度计算规定

对于箱形梁桥，通常梁的宽度很大，剪力滞的影响明显，强度计算需要考虑剪力滞的影响。同时，由于板件局部失稳、初始缺陷和残余应力等影响，受压翼缘承载力需要考虑局部稳定折减。《公路钢结构桥梁设计规范》JTGD 64—2015 规定翼板正应力 σ 按下式计算：

主平面内受弯的实腹式构件　　　　　$\sigma=r_0\dfrac{M_y}{W_{y,\text{eff}}}\leqslant f_d$ 　　　　(6-8a)

双向受弯的实腹式构件　　　　$\sigma=r_0\left(\dfrac{M_y}{W_{y,\text{eff}}}+\dfrac{M_z}{W_{z,\text{eff}}}\right)\leqslant f_d$ 　　　(6-8b)

式中　　　　r_0——结构重要性系数；

$W_{y,\text{eff}}$、$W_{z,\text{eff}}$——考虑剪力滞和受压板件局部稳定影响的有效截面相对于 y 轴和 z 轴的截面模量（mm）。

考虑剪力滞影响的有效截面面积 $A_{\text{eff,s}}$ 按下式计算：

$$A_{\text{eff,s}}=\sum\left(b_{e,i}^s t_i+A_{s,i}\right)$$

式中　$b_{e,i}^s$——考虑剪力滞影响的第 i 块板件的翼缘有效宽度（mm），如图 6-8 所示；

t_i——第 i 块板件的厚度（mm）；

$A_{s,i}$——有效宽度内的加劲肋面积（mm²）。

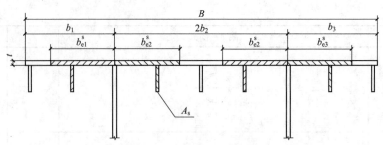

图 6-8 考虑剪力滞影响的第 i 块板件的翼缘有效宽度示意图

同时考虑剪力滞和受压加劲板局部稳定影响的有效宽度 b_e 和面积 A_{eff} 按下式计算:

$$A_{eff} = \sum_{k=1}^{n_p} b_{e,k} t_k + \sum_{i=1}^{n_s} A_{s,i}$$

$$b_e = \sum_{k=1}^{n_p} b_{e,k}$$

$$b_{e,k} = \rho_k^s b_{e,k}^p$$

$$\rho_k^s = \frac{\sum b_{k,j}^s}{b_k}$$

式中　$b_{e,k}$——考虑剪力滞和受压加劲板局部稳定影响的有效宽度（mm）;

　　　A_{eff}——考虑剪力滞和受压加劲板局部稳定影响的有效面积（mm^2）;

　　　$A_{s,i}$——有效宽度范围内第 i 块受压板件的加劲肋面积（mm^2）;

　　　n_p——受压翼缘被腹板分割后的受压板件数;

　　　n_s——有效宽度范围内的加劲肋数量;

　　　ρ_k^s——考虑剪力滞影响的第 k 块受压板件的有效宽度折减系数;

　　　b_k——第 k 块受压板件的宽度（mm）;

$\sum b_{k,j}^s$——第 k 块受压板件考虑剪力滞影响的有效宽度之和（mm）。

2. 梁的抗剪强度

承受横向荷载的梁都会在构件中产生剪力 V，并在截面中产生剪应力 τ。剪应力的分布如图 6-9 所示。从图中可以看出，在截面的自由端剪应力为零，最大剪应力 τ_{max} 出现在腹板中和轴处。

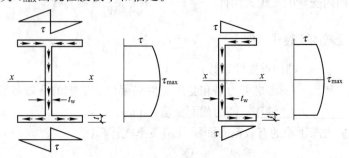

图 6-9　梁截面上弯曲剪应力的分布

在主平面内受弯的实腹式构件，当不考虑腹板屈曲后强度时，其抗剪强度应按下式计算:

$$\tau = \frac{VS}{I_x t_w} \leqslant f_v \qquad (6\text{-}9)$$

式中　V——计算截面沿腹板平面的剪力设计值（N）；

　　　S——计算剪应力处以上毛截面对中和轴的面积矩（mm³）；

　　　I_x——截面对主轴 x 轴的毛截面惯性矩（mm⁴）；

　　　t_w——腹板厚度（mm）；

　　　f_v——钢材的抗剪强度设计值（N/mm²）。

当钢梁截面上有螺栓孔等微小削弱时，为简化起见，工程上仍采用毛截面参数 I_x、S 来进行抗剪强度计算。

3. 梁的局部承压强度

梁在承受固定集中荷载处未布置支撑加劲肋（图 6-10a、b），或在承受移动集中荷载（如吊车轮压）作用时（图 6-10c），荷载通过翼缘传至腹板，使之受压。腹板在压力作用点处的边缘承受的压应力最大，并沿梁的跨度方向向两边扩散。实际的压应力 σ_c 分布并不均匀，如图 6-10(d)所示，但在设计中为了简化计算，假定局部压应力 σ_c 均匀分布在一段较短的长度范围 l_z 内。梁腹板计算高度边缘的局部承压应力应按下式计算：

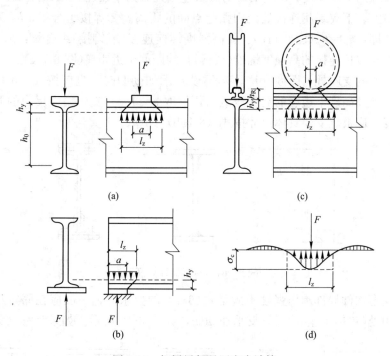

图 6-10　钢梁局部承压应力计算

$$\sigma_c = \frac{\psi F}{t_w l_z} \leqslant f \qquad (6\text{-}10)$$

式中　F——集中荷载设计值（N），对动力荷载，应考虑动力系数（N）；

　　　ψ——集中荷载增大系数；对重级工作制吊车梁，$\psi = 1.35$；对其他梁，$\psi = 1.0$；

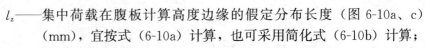

l_z——集中荷载在腹板计算高度边缘的假定分布长度（图 6-10a、c）（mm），宜按式（6-10a）计算，也可采用简化式（6-10b）计算；

$$l_z = 3.25 \sqrt[3]{\frac{I_R + I_f}{t_w}} \qquad (6\text{-}10a)$$

$$l_z = a + 5h_y + 2h_R \qquad (6\text{-}10b)$$

对于边支座处（图 6-10b）的情况：

$$l_z = a + 2.5h_y$$

I_R——轨道绕自身形心轴的惯性矩（mm⁴）；

I_f——梁上翼缘中面的惯性矩（mm⁴）；

a——集中荷载沿梁跨度方向的支承长度（mm），对钢轨上的轮压可取为 50mm（图 6-10c）；

h_y——自梁的承载面边缘到腹板计算高度边缘的距离（mm）；

h_R——轨道或钢垫块的高度（mm），对无轨道和钢垫块的情况，$h_R = 0$；

f——钢材的抗压强度设计值（N/mm²）。

腹板计算高度 h_0 的规定：①轧制型钢梁，$h_0 = h - 2h_y$，$h_y = t + R$，t 为型钢梁翼缘的平均厚度，R 为翼缘与腹板连接处圆角半径（图 6-11a）；即：h_0 取腹板与上、下翼缘相连接处内圆弧起点间的距离。②焊接组合梁，h_0 为腹板高度，即：$h_0 = h_w$（图 6-11b）。③高强度螺栓连接（或铆接）组合梁：h_0 为上、下翼缘与腹板连接的高强度螺栓（或铆钉）线距间最近距离（图 6-11c）。

在梁的支座处（图 6-10b），当不设支承加劲肋时，也应按式（6-10）计算腹板计算高度下边缘的局部压应力，但取 $\psi = 1.0$，支座集中反力的假定分布长度，应根据支座具体尺寸按式（6-10b）计算。

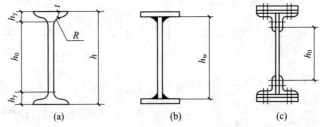

图 6-11 钢梁的腹板计算高度 h_0

受弯构件局部承压强度不满足式（6-10）的要求时，一般应在固定集中荷载作用处（包括支座处）设置支承加劲肋，如图 6-12 所示。如果是移动集中荷

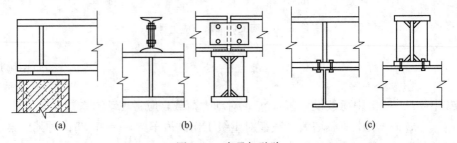

图 6-12 支承加劲肋

载的情况，则只能修改梁的截面，加大腹板厚度 t_w。图 6-12(c)是受弯构件下翼缘受到向下集中力作用的情况。此时腹板与翼缘交界处受到的是向下的局部拉力的作用，虽然此时不是局部承压，但其局部应力的性质是相似的，设计时可按同样方式处理。

4. 梁在复杂应力作用下的折算应力

钢梁截面上，通常同时承受弯矩和剪力。在同一截面上，弯矩产生的最大弯曲正应力与剪力产生的最大剪应力一般不在同一点处，因此，梁的抗弯强度与抗剪强度可以分别对不同的危险点进行计算。

但是在钢梁的某些截面的某些点处会同时存在较大的弯曲正应力，剪应力和局部压应力。如：在多跨连续梁中间支座截面处腹板计算高度边缘点，或简支组合梁翼缘截面改变处腹板计算高度边缘点，或等截面简支梁跨中集中荷载截面处（见例题 6-1）腹板计算高度边缘点，就会同时存在这三种应力（图 6-13）。对于处于复杂应力状态的这些危险点，可根据材料力学中的能量理论来判断这些点的钢材是否达到屈服，即按下式验算其折算应力：

$$\sqrt{\sigma^2 + \sigma_c^2 - \sigma\sigma_c + 3\tau^2} \leqslant \beta_1 f \qquad (6\text{-}11)$$

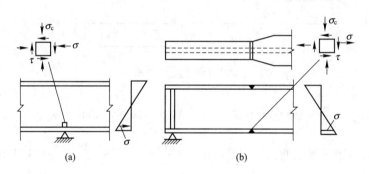

图 6-13　验算梁折算应力的部位

式中　σ——腹板计算高度边缘的弯曲正应力（N/mm²），按 $\sigma = \dfrac{My_1}{I_n}$ 计算，I_n 为梁净截面惯性矩，y_1 为所计算点至梁中和轴的距离；σ 以拉为正，以压为负；

　　σ_c——局部承压应力或局部拉应力（N/mm²），其方向与弯曲正应力方向垂直，按式(6-10)计算；σ_c 以拉为正，以压为负；

　　τ——剪应力（N/mm²），按式(6-9)计算；

　　β_1——计算折算应力的强度设计值增大系数；当 σ 与 σ_c 异号时，取 $\beta_1 = 1.2$；当 σ 与 σ_c 同号或 $\sigma_c = 0$ 时，取 $\beta_1 = 1.1$。

需要强调说明的是，钢结构的强度计算都是对构件的同一截面同一点处的应力验算。如在式(6-11)中，σ、σ_c、τ 必须是同一截面内，同一点处（一般为腹板计算高度边缘点）的弯曲正应力、局部压应力和剪应力。又如：式(6-7)中，不等号左边的两项也分别是同一截面、同一点处的两个弯曲正应力 σ。

【例题 6-1】　如图 6-14 所示两端简支钢梁，跨度 $l = 12m$，焊接组合工字形双轴对称截面 H1000×520×12×20(mm)，钢材 Q235-B 钢，截面无削弱，在梁跨间三分点处作用有两个集中荷载设计值 $P=626$kN(静载，含梁自重)，集中荷载的支承长度 $a=200$mm，荷载作用面到梁顶面的距离为 80mm。梁支座处已布置支承加劲肋，试对该梁进行强度验算。

【解】 查附表 2-1，翼缘板 $f=205$N/mm^2(因为：$t=20$mm>16mm)；腹板，$f=215$N/mm^2，$f_v=125$N/mm^2(因为：$t_w=12$mm<16mm)。

(1) 截面几何特性

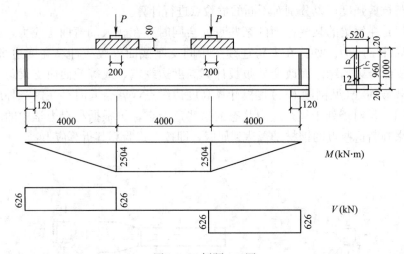

图 6-14 例题 6-1 图

$$I_x=\frac{1}{12}(520\times1000^3-508\times960^3)=5879509333\text{mm}^4$$

截面边缘纤维处的截面模量：$W_{nx}=\dfrac{2I_x}{h}=\dfrac{2\times5879509333}{1000}=11759019\text{mm}^3$

腹板计算高度边缘 a 点处的截面模量：$W_{nx,a}=\dfrac{2I_x}{h_0}=\dfrac{2\times5879509333}{960}=$

12248978mm^3

a 点处的面积矩：$S_a=520\times20\times490=5096000$mm^3

截面形心 c 点处的面积矩：$S_c=5096000+480\times12\times240=6478400$mm^3

(2) 内力计算

弯矩：$M=P\cdot(l/3)=626\times4=2504$kN·m

剪力：$V=P=626$kN

(3) 抗弯强度验算

验算点在两个集中荷载 P 作用点之间的任一截面的边缘纤维处。

因为 $\dfrac{b_1}{t}=\dfrac{(520-12)/2}{20}=12.7<13\sqrt{\dfrac{235}{f_y}}=13$，静载

所以 $\qquad\qquad\qquad\qquad \gamma_x=1.05$

$$\sigma=\frac{M_x}{\gamma_x W_{nx}}=\frac{2504\times10^6}{1.05\times11759019}=202.80\text{N/mm}^2<f=205\text{N/mm}^2，满足$$

要求。

（4）抗剪强度验算

验算点在支座截面处的形心 c 点处。

$$\tau_{\max}=\frac{VS_c}{I_x t_w}=\frac{626\times10^3\times6478400}{5879509333\times12}=57.48\text{N/mm}^2<f_v=125\text{N/mm}^2,\text{满足}$$

要求。

（5）局部承压强度验算

固定集中荷载 P 作用点所在截面内，腹板计算高度边缘 a 点为局部承压强度的验算点。此处 $t_w=12\text{mm}<16\text{mm}$，查得 $f=215\text{N/mm}^2$。

$$l_z=a+5h_y+2h_R=200+5\times20+2\times80=460\text{mm}$$

$$\sigma_c=\frac{\psi F}{t_w l_z}=\frac{1.0\times626\times10^3}{12\times460}=113.41\text{N/mm}^2<f=215\text{N/mm}^2,\text{满足要求。}$$

支座处虽有较大支座反力，但因为此处已布置支承加劲肋，故可不验算局部承压强度。

（6）折算应力验算

在梁顶面左边集中荷载 P 作用点以左(无穷接近)截面，或梁顶面右边集中荷载 P 作用点以右(无穷接近)截面内腹板计算高度边缘 a 点处，同时存在较大的弯曲正应力 σ_a、局部压应力 σ_c 和剪应力 τ_a。

$$\sigma_a=\frac{M_x y_a}{I_n}=\frac{M_x}{W_{nx,a}}=\frac{2504\times10^6}{12248978}=204.43\text{N/mm}^2\quad\text{（压应力）}$$

$$\tau_a=\frac{VS_a}{I_x t_w}=\frac{626\times10^3\times5096000}{5879509333\times12}=45.21\text{N/mm}^2$$

$$\sigma_c=113.41\text{N/mm}^2\quad\text{（压应力）}$$

$$\sqrt{\sigma_a^2+\sigma_c^2-\sigma_a\sigma_c+3\tau_a^2}=\sqrt{204.43^2+113.41^2-204.43\times113.41+3\times45.21^2}$$

$$=193.91\text{N/mm}^2<\beta_1 f=1.1\times215=236.5\text{N/mm}^2$$

由以上验算结果可知，该梁满足强度承载力要求。

6.1.2 梁的刚度

梁的刚度是指其抵抗变形的能力。梁的刚度不足，会出现过大的挠度，影响梁的正常使用；动力荷载作用下，有可能导致梁产生较大的振动；梁的刚度不足还有可能导致依附于钢梁的其他部件损坏。为使钢梁满足正常使用极限状态的要求，完成预定的适用性功能，应按下式验算梁的刚度：

$$v\leqslant[v]\tag{6-12}$$

式中　v——梁在荷载标准值作用下(不考虑荷载分项系数和动力系数)产生的最大挠度，简支梁在常用荷载作用下的最大挠度计算公式见表 6-2；

$[v]$——梁的挠度容许值，可根据梁的类别查表 6-3；包括 $[v_T]$ 和 $[v_Q]$。

简支梁最大挠度计算公式　　　　表6-2

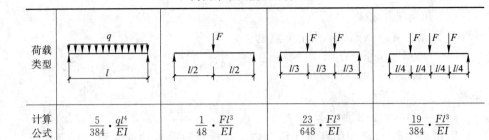

荷载类型	q l	F $l/2$ $l/2$	F F $l/3$ $l/3$ $l/3$	F F F $l/4$ $l/4$ $l/4$ $l/4$
计算公式	$\dfrac{5}{384}\cdot\dfrac{ql^4}{EI}$	$\dfrac{1}{48}\cdot\dfrac{Fl^3}{EI}$	$\dfrac{23}{648}\cdot\dfrac{Fl^3}{EI}$	$\dfrac{19}{384}\cdot\dfrac{Fl^3}{EI}$

受弯构件的挠度容许值　　　　表6-3

项次	构件类别	挠度容许值	
		$[v_T]$	$[v_Q]$
1	吊车梁和吊车桁架(按自重和起重量最大的一台吊车计算挠度) (1) 手动起重机和单梁起重机(含悬挂起重机) (2) 轻级工作制桥式起重机 (3) 中级工作制桥式起重机 (4) 重级工作制桥式起重机	$l/500$ $l/750$ $l/900$ $l/1000$	—
2	手动或电动葫芦的轨道梁	$l/400$	
3	有重轨(重量等于或大于38kg/m) 轨道的工作平台梁 有轻轨(重量等于或小于24kg/m)轨道的工作平台梁	$l/600$ $l/400$	—
4	楼(屋)盖梁或桁架、工作平台梁(第3项除外)和平台板 (1) 主梁或桁架(包括设有悬挂起重设备的梁和桁架) (2)仅支承压型金属板屋面和冷弯型钢檩条 (3)除支承压型金属板屋面和冷弯型钢檩条外,尚有吊顶 (4)抹灰顶棚的次梁 (5)除(1)~(4)款外的其他梁(包括楼梯梁) (6)屋盖檩条 　支承压型金属板屋面者 　支承其他屋面材料者 　有吊顶 (7)平台板	$l/400$ $l/180$ $l/240$ $l/250$ $l/250$ $l/150$ $l/200$ $l/240$ $l/150$	$l/500$ $l/350$ $l/300$ —
5	墙架构件(风荷载不考虑阵风系数) (1)支柱(水平方向) (2)抗风桁架(作为连续支柱的支承时,水平位移) (3)砌体墙的横梁(水平方向) (4)支承压型金属板的横梁(水平方向) (5)支承其他墙面材料的横梁(水平方向) (6)带有玻璃窗的横梁(竖直和水平方向)	— — — — — $l/200$	$l/400$ $l/1000$ $l/300$ $l/100$ $l/200$ $l/200$

　　梁的挠度v可以按材料力学和结构力学的方法计算,也可由结构静力计算手册查取。对承受沿梁跨度方向等间距分布的多个(4个或4个以上)集中荷载的简支梁,其挠度的精确计算较为复杂,但与最大弯矩相同的均布荷载作用

下的挠度接近，因此可按下列近似公式验算梁的挠度：

对等截面简支梁：
$$\frac{v}{l}=\frac{5}{384}\frac{q_k l^3}{EI_x}=\frac{5}{48}\cdot\frac{q_k l^2 \cdot l}{8EI_x}\approx\frac{M_k l}{10EI_x}\leqslant\frac{[v]}{l} \quad (6\text{-}13)$$

对变翼缘宽度的简支梁：
$$\frac{v}{l}=\frac{M_k l}{10EI_x}\Big(1+\frac{3}{25}\cdot\frac{I_x-I_{x1}}{I_x}\Big)\leqslant\frac{[v]}{l} \quad (6\text{-}14)$$

式中　q_k——均布线荷载标准值（N/mm）；

　　　M_k——荷载标准值产生的最大弯矩（N·mm）；

　　　I_x——跨中毛截面惯性矩（mm⁴）；

　　　I_{x1}——支座附近毛截面惯性矩（mm⁴）。

由于挠度是受弯构件整体的力学行为，所以采用毛截面参数进行计算。

应注意的是对于楼盖梁和工作平台梁，应分别验算全部荷载标准值产生的挠度和仅有可变荷载标准值产生的挠度。即对于这两类梁，有两个挠度容许值，$[v_T]$为全部荷载标准值产生的挠度（如有起拱应减去拱度）的容许值；$[v_Q]$为可变荷载标准值产生的挠度的容许值。

表 6-3 中 l 为受弯构件的跨度，对悬臂梁和伸臂梁则为悬臂长度的 2 倍。当吊车梁或吊车桁架跨度大于 12m 时，其挠度容许值 $[v_T]$ 应乘以 0.9 的系数。当墙面采用延性材料或结构采用柔性连接时，墙架构件的支柱水平位移容许值可采用 $l/300$，抗风桁架（作为连续支柱的支承时）水平位移容许值可采用 $l/800$。

【例题 6-2】 试验算例题 6-1 所示钢梁的刚度。设该梁为工作平台中的主梁，挠度容许值 $[v_T]=l/400$，$[v_Q]=l/500$。该梁所承受的永久荷载标准值和可变荷载标准值占总荷载标准值的比值分别为 30% 和 70%，计算荷载设计值时，永久荷载分项系数 $\gamma_G=1.2$，可变荷载分项系数 $\gamma_Q=1.4$。

【解】 钢材 $E=2.06\times10^5\,\mathrm{N/mm^2}$；由例题 6-1 知：$I_x=5879509333\,\mathrm{mm^4}$，梁的最大弯矩设计值 $M=2504\,\mathrm{kN\cdot m}$；梁上集中荷载设计值 $P=626\,\mathrm{kN}$。

加权平均荷载分项系数　$\gamma_{G,Q}=0.3\gamma_G+0.7\gamma_Q=0.3\times1.2+0.7\times1.4=1.34$

（1）按近似公式（6-13）验算刚度

全部荷载标准值在梁中产生的最大弯矩为：
$$M_{k,T}=M/\gamma_{G,Q}=2504/1.34=1868.657\,\mathrm{kN\cdot m}$$

可变荷载标准值在梁中产生的最大弯矩为：
$$M_{k,Q}=0.7M_{k,T}=0.7\times1868.657=1308.060\,\mathrm{kN\cdot m}$$

$$\frac{v_T}{l}=\frac{M_{k,T}l}{10EI_x}=\frac{1868.657\times10^6\times12000}{10\times2.06\times10^5\times5879509333}=\frac{1}{540}<\frac{[v_T]}{l}=\frac{1}{400}$$

$$\frac{v_Q}{l}=\frac{M_{k,Q}l}{10EI_x}=\frac{1308.060\times10^6\times12000}{10\times2.06\times10^5\times5879509333}=\frac{1}{772}<\frac{[v_Q]}{l}=\frac{1}{500}$$

该梁刚度满足要求。

（2）按表 6-2 中的精确公式验算刚度

总集中荷载标准值为：
$$P_{k,T}=P/\gamma_{G,Q}=626/1.34=467.164\,\mathrm{kN}$$

可变荷载产生的集中荷载标准值为：

$$P_{k,Q}=0.7P_{k,T}=0.7\times467.164=327.015\text{kN}$$

$$\frac{v_T}{l}=\frac{23}{648}\cdot\frac{P_{k,T}l^2}{EI_x}=\frac{23\times467.164\times10^3\times12000^2}{648\times2.06\times10^5\times5879509333}=\frac{1}{507}<\frac{[v_T]}{l}=\frac{1}{400}$$

$$\frac{v_Q}{l}=\frac{23}{648}\cdot\frac{P_{k,Q}l^2}{EI_x}=\frac{23\times327.015\times10^3\times12000^2}{648\times2.06\times10^5\times5879509333}=\frac{1}{725}<\frac{[v_T]}{l}=\frac{1}{500}$$

该梁刚度满足要求。

比较以上计算结果可知，按近似公式计算的挠度比按精确公式计算的挠度小6.51%。

6.2 梁的整体稳定

第3章提到过，钢梁的整体失稳形式是弯扭失稳，即梁整体失稳时除发生垂直于弯矩作用平面的侧向弯曲外，还必然伴随发生扭转。因此，在讨论钢梁的整体稳定问题之前，有必要先讨论钢梁的扭转问题。

6.2.1 梁的扭转

1. 几个概念

（1）翘曲

非圆形截面构件扭转时，截面不再保持为平面，有些点凹进，有些点凸出，称为翘曲。圆形截面构件扭转时，截面不产生翘曲变形，即扭转前的各截面扭转发生后仍保持为平面。

（2）梁的自由扭转

构件扭转时，如果截面能自由翘曲，即截面上各点的纵向位移不受约束，称为自由扭转，又称为圣维南扭转、纯扭转、均匀扭转。

（3）梁的约束扭转

构件扭转时，若截面上各点的纵向位移受到约束，即截面的翘曲受到约束，称为约束扭转，又称为瓦格纳扭转、弯曲扭转、非均匀扭转。

（4）梁的剪力中心

梁截面上有这样一个点S，当梁所受横向荷载的作用线或梁所受的力矩作用面通过该点时，梁只产生弯曲变形，而不发生扭转变形；否则，构件在发生弯曲变形的同时，也发生扭转变形。这个点称为剪力中心，也称为剪切中心。由于扭转变形是绕剪力中心发生的，所以剪力中心又称为弯曲中心或扭转中心。

剪力中心只与截面形式和截面尺寸有关，与外荷载无关。常用截面剪力中心的位置可按下列规则来判断：

① 双轴对称截面(图6-15a)，形心成点对称的截面(图6-15b)，剪力中心S与截面形心C重合。

② 单轴对称截面(图6-15c、d、e)，剪力中心S在对称轴上，其具体位置需经计算确定。

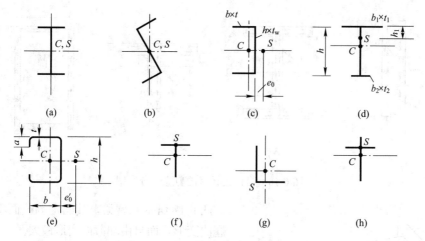

图 6-15　开口薄壁截面的剪力中心

③ 由矩形薄板中线相交于一点组成的截面(图 6-15f、g、h)，剪力中心 S 就在此中线交点上，因为每个薄板的剪力中心都通过这个交点。

2. 梁自由扭转的特点和计算

自由扭转有以下特点：(1)各截面的翘曲相同，各纵向纤维既无伸长，也无缩短。(2)在扭矩作用下梁截面上只产生剪应力，没有正应力。(3)纵向纤维保持为直线，构件单位长度上的扭转角处处相等。

大多数钢梁是由狭长矩形截面板件组合而成的。根据弹性力学分析，对于图 6-16(a)所示的狭长矩形截面(假设均符合 $b \gg t$)，扭矩与扭转率之间的关系为：

$$M_s = GI_t\theta = GI_t\frac{\mathrm{d}\varphi}{\mathrm{d}z} = GI_t\varphi' \tag{6-15}$$

式中　M_s——自由扭转扭矩（N・mm）;

　　　G——材料的剪变模量（N/mm²）;

　　　I_t——截面的扭转惯性矩或扭转常数（mm⁴），$I_t = \frac{1}{3}bt^3$;

　　　θ——杆件单位长度的扭转角或称为扭转率（1/mm），$\theta = \frac{\mathrm{d}\varphi}{\mathrm{d}z}$; 自由

　　　　　扭转时，$\theta = \frac{\varphi}{l}$;

　　　φ——扭转角，自由扭转中 φ 沿构件纵向为一常量。

应特别注意的是，由薄板组成的闭合截面箱形梁的抗扭惯性矩与开口截面梁的有很大的区别。闭口箱形截面的抗扭能力要远远大于工字形截面。在扭矩作用下，闭口薄壁截面内的剪应力可视为沿壁厚方向均匀分布，并在其截面内形成沿各板件中线方向的闭口形剪力流，如图 6-16(d)所示。

3. 约束扭转梁的特点和计算

(1) 约束扭转的产生

翘曲约束可以是由荷载的分布形式引起的，也可以是由支座约束条件引起。

185

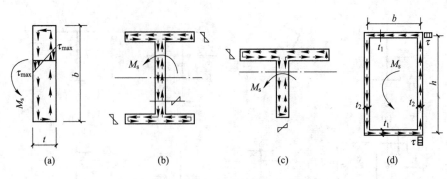

图 6-16　自由扭转时的剪应力分布图

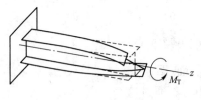

图 6-17　梁的约束扭转

如图 6-17 所示悬臂梁，其固定端截面不能翘曲变形，而自由端截面变形最大。

（2）约束扭转的特点

1）由于梁各截面的翘曲变形不同，两相邻截面间构件的纵向纤维因出现伸长或缩短而产生正应力。这种正应力称为翘曲正应力（或称为扇性正应力）σ_ω（图 6-18a）。

2）由于各截面上的翘曲正应力的大小是不相等的，为了与之平衡，截面上将产生翘曲剪应力 τ_ω（图 6-18c）；此外，由于约束扭转时相邻截面间发生转动，截面上也存在与自由扭转中相同的自由扭转剪应力 τ_s（图 6-18b）。τ_s 合成为自由扭转扭矩 M_s，τ_ω 合成为翘曲扭矩 M_ω。这两个扭矩之和与外扭矩 M_T 平衡，即：

$$M_T = M_s + M_\omega \tag{6-16}$$

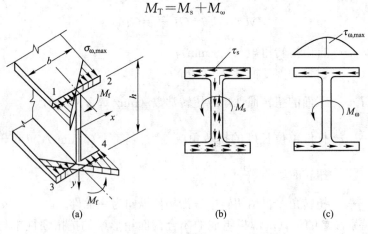

图 6-18　约束扭转时截面的应力分布

3）梁约束扭转时，截面上各纵向纤维的伸长、缩短是不相等的，所以构件的纵向纤维必然产生弯曲变形。故约束扭转又称为弯曲扭转。

（3）约束扭转时内外力矩的平衡微分方程

通过分析双轴对称工字形截面悬臂梁，可以得到约束扭转时翘曲扭矩 M_ω 的表达式：

$$M_\omega = -EI_\omega \frac{\mathrm{d}^3\varphi}{\mathrm{d}z^3} \tag{6-17}$$

式中　I_ω——扇性惯性矩（也称为翘曲常数或翘曲惯性矩）（mm^6），是构件的

截面几何特性，对于双轴对称工字形截面 $I_\omega = \frac{1}{4}I_y h^2$；

I_y——构件截面对 y 轴的惯性矩（mm^4）。

将式(6-15)、式(6-17)代入式(6-16)，可以得到约束扭转时的内外扭矩平衡微分方程：

$$M_\mathrm{T} = GI_\mathrm{t}\frac{\mathrm{d}\varphi}{\mathrm{d}z} - EI_\omega \frac{\mathrm{d}^3\varphi}{\mathrm{d}z^3} = GI_\mathrm{t}\varphi' - EI_\omega \varphi''' \tag{6-18}$$

式中　GI_t、EI_ω——分别称为截面的扭转刚度和翘曲刚度（$N \cdot mm^4$）。

式(6-18)虽然是由双轴对称工字形截面推导出来的，但它也适用于其他截面的梁，只是式中 I_t、I_ω 取值不同。

6.2.2　梁的整体稳定

1. 几个概念

（1）梁的整体失稳

当梁上的荷载增大到某一数值后，梁突然离开受弯平面出现显著的侧向弯曲和扭转，并立即丧失承载能力，这就是梁的整体失稳(图 6-19)。

为了提高其抗弯强度和刚度，钢梁大多采用截面高而窄的工字形截面，两个主轴惯性矩相差极大，即 $I_\mathrm{x} \gg I_\mathrm{y}$（$x$ 轴为强轴，y 轴为弱轴）。因此，当梁在其最大刚度平面内受到不太大的横向荷载 F 作用时(图 6-19a)，由于荷载作用线通过截面剪心，此梁只在最大刚度平面内发生弯曲变形，而不会发生扭转。但是当横向荷载 F 逐渐增大到某一数值时，由于抗侧向弯曲刚度 EI_y 很小，梁突然出现侧向弯曲和扭转，立即丧失承载能力（见本页二维码）。

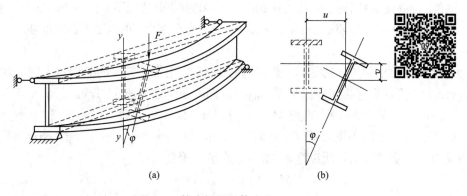

(a)　　　　　　　　(b)

图 6-19　简支梁的整体失稳

对于跨间无侧向支承的较大跨度的梁，其丧失整体稳定性时的承载能力一般低于按其强度确定的承载能力。因此，这些梁截面尺寸的确定往往由整体稳定控制。

梁的整体失稳破坏是突然发生的，事前没有明显预兆，比梁的强度破坏更危险，要特别注意。

（2）梁的整体失稳形式是弯扭屈曲

梁整体失稳时会出现侧向弯扭屈曲的原因，可以这样来理解：梁的上翼缘是压杆，若无腹板为其提供的连续支承，将有沿刚度较小方向即翼缘板平面外的方向屈曲的可能。但由于腹板的限制作用，使得该方向的实际刚度大大提高了。因此受压的上翼缘只可能在翼缘板平面内发生屈曲。梁的受压翼缘和受压区腹板又与轴心受压构件不完全相同，它们与梁的受拉翼缘和受拉区腹板是直接相连的。因此，当梁受压翼缘在翼缘板平面内发生屈曲失稳时，总是受到梁受拉部分的牵制，由此出现了受压翼缘侧倾严重而受拉部分的侧倾较小的情况。所以梁发生整体失稳的形式必然是侧向弯扭屈曲（图 6-19）。

（3）梁的临界弯矩 M_{cr}、临界应力 σ_{cr}

梁丧失整体稳定之前所能承受的最大弯矩称为临界弯矩 M_{cr}。梁丧失整体稳定之前所能承受的最大弯曲压应力称为临界应力 σ_{cr}。$\sigma_{cr} = M_{cr}/W_x$，W_x 为受压最大纤维的毛截面模量。

2. 临界弯矩梁的计算

（1）双轴对称工字形截面简支梁在纯弯曲时的临界弯矩

如图 6-20 所示为双轴对称工字形截面简支梁在纯弯曲下达到临界状态发生微小侧向弯曲和扭转的情况。梁端部的简支实质上是一种夹支支座（参考图 6-23），即支座截面在 x 轴和 y 轴方向的位移受到约束，绕 z 轴的扭转也受到约束，但支座处截面可以自由翘曲，能绕 x 轴和 y 轴自由转动。以截面形心为坐标原点，固定的坐标系为 $Oxyz$，截面发生位移后的移动坐标系为 $O'\xi\eta\zeta$。在分析中假定截面为刚周边，截面形状保持不变，即 $I_x = I_\xi$、$I_y = I_\eta$。发生弯扭屈曲以后距左端点为 z 处的截面形心 O 沿 x 轴和 y 轴的位移分别为 u 和 v，截面的扭转角为 φ（图 6-20b、c）。在小变形情况下，xOz 和 yOz 平面内的曲率分别取为 d^2u/dz^2 和 d^2v/dz^2，并认为在 $\xi O'\zeta$ 和 $\eta O'\zeta$ 平面内的曲率分别与之相等。

在离梁左端为 z 的截面上作用有弯矩 M_x，用带双箭头的矢量示于图 6-20（b）中。梁发生弯扭屈曲微小变形后，在图 6-20（b）中把 M_x 分解成 $M_x\cos\theta$ 和 $M_x\sin\theta$，在图 6-20（c）中再把 $M_x\cos\theta$ 分解成 M_ξ 和 M_η。因为 $\theta = du/dz$ 和截面转角 φ 都属于微小量，所以可近似取：$\sin\theta \approx \theta$，$\cos\theta \approx 1$，$\sin\varphi \approx \varphi$，$\cos\varphi \approx 1$。又由于梁受纯弯曲，所以弯矩 M_x 为一常量。于是可得：

$$M_\xi = M_x\cos\theta\cos\varphi \approx M_x$$

$$M_\eta = M_x\cos\theta\sin\varphi \approx M_x\varphi$$

$$M_\zeta = M_x\sin\theta \approx M_x\theta = M_x\frac{du}{dz} = M_x u'$$

式中 M_ξ、M_η——分别为截面发生位移后绕强轴和弱轴的弯矩；

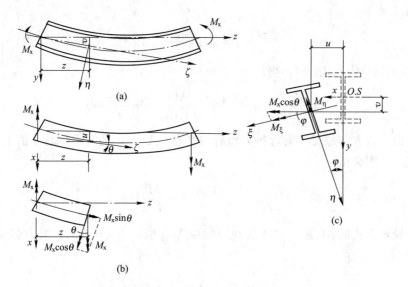

图 6-20　双轴对称工字形截面简支梁在纯弯曲下的微小变形状态

M_ζ——截面的扭矩。

由此可知当梁发生弯扭微小变形后，截面上除原先在最大刚度平面内已有的弯矩作用外，又产生了侧向弯矩 M_η 和扭矩 M_ζ。

按照弯矩与曲率的关系和内外扭矩的平衡关系，可以得到三个平衡微分方程：

$$-EI_x v'' = M_x \tag{a}$$

$$-EI_y u'' = M_x \varphi \tag{b}$$

$$GI_t \varphi' - EI_\omega \varphi''' = M_x u' \tag{c}$$

式(a)是对 ζ 轴的弯矩平衡微分方程，只含有一个未知量 v 的二阶导数，可以单独求解，对 z 积分两次后可得梁在 yOz 平面内的挠曲线方程，这在材料力学中已解决。可见式(a)反映的是梁正常弯曲工作的状态。

式(b)是侧向弯曲的平衡微分方程，式(c)是根据式(6-18)得来的约束扭转内外力矩的平衡微分方程。式(b)、式(c)都包含两个位移分量 u、φ 的导数，必须联立求解。它们反映的是梁发生弯扭屈曲时的状态。

由式(b)得：$u'' = -\dfrac{M_x \varphi}{EI_y}$

对式(c)中的各项对 z 取一阶导数，然后将 u'' 代入，简化后可得：

$$EI_\omega \varphi^{IV} - GI_t \varphi'' - \frac{M_x^2 \varphi}{EI_y} = 0 \tag{6-19}$$

设　　　　　　$k_1 = \dfrac{GI_t}{2EI_\omega}, \quad k_2 = \dfrac{M_x^2}{EI_\omega EI_y} \tag{d}$

代入微分方程式(6-19)得：

$$\varphi^{IV} - 2k_1 \varphi'' - k_2 \varphi = 0 \tag{e}$$

这是一个常系数的四阶齐次常微分方程，根据边界条件，可求得其通解为：

$$\varphi = A\sin\frac{n\pi z}{l} \tag{f}$$

将式(f)代入式(6-19)得：

$$\left[\frac{EI_\omega n^4\pi^4}{l^4} + \frac{GI_t n^2\pi^2}{l^2} - \frac{M_x^2}{EI_y}\right]A\sin\frac{n\pi z}{l} = 0 \tag{g}$$

由于该方程是反映梁弯扭失稳后的状态，$A\neq 0$，且对于任意 z 值上式都要成立，则必须：

$$\frac{EI_\omega n^4\pi^4}{l^4} + \frac{GI_t n^2\pi^2}{l^2} - \frac{M_x^2}{EI_y} = 0 \tag{h}$$

满足上式的 M_x 就是整体失稳时的临界弯矩，当 $n=1$ 时，其有最小值，记为 M_{cr}：

$$M_{cr} = \frac{\pi^2 EI_y}{l^2}\sqrt{\frac{I_\omega}{I_y}\left(1 + \frac{GI_t l^2}{\pi^2 EI_\omega}\right)} \tag{6-20}$$

式(6-20)表达的 M_{cr} 是纯弯曲时双轴对称工字形截面简支梁的临界弯矩。式中根号前的 $\pi^2 EI_y/l^2$ 是绕 y 轴屈曲的轴心受压构件的欧拉临界力。由式(6-20)可知，影响纯弯曲下双轴对称工字形简支梁临界弯矩的因素包含了梁的侧向弯曲刚度 EI_y、抗扭刚度 GI_t、翘曲刚度 EI_ω 及梁的侧向无支承跨度 l。

(2) 单轴对称工字形截面梁承受横向荷载作用时的临界弯矩

在单轴对称工字形截面(图 6-21a、c)中，剪力中心 S 与形心 O 不重合。承受横向荷载作用的梁在处于微小侧向弯扭变形的平衡状态时，其弯扭屈曲微分方程(6-19)不再是常系数微分方程，因而不可能得到准确的解析解，只能有数值解和近似解。下面给出的是在不同荷载作用下，用能量法求得的临界弯矩近似解：

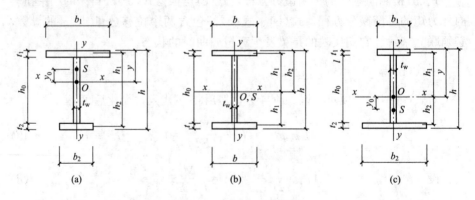

图 6-21 焊接工字形截面

(a)加强受压翼缘的工字形截面($B_y>0$，$y_0<0$)；(b)双轴对称工字形截面($B_y=0$，$y_0=0$)；

(c)加强受拉翼缘的工字形截面($B_y<0$，$y_0>0$)

$$M_{cr} = \beta_1 \frac{\pi^2 E I_y}{l_1^2} \left[\beta_2 a + \beta_3 B_y + \sqrt{(\beta_2 a + \beta_3 B_y)^2 + \frac{I_\omega}{I_y} \left(1 + \frac{l_1^2 G I_t}{\pi^2 E I_\omega} \right)} \right] \quad (6\text{-}21)$$

式中　β_1、β_2 和 β_3——与荷载类型有关的系数，查表 6-4；

　　　　l_1——梁的侧向无支承长度（mm）；

　　　　a——横向荷载作用点至截面剪力中心的距离（mm），当荷载作用点到剪力中心的指向与挠度方向一致时取负，反之取正；

　　　　B_y——反映截面不对称程度的参数，当截面为双轴对称时，$B_y = 0$；当截面不对称时：

$$B_y = \frac{1}{2I_x} \int_A y(x^2 + y^2) \mathrm{d}A - y_0 \quad (6\text{-}22)$$

　　　　y_0——剪力中心 S 到形心 O 的距离（mm），当剪力中心到形心的指向与挠曲方向一致时取负，反之取正；

$$y_0 = \frac{I_2 h_2 - I_1 h_1}{I_y} \quad (6\text{-}23)$$

　　　I_1、I_2——受压翼缘和受拉翼缘对 y 轴的惯性矩（mm^4）；

　　　h_1、h_2——受压翼缘和受拉翼缘形心至整个截面形心的距离（mm）。

两端简支梁侧扭屈曲临界弯矩公式(6-21)中的系数　　　　表 6-4

荷载类别	β_1	β_2	β_3
跨度中点集中荷载	1.35	0.55	0.40
满跨均布荷载	1.13	0.46	0.53
纯弯曲	1.00	0	1.00

（3）弹塑性阶段梁的临界弯矩

式(6-20)、式(6-21)只适用于求解弹性弯扭屈曲钢梁的临界弯矩 M_{cr}，即梁失稳时临界应力 $\sigma_{cr} \leqslant f_p$（比例极限）的情况。这些梁往往较细长且跨中没有侧向支承，其临界应力 σ_{cr} 较小。

非细长或有足够多侧向支承的钢梁可能发生弹塑性屈曲，即梁整体失稳时临界应力 $\sigma_{cr} > f_p$。此时，钢材的弹性模量 E、剪切模量 G 不再保持为常数，而是随着临界应力 σ_{cr} 的增大而逐渐减小。

实际工程中的钢梁中都有残余应力，因此在确定钢梁材料是否进入弹塑性工作阶段时，必须在结构荷载引起的应力之外加上残余应力的影响。

对纯弯曲且截面对称于弯矩作用平面的简支梁，还可以写出用切线模量 E_t 表达的弹塑性弯扭屈曲临界弯矩的解析式。对于非纯弯曲的梁，由于各截面中弹性区和塑性区分布不同，即各截面有效刚度分布不同，而成为变刚度梁，求其弹塑性弯扭屈曲临界弯矩 M_{cr} 的计算将变得非常复杂，且一般情况下得不到解析解。

3. **影响钢梁整体稳定性的主要因素**

从式(6-21)可以看出，影响钢梁临界弯矩大小，即钢梁整体稳定性的主要因素有：

(1) 截面的侧向抗弯刚度 EI_y，抗扭刚度 GI_t 和抗翘曲刚度 EI_ω 越大，则临界弯矩越大，梁的整体稳定性越好。此外，加宽受压翼缘的梁($B_y > 0$)，临界弯矩增大。

(2) 梁的侧向无支承长度或受压翼缘侧向支承点的间距 l_1 越小，则临界弯矩越大，梁的整体稳定性越好。

(3) 荷载类型，荷载在梁上作用形成的弯矩图沿梁的跨度方向分布越均匀，临界弯矩越小。如：纯弯曲时，弯矩图为矩形，则 M_{cr} 最小($\beta_1 = 1.00$，表 6-4)；满跨均布荷载时，弯矩图为抛物线形，M_{cr} 略大些($\beta_1 = 1.13$)；跨中一个集中荷载时，弯矩图为三角形，M_{cr} 最大($\beta_1 = 1.35$)。

(4) 沿梁截面高度方向的荷载作用点位置越高，M_{cr} 越小。荷载作用在上翼缘时式(6-21)中的 a 值为负，临界弯矩较小；荷载作用在下翼缘时，a 值为正，临界弯矩较大。由图 6-22 也可以看出，在梁产生微小侧向弯曲扭转时，作用在上翼缘的荷载对剪心 S 产生不利的附加弯矩，使梁扭转加剧(图 6-22a)；而作用在下翼缘的荷载(图 6-22b)对剪心 S 产生的附加弯矩对梁截面的转动有阻止作用，延缓梁的整体失稳。

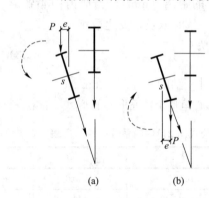

图 6-22　荷载作用点位置
对梁稳定的影响

(5) 梁端支座对截面的约束，尤其是对截面绕 y 轴的转动约束程度越大，临界弯矩 M_{cr} 越大，梁的整体稳定性越好。

4. 梁的整体稳定系数 φ_b

为保证梁不丧失整体稳定，应使其最大受压纤维弯曲正应力不超过梁整体稳定的临界应力除以抗力分项系数，即：

$$\sigma = \frac{M_x}{W_x} \leqslant \frac{M_{cr}}{W_x} \cdot \frac{1}{\gamma_R} = \frac{\sigma_{cr}}{\gamma_R} = \frac{\sigma_{cr}}{f_y} \cdot \frac{f_y}{\gamma_R} = \varphi_b f \tag{6-24}$$

$$\varphi_b = \frac{\sigma_{cr}}{f_y} = \frac{M_{cr}}{M_x^y} \tag{6-25}$$

可见，梁的整体稳定系数 φ_b 为临界应力 σ_{cr} 与钢材屈服点 f_y 的比值，也等于梁的临界弯矩 M_{cr} 与边缘纤维屈服弯矩 M_x^y 的比值。

(1) 焊接工字形(含轧制 H 型钢)等截面简支梁的 φ_b

对焊接工字形(含轧制 H 型钢)等截面简支梁整体稳定系数的计算是在式(6-21)的基础上简化得到的。在式(6-21)中，代入 $E = 2.06 \times 10^5 \, \text{N/mm}^2$，$E/G = 2.6$，令 $I_y = A i_y^2$，$l_1/i_y = \lambda_y$，$I_\omega = I_y h^2/4$，并假定扭转惯性矩近似值为 $I_t = A t_1^3/3$，简化后，得到：

$$\varphi_b = \beta_b \frac{4320}{\lambda_y^2} \cdot \frac{Ah}{W_x} \left[\sqrt{1 + \left(\frac{\lambda_y t_1}{4.4h} \right)^2} + \eta_b \right] \varepsilon_k^2 \tag{6-26}$$

式中 β_b——梁整体稳定的等效临界弯矩系数，按附表 6-1 采用；

λ_y——梁在侧向支承点之间对截面弱轴（y 轴）的长细比，$\lambda_y = l_1/i_y$；

l_1——梁受压翼缘侧向支承点间的距离（mm）；对跨中无侧向支承点的梁，l_1 为其跨度（梁的支座处视为有侧向支承）；

i_y——梁毛截面对 y 轴的回转半径（mm），$i_y = \sqrt{I_y/A}$；

A——梁的毛截面面积（mm^2）；

W_x——按受压最大纤维确定的梁的毛截面模量（mm^3）；

h——梁截面高度（mm）；

t_1——梁受压翼缘的厚度（mm）；

η_b——截面不对称影响系数；对双轴对称截面取 $\eta_b = 0$；加强受压翼缘时 $\eta_b = 0.8\,(2\alpha_b-1)$；加强受拉翼缘时，$\eta_b = 2\alpha_b-1$。其中，$\alpha_b = I_1/(I_1+I_2)$，$I_1$ 和 I_2 分别为受压翼缘和受拉翼缘对 y 轴的惯性矩。

（2）轧制普通工字钢简支梁的 φ_b

轧制普通工字钢虽然属于双轴对称截面，但因其翼缘内侧有斜坡，翼缘与腹板交接处有圆角，其截面特征不能按三块钢板的组合工字形截面计算。故此类截面的钢梁，φ_b 不宜按式(6-26)计算。直接按工字钢型号、荷载类别与荷载作用点高度，以及梁的自由长度 l_1（梁的侧向无支承长度）查附表 7-1。

（3）轧制槽钢简支梁的 φ_b

按简化公式计算 φ_b

$$\varphi_b = \frac{570bt}{l_1 h} \cdot \varepsilon_k^2 \tag{6-27}$$

式中 h、b 和 t——分别为槽钢截面的高度、翼缘宽度和翼缘平均厚度（mm）。

轧制槽钢是单轴对称截面，若横向荷载不通过其截面剪力中心，一受荷载，梁即发生扭转和弯曲，其整体稳定系数较难精确计算，所以对此类截面的简支钢梁，规范一般采用近似计算公式。

（4）双轴对称工字形等截面（含轧制 H 型钢）悬臂梁的 φ_b

按式(6-26)计算 φ_b，但式中的系数 β_b 应按《钢结构设计标准》附录 B 的表 B.4 查得。$\lambda_y = l_1/i_y$，l_1 为悬臂梁的悬伸长度。

（5）钢梁弹塑性工作阶段的整体稳定系数 φ_b'

按上述几种方法算得或查得的 φ_b 大于 0.6 时，表明梁已进入弹塑性工作阶段，此时应用 φ_b' 取代 φ_b，φ_b' 按下式计算：

$$\varphi_b' = 1.07 - 0.282/\varphi_b \leqslant 1.0 \tag{6-28}$$

（6）梁整体稳定系数 φ_b 的近似计算公式

对于均匀弯曲的受弯构件，当 $\lambda_y \leqslant 120\varepsilon_k$ 时，其整体稳定系数 φ_b 可按近似公式计算。

这些近似计算公式主要用于压弯构件在弯矩作用平面外的整体稳定性计算，以简化压弯构件的验算，见第 7 章。

5. 梁整体稳定的保证措施

193

（1）可不计算梁整体稳定性的情况

在实际工程中，梁经常与其他构件相互连接，这有利于阻止梁丧失整体稳定。符合下列情况之一时，可不计算梁的整体稳定性：

1）有铺板（各种钢筋混凝土板和钢板）密铺在梁的受压翼缘上并与其牢固连接，能阻止梁受压翼缘的侧向位移时。

需要强调的是，钢梁整体稳定计算的理论依据都是以梁的支座处不产生扭转变形为前提的，在梁的支座处必须保证截面的扭转角 $\varphi = 0$。因此，在构造上应考虑在梁的支座处上翼缘设置可靠的侧向支承，以避免梁在此处发生扭转。图 6-23(a)、(b) 表示两种提高简支端钢梁抗扭能力的构造措施，第一种（图 6-23a）是在梁上翼缘用钢板连于支承构件上，可防止产生扭转，效果较好；第二种（图 6-23b）是在梁端设置加劲肋，使该处形成刚性截面，利用下翼缘与支座相连的螺栓也可以提供一定的抗扭能力。图 6-23(c) 为没有采用上述两种措施时梁端截面发生扭转变形的示意图，在此处不满足 $\varphi = u = 0$ 的要求。当简支梁仅腹板与相邻构件相连，钢梁稳定性计算时侧向支承点距离应取实际距离的 1.2 倍。

2）箱形截面简支梁（图 6-24），其截面尺寸满足 $h/b_0 \leqslant 6$，且 $l_1/b_0 \leqslant 95\varepsilon_k^2$ 时，可不计算梁的整体稳定性，l_1 为受压翼缘侧向支承点间的距离（梁的支座处视为有侧向支承）。由于箱形截面的抗侧向弯曲刚度和抗扭刚度远远大于工字形截面，整体稳定性很强，所以本条规定的 h/b_0 和 l_1/b_0 的限值很容易得到满足。

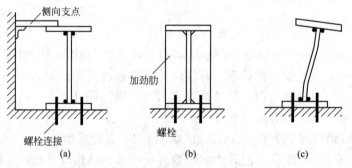

图 6-23　钢梁简支端的抗扭构造措施示意图

（2）梁整体稳定计算公式

对于不符合（1）中所述任一条件的梁，应该进行整体稳定性计算。

1）在最大刚度主平面内受弯的构件，其整体稳定性应按下式计算：

$$\frac{M_x}{\varphi_b W_x f} \leqslant 1.0 \qquad (6-29)$$

式中　M_x——绕截面强轴（x 轴）作用的最大弯矩设计值（N·mm）；

　　　W_x——按受压最大纤维确定的梁毛截

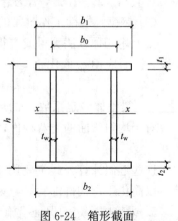

图 6-24　箱形截面

面模量（mm³），当截面板件宽厚比等级为 S1、S2、S3 或 S4 级时，应取全截面模量，当截面板件宽厚比等级为 S5 级时，应取有效截面模量，均匀受压翼缘有效外伸宽度可取 $15\varepsilon_k$，腹板有效截面可按《钢结构设计标准》第 8.4.2 条规定采用；

φ_b——梁的整体稳定系数，按本节第 4 点所述方法确定。

2）在两个主平面受弯的工字形或 H 型钢等截面构件，其整体稳定性应按下式计算：

$$\frac{M_x}{\varphi_b W_x f} + \frac{M_y}{\gamma_y W_y f} \leqslant 1.0 \qquad (6\text{-}30)$$

式中　W_x、W_y——按受压最大纤维确定的对 x 轴（强轴）和对 y 轴的毛截面模量（mm³）；

φ_b——绕强轴弯曲所确定的梁整体稳定系数，按本节第 4 点所述方法确定。

γ_y——绕 y 轴弯曲的截面塑性发展系数，可查表 6-1 确定。

式（6-30）是一个经验公式，式中第二项表达绕弱轴弯曲的影响，分母中 γ_y 仅起适当降低此项影响的作用，并不表示截面允许发展塑性。

【讨论】

要说明的是，式（6-30）中的 M_x、M_y 分别是全构件范围内绕 x 轴（强轴）和绕 y 轴的最大弯矩设计值，它们不必像双向弯曲梁进行抗弯强度计算（式 6-7）时那样，要求 M_x 和 M_y 必须是同一截面内的弯矩设计值。也就是说，式（6-30）中的 M_x、M_y 可以不是同一截面内的弯矩。这是因为构件的强度计算实质上是构件截面承载力的验算，在其计算式中往往只是对同一截面同一点处的应力条件进行计算，所以要求 M_x、M_y 必须在同一截面内。而构件稳定性计算实质上是构件承载力的验算，它是以全构件为对象进行计算的，所以并不要求 M_x、M_y 必须在同一截面内。

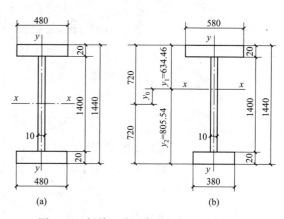

图 6-25　焊接工字形截面梁的两个截面

也正是由于构件强度计算与构件稳定计算的本质不同，所以，当截面有削弱时，在两套计算公式中采用的截面几何特性（如截面面积、惯性矩、截面模量等）是不相同的。强度计算公式中一般都采用净截面几何特性，因为危险截面上孔洞削弱对截面的承载力是有较大影响的，必须加以考虑。稳定计算公式中一般都采用毛截面几何特性，因为稳定计算的对象是整个构件，个别截面上少量孔洞造成的截面削弱，对整个构件的稳定承载力影响并不大。

【例题 6-3】　焊接工字形截面简支梁，跨度 $l = 15\text{m}$，跨中无侧向支承。上翼缘承受满跨均布荷载：永久荷载标准值 13kN/m（包括梁自重），可变荷载标准值 52kN/m。钢材 Q235-B 钢。试选了两个截面方案如图 6-25 所示：

195

图 6-25(a)为方案一，双轴对称截面，图 6-25(b)为方案二，单轴对称截面。两个方案中的梁截面面积和梁截面高度均相等。试分别验算两个方案梁的整体稳定性。

【解】

1. 方案一，双轴对称工字形截面(图 6-25a)

$$l_1 = 15\text{m}$$

$$l_1/b_1 = 15000/480 = 31.25 > 13.0$$

因此，应验算整体稳定。

(1) 截面几何特性

$$A = 2 \times 480 \times 20 + 1400 \times 10 = 33200\text{mm}^2$$

$$h = 1400 + 2 \times 20 = 1440\text{mm}$$

$$I_x = \frac{1}{12}(480 \times 1440^3 - 470 \times 1400^3) = 1.1966026 \times 10^{10}\text{mm}^4$$

$$I_y = \frac{1}{12}(2 \times 20 \times 480^3 + 1400 \times 10^3) = 368756667\text{mm}^4$$

$$W_x = \frac{2I_x}{h} = \frac{2 \times 1.1966026 \times 10^{10}}{1440} = 16619481\text{mm}^3$$

$$i_y = \sqrt{\frac{I_y}{A}} = \sqrt{\frac{368756667}{33200}} = 105.39\text{mm}$$

$$\lambda_y = l_1/i_y = 15000/105.39 = 142.33$$

(2) 整体稳定性验算

梁上的均布荷载设计值

$$q = 1.2 \times 13 + 1.4 \times 52 = 88.4\text{kN/m}$$

梁跨中最大弯矩设计值

$$M = \frac{1}{8}ql^2 = \frac{1}{8} \times 88.4 \times 15^2 = 2486.25\text{kN·m}$$

$$\xi = \frac{l_1 t_1}{b_1 h} = \frac{15000 \times 20}{480 \times 1440} = 0.4340 < 2.0$$

查附表 6-1 的项次 1，跨中无侧向支承，均布荷载作用在上翼缘，则

$$\beta_b = 0.69 + 0.13\xi = 0.69 + 0.13 \times 0.4340 = 0.7464$$

双轴对称截面

$$\eta_b = 0; \text{Q235 钢}, f_y = 235\text{N/mm}^2, \varepsilon_k = \sqrt{235/f_y} = \sqrt{235/235} = 1$$

$$\varphi_b = \beta_b \frac{4320}{\lambda_y^2} \cdot \frac{Ah}{W_x}\left[\sqrt{1 + \left(\frac{\lambda_y t_1}{4.4h}\right)^2} + \eta_b\right]\varepsilon_k^2$$

$$=0.7464 \times \frac{4320}{142.33^2} \times \frac{33200 \times 1440}{16619481}\left[\sqrt{1+\left(\frac{142.33 \times 20}{4.4 \times 1440}\right)^2}+0\right] \times 1^2$$

$$=0.5020 < 0.6$$

$$\frac{M_x}{\varphi_b W_x f}=\frac{2486.25 \times 10^6}{0.5020 \times 16619481 \times 205}=1.4537 > 1.0$$

因此，整体稳定性不满足要求。

将方案一中的下翼缘宽度减小 100mm，上翼缘宽度加大 100mm，形成加强上翼缘的方案二截面，以提高梁的整体稳定性。

2. 方案二，单轴对称工字形截面(图 6-25b)

$$l_1=15\text{m}, \quad l_1/b_1=15000/580=25.86 > 13.0$$

因此，应验算整体稳定。

(1) 截面几何特性

$$A=580 \times 20+380 \times 20+1400 \times 10=33200\text{mm}^2$$

$$h=1400+2 \times 20=1440\text{mm}$$

求形心轴 $x\text{-}x$ 轴位置，可采用两种方法。

以梁的截面上翼缘上边缘线为基准线：

$$\bar{y}=y_1=\frac{\sum A_i y_i}{\sum A_i}=\frac{580 \times 20 \times 10+1400 \times 10 \times 720+380 \times 20 \times 1430}{33200}=634.46\text{mm}$$

或先求形心轴至腹板高度中点的距离 y_0，然后再求 y_1：

$$y_0=\frac{(580 \times 20-380 \times 20) \times 710}{33200}=85.54\text{mm}$$

$$y_1=720-85.54=634.46\text{mm}$$

$$I_x=\frac{1}{12}(10 \times 1400^3+580 \times 20^3+380 \times 20^3)+1400 \times 10 \times 85.54^2+580 \times 20$$

$$\times 624.46^2+380 \times 20 \times 795.54^2=1.1723086 \times 10^{10}\text{mm}^4$$

$$I_y=\frac{1}{12}(20 \times 580^3+1400 \times 10^3+20 \times 380^3)=416756667\text{mm}^4$$

$$I_1=\frac{1}{12} \times 20 \times 580^3=325186667\text{mm}^4$$

$$I_2=\frac{1}{12} \times 20 \times 380^3=91453333\text{mm}^4$$

$$W_{1x}=\frac{I_x}{y_1}=\frac{1.1723086 \times 10^{10}}{634.46}=18477266\text{mm}^3$$

$$i_y=\sqrt{I_y/A}=\sqrt{416756667/33200}=112.04\text{mm}$$

$$\lambda_y=l_1/i_y=15000/112.04=133.88\text{mm}$$

(2) 整体稳定验算

$$\xi=\frac{l_1 t_1}{b_1 h}=\frac{15000 \times 20}{580 \times 1440}=0.3592 < 2.0$$

$$\alpha_b = \frac{I_1}{I_1 + I_2} = \frac{325186667}{325186667 + 91453333} = 0.7805 < 0.8$$

$\therefore \beta_b$ 不必折减（见附表 6-1 表下注的第 6 条）

$$\beta_b = 0.69 + 0.13\xi = 0.69 + 0.13 \times 0.3592 = 0.7367$$

$$\eta_b = 0.8(2\alpha_b - 1) = 0.8 \times (2 \times 0.7805 - 1) = 0.4488$$

$$\varphi_b = \beta_b \frac{4320}{\lambda_y^2} \cdot \frac{Ah}{W_x} \left[\sqrt{1 + \left(\frac{\lambda_y t_1}{4.4h} \right)^2} + \eta_b \right] \varepsilon_k^2$$

$$= 0.7367 \times \frac{4320}{133.88^2} \times \frac{33200 \times 1440}{18477266} \left[\sqrt{1 + \left(\frac{133.88 \times 20}{4.4 \times 1440} \right)^2} + 0.4488 \right] \times 1^2$$

$$= 0.70494 > 0.6$$

$$\varphi_b' = 1.07 - 0.282/\varphi_b = 1.07 - 0.282/0.70494 = 0.6700$$

$$\frac{M_x}{\varphi_b W_x f} = \frac{2486.25 \times 10^6}{0.6700 \times 18477266 \times 205} = 0.9797 < 1.0$$

因此，整体稳定性满足要求。

【比较】方案一的整体稳定承载力 M_{x1} 为：

$$M_{x1} = \varphi_{b1} W_x f = 0.5020 \times 16619481 \times 205 \times 10^{-6} = 1710.311 \text{kN} \cdot \text{m}$$

方案二的整体稳定承载力 M_{x2} 为：

$$M_{x2} = \varphi_{b2} W_x f = 0.6700 \times 18477266 \times 205 \times 10^{-6} = 2537.8521 \text{kN} \cdot \text{m}$$

$$M_{x2}/M_{x1} = 2537.852/1710.311 = 1.4839$$

由此可见，在不增加用钢量的条件下，通过加强上翼缘，钢梁的整体稳定承载力提高了 48.39%。

【讨论】

实际上提高钢梁整体稳定承载力最有效的方法是在跨间为梁的受压翼缘提供侧向支承。在梁有条件设置侧向支承时，应优先采用这种办法。

在本算例的方案一（图 6-25a）中，在梁跨间中点设置一个侧向支承点，其他条件不变，成为方案三。梁的整体稳定承载力将提高为 $M_{x3} = 3313.301 \text{kN} \cdot \text{m}$，比方案一提高了 93.73%。

如果有可能降低荷载作用点位置，这也是提高钢梁整体稳定承载力的一种经济有效的方法。在本算例的方案一（图 6-25a）中，将荷载作用点位置改变为作用在下翼缘，其他条件不变，成为方案四。梁的整体稳定承载力将提高为 $M_{x4} = 2776.018 \text{kN} \cdot \text{m}$，比方案一提高了 62.31%。

6.3 梁的局部稳定

与 5.3 节轴心受压构件的局部稳定所叙述的情况类似，梁受压部位的板件也有可能丧失稳定性。

6.3.1 几个概念

1. 梁的局部失稳

在外荷载逐渐增大的过程中，钢梁还没有发生强度破坏或整体失稳，组成钢梁的某些板件偏离它原来所在的平面位置发生侧向挠曲，这种现象称为梁的局部失稳。钢梁中可能发生局部失稳的板件有受压翼缘和腹板（图6-26）。

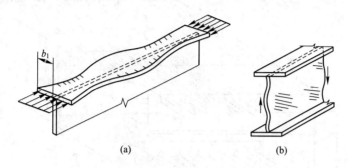

图6-26　梁组成板件的局部失稳
(a)受压翼缘局部失稳；(b)腹板局部失稳

梁发生局部失稳的原因是，板件的宽厚比或高厚比太大，当分配到板件上的压应力或剪应力超过板件自身的稳定临界应力或相应的屈服强度时，板件就会发生失稳而出现侧向挠曲现象。在设计钢梁时，为了使钢梁有较大的抗弯强度、刚度和整体稳定承载力，同时又要尽量降低用钢量，所采用的截面往往是由宽而薄的钢板组成的工字形截面、箱形截面和T形截面等。组成截面的各板件越宽越薄，即截面材料分布离形心轴越远，截面的惯性矩、回转半径就越大，梁的强度、刚度、整体稳定性就越好。但是当板件的宽厚比、高厚比太大时，就会出现局部失稳。

2. 梁丧失局部稳定的后果

梁的受压翼缘或腹板局部失稳后，整个构件还不会立即失去承载能力，一般还可以承受继续增大的外荷载。但是由于局部失稳引起部分截面退出工作，原来对称的截面可能出现弯曲或扭转变为非对称截面，引起梁的刚度减小，可能导致梁提前失去整体稳定性，或提前出现强度破坏。

3. 解决梁局部失稳的办法

(1) 防止板件局部失稳的原则

用以确定钢梁局部稳定计算公式的原则是：

$$(\sigma_{cr})_{板} \geq f_y \tag{6-31}$$

式(6-31)的意义是板的临界应力不小于钢材的屈服点。满足这一条件就意味着能保证局部失稳不先于强度破坏。

(2) 防止板件局部失稳的具体措施

① 限制板件的宽厚比。如：对于组合工字形截面梁的受压翼缘，往往通过限制受压翼缘的自由外伸宽度与其本身厚度的比值的办法来防止其局部失稳。

② 设置加劲肋。如：组合工字形截面梁的腹板，往往根据腹板高厚比的大小，在腹板的适当位置设置加劲肋，以防止腹板局部失稳。在大型钢桥箱梁的受压翼缘上，也往往会采用设置加劲肋的办法防止其局部失稳

（图 6-27）。

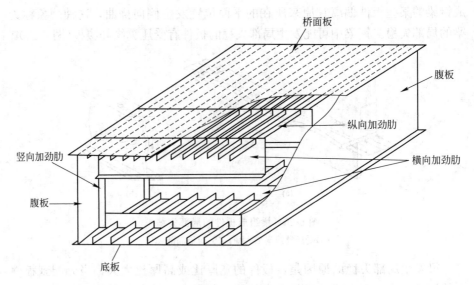

图 6-27　钢箱梁的构成

（3）与板件局部稳定有关的两个问题

① 热轧型钢（如工字钢、H 型钢、槽钢等）在未受到较大的横向集中荷载作用时，一般不必计算局部稳定。因为热轧型钢的翼缘板宽厚比、腹板的高厚比都不是很大，一般不会局部失稳。

② 允许板件局部失稳（见第 3 章 3.4.3 节）的情况。符合利用屈曲后强度设计方法的钢梁，是允许某些板件局部失稳的。如：只承受静力荷载作用的普通钢结构组合截面钢梁，可以允许腹板局部失稳。冷弯薄壁型钢做成的钢梁，可以允许腹板或受压翼缘局部失稳。

6.3.2　梁受压翼缘的局部稳定

工字形截面梁的受压翼缘在纵向被腹板分成两块平行的矩形板条。由于腹板的厚度 t_w 一般都小于翼缘板的厚度 t，腹板对翼缘板的转动约束较小，该板条与腹板相连的边可视为简支边，宽度为 b_1 的另两个对边（图 6-28a）与相邻的等厚翼缘板相连，相邻翼缘板不能为所分析的翼缘板提供转动约束，所以也可看作简支边。所以受压翼缘板可视为三边简支、一边自由且在两简支对边上均匀受压的矩形板条来分析（图 6-28a）。根据薄板稳定理论，板的临界应力可表达为与式（5-42）类似的形式：

$$\sigma_{cr} = k\chi \frac{\pi^2 E}{12(1-\nu^2)} \times \left(\frac{t}{b_1}\right)^2 \tag{6-32}$$

式中　χ——支承边的弹性嵌固系数，取为 1.0；

　　　k——板的屈曲系数，三边简支、一边自由均匀受压矩形板，当横向加劲肋间距 $a \gg b_1$ 时，取为 0.425；

　　　ν——钢材的泊松比，$\nu = 0.3$；

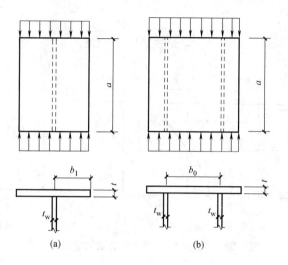

图 6-28 梁的受压翼缘

E——钢材的弹性模量，$E=2.06\times10^5\,\mathrm{N/mm^2}$；

t、b_1——分别为翼缘板的厚度和其自由外伸宽度（mm）。

当按边缘屈服准则计算梁的强度时，翼缘板所受纵向弯曲应力超过比例极限进入弹塑性阶段，此处弹性模量 E 将降低为切线模量 $E_t=\eta E$，但在与弯曲应力相垂直的方向材料仍然是弹性的，即弹性模量 E 保持不变，这时矩形板条成为正交异性板，可用 $\sqrt{\eta}E$ 代替弹性模量 E，以考虑纵向进入弹塑性工作而横向仍为弹性工作的情况。$\eta=E_t/E$，为弹性模量折减系数。

在应用局部稳定计算原则公式(6-31)时，不等号右边取为 $0.95f_y$，这是因为按弹性阶段计算梁抗弯强度时，弯曲正应力呈三角形分布，只有边缘纤维应力达到 f_y，受压翼缘板沿厚度方向的平均应力并达不到 f_y，所以取为 $0.95f_y$。

取 $\eta=0.4$，将式(6-32)代入式(6-31)不等号的左边，右边取为 $0.95f_y$，可得：

$$(\sigma_{cr})_{板}=0.425\times1.0\,\frac{\pi^2\sqrt{0.4}\times2.06\times10^5}{12\times(1-0.3^2)}\times\left(\frac{t}{b_1}\right)^2\geqslant0.95f_y$$

整理后得：

$$\frac{b_1}{t}\leqslant15\sqrt{\frac{235}{f_y}}=15\varepsilon_k \tag{6-33}$$

式(6-33)就是按弹性设计($\gamma_x=1.0$)时，工字形截面梁受压翼缘局部稳定的条件，即满足 S4 级截面板件宽厚比的限值条件，见表 3-1。

如果梁按弹塑性方法设计，取截面塑性发展系数 $\gamma_x=1.05$ 时，在梁截面的上、下边缘将各形成高度为 $a=h/8$ 的塑性区，如图 6-29(a)所示，此时边缘纤维的最大应变为屈服应变 ε_y 的 4/3 倍。在翼缘板的临界应力公式中，用相当于边缘应变为 $\frac{4}{3}\varepsilon_y$ 时的割线模量 E_s 代替弹性模量，$E_s=\frac{3}{4}E$(图 6-29b)。

由此可得：

$$\frac{b_1}{t} \leqslant \sqrt{\frac{3}{4}} \times 15\varepsilon_k = 13\varepsilon_k \tag{6-34}$$

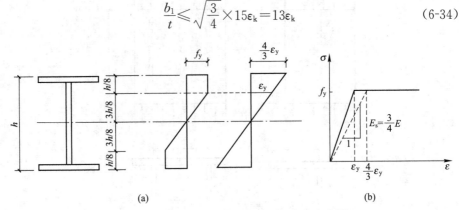

图 6-29　弹性阶段工字形截面梁的应力应变图

式(6-34)就是按弹塑性设计($\gamma_x = 1.05$)时，工字形截面梁受压翼缘局部稳定的条件，即满足 S3 级截面板件宽厚比的限值条件，见表 3-1。

箱形截面梁受压翼缘在两腹板之间部分可视为四边简支单向均匀受压板，如图 6-28(b)所示，屈曲系数 $k = 4$，取弹性嵌固系数 $\chi = 1.0$，$\eta = 0.25$，应用式(6-31)所示的计算原则，令 $(\sigma_{cr})_板 \geqslant 0.9f_y$，可得：

$$\frac{b_0}{t} \leqslant 42\sqrt{\frac{235}{f_y}} = 42\varepsilon_k \tag{6-35}$$

式中　b_0——箱形截面梁受压翼缘板在两腹板之间的宽度（mm）；当翼缘板上设有纵向加劲肋时，b_0 为相邻两个纵向加劲肋之间的或纵向加劲肋与腹板之间的翼缘板宽度。

式（6-35）就是按弹性设计($\gamma_x = 1.0$)时，箱形截面梁受压翼缘在两腹板之间板段局部稳定的条件，即满足 S4 级截面板件宽厚比的限值条件，见表 3-1。

式(6-33)、式(6-34)、式(6-35)中的 f_y 均为钢材牌号中所显示的钢材屈服点，取值与板厚无关。

6.3.3　梁腹板的局部稳定

当腹板高厚比 h_0/t_w 过大时，腹板会局部失稳。如果采用与受压翼缘一样的方法，通过限制腹板高厚比来保证腹板的局部稳定性，一般会出现腹板厚度 t_w 过大，使梁的用钢量增加过多而不经济。为了保证腹板的局部稳定性，常在梁的腹板上设置加劲肋(图 6-30)。加劲肋作为腹板的侧向支承，将腹板划分为一个个较小的矩形板块，并阻止腹板发生侧向挠曲，从而提高了腹板的局部稳定性。

设置加劲肋后，梁腹板上各个矩形区格由于荷载不同、位置不同，故所承受的应力也各不相同。如承受均布横向荷载的简支梁，根据弯矩和剪力沿跨度方向的变化情况，在靠近梁端的区格主要受剪应力作用，在靠近跨中的区格主要受弯曲正应力的作用，而在其他区格则受到剪应力和弯曲正应力的

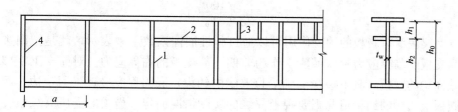

图 6-30 钢梁的加劲肋

1—横向加劲肋；2—纵向加劲肋；3—短加劲肋；4—支承加劲肋

共同作用。对于承受较大固定集中荷载且在集中荷载作用点的腹板处未布置支承加劲肋的梁，或对于承受较大移动集中荷载的梁，各区格还会受到局部压应力的作用。

为了验算梁腹板各区格的局部稳定性，可先求得在各种单一应力作用下的稳定临界应力，然后再考虑各种应力联合作用下腹板的稳定性。

1. 各种应力单独作用下腹板区格局部稳定的临界应力

（1）腹板区格在弯曲应力单独作用下的临界应力

梁弯曲时，在中和轴一侧的三角形分布的弯曲压应力可能使腹板产生如图 6-31(a) 所示的屈曲情况。在板的横向，屈曲成一个半波；在板的纵向，屈曲成一个或多个半波，由板的长宽比 a/h_0 决定（图 6-31b，图中 m 为半波数）。该区格板的临界应力可写为与式(5-39)类似的形式：

$$\sigma_{cr} = \frac{\chi K \pi^2 E}{12(1-\nu^2)} \times \left(\frac{t_w}{h_0}\right)^2 \tag{6-36}$$

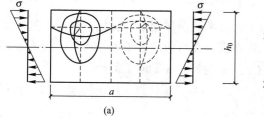

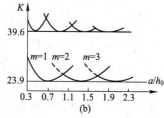

(a)   (b)

图 6-31 腹板的纯弯屈曲

式中 χ——支承边的弹性嵌固系数，由梁翼缘对腹板的嵌固程度确定；

K——板的屈曲系数，与板的支承条件及受力情况（受压、受弯或受剪）有关；如图 6-31(b) 所示，四边简支单向受弯时，$k_{min}=23.9$；$\chi=1.0$；两侧受荷载边简支、上下边固定时 $k_{min}=39.6$，$\chi=39.6/23.9=1.66$；两侧受荷载边简支、上边简支，下边固定时 $k_{min}=29.4$，$\chi=29.4/23.9=1.23$；

t_w、h_0——分别为梁腹板的厚度和计算高度（mm）。

将 $\chi=1.0$，$k=23.9$，$E=2.06\times10^5\,\text{N/mm}^2$，$\nu=0.3$ 代入式(6-36)，可得四边简支板单向受弯时的临界应力：

203

$$\sigma_{cr} = 445\left(\frac{100t_w}{h_0}\right)^2 \tag{6-37}$$

梁翼缘对腹板的约束作用可以通过弹性嵌固系数 χ 来表示，就是把四边简支板的临界应力乘以系数 χ 作为非四边简支板的临界应力。对简支工字形截面梁的腹板，其下边缘受到受拉翼缘的约束，嵌固程度接近于固定边。而腹板上边缘的约束情况则要视上翼缘的实际情况而定，当梁的受压翼缘扭转受到约束时（如翼缘板上有刚性铺板、制动梁或焊有钢轨），腹板上边缘视为固定边，取 $\chi = 1.66$；当梁的受压翼缘扭转未受到约束时，腹板上边缘视为简支边，但由于腹板应力较大处翼缘应力也很大，后者对前者并未提供约束，故取 $\chi = 1.0$，代入式（6-37）后分别得：

受压翼缘扭转受到约束时

$$\sigma_{cr} = 737\left(\frac{100t_w}{h_0}\right)^2 \tag{6-38a}$$

受压翼缘扭转未受到约束时

$$\sigma_{cr} = 445\left(\frac{100t_w}{h_0}\right)^2 \tag{6-38b}$$

若要保证腹板在边缘纤维屈服前不发生屈曲，应用式（6-31），即 $(\sigma_{cr})_板 \geqslant f_y$，可分别得到弹性阶段腹板高厚比的限值。

受压翼缘扭转受到约束时

$$\frac{h_0}{t_w} \leqslant 177\varepsilon_k \tag{6-39a}$$

受压翼缘扭转未受到约束时

$$\frac{h_0}{t_w} \leqslant 138\varepsilon_k \tag{6-39b}$$

满足式（6-39a）或式（6-39b）时，在纯弯曲作用下，腹板不会局部失稳。

由式（6-38a）、式（6-38b）可以看出，在弯曲应力单独作用下，腹板临界应力 σ_{cr} 与 h_0/t_w 有关，但与 a/h_0 无关。a 为横向加劲肋的间距。

与第5章公式（5-26）类似，钢梁局部稳定计算采用国际上通行的正则化宽厚比 $\lambda_{n,b}$ 作为参数来计算临界应力：

$$\lambda_{n,b} = \sqrt{\frac{f_y}{\sigma_{cr}}} \tag{6-40}$$

将式（6-38a）和式（6-38b）分别代入式（6-40）可得：

受压翼缘扭转受到约束时

$$\lambda_{n,b} = \frac{h_0/t_w}{177} \cdot \frac{1}{\varepsilon_k} \tag{6-41a}$$

受压翼缘扭转未受到约束时

$$\lambda_{n,b} = \frac{h_0/t_w}{138} \cdot \frac{1}{\varepsilon_k} \tag{6-41b}$$

由正则化宽厚比的定义，式（6-40）可得弹性阶段腹板临界应力 σ_{cr} 与 $\lambda_{n,b}$ 的关系式为：

$$\sigma_{cr} = f_y/\lambda_{n,b}^2 \tag{6-42}$$

式(6-42)表达的曲线见图 6-32 中 $ABEG$ 曲线，此曲线与 $\sigma_{cr}=f_y$ 的水平线相交于 E 点，相应的 $\lambda_{n,b}=1$，水平线 FE 表达的是腹板临界应力 σ_{cr} 等于钢材屈服点 f_y。图中的 $ABEF$ 线是理想情况下的 $\sigma_{cr}-\lambda_{n,b}$ 曲线。考虑残余应力和几何缺陷的影响，对纯弯曲下腹板区格的临界应力曲线采用图中的 $ABCD$ 线。考虑到实际腹板中各种缺陷的影响，把塑性范围缩小到 $\lambda_{n,b}\leqslant 0.85$，弹性范围推迟到 $\lambda_{n,b}\geqslant 1.25$。弹性范围的起始点是参考梁整体稳定计算，取梁腹板局部失稳时临界应力的弹性与非弹性分界点为 $\sigma_{cr}=0.6f_y$，相应的 $\lambda_{n,b}=\sqrt{f_y/\sigma_{cr}}=$
$\sqrt{1/0.6}=1.29$；考虑到腹板局部屈曲受残余应力的影响不如梁整体屈曲那样大，故取 $\lambda_{n,b}=1.25$ 为弹塑性修正的下起点。曲线 AB-CD 由三段组成：双曲线 AB 线表示弹性阶段的临界应力；水平直线 CD 段表示 $\sigma_{cr}=f$，是塑性阶段的临界应力；斜向直线 BC 段是弹性阶段到塑性阶段的过渡。

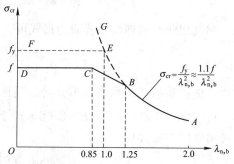

图 6-32　临界应力与正则化宽厚比的关系曲线

对应于图中三段曲线，《钢结构设计标准》中 σ_{cr} 的计算公式为：

当 $\lambda_{n,b}\leqslant 0.85$ 时，　　　　$\sigma_{cr}=f$　　　　　　　　　　(6-43a)

当 $0.85<\lambda_{n,b}\leqslant 1.25$ 时，　　$\sigma_{cr}=[1-0.75(\lambda_{n,b}-0.85)]f$　　(6-43b)

当 $\lambda_{n,b}>1.25$ 时，　　　　　$\sigma_{cr}=1.1f/\lambda_{n,b}^2$　　　　　　(6-43c)

式中　$\lambda_{n,b}$——用于梁腹板受弯计算的正则化宽厚比；

当受压翼缘扭转受到约束时

$$\lambda_{n,b}=\frac{2h_c/t_w}{177}\cdot\frac{1}{\varepsilon_k}\qquad(6-44a)$$

当受压翼缘扭转未受到约束时

$$\lambda_{n,b}=\frac{2h_c/t_w}{138}\cdot\frac{1}{\varepsilon_k}\qquad(6-44b)$$

h_c——梁腹板弯曲受压区高度，对双轴对称截面 $2h_c=h_0$。

要注意的是，虽然临界应力 σ_{cr} 的三个公式(6-43a)～式(6-43c)在形式上都以钢材强度设计值 f 为准，但在表达弹性阶段临界应力的式(6-43c)中 f 乘以 1.1 后相当于 f_y，即未计抗力分项系数。弹性与非弹性范围区别对待的原因是，当板处于弹性范围时存在较大的屈曲后强度，安全系数可以小一些。在后续的表达弹性阶段临界剪应力 τ_{cr} 的式(6-51c)中对 f_v 乘以 1.1，以及表达弹性阶段临界正应力 $\sigma_{c,cr}$ 的式(6-54c)中对 f 乘以 1.1 也是出于同样的原因。

(2) 腹板区格在纯剪切作用下的临界应力

当腹板区格四周只有均布剪应力 τ 作用时，板内产生呈 45°斜向的主应力，当腹板高厚比 h_0/t_w 太大时，在主压应力 σ_2（图 6-33a）的作用下，腹板可能发生屈曲，产生大约 45°倾斜的凹凸波形（图 6-33b）。

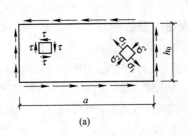 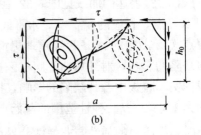

(a)   (b)

图 6-33　腹板的纯剪屈曲

弹性屈曲时的剪切临界应力形式可表示为与正应力作用下相似的形式：

$$\tau_{cr} = \frac{\chi k \pi^2 E}{12\ (1-\nu^2)} \times \left(\frac{t_w}{h_0}\right)^2 \tag{6-45}$$

式中，嵌固系数 χ 的取值，不分梁的受压翼缘的扭转是否受到约束，统一取为 $\chi = 1.23$。将 $\chi = 1.23$，$E = 2.06 \times 10^5\, \text{N/mm}^2$，$\nu = 0.3$ 代入式(6-45)得腹板受纯剪切时的临界应力：

$$\tau_{cr} = 22.9k \left(\frac{100t_w}{h_0}\right)^2 \tag{6-46}$$

与纯弯曲时类似，引入正则化宽厚比 $\lambda_{n,s}$，并注意到关系式 $f_{vy} = f_y/\sqrt{3}$（f_{vy} 为钢材的剪切屈服点），得：

$$\lambda_{n,s} = \sqrt{\frac{f_{vy}}{\tau_{cr}}} = \sqrt{\frac{f_y}{\sqrt{3}\tau_{cr}}} \tag{6-47}$$

将式(6-46)代入式(6-47)得：

$$\lambda_{n,s} = \frac{h_0/t_w}{41\sqrt{k}} \cdot \frac{1}{\varepsilon_k} \tag{6-48}$$

根据薄板稳定理论，当横向加劲肋的间距为 a 时，屈曲系数 k 可近似取为：

当 $a/h_0 \leqslant 1.0$ 时

$$k = 4 + 5.34\ (h_0/a)^2 \tag{6-49a}$$

当 $a/h_0 > 1.0$ 时

$$k = 5.34 + 4\ (h_0/a)^2 \tag{6-49b}$$

将式(6-49a)、式(6-49b)分别代入式(6-48)得正则化宽厚比 $\lambda_{n,s}$ 的表达式：

当 $a/h_0 \leqslant 1.0$ 时

$$\lambda_{n,s} = \frac{h_0/t_w}{37\eta\ \sqrt{4 + 5.34\ (h_0/a)^2}} \cdot \frac{1}{\varepsilon_k} \tag{6-50a}$$

当 $a/h_0 > 1.0$ 时

$$\lambda_{n,s} = \frac{h_0/t_w}{37\eta\ \sqrt{5.34 + 4\ (h_0/a)^2}} \cdot \frac{1}{\varepsilon_k} \tag{6-50b}$$

式中　$\lambda_{n,s}$——梁腹板受剪计算的正则化宽厚比；

　　　　η——简支梁取 1.11，框架梁梁端最大应力区取 1。

和腹板弯曲临界应力类似，规范中腹板剪切临界应力的曲线与图 6-32 相似，也是分为弹性、弹塑性、塑性三段曲线，只是过渡段斜直线的上、下分界点不同，τ_{cr} 的计算公式为：

当 $\lambda_{n,s} \leqslant 0.8$ 时

$$\tau_{cr} = f_v \tag{6-51a}$$

当 $0.8 < \lambda_{n,s} \leqslant 1.2$ 时

$$\tau_{cr} = [1 - 0.59(\lambda_{n,s} - 0.8)]f_v \tag{6-51b}$$

当 $\lambda_{n,s} > 1.2$ 时

$$\tau_{cr} = 1.1 f_v / \lambda_{n,s}^2 \tag{6-51c}$$

式中，正则化宽厚比 $\lambda_{n,s}$ 按式(6-50a)或式(6-50b)采用。

当腹板不设横向加劲肋时，近似取 $a/h_0 \rightarrow \infty$，则 $k = 5.34$。若要求 $\tau_{cr} = f_v$，则 $\lambda_{n,s}$ 不应超过 0.8(见式 6-51a)，此时，由式(6-50b)可得腹板高厚比限值：

$$\frac{h_0}{t_w} = 0.8 \times 41 \sqrt{5.34} \varepsilon_k = 75.8 \varepsilon_k$$

考虑腹板区格平均剪应力一般低于 f_v，规范规定的限值为 $80\varepsilon_k$。

通常认为钢材剪切比例极限等于 $0.8 f_{vy}$，令 $\tau_{cr} = 0.8 f_{vy}$，并引入几何缺陷影响系数 0.9，代入式(6-47)，可得：$\lambda_{n,s} = \sqrt{f_{vy} / (0.8 f_{vy} \times 0.9)} \approx 1.2$，这就是式(6-51c)所表达的腹板区格在纯剪切作用下弹性工作范围的起始点。

（3）腹板区格在局部压应力单独作用下的临界应力

当梁上较大的固定集中荷载下未设支承加劲肋，或梁上有较大的移动集中荷载时，腹板区格可能发生如图 6-34 所示的侧向屈曲，在板的纵向和横向都只出现一个挠度。其临界应力表达式仍可表达为：

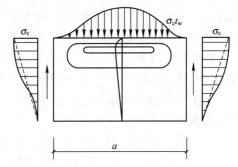

图 6-34　腹板受局部压应力屈曲

$$\sigma_{c,cr} = \frac{\chi k \pi^2 E}{12(1 - \nu^2)} \times \left(\frac{t_w}{h_0}\right)^2 \tag{6-52}$$

引入局部承压时的正则化宽厚比 $\lambda_{n,c}$：

$$\lambda_{n,c} = \sqrt{\frac{f_y}{\sigma_{c,cr}}} \tag{6-53}$$

与腹板弯曲临界应力类似，规范中腹板局部承压临界应力 $\sigma_{c,cr}$ 的曲线与图 6-32 相似，也是分为弹性、弹塑性、塑性三段曲线，只是过渡段斜直线的上、下分界点不同，$\sigma_{c,cr}$ 的计算公式为：

当 $\lambda_{n,c} \leqslant 0.9$ 时

$$\sigma_{c,cr} = f \tag{6-54a}$$

当 $0.9 < \lambda_{n,c} \leqslant 1.2$ 时

$$\sigma_{c,cr} = [1 - 0.79(\lambda_{n,c} - 0.9)]f \tag{6-54b}$$

当 $\lambda_{n,c} > 1.2$ 时

$$\sigma_{c,cr} = 1.1f/\lambda_{n,c}^2 \tag{6-54c}$$

式中，正则化宽厚比 $\lambda_{n,c}$ 按式(6-55a)或式(6-55b)采用。

当 $0.5 \leqslant a/h_0 \leqslant 1.5$ 时

$$\lambda_{n,c} = \frac{h_0/t_w}{28\sqrt{10.9 + 13.4(1.83 - a/h_0)^3}} \cdot \frac{1}{\varepsilon_k} \tag{6-55a}$$

当 $1.5 < a/h_0 \leqslant 2.0$ 时

$$\lambda_{n,c} = \frac{h_0/t_w}{28\sqrt{18.9 - 5a/h_0}} \cdot \frac{1}{\varepsilon_k} \tag{6-55b}$$

2. 各种应力联合作用下腹板区格局部稳定的验算

梁腹板区格一般受有两种或两种以上应力的共同作用，所以其局部稳定验算必须满足多种应力共同作用下的临界条件。

梁腹板上的加劲肋按其作用不同可以分为两类：一类是为了把腹板分隔成较小的区格，以提高腹板的局部稳定，称为间隔加劲肋。间隔加劲肋有横向加劲肋、纵向加劲肋、短加劲肋三种。横向加劲肋主要有助于防止由剪应力可能引起的腹板失稳，纵向加劲肋主要有助于防止由弯曲压应力可能引起的腹板失稳，短加劲肋主要有助于防止由局部压应力可能引起的腹板失稳。另一类除了上述的作用外，还有支承传递固定集中荷载或支座反力的作用，称为支承加劲肋。

在钢梁腹板上设置加劲肋以满足局部稳定的要求，一般应先按构造要求（见6.3.4节中第1点）在腹板上布置加劲肋，然后对腹板上的各个区格进行验算，如有不符合要求时，再做必要的调整。

(1) 仅配置横向加劲肋的腹板区格（图6-35a）

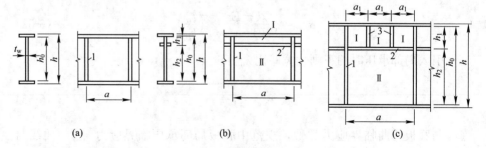

图6-35 腹板加劲肋布置

腹板上各区格的局部稳定按下式计算：

$$\left(\frac{\sigma}{\sigma_{cr}}\right)^2+\left(\frac{\tau}{\tau_{cr}}\right)^2+\frac{\sigma_c}{\sigma_{c,cr}}\leqslant 1 \tag{6-56}$$

式中　　　σ——所计算腹板区格内，由平均弯矩产生的腹板计算高度边缘的弯曲压应力（N/mm²），$\sigma=Mh_c/I$，h_c为腹板弯曲受压区高度，对双轴对称截面，$h_c=h_0/2$；

τ——所计算腹板区格内，由平均剪力产生的腹板平均剪应力（N/mm²），$\tau=V/(h_w/t_w)$，h_w为腹板高度；

σ_c——腹板计算高度边缘的局部压应力（N/mm²），按式（6-10）计算，但式中的$\psi=1.0$；

σ_{cr}、τ_{cr}、$\sigma_{c,cr}$——分别为各种应力单独作用下的临界应力（N/mm²），σ_{cr}按式(6-43a)～式(6-43c)确定；τ_{cr}按式(6-51a)～式(6-51c)确定；$\sigma_{c,cr}$按式(6-54a)～式(6-54c)确定。

（2）同时配置有横向加劲肋和纵向加劲肋的腹板区格（图6-35b）

同时配置有横向加劲肋和纵向加劲肋的腹板，纵向加劲肋将腹板分成Ⅰ和Ⅱ两种区格。应分别对这两种区格进行局部稳定计算。

1）受压翼缘与纵向加劲肋之间的区格Ⅰ

纵向加劲肋布置在腹板的受压区，其与受压翼缘之间的距离应为$h_1=(1/5～1/4)h_0$。区格Ⅰ的受力状态如图6-36(a)所示。此区格腹板的局部稳定按下式计算：

$$\frac{\sigma}{\sigma_{cr1}}+\left(\frac{\tau}{\tau_{cr1}}\right)^2+\left(\frac{\sigma_c}{\sigma_{c,cr1}}\right)^2\leqslant 1 \tag{6-57}$$

式中　σ_{cr1}、τ_{cr1}和$\sigma_{c,cr1}$——分别按下列方法计算：

① σ_{cr1}按式(6-43a)～式(6-43c)计算，但式中$\lambda_{n,b}$改用下列$\lambda_{n,b1}$代替。

当受压翼缘扭转受到约束时

$$\lambda_{n,b1}=\frac{h_1/t_w}{75\varepsilon_k} \tag{6-58a}$$

当受压翼缘扭转未受到约束时

$$\lambda_{n,b1}=\frac{h_1/t_w}{64\varepsilon_k} \tag{6-58b}$$

式中　h_1——纵向加劲肋至腹板计算高度边缘的距离（mm）。

② τ_{cr1}按式(6-51a)～式(6-51c)计算，将式中的h_0改为h_1。

③ $\sigma_{c,cr1}$按式(6-43a)～式(6-43c)计算，但式中的$\lambda_{n,b}$改用下列$\lambda_{n,c1}$代替。

当受压翼缘扭转受到约束时

$$\lambda_{n,c1}=\frac{h_1/t_w}{56\varepsilon_k} \tag{6-59a}$$

当受压翼缘扭转未受到约束时

$$\lambda_{n,c1}=\frac{h_1/t_w}{40\varepsilon_k} \tag{6-59b}$$

应注意的是$\sigma_{c,cr1}$的计算是借用纯弯曲条件下的临界应力公式，而不是采用单纯局部受压临界应力公式。由于图6-36(a)所示的区格Ⅰ为一狭长板条

209

（实际工程中其宽高比常大于 4），在上端局部承压时，可将该区格近似看作竖向中心受压的板条，故可借用梁腹板在弯曲应力单独作用下的临界应力计算式(6-43a)～式(6-43c)来计算 $\sigma_{c,cr1}$。如果假设腹板有效宽度为 $2h_1$，当梁受压翼缘扭转受到约束时，此板条的上端视为固定、下端视为简支，则其计算长度为 $0.7h_1$，由此可得出其正则化宽厚比表达式(6-59a)；当梁受压翼缘扭转未受到约束时，此板条的上、下端均视为简支，则其计算长度为 h_1，由此可得出其正则化宽厚比表达式(6-59b)。

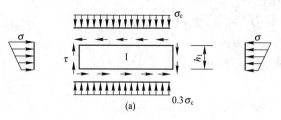

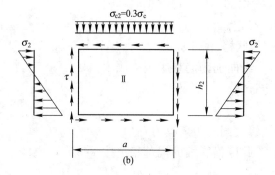

图 6-36　配置纵向加劲肋的腹板的受力状态

2）受拉翼缘与纵向加劲肋之间的区格Ⅱ

区格Ⅱ的受力情况见图 6-36(b)，此区格腹板的局部稳定按下式计算：

$$\left(\frac{\sigma_2}{\sigma_{cr2}}\right)^2+\left(\frac{\tau}{\tau_{cr2}}\right)^2+\frac{\sigma_{c2}}{\sigma_{c,cr2}}\leqslant1 \qquad (6-60)$$

式中　σ_2——所计算区格内由平均弯矩产生的腹板在纵向加劲肋处的弯曲压应力（N/mm²）；

　　　σ_{c2}——腹板在纵向加劲肋处的横向压应力（N/mm²），取为 $0.3\sigma_c$。

σ_{cr2}、τ_{cr2} 和 $\sigma_{c,cr2}$ 分别按下列方法计算：

① σ_{cr2} 按式(6-43a)～式(6-43c)计算，但式中 $\lambda_{n,b}$ 改用下列 $\lambda_{n,b2}$ 代替。

$$\lambda_{n,b2}=\frac{h_2/t_w}{194\varepsilon_k} \qquad (6-61)$$

式中　$h_2=h_0-h_1$。

② τ_{cr2} 按式(6-51a)～式(6-51c)计算，将式中 h_0 改为 h_2，$h_2=h_0-h_1$。

③ $\sigma_{c,cr2}$ 按式(6-54a)～式(6-54c)计算，但式中的 h_0 改为 h_2，当 $a/h_2>2$ 时，取 $a/h_2=2$。

（3）同时设置横向加劲肋、纵向加劲肋和短加劲肋的腹板区格（图 6-35c）

腹板区格分为区格Ⅰ和Ⅱ。其中区格Ⅱ与(2)中的区格Ⅱ完全相同，按式(6-60)计算。区格Ⅰ的稳定计算仍按式(6-57)进行。该公式中的 σ_{cr1} 仍按 1)中①的规定计算；τ_{cr1} 按式(6-51a)～式(6-51c)计算，但将式中的 h_0 和 a 分别改为 h_1 和 a_1，a_1 为短加劲肋的间距；$\sigma_{c,cr1}$ 仍借用式(6-43a)～式(6-43c)计算，但式中的 $\lambda_{n,b}$ 改用下列 $\lambda_{n,c1}$ 代替。

当受压翼缘扭转受到约束时

$$\lambda_{n,c1}=\frac{a_1/t_w}{87\varepsilon_k} \qquad (6-62a)$$

当受压翼缘扭转未受到约束时

$$\lambda_{n,c1}=\frac{a_1/t_w}{73\varepsilon_k} \qquad (6-62b)$$

对 $a_1/h_1 > 1.2$ 的区格，式（6-62a）、式（6-62b）的右边应乘以 $1/\sqrt{0.4+0.5a_1/h_1}$。

6.3.4 梁腹板加劲肋的构造与计算

1. 焊接截面梁腹板加劲肋的设置

在梁腹板上设置加劲肋的主要目的是保证腹板的局部稳定性。需要说明的是，在桥梁工程里，由于直接承受动力荷载作用，一般不允许考虑腹板的屈曲后强度利用；在房屋建筑工程里，承受静力荷载和间接承受动力荷载的组合梁宜考虑腹板屈曲后强度，而其他情况下则不考虑。若考虑腹板屈曲后强度，可按 6.3.5 节的要求布置加劲肋并计算其抗弯和抗剪承载力。若不考虑屈曲后强度，则焊接截面梁的腹板应按下列规定配置加劲肋。

（1）当 $h_0/t_w \leqslant 80\varepsilon_k$ 时，对有局部压应力（即 $\sigma_c \neq 0$）的梁，宜按构造要求配置横向加劲肋（一般应满足 $0.5h_0 \leqslant a \leqslant 2h_0$）；当局部压应力较小（即 σ_c 较小）时，可不配置加劲肋。

（2）直接承受动力荷载的吊车梁及类似构件，应按下列规定配置加劲肋（图6-10）：① 当 $h_0/t_w > 80\varepsilon_k$ 时，应配置横向加劲肋；② 当受压翼缘扭转受到约束且 $h_0/t_w > 170\varepsilon_k$、受压翼缘扭转未受到约束且 $h_0/t_w > 150\varepsilon_k$，或按计算需要时，应在弯曲应力较大区格的受压区增加配置纵向加劲肋。局部压应力很大的梁，必要时尚宜在受压区配置短加劲肋。

（3）不考虑腹板屈曲后强度时，当 $h_0/t_w > 80\varepsilon_k$ 时，宜配置横向加劲肋。

（4）h_0/t_w 不宜超过 250。

（5）梁的支座处和上翼缘受有较大固定集中荷载处，宜配置支承加劲肋。

这里，h_0 为腹板的计算高度（图6-11）；对单轴对称截面梁，当确定是否要配置纵向加劲肋时，h_0 应取腹板受压区高度 h_c 的 2 倍；t_w 为腹板的厚度。

《钢结构设计标准》规定，任何情况下，h_0/t_w 均不宜超过 250，这是为了避免腹板高厚比过大时产生显著的焊接变形，因而这个限值与钢材的牌号无关。轻、中级工作制吊车梁计算腹板的稳定性时，吊车轮压设计值可以乘以折减系数 0.9。

按上述规定在梁腹板上配置了加劲肋后，除了按构造配置加劲肋的情况外，均应按 6.3.3 节的要求验算每个腹板区格的稳定性。若有不满足要求的情况出现，就必须对加劲肋的布置作出适当调整，然后对调整后的腹板区格重新验算，直至全部区格均满足稳定要求为止。通常，可以通过减小横向加劲肋的间距 a 来提高腹板区格在剪应力和局部压应力作用下的局部稳定性。但是减小间距 a 不能提高腹板区格在弯曲压应力作用下的局部稳定性。当弯曲压应力作用下腹板区格局部稳定不满足要求时，只能通过在受压区设置纵向加劲肋来解决问题。设置短加劲肋会增加制造工作量，并使构造复杂，故一般只在局部压应力 σ_c 很大的梁（如轮压很大的吊车梁）中采用。

《公路钢结构桥梁设计规范》中钢板梁腹板加劲肋的设置规定如表 6-5 所示。由表中可以看出，钢桥腹板高厚比很大时，纵向加劲肋可以布置两道。

《公路钢结构桥梁设计规范》JTGD 64—2015 中对钢板梁腹板最小厚度的规定

表 6-5

钢材品种	Q235 钢	Q345 钢	备注
不设横向加劲肋及纵向加劲肋时	$\dfrac{\eta h_0}{70}$	$\dfrac{\eta h_0}{60}$	
仅设横向加劲肋，但不设纵向加劲肋时	$\dfrac{\eta h_0}{160}$	$\dfrac{\eta h_0}{140}$	
设横向加劲肋和 1 段纵向加劲肋时	$\dfrac{\eta h_0}{280}$	$\dfrac{\eta h_0}{240}$	纵向加劲肋位于距受压翼缘 $0.2h_0$ 附近
设横向加劲肋和 2 段纵向加劲肋时	$\dfrac{\eta h_0}{310}$	$\dfrac{\eta h_0}{310}$	纵向加劲肋位于距受压翼缘 $0.14h_0$ 和 $0.36h_0$ 附近

注：1. h_0 为腹板计算高度，对焊接梁为腹板的全高，对铆接梁为上、下翼缘角钢内排铆钉线的间距；

　　2. η 为折减系数，$\eta = \sqrt{\dfrac{\text{标准组合的腹板计算应力}}{\text{腹板弯曲应力设计值}}}$，但不得小于 0.85。

2. 腹板间隔加劲肋的构造要求

（1）加劲肋在腹板侧面的位置

加劲肋宜在腹板两侧成对配置（图 6-37a），对于只承受静荷载作用或承受较小动荷载作用的腹板，为了节省钢材或减少制造工作量，其横向加劲肋和纵向加劲肋也可以单侧布置，如图 6-37(b)所示。但支承加劲肋，重级工作制吊车梁的加劲肋不应单侧配置。

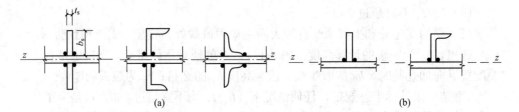

图 6-37　加劲肋的截面形式

（2）加劲肋截面形式、材料

加劲肋可以用钢板或型钢做成，焊接梁一般用钢板。加劲肋一般用 Q235 钢，因为加劲肋主要是利用其刚度，采用高强钢做加劲肋并不经济。

（3）加劲肋的间距、位置

横向加劲肋的最小间距为 $0.5h_0$，最大间距为 $2h_0$，对无局部压应力的梁，当 $h_0/t_w \leqslant 100$ 时，最大间距可采用 $2.5h_0$。纵向加劲肋至腹板计算高度边缘的距离应在 $h_c/2.5 \sim h_c/2$ 范围内（对双轴对称截面，即为在 $h_0/5 \sim h_0/4$ 范围内）。

（4）加劲肋的刚度要求

加劲肋应有足够的刚度才能作为阻止腹板侧向挠曲失稳的可靠支承，所以钢结构设计规范对加劲肋的截面尺寸和截面惯性矩有如下规定要求：

① 在腹板两侧成对配置的钢板横向加劲肋，其截面尺寸应符合下列要求：

外伸宽度

$$b_s \geqslant \frac{h_0}{30} + 40 \quad (\text{mm}) \tag{6-63}$$

厚度

承压加劲肋　$t_s \geqslant \dfrac{b_s}{15}$ （mm），不受力加劲肋　$t_s \geqslant \dfrac{b_s}{19}$ $\tag{6-64}$

仅在腹板一侧配置的钢板横向加劲肋，其外伸宽度应大于按公式（6-63）算得的 1.2 倍，厚度应符合式（6-64）的规定。这里的 1.2 倍是根据单侧配置和双侧配置的刚度相同的条件得到的。

② 在同时用横向加劲肋和纵向加劲肋加强的腹板中，在纵向加劲肋和横向加劲肋相交处，应使纵向加劲肋断开，横向加劲肋保持连续（图 6-38a）。此时，横向加劲肋的截面尺寸除应符合①的规定外，其截面惯性矩 I_z 尚应符合下列要求：

$$I_z \geqslant 3h_0 t_w^3 \tag{6-65}$$

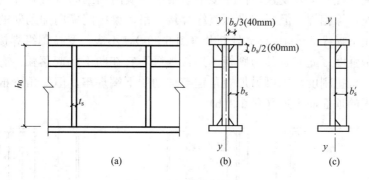

图 6-38　加劲肋的构造

纵向加劲肋截面惯性矩 I_y 应符合下列公式要求：
当 $a/h_0 \leqslant 0.85$ 时

$$I_y \geqslant 1.5 h_0 t_w^3 \tag{6-66a}$$

当 $a/h_0 > 0.85$ 时

$$I_y \geqslant \left(2.5 - 0.45\frac{a}{h_0}\right)\left(\frac{a}{h_0}\right)^2 h_0 t_w^3 \tag{6-66b}$$

式中　I_z——横向加劲肋截面对于腹板水平轴线（z 轴）的惯性矩（mm^4）；

　　　I_y——纵向加劲肋截面对于腹板竖向轴线（y 轴）的惯性矩（mm^4）。

上面所用的 z 轴和 y 轴，当加劲肋在腹板两侧成对配置时，取腹板的轴线（图 6-37a、图 6-38b）；当加劲肋在腹板的一侧配置时，取与加劲肋相连的腹板边缘线（图 6-37b、图 6-38c）。

当受压翼缘的宽厚比不能满足式（6-33）~式（6-35）的要求时，应该设置加劲肋提高受压翼缘的抗压承载力。在纵向加劲肋和横向加劲肋相交处，往往是在横向加劲肋上开槽，使纵向加劲肋连续通过，如图 6-27 所示。

③ 短加劲肋的最小间距为 $0.75h_1$。钢板短加劲肋的外伸宽度应取横向加劲肋外伸宽度的 0.7~1.0 倍，厚度不应小于短加劲肋外伸宽度的 1/15。

④ 用型钢（H 型钢、工字钢、槽钢、肢尖焊于腹板的角钢）做成的加劲肋，其截面惯性矩不得小于相应钢板加劲肋的惯性矩。

（5）加劲肋切角

为避免三向焊缝相交，减小焊接残余应力，焊接梁的横向加劲肋与翼缘相连处，应做成切角，当切成斜角时，其宽度约为 $b_s/3$（但不大于 40mm），高约为 $b_s/2$（但不大于 60mm）（图 6-38b），b_s 为加劲肋的宽度，以便使梁的翼缘焊缝连续通过。当切角作为焊接工艺孔时，切角宜采用半径 $R=30mm$ 的 1/4 圆弧。在纵向加劲肋与横向加劲肋相交处，应将纵向加劲肋两端切去相应的斜角，以使横向加劲肋与腹板连接的焊缝连续通过。

（6）吊车梁横向加劲肋的构造

吊车梁横向加劲肋宽度不宜小于 90mm。吊车梁横向加劲肋的上端面应与上翼缘板底面之间刨平顶紧，在重级工作制（A6～A8 级）吊车梁中，中间横向加劲肋应在腹板两侧成对布置，而在轻、中级（A1～A5 级）工作制吊车梁则可单侧设置或错开设置。在焊接吊车梁中，横向加劲肋（含短加劲肋）不得与受拉翼缘相焊，但可与受压翼缘焊接。吊车梁中间横向加劲肋的下端宜在距受拉下翼缘 50～100mm 处断开（图 6-39a），不应与受拉翼缘焊接，以免降低疲劳强度；此时，其与腹板的连接焊缝不宜在肋下端起落弧。有时为了提高梁的抗扭刚度，也可另加短角钢与加劲肋下端焊牢，但短角钢抵紧于受拉翼缘板的顶面而不焊（图 6-39b）。

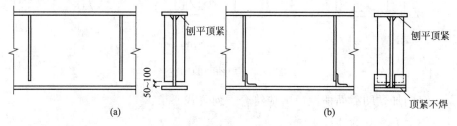

图 6-39 吊车梁横向加劲肋的构造

3. 支承加劲肋或承压加劲肋的计算

在钢梁承受较大固定集中荷载处及支座处，常需设置支承加劲肋以承受和传递此集中荷载或支座反力。支承加劲肋应在腹板两侧成对配置（图 6-40），其截面常比一般的横向加劲肋截面大。吊车梁支座处的横向加劲肋应在腹板两侧成对设置，并与梁上下翼缘刨平顶紧。端部支承加劲肋可与梁上下翼缘相焊。支承加劲肋的构造形式主要有两种，平板式支承加劲肋（图 6-40a、b）、突缘式支承加劲肋（图 6-40c）。突缘式支承加劲肋的伸出长度不得大于其厚度的 2 倍（图 6-40c）。

支承加劲肋的计算内容包括以下几个方面：

（1）支承加劲肋的稳定性计算

梁的支承加劲肋，应按承受梁支座反力或固定集中荷载的轴心受压构件计算其在腹板平面外的稳定性。当支承加劲肋在腹板平面外屈曲时，与其相连的腹板对其有一定的约束作用，因此在按轴心受压构件计算整体稳定性时，

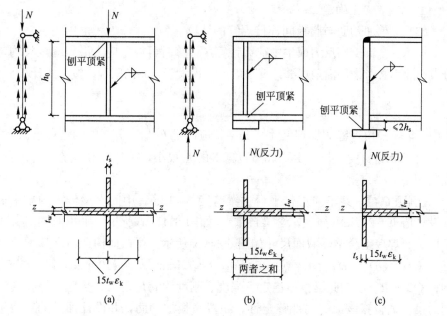

图 6-40　支承加劲肋

该受压构件的截面积除了支承加劲肋本身的截面积之外，应再计入加劲肋两侧宽度各为 $15t_w\varepsilon_k$ 的腹板面积，如图 6-40 所示，当加劲肋一侧的腹板实际宽度小于此值时，则用实际宽度(图 6-40b)。

支承加劲肋的计算简图如图 6-40(a)、(b)所示，在集中荷载作用下，反力分布于杆长全长范围内，其计算长度可偏安全地取为 h_0。在查取轴心受压构件稳定系数 φ 时，图 6-40(a)所示截面为 b 类截面，图 6-40(b)、(c)所示截面则为 c 类截面。计算公式如下：

$$\frac{N}{\varphi A f}\leqslant 1.0 \tag{6-67}$$

式中　N——集中荷载或支座反力设计值（N）；

　　　　A——按轴心受压构件计算整体稳定时支承加劲肋的截面积（mm²），按图 6-40 中所示阴影面积采用；

　　　　φ——轴心受压构件稳定系数，由 $\lambda=\dfrac{h_0}{i_z}\cdot\dfrac{1}{\varepsilon_k}$ 查附表 5-2 或附表 5-3 确定；$i_z=\sqrt{I_z/A}$，I_z 为图 6-40 所示阴影面积对 z-z 轴的惯性矩。

（2）支承加劲肋端面承压强度计算

梁支承加劲肋端部一般刨平顶紧于梁的翼缘或柱顶，其端面承压强度按下式计算：

$$\sigma_{ce}=\frac{N}{A_{ce}}\leqslant f_{ce} \tag{6-68}$$

式中　A_{ce}——端面承压面积（mm²），即支承加劲肋端部与翼缘板或柱顶相接触的面积；应考虑减去加劲肋端部切角损失的面积；

　　　　f_{ce}——钢材的端部承压(刨平顶紧)强度设计值（N/mm²），可查附表

215

2-1确定。

（3）支承加劲肋与腹板间连接焊缝的计算

按承受全部支座反力或集中荷载计算，计算时可假定应力沿焊缝全长均匀分布，故不必考虑侧面角焊缝计算长度 l_w 不得大于 $60h_f$ 的限制。按下式计算：

$$\frac{N}{0.7h_f\sum l_w}\leqslant f_f^w \tag{6-69}$$

式中 h_f——角焊缝的焊脚尺寸（mm），应满足 $h_{f,max}$，$h_{f,min}$ 的构造要求。

由于焊缝长度较长，由式（6-69）算得的 h_f 很小，一般 h_f 由构造要求 $h_{f,min}$ 控制。

【例题 6-4】 某车间工作平台主梁跨度 $l=12\text{m}$，中间次梁传来的集中荷载设计值 $F=272\text{kN}$（静载，含梁自重），如图 6-41（a）所示。采用双轴对称工字形截面焊接组合梁，截面尺寸如图 6-41（b）所示，梁截面构造情况如图 6-41（f）、（g）、（h）、（i）所示。$b=350\text{mm}$，$t=16\text{mm}$，$h_0=1100\text{mm}$，$t_w=8\text{mm}$，钢材 Q235-B。已知此梁整体稳定、强度、刚度均满足要求，受压翼缘扭转受到约束。试验算该梁的局部稳定性，布置腹板加劲肋，并设计加劲肋。按不考虑腹板屈曲后强度的方法计算。

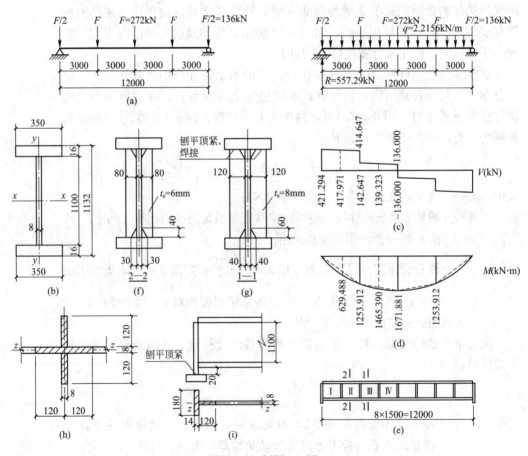

图 6-41 例题 6-4 图

【解】

(1) 截面几何特性及内力计算

$$R = 2 \times 272 = 544 \text{kN} \quad (未含梁自重)$$

$$M_{max} = (544 - 136) \times 6 - 272 \times 3 = 1632 \text{kN} \cdot \text{m}$$

$$A = 2 \times 350 \times 16 + 1100 \times 8 = 20000 \text{mm}^2$$

$$g_k = 7850 \times 20000 \times 10^{-6} \times 1.2 \times 9.8/1000 = 1.84632 \text{kN/m}$$

g_k 计算式中的 1.2 是考虑腹板加劲肋等附件构造用钢量的自重增大系数。

$$g = \gamma_G g_k = 1.2 \times 1.84632 = 2.2156 \text{kN/m}$$

考虑自重后：

$$R = 544 + 2.2156 \times 6 = 557.294 \text{kN}$$

$$M_x = 1632 + \frac{1}{8} \times 2.2156 \times 12^2 = 1671.881 \text{kN} \cdot \text{m}$$

$$I_x = \frac{1}{12} (350 \times 1132^3 - 342 \times 1100^3) = 4374849067 \text{mm}^4$$

腹板计算高度边缘处：$W_{1x} = \dfrac{2I_x}{h_0} = \dfrac{2 \times 4374849067}{1100} = 7954271 \text{mm}^3$

作出该梁的剪力图、弯矩图如图 6-41(c)、(d) 所示。

(2) 受压翼缘局部稳定验算

$$\frac{b_1}{t} = \frac{(350-8)/2}{16} = 10.69 < 13\varepsilon_k = 13\sqrt{\frac{235}{f_y}} = 13，满足要求。$$

本梁承受静力荷载，可以考虑部分塑性深入，$\gamma_x = 1.05$。

(3) 布置腹板加劲肋

$$h_0/t_w = 1100/8 = 137.5 > 80\varepsilon_k = 80$$

但 $< 170\varepsilon_k = 170$（受压翼缘扭转受到约束）

因此，应按计算配置横向加劲肋。取横向加劲肋间距 $a = 1500 \text{mm}$，以使次梁与主梁连接处都可以设为支承加劲肋，并满足构造要求，即：

$a = 1500 \text{mm} > 0.5h_0 = 0.5 \times 1100 = 550 \text{mm}$，且 $< 2h_0 = 2 \times 1100 = 2200 \text{mm}$。

加劲肋布置如图 6-41(e) 所示，支座处采用突缘式支承加劲肋。

(4) 验算腹板各区格的局部稳定性（图 6-41e）

求临界应力 σ_{cr}、τ_{cr}，因为固定集中荷载处均设有支承加劲肋，梁中不产生 σ_c，所以不必求临界应力 $\sigma_{c,cr}$。

$$\lambda_{n,b} = \frac{h_0/t_w}{177} \cdot \frac{1}{\varepsilon_k} = \frac{1100/8}{177} \times \frac{1}{1} = 0.7768 < 0.85$$

$$\therefore \sigma_{cr} = f = 215 \text{N/mm}^2$$

上式中，$\because t_w = 8 \text{mm} < 16 \text{mm} \quad \therefore f = 215 \text{N/mm}^2$

$$a/h_0 = 1500/1100 = 1.36364 > 1.0$$

$$\therefore \lambda_{n,s} = \frac{h_0/t_w}{37\eta\sqrt{5.34 + 4(h_0/a)^2}} \cdot \frac{1}{\varepsilon_k} = \frac{1100/8}{37 \times 1.11\sqrt{5.34 + 4(1100/1500)^2}} \times \frac{1}{1}$$

$$= 1.2232 > 1.2$$

$$\therefore \tau_{cr} = 1.1f_v/\lambda_{n,s}^2 = 1.1 \times 125/1.2232^2 = 91.898 \text{N/mm}^2$$

上式中，$\because t_w = 8mm < 16mm \quad \therefore f_v = 125N/mm^2$

① 区格Ⅰ(图6-41e)

平均弯矩 $M = (629.448 + 0)/2 = 314.724kN \cdot m$

平均剪力 $V = (421.294 + 417.971)/2 = 419.632kN$

$$\sigma = \frac{M}{W_{1x}} = \frac{314.724 \times 10^6}{7954271} = 39.567N/mm^2$$

$$\tau = \frac{V}{h_w t_w} = \frac{419.632 \times 10^3}{8 \times 1100} = 47.685N/mm^2$$

$$\therefore \left(\frac{\sigma}{\sigma_{cr}}\right)^2 + \left(\frac{\tau}{\tau_{cr}}\right)^2 = \left(\frac{39.567}{215}\right)^2 + \left(\frac{47.685}{91.898}\right)^2 = 0.3031 < 1.0，满足要求。$$

② 区格Ⅱ(图6-41e)

平均弯矩 $M = (629.448 + 1253.912)/2 = 941.680kN \cdot m$

平均剪力 $V = (417.971 + 414.647)/2 = 416.309kN$

$$\sigma = \frac{M}{W_{1x}} = \frac{941.680 \times 10^6}{7954271} = 118.387N/mm^2$$

$$\tau = \frac{V}{h_w t_w} = \frac{416.309 \times 10^3}{8 \times 1100} = 47.308N/mm^2$$

$$\therefore \left(\frac{\sigma}{\sigma_{cr}}\right)^2 + \left(\frac{\tau}{\tau_{cr}}\right)^2 = \left(\frac{118.387}{215}\right)^2 + \left(\frac{47.308}{91.898}\right)^2 = 0.5682 < 1.0，满足要求。$$

③ 区格Ⅲ(图6-41e)

平均弯矩 $M = (1253.912 + 1465.390)/2 = 1359.651kN \cdot m$

平均剪力 $V = (142.647 + 139.323)/2 = 140.985kN$

$$\sigma = \frac{M}{W_{1x}} = \frac{1359.651 \times 10^6}{7954271} = 170.933N/mm^2$$

$$\tau = \frac{V}{h_w t_w} = \frac{140.985 \times 10^3}{8 \times 1100} = 16.021N/mm^2$$

$$\therefore \left(\frac{\sigma}{\sigma_{cr}}\right)^2 + \left(\frac{\tau}{\tau_{cr}}\right)^2 = \left(\frac{170.933}{215}\right)^2 + \left(\frac{16.021}{91.898}\right)^2 = 0.6625 < 1.0，满足要求。$$

④ 区格Ⅳ(图6-41e)

平均弯矩 $M = (1465.390 + 1671.881)/2 = 1568.636kN \cdot m$

平均剪力 $V = (139.323 + 136.000)/2 = 137.662kN$

$$\sigma = \frac{M}{W_{1x}} = \frac{1568.636 \times 10^6}{7954271} = 197.207N/mm^2$$

$$\tau = \frac{V}{h_w t_w} = \frac{137.662 \times 10^3}{8 \times 1100} = 15.643N/mm^2$$

$$\therefore \left(\frac{\sigma}{\sigma_{cr}}\right)^2 + \left(\frac{\tau}{\tau_{cr}}\right)^2 = \left(\frac{197.207}{215}\right)^2 + \left(\frac{15.643}{91.898}\right)^2 = 0.8703 < 1.0，满足要求。$$

(5) 加劲肋截面设计

① 无集中力作用处的中间横向加劲肋(图6-41f)

$$b_s \geqslant \frac{h_0}{30} + 40 = \frac{1100}{30} + 40 = 76.67mm，取 b_s = 80mm。$$

$$t_s \geqslant \frac{b_s}{15} = \frac{80}{15} = 5.33mm，采用 t_s = 6mm。$$

切角宽 30mm$>b_s/3=80/3=26.67$mm，切角高 40mm$=b_s/2=40$mm。

② 集中力作用处的中间横向加劲肋（图 6-41g）

a. 先由端部承压强度条件求加劲肋截面尺寸

$$A_{ce} \geqslant N/f_{ce} = 272 \times 10^3/325 = 837\text{mm}^2$$

取 $b_s=15t_s$，考虑切角宽度为 $b_s/3$，则

$$t_s \times \frac{2b_s}{3} = t_s \times \frac{2}{3} \times 15t_s = 10t_s^2 \geqslant \frac{A_{ce}}{2} = \frac{837}{2}$$

$$\therefore t_s \geqslant \sqrt{\frac{837}{2 \times 10}} = 6.47\text{mm}，\text{取 } t_s = 8\text{mm}，b_s = 15t_s = 15 \times 8 = 120\text{mm}。$$

切角宽 40mm$=b_s/3=120/3=40$mm，切角高 60mm$=b_s/2=120/2=60$mm。

b. 按轴心受压构件验算加劲肋在腹板平面外的稳定性（图 6-41h）

$$A = 2 \times 8 \times 120 + 8 \times 240 = 3840\text{mm}^2，\quad I_z = \frac{1}{12}(8 \times 248^3 + 232 \times 8^3) = 10178560\text{mm}^4$$

$$i_z = \sqrt{I_z/A} = \sqrt{10178560/3840} = 51.48\text{mm}，\quad \lambda_z = h_0/i_z = 1100/51.48 = 21.37$$

按 b 类截面，查附表 5-2 得：

$$\varphi = 0.9655$$

$$\frac{N}{\varphi A f} = \frac{272 \times 10^3}{0.9655 \times 3840 \times 215} = 0.3412 < 1.0，\text{满足要求}。$$

c. 端面承压强度验算

此支承加劲肋顶面应与上翼缘板底面之间刨平顶紧，并加角焊缝连接（图 6-41g）。

$$\sigma_{ce} = \frac{N}{A_{ce}} = \frac{272 \times 10^3}{2 \times 8 (120-40)} = 212.50\text{N/mm}^2 < f_{ce} = 325\text{N/mm}^2，\text{满足要求}。$$

③ 支座加劲肋（图 6-41i）

采用突缘式支承加劲肋，支座反力 $R = 557.294$kN

a. 由端部承压条件确定加劲肋截面尺寸

由式(6-68)得：$A_{ce} \geqslant N/f_{ce} = 557.294 \times 10^3/325 = 1715\text{mm}^2$

选 $t_s = 14$mm，则 $b_s = 1715/14 = 122.5$mm，取用 $b_s = 180$mm。

且满足 $t_s = 14$mm$> b_s/15 = 180/15 = 12$mm。

此加劲肋伸出下翼缘底面 20mm$<2t_s = 28$mm，符合构造要求。

b. 按轴心受压构件验算加劲肋在腹板平面外的稳定性（图 6-41i）

$$A = 180 \times 14 + 8 \times 120 = 3480\text{mm}^2，\quad I_z = \frac{1}{12}(14 \times 180^3 + 120 \times 8^3)$$

$$= 6809120\text{mm}^4$$

$$i_z = \sqrt{I_z/A} = \sqrt{6809120/3480} = 44.23\text{mm}，\quad \lambda_z = h_0/i_z = 1100/44.23 = 24.87$$

由 $\lambda_z/\varepsilon_k = 24.87/1 = 24.87$，按 c 类截面，查附表 5-3 得：$\varphi = 0.9348$。

$$\frac{N}{\varphi A f} = \frac{557.294 \times 10^3}{0.9348 \times 3480 \times 215} = 0.7968 < 1.0，\text{满足要求}。$$

c. 端面承压强度验算

220

此支承加劲肋底面应与支座底板顶面之间刨平顶紧(图 6-41i)。

$$\sigma_{ce} = \frac{N}{A_{ce}} = \frac{557.294 \times 10^3}{180 \times 14} = 221.15 \text{N/mm}^2 < f_{ce} = 325 \text{N/mm}^2，满足要求。$$

d. 加劲肋与腹板连接角焊缝计算

加劲肋与腹板之间用 2 条 $h_f = 6\text{mm}$ 的角焊缝连接，符合构造要求：

$h_f = 6\text{mm} < h_{f,max} = 1.2 \times 8 = 9.6\text{mm}$，　且 $> h_{f,min} = 6\text{mm}$(因为 $t = 14\text{mm} >$ 12mm，且 $\leqslant 20\text{mm}$)

$$\tau_f = \frac{N}{0.7 h_f \sum l_w} = \frac{557.294 \times 10^3}{0.7 \times 6 \times 2(1100 - 2 \times 6)} = 60.98 \text{N/mm}^2 < f_f^w = 160 \text{N/mm}^2，$$

满足要求。

【讨论】

如果将本题的设计条件改为受压翼缘扭转未受到约束，则按原题的其他条件计算时，腹板区格Ⅳ的局部稳定将不满足要求。此时把腹板厚度由 8mm 增大至 10mm 是不经济的，较经济可取的修改方案是，把翼缘宽度由 350mm 增大为 380mm，即可满足腹板的局部稳定要求，同时翼缘的局部稳定要求也可满足。

※6.3.5　组合梁考虑腹板屈曲后强度的设计

与 5.3.4 节所述类似，受弯构件腹板的屈曲后强度也是可以利用的，如《钢结构设计标准》就允许承受静力荷载和间接承受动力荷载的组合梁宜按考虑腹板屈曲后强度的方法设计；但在桥梁结构中一般不允许利用屈曲后强度来增加梁的承载能力。

按屈曲后强度设计的梁，可只在支座处和固定集中荷载处设置支承加劲肋，或在适当部位再加设中间横向加劲肋；并且在腹板高厚比不超过 250 时可以只设横向加劲肋，不必设纵向加劲肋。这对于大型组合钢梁来说降低的用钢量相当可观，具有较大的经济意义。如对于翼缘和腹板截面面积各占总截面面积一半的工字形截面组合梁来说，将腹板厚度由 8mm 减为 6mm，就可以节省钢材 12.5%。

承受反复荷载作用的梁，腹板屈曲后的变形容易造成疲劳破坏，同时，梁的承载性能也将逐步恶化，所以承受这类荷载的吊车梁及类似构件不能按利用腹板屈曲后强度的方法设计。

尽管这种设计方法允许腹板屈曲，但在工程设计中，由于考虑了各种安全系数使得梁中的实际工作应力较小，在日常使用的条件下，一般不会观察到腹板明显的局部失稳现象。

6.4　钢梁的设计及工程实例

本节先分别叙述如何运用本章前几节所论述的梁的强度、刚度、整体稳定和局部稳定知识进行型钢梁和焊接组合梁的设计。然后给出两个以工程实例为依据的钢梁设计综合例题。

6.4.1　型钢梁的设计

对于跨度、荷载都不太大的梁一般优先采用型钢梁，以降低制造费用。用于钢梁的热轧型钢主要有热轧普通工字钢、H 型钢和槽钢等。由于各类型钢都有国家标准，其尺寸和截面特性均可由标准中查取，所以型钢梁的截面选取比较容易。

1. 单向弯曲型钢梁的设计

设计型钢梁的已知条件为：荷载情况，梁的跨度 l，受压翼缘侧向支承点之间的距离 l_1（或梁受压翼缘侧向支承的情况），钢材的强度设计值 f。要求选出所用型钢的型号。设计步骤如下：

（1）根据已知荷载，求出梁的最大弯矩设计值 M_x（暂不含梁自重产生的弯矩）。

（2）估算所需要的截面模量：

对不需要验算整体稳定的梁

$$W_{nx} \geqslant \frac{M_x}{\gamma_x f} \tag{6-70}$$

对需要验算整体稳定的梁

$$W_x \geqslant \frac{M_x}{\varphi_b f} \tag{6-71}$$

不需要验算整体稳定的梁的条件见 6.2.2 节中第 5 点中的(1)。式(6-71)中梁的整体稳定系数 φ_b 需先假定。

（3）根据所求得的截面模量 W_{nx} 或 W_x 查型钢表选取型钢型号。一般情况下，应使所选型钢的 W_x 值略大于第（2）步中所求得的截面模量。对于普通工字钢宜优先采用肢宽壁薄的 a 型；对于 H 型钢宜优先采用窄翼缘 HN 系列。

（4）对初选型钢截面进行验算。计入型钢自重，求考虑型钢自重后的弯矩 M 和剪力 V 值。

① 强度验算，分别按式(6-6)、式(6-9)、式(6-10)验算抗弯强度，抗剪强度和局部承压强度。

因为型钢梁的腹板较厚，故一般情况下均能满足抗剪强度和局部承压强度的要求。当最大剪力所在截面无太大的截面削弱时，一般可不作这两项内容验算。折算应力也可不作验算。

② 整体稳定验算，只对整体稳定无保证的梁，按式(6-29)计算。

③ 刚度验算，按式(6-13)计算。

因为热轧型钢的翼缘板宽厚比，腹板高厚比都不是很大，所以型钢梁一般不会局部失稳，故不必进行局部稳定验算。

（5）截面调整。上述截面验算内容中只要有一项不满足，或者各项要求都满足，但截面富余太多，就要对初选截面进行调整。然后对调整后的截面重新验算，直至得到既安全可靠又经济合理的截面为止。

*2. 双向弯曲型钢梁的设计

双向弯曲型钢梁承受两个主平面方向的荷载，工程中广泛应用于屋面檩条和墙梁。坡度较大屋面上的檩条，重力荷载作用方向与檩条截面两条形心主轴都不重合，故其在两个主平面内受弯。墙梁因同时受墙体材料重力和墙面传来的水平风荷载作用，所以也是双向受弯梁。下面以檩条为例叙述双向弯曲梁的设计。

(1) 檩条的截面选择

双向弯曲型钢梁的设计方法与单向弯曲型钢梁类似，先按双向抗弯强度等条件试选截面，然后对初选截面进行强度、整体稳定和刚度方面的验算。

设计双向弯曲型钢梁时，应尽量使其满足不需要计算整体稳定的条件，这样可以按照抗弯强度条件选择型钢截面，由式(6-7)可得：

$$W_{nx} \geqslant \left(M_x + \frac{\gamma_x}{\gamma_y} \frac{W_{nx}}{W_{ny}} M_y \right) \frac{1}{\gamma_x f} = \frac{M_x + \alpha M_y}{\gamma_x f} \tag{6-72}$$

式中，系数 α 可根据型钢类别来选取，对小型号的型钢，可近似取 $\alpha = 6$（窄翼缘 H 型钢和工字钢）或 $\alpha = 5$（槽钢）。

(2) 檩条的形式和构造

檩条的截面形式较常用的是槽钢，当檩条跨度和荷载较大时可采用 H 型钢，在檩条跨度不大且又为轻钢屋面时可采用冷弯薄壁卷边 Z 型钢或卷边 C 型钢，如图 6-42 所示。

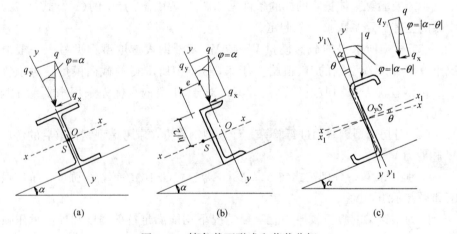

图 6-42　檩条截面形式和荷载分解

槽钢檩条应使上翼缘肢尖指向屋脊方向（图 6-42b），这样放置可使在一般屋面坡度情况下竖向荷载偏离剪切中心 S 的距离较小，计算时可不考虑扭转。卷边 Z 型钢檩条也应使上翼缘肢尖指向屋脊方向（图 6-42c），这样放置不但减小扭转偏心距，而且还使竖向荷载下檩条受力更接近于强轴单向受弯。

槽钢和卷边 Z 型钢檩条的侧向刚度较小，为减小其侧向弯矩，提高檩条的承载能力，一般应在其跨中设 1～2 道拉条，把侧向变为两跨或三跨连续梁。拉条的设置及其构造将在后续课程"钢结构设计"中详细介绍。

(3) 檩条的计算

① 强度

檩条所受荷载主要有屋面材料重量、檩条自重、屋面可变荷载等重力荷载，其方向都是垂直地面的。檩条布置时，型钢的腹板均垂直于屋面，因而竖向线荷载 q 在设计时应分解成与檩条截面两条形心主轴方向一致的分量 $q_x = q\sin\varphi$ 和 $q_y = q\cos\varphi$（图 6-42），从而引起双向弯曲。φ 为荷载 q 方向与形心主轴 $y\text{-}y$ 之间的夹角；对槽钢和 H 型钢截面，q_x 平行于屋面，q_y 垂直于屋面，φ 角等于屋面坡度 α（图 6-42a、b）；对于卷边 Z 型钢截面 $\varphi = |\alpha - \theta|$，$\theta$ 为形心主轴 $x\text{-}x$ 与平行于屋面轴 $x_1\text{-}x_1$ 的夹角（图 6-42c）。

荷载 q_x 和 q_y 将分别在檩条中产生 M_y 和 M_x，故应根据式（6-7）按双向弯曲梁验算檩条的抗弯强度。式中 M_x 为简支梁跨内的弯矩，M_y 在无拉条时，按简支梁计算，在有拉条时，按多跨连续梁计算（图 6-43）。由于型钢檩条壁厚较大，所以其抗剪强度和局部承压强度可不计算。

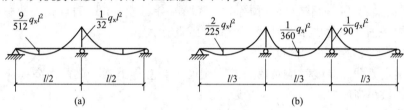

图 6-43　有拉条时檩条的 M_y

(a)—根拉条；(b)两根拉条

② 整体稳定

当屋面材料与檩条有较好的连接并阻止受压翼缘侧向位移及檩条上按常规设置拉条时，可不必验算檩条的整体稳定性。无拉条或拉条设置过少，且屋面材料刚性较弱（如石棉瓦、瓦楞铁皮等），在构造上不能阻止受压翼缘侧向位移的檩条，跨度较大时，应按式（6-30）计算整体稳定。

③ 刚度

当檩条未设拉条时，应分别根据荷载分量 q_{xk} 和 q_{yk} 求出同一点的挠度分量 u 和 v，然后验算 $\sqrt{u^2 + v^2} \leqslant [v]$。当檩条设有拉条时，只需验算垂直于屋面方向的挠度，根据 q_{yk} 验算：$v \leqslant [v]$。q_{xk}、q_{yk} 为按荷载标准值计算的线荷载。$[v]$ 为檩条的容许挠度。

6.4.2　焊接组合梁的设计

1. 截面选择

焊接组合梁设计的已知条件有：荷载情况，梁的跨度 l，受压翼缘侧向支承点之间的距离 l_1（或梁受压翼缘侧向支承的情况），钢材的强度设计值 f。要求确定钢梁的截面尺寸 b、t、h_w、t_w（图 6-44）。

双轴对称工字形截面焊接组合梁截面选择步骤如下：

(1) 计算最大弯矩 M_x 等

根据已知荷载，求出梁的最大弯矩设计值 M_x，最大剪力设计值 V 和支座反力 R（暂不含梁自重）。

（2）估算所需要的截面模量

对于不考虑腹板屈曲后强度的梁，按式（6-70）或式（6-71）计算得到。其中式（6-71）中梁的整体稳定系数 φ_b 需先假定。对于考虑腹板屈曲后强度的梁，则按式（6-73）计算得到。式（6-73）中的截面模量折减系数 α_e 需先假定，一般可先假定 α_e 取 0.95 左右。

$$W_x \geqslant \frac{M_x}{\gamma_x \alpha_e f} \tag{6-73}$$

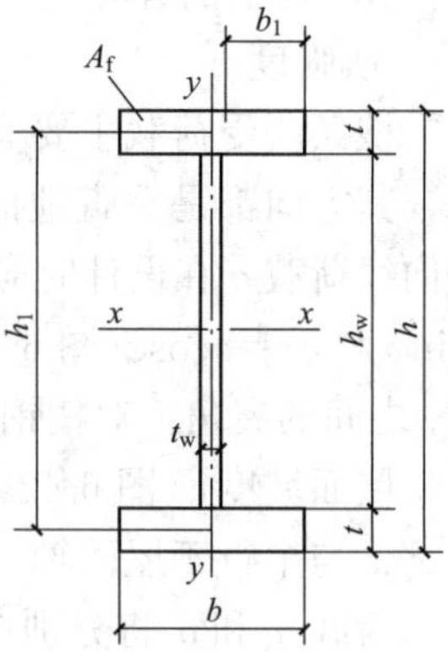

图 6-44　焊接组合梁截面

应用式（6-70）、式（6-71）或式（6-73）估算截面模量 W_x 时，应根据所设计梁的跨度、荷载情况，正确选取钢材强度设计值 f。如：梁跨度、荷载较大，预计梁翼缘厚度会超过 16mm 时，就应选用相应组别的 f 值。以免由于 f 选择不当而导致重算。

（3）确定梁的截面高度 h

确定梁截面高度时应考虑建筑、刚度、经济等因素。梁截面高度应满足最大、最小高度要求，并尽量接近经济高度。

① 最大高度 h_{max}：梁截面最大高度一般由建筑设计确定。建筑设计容许的梁截面最大高度通常是指梁底空间在满足生产工艺、使用要求所需要的最小净空条件下，梁截面所能取得的最大高度 h_{max}。

② 最小高度 h_{min}：梁截面的最小高度由梁的刚度条件确定。要求梁满足正常使用极限状态下的要求，即梁在荷载标准值作用下的挠度不超过规定的容许挠度。梁挠度的大小与其截面高度有直接关系，以均布荷载标准值 q_k 作用下双轴对称截面简支梁为例，其最大挠度计算公式为：

$$v = \frac{5q_k l^4}{384EI} = \frac{5l^2}{48EI} \cdot \frac{q_k l^2}{8} = \frac{5M_k l^2}{48EI} = \frac{5M_k l^2}{48EW(h/2)} = \frac{10\sigma_k l^2}{48Eh}$$

当梁的强度得到充分利用时，在上式中应取 $\bar{\gamma}\sigma_k = f$。$\bar{\gamma}$ 为荷载分项系数的加权平均值，近似取 $\bar{\gamma} = (\gamma_G + \gamma_Q)/2 = (1.2+1.4)/2 = 1.3$。将 $\sigma_k = f/\bar{\gamma}$ 代入上式，并将上式代入刚度条件 $v \leqslant [v]$ 中，可得到：

$$v = \frac{10fl^2}{48 \times 1.3Eh} \leqslant [v]$$

或

$$\frac{h_{min}}{l} \geqslant \frac{10f}{48 \times 1.3E} \cdot \frac{l}{[v]} \tag{6-74}$$

将 $E = 206 \times 10^3 \text{N/mm}^2$ 及 $[v] = l/n$（参见表 6-3）代入式（6-74），可得：

$$h_{min} \geqslant \frac{nfl}{1285440} \tag{6-75}$$

根据表 6-3 所示常见梁的不同容许挠度 $[v]$ 值，可以得到最小高度 h_{min}，如表 6-6 所示。在制定表 6-6 时，假定翼缘板厚度 $t \leqslant 16\text{mm}$，截面塑性发展系数 $\gamma_x = 1.0$。由表 6-6 中的数据可知，梁的容许挠度要求越严格，所需截面高度越大。容许挠度要求相同时，钢材强度越高，梁所需要的截面高度越大。例如：跨度 $l=24\text{m}$，容许挠度 $[v]=l/500$ 时，Q235 钢的 $h_{\min}=l/12=2\text{m}$；Q390 钢的 $h_{\min}=l/7.3\approx3.3\text{m}$；Q420 钢的 $h_{\min}=l/6.8\approx3.5\text{m}$。由此可见，当梁的荷载不大而跨度较大，梁的截面高度是由刚度要求决定时，选用强度高的钢材是不合理的。

均匀荷载作用下简支梁($t\leqslant16\text{mm}$，$\gamma_\text{x}=1.0$)的最小高度 $h_{\min}$ 表 6-6

	$[v]$	$\dfrac{l}{1200}$	$\dfrac{l}{1000}$	$\dfrac{l}{800}$	$\dfrac{l}{600}$	$\dfrac{l}{500}$	$\dfrac{l}{400}$	$\dfrac{l}{250}$	$\dfrac{l}{200}$	$\dfrac{l}{150}$
$h_{\min}$	Q235 钢	$\dfrac{l}{5}$	$\dfrac{l}{6}$	$\dfrac{l}{7.5}$	$\dfrac{l}{10}$	$\dfrac{l}{12}$	$\dfrac{l}{15}$	$\dfrac{l}{24}$	$\dfrac{l}{30}$	$\dfrac{l}{40}$
	Q345 钢	$\dfrac{l}{3.5}$	$\dfrac{l}{4.1}$	$\dfrac{l}{5.2}$	$\dfrac{l}{6.9}$	$\dfrac{l}{8.3}$	$\dfrac{l}{10.4}$	$\dfrac{l}{16.6}$	$\dfrac{l}{20.7}$	$\dfrac{l}{27.6}$
	Q390 钢	$\dfrac{l}{3.1}$	$\dfrac{l}{3.7}$	$\dfrac{l}{4.6}$	$\dfrac{l}{6.1}$	$\dfrac{l}{7.3}$	$\dfrac{l}{9.2}$	$\dfrac{l}{14.7}$	$\dfrac{l}{18.4}$	$\dfrac{l}{24.5}$
$h_{\min}$	Q420 钢	$\dfrac{l}{2.8}$	$\dfrac{l}{3.4}$	$\dfrac{l}{4.2}$	$\dfrac{l}{5.6}$	$\dfrac{l}{6.8}$	$\dfrac{l}{8.5}$	$\dfrac{l}{13.5}$	$\dfrac{l}{16.9}$	$\dfrac{l}{22.6}$
	Q460 钢	$\dfrac{l}{2.6}$	$\dfrac{l}{3.1}$	$\dfrac{l}{3.9}$	$\dfrac{l}{5.2}$	$\dfrac{l}{6.2}$	$\dfrac{l}{7.8}$	$\dfrac{l}{12.5}$	$\dfrac{l}{15.6}$	$\dfrac{l}{20.9}$

若截面塑性发展系数 $\gamma_\text{x}=1.05$，式(6-75)或表 6-6 的数据应除以 1.05 采用。若翼缘板的厚度 $t>16\text{mm}$，则式(6-75)中的 f 应代入与之对应的数值计算 $h_{\min}$。式(6-75)和表 6-6 是根据均布荷载简支梁情况得到的，对于其他荷载作用情况的简支梁，初选截面时同样可以参考使用。

③ 经济高度 h_c：根据梁用钢量最小条件确定的梁截面高度称为梁的经济高度。通常，梁截面高度越大，腹板用钢量增多，而翼缘板的用钢量相对减小；梁的截面高度越小，则情况相反。只有当梁的截面高度为经济高度 h_e 时，梁的总用钢量才最小。目前设计中常采用的经济高度经验公式为：

$$h_\text{e}=7\sqrt[3]{W_\text{x}}-300(\text{mm}) \tag{6-76}$$

式中 W_x——梁所需要的截面模量(mm^3)，在第(2)步中已按式(6-70)或式(6-71)式(6-73)求出。

④ 梁高采用：应同时满足上述三个条件，即：

$$h_{\min}\leqslant h\leqslant h_{\max}, \quad h\approx h_\text{e} \tag{6-77}$$

实际选用的梁截面高度 h 与 h_e 之间可相差 $15\%\sim20\%$，对梁的总用钢量影响不大。

(4) 确定腹板尺寸 h_w、t_w

确定了梁截面高度 h 后，可按下式计算腹板高度 h_w：

$$h_\text{w}=h-2t \tag{6-78}$$

梁的跨度越大，荷载越大，式(6-78)中的翼缘板厚度就越大，一般可先假定 $t=20\text{mm}$ 左右。

腹板厚度 t_w 可按抗剪强度要求按下式计算：

$$t_\text{w}\geqslant\dfrac{\alpha V}{h_\text{w}f_\text{v}} \tag{6-79}$$

式中　V——梁端的最大剪力设计值，当梁端截面无削弱时，系数 $\alpha = 1.2$；

　　　　　当梁端截面有削弱时，系数 $\alpha = 1.5$。

通常，按式(6-79)确定的腹板厚度 t_w 偏小。为了考虑腹板局部稳定和构造等因素的影响，一般用下列经验公式来估算腹板所需的厚度：

$$t_w \geqslant \sqrt{h_w}/3.5 \qquad (6\text{-}80)$$

式中，h_w、t_w 的单位均为 "mm"。

具体选取腹板尺寸时应注意以下几点：

① $t_w \geqslant 6\text{mm}$；并应使 t_w 尽可能取较小值。这是因为腹板太薄，锈蚀对截面的削弱影响大；而腹板厚度增大时，用钢量增加很多，不经济。

② t_w 取 2mm 倍数，以使其数值与钢板厚度规格相一致。

③ 一般宜取 h_w 为 10mm 倍数，以便于制造。

④ 对于不利用腹板屈曲后强度的梁，宜控制 $h_w/t_w \leqslant 170\varepsilon_k$（受压翼缘扭转受到约束时），或 $h_w/t_w \leqslant 150\varepsilon_k$（受压翼缘扭转受未到约束时），以避免设置纵向加劲肋，而使构造太复杂。对于利用腹板屈曲后强度的梁，宜控制 $h_w/t_w \leqslant 250$。

(5) 确定翼缘尺寸 b、t

已知腹板尺寸 h_w、t_w 后，由图 6-44 可以写出梁的截面惯性矩：

$$I_x = W_x \frac{h}{2} = \frac{1}{12} t_w h_w^3 + 2A_f \left(\frac{h_1}{2} \right)^2$$

由此可得一个翼缘的面积：

$$A_f = W_x \frac{h}{h_1^2} - \frac{1}{6} t_w \frac{h_w^3}{h_1^2}$$

初选截面时可取：$h \approx h_1 \approx h_w$，并注意到关系式 $A_f = bt$，则上式可改写为：

$$A_f = \frac{W_x}{h_w} - \frac{1}{6} t_w h_w = bt \qquad (6\text{-}81)$$

式中　W_x——梁所需要的截面模量(mm^3)，在第(2)步中已按式(6-70)或式(6-71)或式(6-73)求出。

先假定 b、t 中的一个，然后按式(6-81)就可确定另一个。在满足翼缘局部稳定的前提下，b 宜适当大一些，以利于梁的整体稳定和梁上铺放面板，也便于变截面时将 b 缩小。选取 t 时，宜使 t 所属钢材组别与前面第(2)步估算 W_x 时所用公式(6-70)、式(6-71)或式(6-73)中采用 f 所假定的组别一致，以避免重算。

具体确定翼缘尺寸时，应注意以下几点：

① 取 $b = (1/6 \sim 1/2.5)h$，且 $b \geqslant 180\text{mm}$（一般梁）；吊车梁的上翼缘，$b \geqslant 300\text{mm}$。

② t 取 2mm 倍数，b 取 10mm 倍数。

③ 受压翼缘自由外伸宽度 b_1 应满足局部稳定要求，即：$b_1/t \leqslant 13\varepsilon_k$（$\gamma_x = 1.05$ 时），或 $b_1/t \leqslant 15\varepsilon_k$（$\gamma_x = 1.0$ 时）。

④ 翼缘板宽度应超出腹板加劲肋的外侧，当每侧加劲肋宽度 $b_s \geqslant 40 + h_0/30$(mm)时，要求 $b \geqslant 90 + 0.07h_0$(mm)。

2. 截面验算

（1）截面几何特性、内力

对初选截面计算各种截面几何特性，如：A、I_x、W_x等。计入梁自重后，重新求梁的弯矩、剪力。

（2）强度验算

对于不考虑腹板屈曲后强度的梁，按式(6-6)验算抗弯强度，按式(6-9)验算抗剪强度，必要时按式(6-10)验算局部承压强度，按式(6-11)验算折算应力。

对于考虑腹板屈曲后强度的梁，先按规定在梁腹板上布置加劲肋，然后按有关公式验算抗弯抗剪强度。

（3）整体稳定验算

只对需要计算整体稳定条件的梁，见 6.2.2 节第 5 点(1)，按式(6-29)计算。

（4）局部稳定验算

按式(6-33)或式(6-34)验算受压翼缘的局部稳定。

对于不考虑腹板屈曲后强度的梁，先按 6.3.4 节的规定在腹板上布置加劲肋，然后按 6.3.3 节的规定对每个腹板区格的局部稳定进行验算。

对于考虑腹板屈曲后强度的梁，只需按规定在梁腹板上布置加劲肋，不需要进行腹板局部稳定验算。

（5）刚度验算

对于等截面简支梁，按式(6-13)验算。对变翼缘宽度的简支梁按式(6-14)验算。

（6）截面调整

上述截面验算内容中只要有一项不满足，或者各项要求都满足，但截面明显富余太多，就要对初选截面进行相应的调整，然后对调整后的截面重新进行验算，直至得到合理的截面为止。

3. 组合梁截面沿跨度方向的改变

除承受纯弯曲的简支梁各截面弯矩相等外，常见的受分布荷载、集中荷载作用的简支梁，弯矩沿跨度方向都是变化的。在选择钢梁截面时，总是根据全梁最大弯矩 M_{max} 按抗弯强度或整体稳定要求选取一个不变的截面模量 W_x 用于梁的全跨，做成等截面梁。显然，在弯矩较小的截面处承载能力有较大的富余。理论上梁的截面模量 W_x 按弯矩图规律变化，最符合受力要求，所制成的梁最省钢材。但实际上按这种要求来制造加工太麻烦。故在工程实际中，对跨度较小的梁一般不变截面。对于跨度较大的梁，通常在半跨内改变一次截面，可节省大约 $10\% \sim 20\%$ 的钢材，如果再多改变一次，约再多节约$3\% \sim 4\%$，效果不显著。为了便于制造，一般半跨内只改变一次截面。焊接组合梁的截面沿跨度方向的改变主要有以下几种。

（1）变翼缘板宽度

这是最常用的变截面方法。对于单层翼缘板的梁，改变截面时宜改变翼缘板宽度而不改变其厚度。因为改变板厚会导致梁顶不平，不利于与其他构件的连接，而且会使变厚度处产生应力集中。对于承受均布荷载的简支梁，由理论分析结果可知，截面改变位置离开梁两端支座 $l/6$（图 6-45b）节省钢材最多。对于承受数个均匀分布在梁上集中荷载的简支梁，则最优的改变位置在离开梁两端支座约 $l/6 \sim l/4$ 处。梁端附近较窄翼缘板的宽度 b' 应由截面开始改变位置处的弯矩 M_1 确定。为了减小应力集中，宽板应从截面开始改变处向弯矩减小的一方以不大于 1∶2.5（或对于需验算疲劳的梁为 1∶4）的斜度切向延长，然后与窄板对接。宽板与窄板之间的对接焊缝一般采用一级或二级直缝对接焊接。对于焊缝质量等级为三级的受拉翼缘，需要采用斜缝，为保证该斜向对接焊缝与母材等强，应使焊缝长度方向与梁纵向轴线之间的夹角 θ 满足 $\tan\theta \leqslant 1.5$ 的要求。

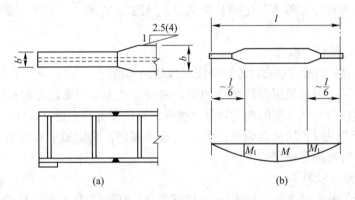

图 6-45　梁翼缘宽度的改变

应注意的是，按上述截面变更位置要求确定的梁端附近翼缘宽度 b' 仍应满足下列构造要求：$b' \geqslant h/6$，$b' \geqslant 180\text{mm}$，$b' \geqslant 90 + 0.07h_0$（mm），$b'$ 取 10mm 倍数等。如果此初选的 b' 不能满足这些要求，则应另选一个满足这些构造要求的宽度，并按此宽度重新确定截面变更位置。

截面改变处，要验算抗弯强度，验算腹板计算高度边缘点处的折算应力。

（2）双层翼缘板焊接梁改变翼缘板厚度

对于多层翼缘板的梁，可以采用切断外层翼缘板的方法来改变梁的截面（图 6-46）。翼缘板采用两层钢板时，外层钢板与内层钢板厚度之比宜为 0.5～1.0。

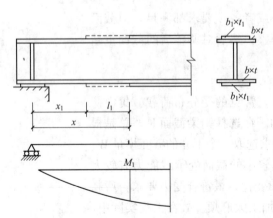

图 6-46　切断外层翼缘板的梁

理论断点的位置 x 可按由单层翼缘板和腹板组成的截面的最大抵抗弯矩 M_1 计算确定。为保证在理论断点处，外层翼缘板能够部分参加工作，实际切断点位置应向弯矩较小一侧延长 l_1 长度，并应具有足够的焊缝。规范规定，理论截断点处的外伸长度 l_1 应符合下列要求：

端部有正面角焊缝：

当 $h_f \geqslant 0.75t$ 时，$l_1 \geqslant b$

当 $h_f < 0.75t$ 时，$l_1 \geqslant 1.5b$

端部无正面角焊缝，$l_1 \geqslant 2b$

式中　b、t——分别为外层翼缘板的宽度和厚度；

　　　　h_f——侧面角焊缝和正面角焊缝的焊脚尺寸。

应注意的是，需要验算疲劳的焊接吊车梁的翼缘板宜用一层钢板，当采用两层钢板时，外层钢板宜沿梁通长设置，并应在设计与施工中采取措施使上翼缘两层钢板紧密接触。

（3）改变腹板高度

有时为了降低梁的建筑高度或满足梁支座处的构造要求，简支梁可以在靠近支座处减小其高度，而使翼缘截面保持不变（图 6-47）。梁端部的高度根据抗剪强度要求确定，但不宜小于跨中高度的 1/2。

图 6-47(a)所示的做法构造简单，制作方便，可优先采用。图 6-47(b)是逐步改变腹板高度的做法，下翼缘板弯折点一般取在距梁端$(1/6 \sim 1/5)l$ 处，在下翼缘由水平方向转为倾斜方向的两个转折点处均需设置腹板加劲肋。

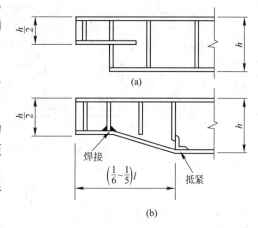

图 6-47　变腹板高度的梁

应说明的是，以上有关梁截面变化的分析是只从梁的强度需要来考虑的，只适合于梁顶面上有刚性铺板而不需考虑整体稳定的梁。对于由整体稳定控制设计的梁，如果它的截面向两端逐渐变小，特别是受压翼缘变窄，则梁的整体稳定承载力将受到较大的削弱。所以，对于由整体稳定控制设计的梁，一般不宜采用沿梁跨度方向改变截面的做法。规范规定，起重量 $Q \geqslant 1000 \text{kN}$（包括吊具重量）的重级工作制（A6～A8 级）吊车梁，不宜采用变截面梁。

4. 焊接组合梁翼缘焊缝的计算

（1）翼缘焊缝的作用与类别

由于梁弯曲时，相邻截面作用在翼缘截面的弯曲正应力存在差值，因此翼缘和腹板之间将产生水平剪力。为防止翼缘和腹板之间由于水平剪力的作用而出现相互滑移，必须在此处设置连接，焊接组合梁在此处一般设置翼缘焊缝。可见，翼缘焊缝的作用就是保证梁受弯时翼缘和腹板共同工作，不致分离。

229

对于大多数承受静力荷载或间接承受不太大动力荷载的焊接组合梁，翼缘焊缝采用角焊缝，其优点是加工费用低，构造简单。对于需要进行疲劳计算钢梁的翼缘焊缝，以及承受较大动力荷载的钢梁，如重级工作制和起重量 $Q \geqslant 50t$ 的中级工作制吊车梁，腹板与上翼缘之间的连接焊缝应采用焊透的 T 形接头焊缝(图 6-48)，焊缝形式一般为对接与角接的组合焊缝。此种焊缝的质量等级一般为一级或二级，焊缝与基本金属等强，不用计算。下面只论述翼缘焊缝采用角焊缝的计算问题。

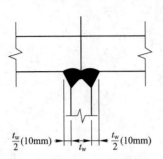

图 6-48 焊透的 T 形接头
对接与角接组合焊缝

(2) 承受水平剪力的翼缘焊缝

工字形截面梁弯曲剪应力在腹板上按抛物线规律分布(图 6-49)，腹板边缘的剪应力为：

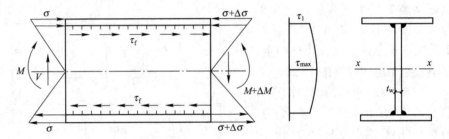

图 6-49 翼缘焊缝的水平剪力

$$\tau_1 = \frac{VS_1}{I_x t_w} \tag{6-82}$$

式中 V——计算截面的剪力设计值；

S_1——翼缘截面对梁中和轴的面积矩。

式(6-82)中的剪应力 τ_1 的方向是铅垂的，根据剪应力互等定理，在翼缘与腹板连接处的水平剪应力大小也为 τ_1，故沿梁单位长度上的水平剪力为：

$$V_h = \tau_1 t_w = \frac{VS_1}{I_x t_w} \times t_w = \frac{VS_1}{I_x}$$

为保证翼缘焊缝安全工作，角焊缝有效截面上承受的剪应力 τ_f 不应超过角焊缝的强度设计值 f_f^w：

$$\tau_f = \frac{V_h}{2 \times 0.7 h_f \times 1} = \frac{VS_1}{1.4 h_f I_x} \leqslant f_f^w \tag{6-83}$$

由此得所需焊缝的焊脚尺寸为：

$$h_f \geqslant \frac{VS_1}{1.4 I_x f_f^w} \tag{6-84}$$

对具有双层翼缘板的梁，当计算外层翼缘板与内层翼缘板之间的侧面连接焊缝时(图 6-50)，式(6-84)中的 S_1 应取外层翼缘板对梁中和轴的面积矩；

当计算内层翼缘板与腹板之间的连接焊缝时，则 S_1 应取内外两层翼缘板面积对梁中和轴的面积矩之和。

（3）承受水平剪力和局部压力共同作用的翼缘焊缝

当梁的上翼缘承受固定集中荷载且在荷载作用点截面处未在腹板上设置支承加劲肋，或当梁承受移动集中荷载（如吊车梁情况）时，翼缘和腹板间的连接焊缝不仅承受水平方向的剪力 V_h 作用，同时还承受集中压力 F 所产生的垂直方向剪力 V_v 的作用（图 6-51）。单位长度上的垂直方向剪力 V_v 可按下式计算：

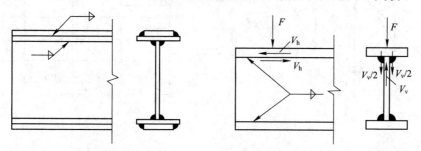

图 6-50　双层翼缘板的连接焊缝　　　　图 6-51　双向剪力作用下的翼缘焊缝

$$V_v = \sigma_c \times t_w \times 1 = \frac{\psi F}{t_w l_z} \times t_w \times 1 = \frac{\psi F}{l_z} \tag{6-85}$$

上式中的 σ_c 为集中力 F 在腹板计算高度边缘处产生的局部压应力，按式（6-10）计算。

在剪力 V_v 的作用下，上翼缘与腹板之间的两条角焊缝为正面角焊缝，在焊缝有效截面上产生的应力为：

$$\sigma_f = \frac{V_v}{2 \times 0.7 h_f \times 1} = \frac{\psi F}{1.4 h_f l_z} \tag{6-86}$$

因此，在水平方向的剪力 V_h 和垂直方向的剪力 V_v 共同作用下，上翼缘与腹板之间的角焊缝安全工作的强度条件为：

$$\sqrt{(\sigma_f / \beta_f)^2 + \tau_f^2} \leqslant f_f^w$$

将式（6-83）和式（6-86）代入上式，整理后可得：

$$h_f \geqslant \frac{1}{1.4 f_f^w} \sqrt{\left(\frac{\psi F}{\beta_f l_z}\right)^2 + \left(\frac{V S_1}{I_x}\right)^2} \tag{6-87}$$

式中　β_f——正面角焊缝强度设计值增大系数，对直接承受动力荷载的梁，$\beta_f = 1.0$；对其他情况的梁，$\beta_f = 1.22$。

式（6-87）适用梁上翼缘与腹板之间的焊缝计算。对于下翼缘与腹板之间的连接角焊缝仍按式（6-84）计算。

用作翼缘焊缝的角焊缝应符合以下构造要求：①全梁翼缘焊缝的焊脚尺寸 h_f 不变，采用连续焊缝。②h_f 应满足 $h_{f,max}$ 和 $h_{f,min}$ 的构造要求。

6.4.3　以工程实例为依据的钢梁设计综合例题

1.【工程实例一】普通工业操作平台主次梁的设计。

对于图 6-52（a）、（b）所示的普通工业操作平台，平台铺板选用花纹钢板加角钢加劲肋，钢铺板与钢梁上翼缘焊牢，能够阻止钢梁的侧向变形。梁 AB 和 CD 在上翼缘平面内是平接。写出其次梁 AB 和主梁 CD 的设计思路。

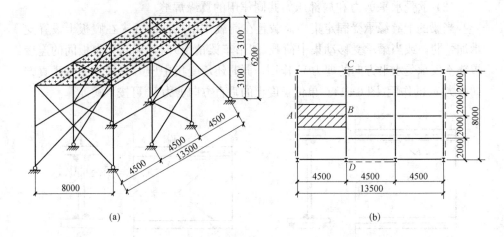

图 6-52　某钢结构平台

(a)钢平台结构示意图；(b)钢平台平面图

【解】

(1) 次梁 AB 的设计

次梁的跨度和所受荷载一般都较小，设计时选用一般结构用钢 Q235B，并采用轧制型钢，以减小加工制作成本。次梁设计可分为两大步骤：第一步，初选梁截面；第二步，验算所选的梁截面是否满足要求。由于梁上有与上翼缘焊牢的刚性铺板，能够阻止梁的侧向失稳，所以在以上两步中，都可以不考虑梁的整体稳定。由于选用了轧制型钢，在第二步中，可以不验算梁的局部稳定。

1) 初选梁截面

首先根据梁的受力，计算梁所受到的荷载作用。梁所受的活荷载作用由设计条件给出，恒荷载作用包括梁上的铺板自重和可能的设备自重。二者乘以各自的荷载分项系数并相加，得到梁的荷载设计值。注意，在这一步的计算中，由于梁的截面大小还未选出，梁的自重并没有考虑。

平台梁是单向受弯构件，由于不是验算疲劳，可以考虑部分塑性发展，根据梁的抗弯强度设计公式(见《钢结构设计标准》GB 50017—2017 第 4.1.1 条)，计算梁所需要的净截面模量。按照实际的截面模量大于等于所需要的截面模量，在热轧 H 型钢表中，查找所需要的型钢规格，即为初选的梁截面。

2) 梁的截面验算

对初步选定的梁截面进行强度和刚度验算。由于轧制型钢梁的截面已经选定，查表得到其几何性质和自重，在梁的荷载设计值和标准值中考虑梁的自重。然后按照《钢结构设计标准》GB 50017—2017 第 4.1.1 条验算梁的抗弯强度是否满足要求；型钢梁的抗剪强度均能满足要求，故不必验算。梁的刚度验算包括两部分：一是全部荷载作用下的挠度验算，二是可变荷载作用下的挠度验算，二者都要满足《钢结构设计标准》GB 50017—2017 第 3.5.1

条中的相关要求。

在验算中，只要有一项不满足要求，都要重新选择梁截面并再次验算。

（2）主梁 CD 的设计

主梁的跨度和所受荷载一般都较大，如果直接选用热轧型钢不能满足要求，就需要采用焊接组合截面梁。选用热轧型钢梁的设计过程与上述次梁的设计过程基本一样，作为示例，主梁 CD 采用焊接组合梁截面。由于铺板能够保证梁的整体稳定，在设计中将不考虑梁的整体稳定。

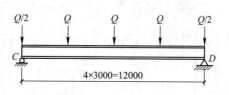

图 6-53　主梁 CD 计算简图

1）初选梁截面

主梁所受到的荷载作用，包括次梁所传来的平台活荷载、铺板自重和次梁自重，如图 6-53 所示。在本步的计算中，由于主梁的截面还未确定，没有考虑主梁自重作用。

焊接截面组合梁的设计包括梁高、腹板厚度、翼缘厚度和宽度的选择。梁高的确定应从三个方面来考虑：建筑或工艺允许的最大高度、刚度要求的最小高度和设计经验高度。最大高度一般由建筑学专业直接给出；最小高度是根据梁的挠度要求计算得到的。设计经验高度是按照强度要求，给出的梁高估算高度。选择梁高，应满足最大和最小高度要求，并尽量靠近经验高度，且取 10mm 的整数倍。

在确定梁高以后，近似取梁腹板高度等于梁高，根据梁的腹板抗剪承载计算公式，算出所需要的最小腹板厚度，选用的腹板厚度应大于等于计算要求的最小腹板厚度，且大于 6mm，并取 2mm 的整数倍。

按照翼缘的抗弯要求计算翼缘的截面面积，计算过程中近似取两个翼缘厚度中心之间的间距为梁高。按照翼缘宽厚比要求，确定翼缘厚度和宽度的关系，从而计算出翼缘的厚度、宽度和面积。实际选用的翼缘厚度应大于 6mm，并取 2mm 的整数倍，选用的翼缘宽度应为 10mm 的整数倍。

这样，焊接组合梁截面的几何尺寸就初步确定了。

2）梁的截面验算

由于采用的是焊接组合梁截面，梁的截面几何性质和自重都要进行计算。在梁的荷载设计值和标准值中加入梁的自重。按照梁的计算公式(6-6)、式(6-9)和式(6-13)，重新验算梁的抗弯强度、抗剪强度和挠度。

梁的局部稳定验算，分两部分：一是按照翼缘宽厚比的最大限值要求，验算翼缘的局部稳定。二是腹板的局部稳定，需要按照腹板高厚比的不同取值范围，进行腹板加劲肋布置，然后验算由加劲肋所划分的不同腹板区格的折算应力是否满足要求。对于腹板加劲肋本身的截面尺寸和刚度，也要进行验算。这部分的详细要求可见《钢结构设计标准》GB 50017—2017 第 4.3 条。

在验算中，只要有一项不满足要求，都要重新调整梁截面并进行验算。

2.【工程实例二】简支钢桥箱形梁的设计。

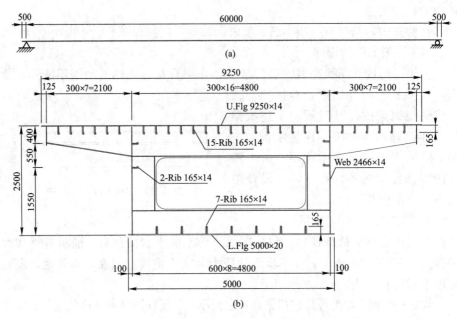

图 6-54 简支钢桥箱形梁计算简图与跨中截面图

(a)简支梁桥示意图；(b)跨中断面

跨径 60m 简支梁桥的跨中断面如图 6-54 所示(单位：mm)，桥宽 9250mm、梁高 2500mm、箱梁宽 4800mm，顶板和腹板板厚 14mm、底板厚 20mm，顶板、底板和腹板加劲肋为 165×14。箱梁内每隔 6000mm 设一道横隔板，各横隔板之间顶板各设置 2 道横向加劲肋。已知钢材屈服强度 $f_y = 345$MPa，钢材设计强度：板厚 $t \leqslant 16$mm 时，$f_d = 275$MPa；板厚 $16 < t \leqslant 30$mm 时，$f_d = 260$MPa。$E = 2.0 \times 10^5$MPa，$\nu = 0.3$，试计算箱梁截面最大抗弯承载力。

【解】

(1) 考虑剪力滞影响的翼缘有效截面

受弯杆件的设计与计算应考虑剪力滞的影响，简支箱梁桥的翼缘有效宽度 b_e 按下式计算，计算结果列于表 6-7。

考虑剪力滞的影响箱梁桥翼缘有效宽度和面积　　　　　表 6-7

结构	计算跨径 (mm)	结构计算宽度(mm)			有效宽度(mm)			板厚 (mm)
		悬臂 b	箱内 b	总宽 B	悬臂 b_e	箱内 b_e	总宽 B_e	
顶板	60000	2225	2400	9250	1918	2029	7895	14
底板	60000	100	2400	5000	100	2029	4259	20

$$b_e^s = b \qquad \frac{b}{\ell} \leqslant 0.05$$

$$b_e^s = \left[1.1 - 2\frac{b}{\ell}\right]b \qquad 0.05 < \frac{b}{\ell} < 0.30$$

$$b_e^s = 0.15l \qquad \frac{b}{\ell} \geqslant 0.3$$

式中 b_e^s——翼缘有效宽度；

$\qquad b$——腹板间距的 $1/2$，或翼缘外伸肢为伸臂部分的宽度；

$\qquad \ell$——等效跨长。

考虑剪力滞影响的有效截面面积 $A_{\mathrm{eff,s}}$ 按下式计算：

$$A_{\mathrm{eff,s}}=\sum b_{e,i}^s t_i+\sum A_{s,j}$$

式中 $A_{\mathrm{eff,s}}$——考虑剪力滞影响的有效截面面积；

$\qquad b_{e,i}^s$——考虑剪力滞影响的第 i 块板件的翼缘有效宽度；

$\qquad t_i$——第 i 块板件的厚度；

$\qquad \sum A_{s,j}$——翼缘有效宽度内的加劲肋面积之和。

考虑剪力滞的影响箱梁桥翼缘有效宽度和面积计算结果如表 6-7。表 6-7 中，悬臂部分有效宽度（1918mm）范围内有 6 根加劲肋，箱内 $1/2$ 顶板有效宽度（2029mm）范围内有 6 根加劲肋，箱内 $1/2$ 底板有效宽度（2029mm）范围内有 3 根加劲肋。

（2）受压翼缘纵向加劲肋刚度计算

$$I_l=\frac{b_l t_l^3}{3}=\frac{165\times14^3}{3}=2.069\times10^7\,\mathrm{mm}^4$$

① 受压翼缘悬臂部分

$$\gamma_l=\frac{EI_l}{bD}=\frac{12(1-v^2)I_l}{bt^3}=\frac{12\times(1-0.3^2)\times2.069\times10^7}{2100\times14^3}=40.0$$

假设横向加劲肋的刚度按刚性加劲肋设计，a 取顶板横向加劲肋之间的距离，$a=2000\mathrm{mm}$，

$$\alpha=a/b=2000/2100=0.952$$

$$n=n_l+1=6+1=7$$

$$\alpha_0=\sqrt[4]{1+(n_1+1)\gamma_l}=\sqrt[4]{1+7\times40.0}=4.1$$

$$\delta_l=A_l/bt=165\times14/2100\times14=0.079$$

$$\gamma_l^*=\frac{1}{n}\left[4n^2(1+n\delta_l)\alpha^2-(\alpha^2+1)^2\right]$$

$$=\frac{1}{7}\left[4\times7^2(1+7\times0.079)\times0.952^2-(0.952^2+1)^2\right]=30.9$$

因为 $\gamma_l=40.0\geqslant\gamma^*=30.9$，纵向加劲肋为刚性加劲肋。

② 受压翼缘腹板之间部分

$$\gamma_l=\frac{EI_l}{bD}=\frac{12(1-v^2)I_l}{bt^3}=\frac{12\times(1-0.3^2)\times2.069\times10^7}{4800\times14^3}=17.5$$

假设横向加劲肋的刚度按刚性加劲肋设计，a 取顶板横向加劲肋之间的距离，$a=2000\mathrm{mm}$，则

$$\alpha=a/b=2000/4800=0.417$$

$$n=n_l+1=15+1=16$$

$$\alpha_0=\sqrt[4]{1+(n_l+1)\gamma_l}=\sqrt[4]{1+16\times17.5}=4.1$$

$$\delta_l=A_l/bt=165\times14/4800\times14=0.034$$

$$\gamma_l^* = \frac{1}{n}\left[4n^2(1+n\delta_l)\alpha^2 - (\alpha^2+1)^2\right]$$

$$= \frac{1}{16}\left[4\times16^2(1+16\times0.034)\times0.417^2 - (0.417^2+1)^2\right] = 13.6$$

因为 $\gamma_l = 17.5 \geqslant \gamma^* = 13.6$，纵向加劲肋为刚性加劲肋。

（3）受压翼缘考虑局部稳定的折减系数

① 受压翼缘悬臂部分

刚性加劲肋有：$k = 4n^2 = 4\times7^2 = 196$

$$\bar{\lambda}_p = \sqrt{\frac{f_y}{\sigma_{cr}}} = \left(\frac{b}{t}\right)\sqrt{\frac{12(1-\nu^2)f_y}{\pi^2 E}\left(\frac{1}{k}\right)} = \left(\frac{2100}{14}\right)\sqrt{\frac{12\times(1-0.3^2)\times345}{\pi^2\times2.0\times10^5}\left(\frac{1}{196}\right)}$$

$$= 0.456$$

$$\varepsilon_0 = 0.8(\bar{\lambda}_p - 0.4) = 0.8\times(0.456-0.4) = 0.045$$

因为 $\bar{\lambda}_p = 0.456 > 0.4$，所以局部稳定折减系数：

$$\rho = \frac{1}{2}\left\{1 + \frac{1}{\bar{\lambda}_p^2}(1+\varepsilon_0) - \sqrt{\left[1+\frac{1}{\bar{\lambda}_p^2}(1+\varepsilon_0)\right]^2 - \frac{4}{\bar{\lambda}_p^2}}\right\}$$

$$= \frac{1}{2}\left\{1 + \frac{1}{0.456^2}(1+0.045) - \sqrt{\left[1+\frac{1}{0.456^2}(1+0.045)\right]^2 - \frac{4}{0.456^2}}\right\} = 0.947$$

② 受压翼缘腹板之间部分

刚性加劲肋有：$k = 4n^2 = 4\times16^2 = 1024$

$$\bar{\lambda}_p = \sqrt{\frac{f_y}{\sigma_{cr}}} = \left(\frac{b}{t}\right)\sqrt{\frac{12(1-\nu^2)f_y}{\pi^2 E}\left(\frac{1}{k}\right)} = \left(\frac{4800}{14}\right)\sqrt{\frac{12\times(1-0.3^2)\times345}{\pi^2\times2.0\times10^5}\left(\frac{1}{1024}\right)}$$

$$= 0.456$$

$$\varepsilon_0 = 0.8(\bar{\lambda}_p - 0.4) = 0.8\times(0.456-0.4) = 0.045$$

因为 $\bar{\lambda}_p = 0.456 > 0.4$，所以局部稳定折减系数为：

$$\rho = \frac{1}{2}\left\{1 + \frac{1}{\bar{\lambda}_p^2}(1+\varepsilon_0) - \sqrt{\left[1+\frac{1}{\bar{\lambda}_p^2}(1+\varepsilon_0)\right]^2 - \frac{4}{\bar{\lambda}_p^2}}\right\}$$

$$= \frac{1}{2}\left\{1 + \frac{1}{0.456^2}(1+0.045) - \sqrt{\left[1+\frac{1}{0.456^2}(1+0.045)\right]^2 - \frac{4}{0.456^2}}\right\} = 0.947$$

（4）考虑受压加劲板局部稳定影响的有效截面

① 受压翼缘悬臂部分

$$b_{e,i}^p = \rho_i b_i = 1.0\times125 + 0.914\times2100 = 2113\text{mm}$$

② 受压翼缘腹板之间部分

$$b_{e,i}^p = \rho_i b_i = 0.914\times4800 = 4544\text{mm}$$

（5）同时考虑剪力滞和受压加劲板局部稳定影响的有效宽度 b_e

① 受压翼缘悬臂部分

$$b_{e,k} = \frac{\sum b_{e,i}^s}{\sum b_i}b_{e,k}^p = \frac{1918}{2250}\times2113 = 1801\text{mm}$$

有效宽度范围内有 6 根加劲肋。

② 受压翼缘腹板之间部分

$$b_{e,k} = \frac{\sum b_{e,i}^s}{\sum b_i} b_{e,k}^p = \frac{4058}{4800} \times 4544 = 3842mm$$

有效宽度范围内有 12 根加劲肋。

（6）同时考虑剪力滞和受压加劲板局部稳定影响的有效截面

上翼缘受压，按同时考虑剪力滞和受压加劲板局部稳定影响的有效宽度计算，悬臂部分有效宽度 1801mm，有效宽度范围内有 6 根加劲肋；腹板之间部分有效宽度 3842mm，有效宽度范围内有 12 根加劲肋。下翼缘受拉，按考虑剪力滞影响的有效宽度计算，悬臂部分有效宽度 100mm，腹板之间部分有效宽度 4058mm，有效宽度范围内有 6 根加劲肋；有效截面如图 6-55 所示，截面特性如下：

有效截面中性轴距顶板距离　　　　　$y_u = 1.03m$

有效截面中性轴距底板距离　　　　　$y_l = 1.47m$

有效截面面积　　　　$A_{eff} = 0.3278m^2$

有效截面惯矩　　　　$I_{eff} = 0.4033m^4$

上翼缘控制设计有效截面模量　　　　　$W_{eff} = 0.392m^3$

下翼缘控制设计有效截面模量　　　　　$W_{eff} = 0.274m^3$

（7）箱梁截面最大抗弯承载力

上翼缘控制设计时　　　$M_{max,u} = f_d W_{eff} = 275 \times 0.392 = 107.7MN \cdot m$

下翼缘控制设计时　　　$M_{max,l} = f_d W_{eff} = 260 \times 0.274 = 71.3MN \cdot m$

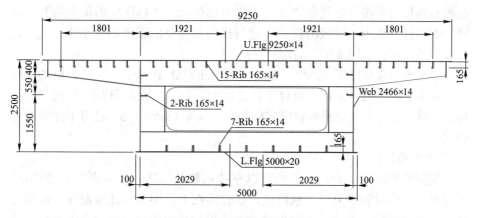

图 6-55　钢箱梁有效截面

箱梁截面由下翼缘控制设计，最大抗弯承载力 71.3MN·m。

6.5　梁的拼接、连接和支座

6.5.1　梁的拼接

根据施工条件的不同，钢梁的拼接分为工厂拼接和工地拼接两种。由于

238

钢材规格限制或现有钢材尺寸不够,必须将钢材接长或拼大,这种拼接常在钢结构制造厂中进行,称为工厂拼接。由于运输或吊装条件的限制,必须将梁分段制作,运输到工地,然后在工地拼装连接,称为工地拼接。

1. 工厂拼接

(1) 型钢梁的工厂拼接

型钢梁的工厂拼接可采用对接焊缝连接(图 6-56a),若能采用一、二级焊缝质量的焊缝,焊缝与母材等强,可不必计算焊缝。但由于翼缘与腹板连接处不易焊透,所以型钢梁的工厂拼接有时采用拼接板拼接(图 6-56b)。以上所述两种拼接的位置均应设在弯矩较小的截面处,且应使焊缝和拼接板都满足承载力要求。

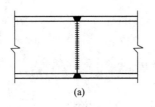
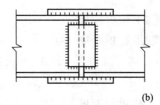
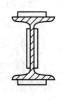

图 6-56 型钢梁的拼接

(2) 焊接组合梁的工厂拼接

焊接组合梁的工厂拼接,一般先将梁的上、下翼缘板和腹板分别接长,然后再通过翼缘焊缝拼接成整体,以减小焊接残余应力。此时,梁上、下翼缘板和腹板的拼接位置最好错开,并应与加劲肋和连接次梁的位置错开,以避免焊缝过分集中,腹板的拼接焊缝与横向加劲肋的距离不应小于 $10t_w$,t_w 为腹板的厚度,如图 6-57 所示。

翼缘板和腹板的拼接焊缝一般均采用正面焊缝(图 6-57a),当焊缝的强度不满足要求时,可以采用斜向对接焊缝(图 6-57b)。为保证焊缝与母材等强,可使焊缝长度方向与梁纵向轴线方向的夹角满足 $\tan\theta \leqslant 1.5$,就可不计算焊缝强度。

2. 工地拼接

型钢梁的跨度不大,一般均可以整体运输和吊装,很少需要工地拼接。焊接组合梁有时需要采用工地拼接,这时梁在工厂中分成几段制作,运输至施工安装现场后,再进行工地拼接。工地拼接分为两种情况。对于仅受运输条件限制的梁,可将各梁段在工地地面进行拼接,连为整体后,再进行吊装。对于受到吊装能力限制的梁,则应将梁分段吊装,在高空中将各梁段拼接为整体。

(1) 焊接组合梁的工地焊接拼接

采用工地拼接的焊接组合梁,上、下翼缘板和腹板宜在同一截面处断开,以便于分段运输。高而大的梁在工地现场施焊时不便于翻身,应将上、下翼缘板的拼接边缘均做成向上开口的 V 形坡口,以便进行俯焊,避免仰焊(图 6-58)。为了改善工地拼接接头部位的受力状况,也可将上、下翼缘板和腹板的接头略微错开一些(图 6-58b)，但应特别注意对运输单元的突出部分加以保护，以免碰坏。为了使翼缘板在焊接过程中有一定范围的伸缩余地，以减小焊接残余应力，可将拼接截面处翼缘板与腹板之间的翼缘焊缝预先留出约 500mm 的长度在工厂不焊，然后按照图 6-58 中的数字序号进行顺序焊接，将这些预留未焊的翼缘焊缝留在最后施焊。

对于需要验算疲劳的吊车梁，其翼缘板或腹板的焊接拼接应采用加引弧板和引出板的焊透对接焊缝，引弧板和引出板割去后应予以打磨平整。焊接吊车梁的工地整段拼接应采用焊接或高强度螺栓的摩擦型连接。

(2) 组合梁的工地高强度螺栓拼接

对于铆接梁和较重要的或直接承受较大动力荷载的焊接大型梁，由于现场施焊条件较差，焊缝质量不易得到保证，这种情况下梁的工地拼接宜采用高强度螺栓连接，如图 6-59 所示。

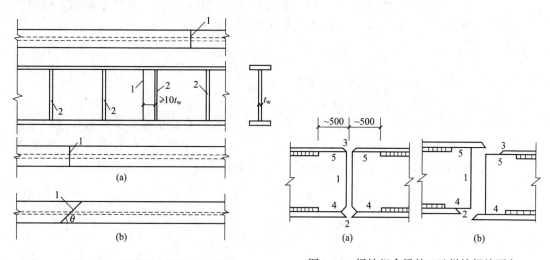

图 6-57　焊接组合梁的工厂拼接　　　　图 6-58　焊接组合梁的工地拼接焊接顺序
1—对接焊接；2—加劲肋

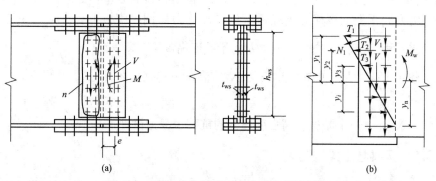

图 6-59　焊接组合梁的工地高强度螺栓拼接

在拼接截面处有弯矩 M 和剪力 V 共同作用。为了满足承载力要求，设计时必须使拼接板和高强度螺栓都具有足够的强度，并保证梁的整体性。

梁翼缘板的拼接，通常应按照等强度原则进行计算，即应该使拼接板的净截面面积不小于翼缘板的净截面面积。翼缘板拼接处所需高强度螺栓的数量应按翼缘板净截面的最大承载力 $N=A_n f$ 计算确定，其中，A_n 为翼缘板的净截面面积，f 为钢材的强度设计值。翼缘板拼接处螺栓的布置应满足螺栓排列的容许距离要求。确定了翼缘板拼接处螺栓的布置形式后，应对此处的承载力进行验算。

梁腹板的拼接设计，通常先按构造要求进行螺栓布置，然后验算。

梁拼接截面处的剪力 V 全部由腹板承担，并假定剪力 V 作用在螺栓群的形心处，由各螺栓平均分担，由此可得每个高强度螺栓所受的竖向分力为：

$$V_1=\frac{V}{n} \tag{6-88}$$

式中 n——腹板拼接板一侧的高强度螺栓数量。

梁拼接截面处的弯矩 M 由腹板和翼缘板共同承担，并按它们的毛截面惯性矩比值进行分配，由此可得腹板分担的弯矩 M_w 为：

$$M_w=\frac{I_w}{I}M \tag{6-89}$$

式中 I——梁的毛截面惯性矩；

I_w——腹板的毛截面惯性矩。

因为在腹板拼接缝一侧的螺栓群往往排列得高而窄，所以可以近似地认为在弯矩作用下，各螺栓只承受水平方向力的作用，距螺栓群形心点最远的螺栓受力最大。如图 6-59(b) 所示，受力最大螺栓所受的水平力 T_1 为：

$$T_1=\frac{M_w y_1}{\sum y_i^2} \tag{6-90}$$

式中 y_i——各螺栓到螺栓群中心的 y 方向距离，如图 6-59(b) 所示，应为 $i=$ 1，2，…n，n 为拼接缝一侧的螺栓数目。

一般梁的拼接截面不在梁的最大弯矩截面处，可以按该拼接截面的内力进行拼接计算。此时，式(6-89)中的 M 是拼接截面的弯矩设计值，而式(6-90)中的 M_w 应该改为 M_w+Ve，e 是腹板一侧螺栓群中心到拼接缝中线的距离。

为使腹板上的螺栓和翼缘板上的螺栓受力协调，腹板上受力最大螺栓所受的水平力 T_1 应不超过 $\frac{y_1}{h/2}N_v^b$，h 为梁截面高度。

腹板上受力最大的螺栓的合力 N_1 应满足下述强度条件：

$$N_1=\sqrt{T_1^2+V_1^2}\leqslant N_v^b \tag{6-91}$$

式中 N_v^b——一个摩擦型高强度螺栓的抗剪承载力设计值。

6.5.2 次梁与主梁的连接

根据设计要求的不同，次梁可以简支于主梁，也可以在和主梁连接处做成刚性连接的。按照主、次梁相对位置的不同，次梁与主梁的连接可以分为叠接和侧面连接。

1. 次梁为简支梁

(1) 叠接

将次梁直接搁置在主梁顶面上，用螺栓或焊缝固定其位置(图 6-60)，此时，连接螺栓或连接焊缝按构造要求设置，不必进行强度验算。为防止主梁腹板局部压力过大，应在主梁腹板的相应位置设置支承加劲肋。这种连接形式构造简单、安装方便；缺点是主次梁所占净空高度较大，减小了建筑净空，不宜用于楼层梁系。如果次梁截面较大时，应注意采取适当构造措施防止次梁支承处截面的扭转。

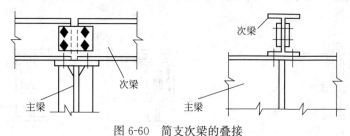

图 6-60　简支次梁的叠接

(2) 侧面连接

侧面连接是使次梁顶面与主梁顶面处于同一水平面，也可以略高或略低于主梁顶面，次梁从侧面与主梁的加劲肋或腹板上专设的短角钢或支托相连接，如图 6-61 所示。图中的每一种连接构造都要保证将次梁支座的压力传递给主梁，实质上这些次梁的支座压力就是次梁梁端截面的剪力。因为梁腹板的主要作用是抗剪，所以应将次梁腹板连接于主梁的腹板上，或连接于与主梁腹板相连的竖向抗剪刚度较大的加劲肋上或支托的竖向板上。次梁侧面连接于主梁最常用的连接形式如图 6-61(a)所示，次梁连接于主梁的横向加劲肋上，由于次梁与主梁顶面要相平连接，所以次梁梁端上部要割去部分上翼缘板和腹板，梁端下部要割去半个下翼缘板。因为此时梁端截面有削弱，故应验算次梁梁端截面的抗剪强度。次梁从侧面连接于固定在主梁腹板上的角钢上的情况如图 6-61(b)、(c)所示，此时只需对次梁端部的上部进行切割；其中图 6-61(c)在次梁下面设有角钢承托，可便于安装。次梁从侧面低位连接于主梁的情况如图 6-61(d)、(e)、(f)所示，其中前两种可避免对次梁端部进行切割，最后一种则需将次梁上、下翼缘板的一侧局部切除。

因为主、次梁连接处并非理想铰接，而存在一定的约束作用，所以宜将次梁支座反力加大 20%～30%后计算所需连接的螺栓数目或焊缝尺寸。当同时使用焊缝和普通螺栓连接主、次梁时，仅考虑焊缝受力，螺栓只起临时固定的作用。

2. 次梁为连续梁

(1) 叠接

如图 6-62(a)所示，次梁在主梁顶面以上连续通过，不在主梁上断开，此时次梁中间支座处的负弯矩可以直接由次梁传递。可采用螺栓或焊缝将次梁固定在主梁上。当次梁需要拼接时，宜将次梁的拼接位置设在弯矩较小的截面处。

(2) 侧面连接

连续次梁与主梁侧面连接时，除了要将次梁端部的剪力 V（即次梁支座压

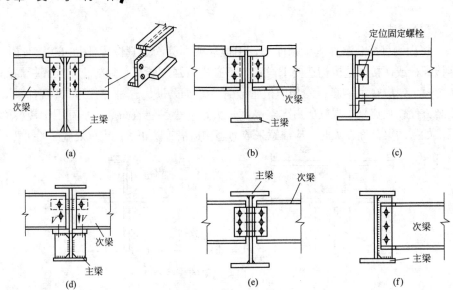

图 6-61　简支次梁的侧面连接

力)传递给主梁外，还要将次梁端部的弯矩 M 传递给邻跨的次梁，如图 6-62 (b)所示。次梁支座压力 V 通过承压传递给支托，再由焊缝传递给主梁。竖向压力 V 在支托上的作用点位置可取为距支托肋板外边缘 $a/3$ 处。为了将次梁端部的弯矩 M 传递给邻跨的次梁，在次梁的上、下翼缘板处设置水平连接板，其中下翼缘板的水平连接板由支托平板代替，通过平板与主梁间的焊缝传力。计算时，将次梁支座处的弯矩 M 等效为一对力偶 $N=M/h$，h 为次梁的截面高度。次梁上、下翼缘板与水平连接板之间的焊缝应满足传递轴心力 N 的要求。为了避免仰焊，次梁上翼缘板上面的水平连接板宽度应略小于次梁上翼缘板宽度，以便在该水平连接板的两侧布置两条可用俯焊位置施焊的侧面角焊缝；同样道理，次梁下翼缘板下面的支托平板宽度则应略大于次梁下翼缘板宽度，以便在次梁下翼缘板的两侧布置两条可用俯焊位置施焊的侧面角焊缝。

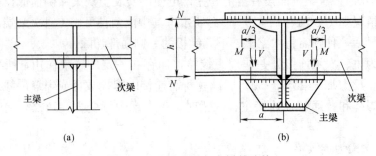

图 6-62　连续次梁与主梁的连接

6.5.3　梁的支座

钢梁通过砌体、钢筋混凝土柱或钢柱上的支座，将荷载传递给柱或墙体，然后，再将荷载传递给基础和地基。本节主要介绍在非框架结构中，支承在钢筋混凝土柱、砌体柱或墙身上的钢梁支座。它主要有三种形式：平板支座、弧形支座(或辊轴支座)和铰轴式支座(图 6-63)。

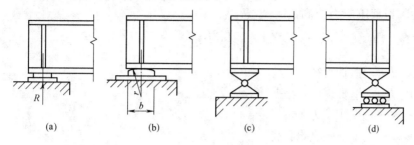

图 6-63　梁的支座

1. 平板支座

平板支座(图 6-63a)是在简支钢梁的梁端下面垫上平钢板做成。这种支座使梁的端部不能自由移动和转动。平板支座一般用于跨度小于 20m 的钢梁中。

为了防止平板支座钢板下的支承材料被压坏，支座板与支承结构顶面的接触面积应按下式计算确定：

$$A=a\times b\geqslant\frac{R}{f_c} \tag{6-92}$$

式中　R——支座反力；

　　　f_c——支承材料的抗压强度设计值；

　　a、b——支座垫板的宽度和长度。

支座底板的厚度应根据均布支座反力在平板中产生的最大弯矩计算确定且不宜小于 12mm。

2. 弧形支座和辊轴支座

弧形支座(图 6-63b)是由厚度约 40～50mm 顶面切削成圆弧的钢垫板做成。这种支座使梁端能自由转动并可产生适量的移动，并使下部结构在支承面上的受力较均匀。弧形支座常用于跨度为 20～40m，且支座反力设计值不超过 750kN 的钢梁。辊轴支座(图 6-63d)是在梁端底部设置辊轴而做成的。这种支座使梁端能自由转动和移动，只能安装在简支梁的一端。

为了防止弧形支座的弧形垫块和辊轴支座的辊轴被劈裂，其圆弧面与钢板接触面的承压力，应满足下式的要求：

$$R\leqslant 40ndl f^2/E \tag{6-93}$$

式中　d——弧形支座板表面曲率半径 r 的 2 倍，或辊轴支座的辊轴直径；

　　　l——弧形表面或辊轴与平板的接触长度；

　　　n——辊轴个数，对于弧形支座 $n=1$；

　　　f——钢材强度设计值；

　　　E——钢材的弹性模量。

3. 铰轴式支座

铰轴式支座(图 6-63c)完全符合梁简支支座的力学模型，可以自由转动。这种支座可用于跨度大

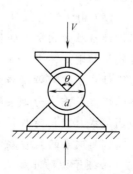

图 6-64　铰轴式支座的示意图

于 40m 的钢梁中。它的圆柱形枢轴，当接触面中心角 $\theta \geqslant 90°$ 时，如图 6-64 所示，其承压应力应满足下式要求：

$$\sigma = \frac{2R}{dl} \leqslant f \tag{6-94}$$

式中　d——枢轴直径；

　　　l——枢轴纵向接触长度；

　　　R——支座反力；

　　　f——钢材强度设计值。

在设计钢梁的支座时，除了应保证梁端能可靠地传递支座反力并符合梁的力学计算模型外，还应采取必要的构造措施使梁支座有足够的水平抗震能力和防止梁端截面侧移和扭转的能力。

小结及学习指导

承受弯矩为主的构件称为受弯构件。钢结构中，受弯构件主要以梁的形式出现。在工程中，梁主要承受弯矩、剪力作用。本章主要介绍了钢梁设计中强度、刚度、整体稳定、局部稳定四个方面的问题，阐述了型钢梁、焊接组合梁的设计方法以及钢梁的拼接、连接和支座的设计。

学习本章内容前，应已初步掌握钢结构材料性能、钢结构的可能破坏形式及钢结构的概率极限状态设计方法等基本知识。初学者在本章的学习过程中，要重点掌握钢梁各种破坏形式的特点、概念及防止这些破坏发生的方法；熟练掌握设计中常用的基本计算公式及其应用范围；了解钢梁设计中的各种构造要求。

(1) 工程中的钢梁多为单向弯曲梁，为使构件具有更强的抗弯能力，应使弯矩作用在梁截面的最大刚度平面内。为了节约钢材，组成钢梁的板件应在满足局部稳定要求的前提下，尽可能地宽而薄。合理的工字形截面，应是翼缘板较厚，而腹板较薄。梁的截面高度应在经济高度范围内。

(2) 楼盖结构、工作平台结构中的钢梁在采取适当构造措施后，一般均能满足不必计算整体稳定的条件。此类钢梁的设计主要是强度、刚度、局部稳定三方面的问题。

(3) 由于钢材强度高，钢梁往往显得细长。对整体稳定没有保证的钢梁，其设计往往是由稳定问题控制的。钢梁的整体失稳是由于梁的抗侧向弯曲刚度及抗扭刚度不足而突然发生的，事先没有预兆，其失稳形式是弯扭失稳。在设计中采取有效措施能够明显地提高钢梁的整体稳定性。具体做法有：在梁的跨度范围内为钢梁的受压翼缘提供侧向支撑点、采用加强受压翼缘的梁截面形式、降低荷载作用点的位置等。

(4) 钢梁的强度破坏、整体失稳将直接导致梁丧失承载力，后果很严重，必须予以防止。当组成钢梁的板件的宽厚比或高厚比过大时，钢梁可能发生局部失稳。但钢梁出现局部失稳的后果没有强度破坏、整体失稳的后果那么严重，通常对不直接承受动力荷载的普通钢梁是可以利用腹板屈曲后强度的。

(5) 热轧型钢梁一般情况下不会出现局部失稳，其计算问题归结为强度、刚度、整体稳定三个方面。当此类梁不满足不必计算整体稳定的条件时，设计通常由整体稳定条件控制。

(6) 整体稳定没有保证的焊接组合梁的设计一般情况下有强度、刚度、整体稳定和局部稳定四个方面。通常强度条件在设计中不起控制作用。

(7) 钢梁强度验算的对象是梁中某一危险截面上的某一危险点，而钢梁整体稳定验算的对象则是钢梁整体构件。

(8) 验算钢梁的刚度属于正常使用极限状态问题，应采用荷载的标准组合值；验算钢梁的强度、整体稳定、局部稳定则属于承载能力极限状态问题，应采用荷载的基本组合值。

(9) 在有条件的情况下，尽量采取适当的构造措施使钢梁满足不必计算整体稳定的条件，如：在梁的跨度范围内为钢梁受压翼缘提供足够多的侧向支撑点，在钢梁顶面密铺刚性板并使之与梁上翼缘可靠连接，从而达到减小钢梁截面尺寸，节约钢材的目的。

(10) 钢梁的设计除了必须满足必要的计算要求外，还必须符合规定的各种构造要求。

(11) 腹板加劲肋的布置与设计是保证组合钢梁不出现局部失稳的重要措施，应了解各种不同加劲肋的种类、作用及其构造要求。

(12) 对于跨度较大的简支钢梁，可采用变截面的方法实现节约钢材、降低造价的目的。

思考题

6-1 钢梁的主要计算内容有哪几项？哪些属于承载能力极限状态的计算内容？哪些属于正常使用极限状态的计算内容？

6-2 钢梁的强度计算有哪几项内容？

6-3 何谓截面形状系数？何谓截面塑性发展系数？截面塑性发展系数与截面形状系数之间有何联系？

6-4 工字形截面钢梁在满足哪些条件时才能按弹塑性阶段计算其抗弯强度？

6-5 试述下列三种钢梁的腹板计算高度 h_0 的取值：(1)轧制型钢梁；(2)焊接组合梁；(3)高强度螺栓连接(或铆接)组合梁。

6-6 在什么情况下应对钢梁进行折算应力计算？试述计算公式中各符号的意义。

6-7 简述翘曲的意义。何谓剪力中心？剪力中心和弯曲中心、扭转中心是不是同一含义？

6-8 何谓梁的整体失稳？钢梁整体失稳是哪种形式的屈曲？

6-9 影响钢梁整体稳定性的主要因素有哪些？

6-10 当 $\varphi_b > 0.6$ 时，为什么要用 φ_b' 来取代 φ_b？

6-11　提高钢梁整体稳定性的方法有哪些？其中哪种方法最有效？

6-12　满足哪些条件的钢梁可不进行整体稳定计算？

6-13　何谓梁的局部失稳？梁丧失局部稳定的后果是什么？防止钢梁局部失稳的具体办法有哪些？

6-14　试述用以推导钢梁局部稳定的公式（6-31）。

6-15　钢梁腹板加劲肋有哪几种？主要是防止哪种应力引起的局部失稳的？

6-16　何谓板件的正则化宽厚比？理解钢梁腹板局部稳定计算中正则化宽厚比 $\lambda_{n,b}$、$\lambda_{n,c}$ 和 $\lambda_{n,c}$ 的表达式的含义。

6-17　梁的强度破坏与梁的整体失稳有何不同？

6-18　梁的整体失稳与梁的局部失稳有何不同？

6-19　对于不考虑腹板屈曲后强度的钢梁，如何根据腹板高厚比 h_0/t_w 的大小来布置加劲肋？

6-20　如何区分钢梁受压翼缘扭转受到约束和钢梁受压翼缘扭转未受到约束两种不同情况？

6-21　简述钢梁腹板间隔加劲肋的构造要求。

6-22　钢梁支承加劲肋主要有哪两种形式？简述支承加劲肋的计算内容。

6-23　在满足哪些条件时，组合梁可按考虑腹板屈曲后强度的方法设计？用这种方法设计的组合梁有哪些好处？

6-24　简述单向弯曲型钢梁的设计步骤。

6-25　在确定焊接组合梁截面高度时，梁截面最大高度 h_{max}、最小高度 h_{min} 和经济高度 h_e 各由哪项条件决定？

6-26　简述单向弯曲焊接工字形截面组合梁的设计步骤。

6-27　试述焊接组合梁翼缘焊缝的作用和类别。其中哪一种可不必进行强度计算？

6-28　组合梁翼缘焊缝承受什么力作用？这些力是怎么产生的？

6-29　何谓钢梁的工厂拼接和钢梁的工地拼接？各在哪些情况下采用？

6-30　简支次梁与主梁连接时，次梁向主梁传递哪些力？连续次梁与主梁连接时，次梁向主梁传递哪些力？

习题

6-1　如图 6-65 所示的两端简支梁，跨度 $l=15\text{m}$，焊接组合工字形双轴对称截面 560×1244×22×12(mm)，钢材 Q235-B 钢，截面无削弱，在梁三分点处作用有两个集中荷载设计值 $P=745\text{kN}$（静载，已含梁自重），集中荷载的支承长度 $a=180\text{mm}$，荷载作用面距梁顶面距离为 90mm。梁支座处布置有支承加劲肋，试对该梁进行强度验算。

6-2　试验算习题 6-1 所示钢梁的刚度。设该梁为工作平台中的主梁，挠度容许值 $[v_T]=l/400$，$[v_Q]=l/500$。该梁所承受的永久荷载标准值和可变荷载标准值占总荷载标准值的比值分别为 25% 和 75%，计算荷载设计值时，

永久荷载分项系数 $\gamma_G=1.2$，可变荷载分项系数 $\gamma_Q=1.4$。

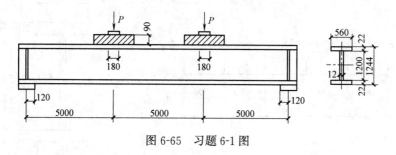

图 6-65 习题 6-1 图

6-3 焊接工字形截面简支梁，跨度 $l=12\mathrm{m}$，跨中无侧向支承。上翼缘承受满跨均布荷载：永久荷载标准值 9.70kN/m（包括梁自重），可变荷载标准值 38.80kN/m。钢材采用 Q235-B 钢。梁截面尺寸如图 6-66 所示。试验算该梁的整体稳定性。

6-4 将习题 6-3 中梁的下翼缘宽度减小 100mm，上翼缘宽度加大 100mm，形成加强上翼缘的新截面（图 6-67），其余条件与习题 6-3 相同。试验算该新截面梁的整体稳定性。并比较截面改变前后梁的整体稳定承载力的变化。

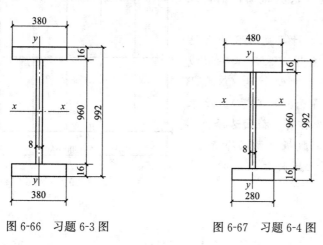

图 6-66 习题 6-3 图   图 6-67 习题 6-4 图

6-5 在习题 6-3 的梁跨中点处给梁的受压翼缘设一个侧向支承点，其余条件不变。试计算此时该梁的整体稳定承载力的大小，并与习题 6-3 所示梁的整体稳定承载力进行比较。

6-6 将习题 6-3 的荷载作用位置改变为满跨均布荷载作用在下翼缘，其余条件不变。试验算该梁的整体稳定性，并将该梁的整体稳定承载力与习题 6-3 所示梁的整体稳定承载力进行比较。

6-7 如图 6-68(a) 所示，某车间工作平台主梁跨度 $l=18\mathrm{m}$，中间次梁传来的集中荷载设计值 $F=252\mathrm{kN}$（静载，未含梁自重）。主梁采用双轴对称工字形截面焊接组合梁，截面尺寸如图 6-68(b) 所示，$b=390\mathrm{mm}$，$t=18\mathrm{mm}$，$h_0=1480\mathrm{mm}$，$t_w=10\mathrm{mm}$，采用 Q235-B 钢。已知此梁整体稳定、强度、刚度均满足要求，受压翼缘扭转受到约束。试验算该梁的局部稳定性，布置腹板加劲肋，并设计加劲肋。按不考虑腹板屈曲后强度的方法计算。

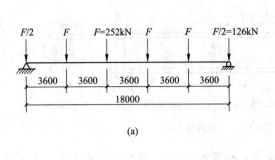

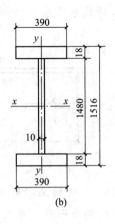

(a)

(b)

图 6-68　习题 6-7 图

6-8　某车间工作平台的梁格布置如图 6-69 所示，平台铺板采用预制钢筋混凝土板，焊于次梁上。已知平台的恒载标准值（不包括梁自重）为 3.3kN/m²，活载标准值为 29.7kN/m²（静力荷载）。试选择次梁截面，钢材采用 Q235 钢。

6-9　试设计习题 6-8 平台结构中的中间主梁，采用工字形截面焊接组合梁，钢材为 Q345-B 钢，E50 型焊条（手工焊）。要求完成的设计工作有：截面选择、翼缘焊缝设计、腹板加劲肋布置等。按不考虑腹板屈曲后强度的方法设计。

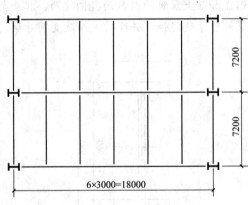

图 6-69　习题 6-8 图

第7章
拉弯和压弯构件

本章知识点

【知识点】拉弯和压弯构件的截面形式、强度计算和刚度验算；实腹式压弯构件的平面内和平面外弹塑性整体稳定；弯矩作用平面内的等效弯矩系数和弯矩作用平面外的等效弯矩系数；实腹式压弯构件的局部稳定，包括翼缘宽厚比限值和腹板高厚比限值；弯矩绕虚轴作用的格构式压弯构件的整体稳定，包括弯矩作用平面内的稳定、分肢的稳定或弯矩作用平面外的稳定；压弯构件的柱脚设计，包括底板、锚栓和横板、肋板、靴梁、隔板及其连接焊缝的计算。

【重点】实腹式压弯构件的整体稳定和局部稳定，格构式压弯构件的整体稳定。

【难点】压弯构件的强度计算理论和实腹式压弯构件的整体稳定理论。

拉弯构件是指同时承受轴向拉力和弯矩作用的构件，图 7-1(a)所示的拱桥桥面，既要承受两个拱脚之间的拉力，又要承受桥面竖向荷载，是典型的拉弯构件。压弯构件常见于框架、门式刚架结构中的梁和柱构件，所以也常常被称为梁柱(图 7-1b、c)，另外，单层工业厂房结构中经常用到的变截面柱，则是构造比较复杂的压弯构件(图 7-1d)。

拉弯构件的受力简图见图 7-2，包括受偏心拉力作用的杆件和中间有横向荷载作用的受拉构件。压弯构件的荷载作用形式较多，图 7-3 给出了多种可能的受力形式，包括构件承受偏心压力，构件受横向分布荷载作用或横向多个集中荷载作用，以及承受由其他构件传来弯矩，实际应用中，还会出现多种荷载作用形式的叠加。

拉弯构件和轴力较大而弯矩较小的压弯构件，通常采用双轴对称截面，常见截面形式与轴心受力构件相同，如图 5-4 所示。当压弯构件长度较短而弯矩和轴力较大时，通常采用焊接组合实腹式单轴对称截面，如图 7-4(a)所示。当压弯构件长度较大，所受弯矩也较大时，为了节约钢材，也会采用单轴对称格构式构件，如图 7-4(b)所示。

(a)

(b)   (c)   (d)

图 7-1   工程中常见的拉弯和压弯构件形式

(a)拱桥的桥面；(b)钢框架结构的梁和柱构件；(c)门式刚架结构的梁和柱构件；(d)单层工业厂房的变截面柱

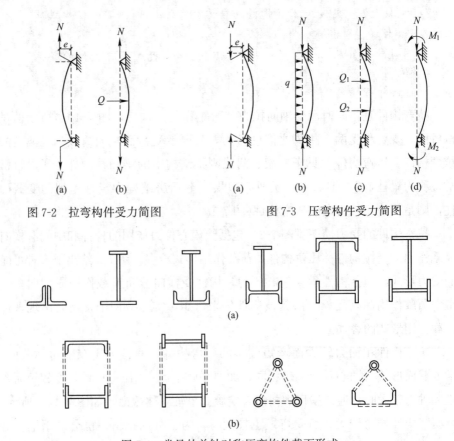

图 7-2   拉弯构件受力简图   图 7-3   压弯构件受力简图

(a)

(b)

图 7-4   常见的单轴对称压弯构件截面形式

7.1 拉弯和压弯构件的强度和刚度

拉弯和压弯构件的强度计算是一样的，本节将以压弯构件为例进行讲述。拉弯和压弯构件的刚度要求则分别与轴心受压和轴心受拉构件相同，通过验算构件的长细比来得到保证。

7.1.1 拉弯和压弯构件的强度计算

对于一般的压弯构件，轴向压力在构件长度方向产生的压应力对任一截面上都是一样的，而弯矩在构件长度方向上可能是不一样的，存在弯矩最大截面。

假如图 7-3(b)中的构件采用矩形截面，设计时取受力最大的跨中截面进行分析。在弹性受力阶段，轴向压应力和弯曲正应力叠加，使得弯曲最内侧的应力达到最大 $\sigma_{\max} = \dfrac{N}{A} + \dfrac{M}{W}$，弯曲最外侧的应力最小 $\sigma_{\min} = \dfrac{N}{A} - \dfrac{M}{W}$，如图 7-5(c)、(d)所示。随着构件截面逐渐进入屈服和塑性区的不断开展，压弯构件的强度设计分为三种不同的方法。

1. 弹性设计

以受力最大截面上的最大应力不超过钢材材料强度设计值 f 作为承载能力极限状态，这一设计方法称为弹性设计，也称为边缘纤维屈服准则。截面上的应力极限状态如图 7-5(d)所示。

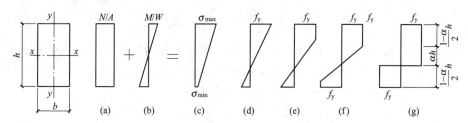

图 7-5 压弯构件截面应力的发展过程

2. 塑性设计

在构件受力最大截面的边缘纤维进入屈服以后，随着弯矩和轴力的增大，截面上弯曲受压侧进入屈服的区域逐渐扩大，同时弯曲受拉侧也开始进入屈服，截面上的应力分布如图 7-5(e)、(f)所示，最终达到全截面进入塑性。如果不考虑构件材料的应变强化，材料的分析模型采用理想弹塑性模型，则截面上的应力分布如图 7-5(g)所示。压弯构件的塑性设计就是以构件受力截面全部进入塑性作为承载能力极限状态。根据构件的内外力平衡和内外力矩平衡，有

$$N = b \cdot \alpha h \cdot f_y \tag{7-1}$$

$$M = b \cdot \frac{1-\alpha}{2} h \cdot f_y \cdot \left(\frac{\alpha h}{2} + \frac{1-\alpha}{4} h \right) \times 2 = \frac{bh^2}{4}(1-\alpha^2) f_y \tag{7-2}$$

在上面两式中，利用截面面积 $A = bh$，截面塑性模量 $W_P = bh^2/4$，消去 α，得到 N 和 M 的相关关系为：

$$\left(\frac{N}{Af_y} \right)^2 + \frac{M}{W_p f_y} = 1 \tag{7-3}$$

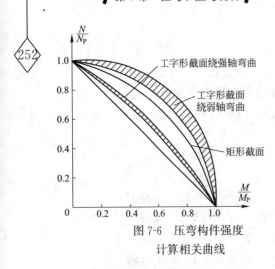

图 7-6　压弯构件强度
计算相关曲线

对于常用的工字形和 H 形截面，也可以用上述方法得到类似上式的关系。但由于不同的工字形截面，翼缘和腹板所占截面面积的比例不同，相关曲线会在一定范围内变化。图 7-6 中的两个阴影区给出了常用工字形截面压弯构件绕强轴和弱轴弯曲时相关曲线的变化情况。《钢结构设计标准》GB 50017—2017 和《公路钢结构桥梁设计规范》JTGD 64—2015 都采用了图中的直线作为塑性设计时强度计算公式的依据，这样处理既简化了计算又偏于安全：

$$\frac{N}{Af_y}+\frac{M}{W_pf_y}=1 \tag{7-4}$$

3. 弹塑性设计

对于承受静力荷载作用的拉弯和压弯构件，常用的设计方法是考虑截面部分塑性发展的弹塑性设计方法，设计时以净截面面积和净截面模量为验算依据，以截面塑性发展系数 γ_x 与净截面模量 W_{nx} 的乘积代替式(7-4)中的塑性截面模量 W_p。设计公式为：

$$\frac{N}{A_n}+\frac{M_x}{\gamma_xW_{nx}}\leqslant f \tag{7-5}$$

如果构件是双向受弯，则为：

$$\frac{N}{A_n}+\frac{M_x}{\gamma_xW_{nx}}+\frac{M_y}{\gamma_yW_{ny}}\leqslant f \tag{7-6}$$

式中　M_x、M_y——同一截面上，梁在最大刚度平面内(x 轴)和最小刚度平面内(y 轴)的弯矩 （N·mm）；

γ_x、γ_y——截面塑性发展系数，见表 6-1；

A_n——构件的净截面面积 （mm²）。

W_{nx}、W_{ny}——对 x 轴和 y 轴的净截面模量 （mm³）；

f——钢材的抗弯、抗拉和抗压强度设计值 （N/mm²）。

对于弯矩绕虚轴作用的格构式压弯构件，公式中的参数 A_n、W_{nx} 和 W_{ny} 都要取格构式构件的整体截面参数。在计算 $W_{nx}=I_{nx}/y_0$ 时，y_0 的取值方法见 7.4 节。

当弹性设计时，以上两式中的 $\gamma_x=\gamma_y=1.0$，适用于需要验算疲劳的拉弯和压弯构件，以及弯矩绕虚轴作用的格构式构件。当受压翼缘自由外伸宽度与厚度之比大于 $13\varepsilon_k$ 而小于 $15\varepsilon_k$ 时，也取 $\gamma_x=1.0$，不考虑塑性发展，这是为了防止宽厚比过大的翼缘在强度破坏之前发生局部屈曲。桥梁结构中的拉弯和压弯构件，也采用弹性设计，但公式中的 A_n 采用考虑受压板件局部稳定的有效截面面积，W_{nx}、W_{ny} 采用考虑剪力滞和受压板件局部稳定的有效截面模量。

7.1.2　拉弯和压弯构件的刚度验算

拉弯和压弯构件，一般用作柱等竖向受力构件，其刚度要求与轴心受力构件一样，分别验算构件的长细比不得超过给定的受拉构件和受压构件的容许长细比。受拉、受压构件的容许长细比分别见第 5 章表 5-1 和表 5-2。

拉弯构件和压弯构件有时也用作梁等横向受力构件，其刚度要求和第 6 章的受弯构件一样，需要验算其挠度不得超过容许挠度值。

本章如果没有特别说明，一般将拉弯和压弯构件看作竖向受力构件，其刚度验算仅进行长细比验算。

【例题 7-1】 某拉弯构件的受力简图和截面尺寸如图 7-7 所示，其所受轴向拉力和弯矩作用均为静力荷载，轴心拉力设计值为 $N=800\mathrm{kN}$，构件截面无削弱，钢材为 Q235B。不考虑构件的刚度。求它所能承受的最大均布荷载 q。

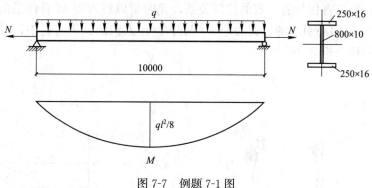

图 7-7　例题 7-1 图

【解】

由于该构件所受轴向拉力和弯矩作用均为静力荷载，可采用弹塑性设计方法。

截面特性为：$A=25\times1.6\times2+80\times1=160\mathrm{cm}^2$，$I_\mathrm{x}=25\times1.6\times40.8^2\times2+1\times80^3/12=175837.87\mathrm{cm}^4$，$W_\mathrm{x}=I_\mathrm{x}/41.6=4226.87\mathrm{cm}^3$。

$$\because \frac{b_1}{t}=\frac{250-10}{2\times16}=7.5<13\sqrt{\frac{235}{f_y}}=13$$

$$\therefore \gamma_\mathrm{x}=1.05$$

由式(7-5)有

$$\frac{N}{A_\mathrm{n}}+\frac{M_\mathrm{x}}{\gamma_\mathrm{x}W_\mathrm{nx}}=\frac{800\times10^3}{160\times10^2}+\frac{M_\mathrm{x}}{1.05\times4226.87\times10^3}\leqslant215$$

解之得：$M_\mathrm{x}\leqslant732.31\times10^6\mathrm{N}\cdot\mathrm{mm}$

又 $M_\mathrm{x}=\frac{1}{8}ql^2=\frac{1}{8}q\times10000^2$

$$q=58.58\mathrm{N/mm}=58.58\mathrm{kN/m}$$

即该拉弯构件可以承受的最大均布荷载 $q=58.58\mathrm{kN/m}$。

7.2　实腹式压弯构件的整体稳定

对于弯矩仅作用于一个主平面内的实腹式压弯构件，构件的整体失稳有两种形式，一是弯矩作用平面内的弯曲失稳，二是弯矩作用平面外的弯扭失稳。对于在两个主平面内都有弯矩作用的双向压弯构件，构件的失稳形式只有弯扭失稳一种。本节将介绍这几种失稳形式的情况。

7.2.1　实腹式压弯构件的平面内稳定

实腹式压弯构件一般采用双轴对称或单轴对称截面形式，弯矩绕强轴作用，这样能够充分利用材料，如图 7-8 所示。如果构件有足够多的平面外支撑，或者抵抗平面外弯曲和扭转的能力较强，能够保证构件不会发生弯矩作用平面外的弯曲和扭转，构件将可能发生弯矩作用平面内的弯曲失稳。

图 7-8 给出的构件两端作用有相等弯矩的压弯构件，称为均匀受弯压弯构件。其计算简图如图 7-9(a) 所示。如果构件加载时轴压力 N 和弯矩 M 是同步增加的，即二者保持着一定的比例关系，此时可以将弯矩 M 看作是由于构件轴压力 N 的偏心引起的，偏心距 $e=M/N$。在人们的认识过程中，曾经出现了以下两种分析方法。

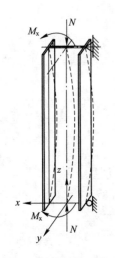

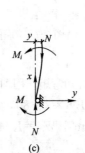

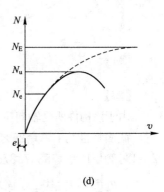

图 7-8　弯矩绕强轴
作用的压弯构件

图 7-9　压弯构件的荷载—挠度曲线

1. 理想压弯构件的弹性分析

对于图 7-9(a) 所示的压弯构件，假定构件材料为理想弹性，取隔离体如图 7-9(c) 进行分析，对其建立力矩平衡方程，可得到：

$$EIy''+Ny=-M \tag{7-7}$$

其中 y 是构件长度方向 x 的任意点挠度，令 $k^2=N/EI$，上式变为：

$$y''+k^2y=-M/EI \tag{7-8}$$

对该方程求解，可得

$$y=\frac{M}{k^2EI\sin kl}\left[\sin kl(\cos kx-1)-\sin kx(\cos kl-1)\right] \tag{7-9}$$

跨中最大挠度

$$v=y\left(x=\frac{l}{2}\right)=\frac{M}{k^2EI\sin kl}\left[\sin kl\left(\cos\frac{kl}{2}-1\right)-\sin\frac{kl}{2}(\cos kl-1)\right]=\frac{M}{k^2EI}\left(\sec\frac{kl}{2}-1\right)$$

$$=\frac{N\cdot e}{N}\cdot\frac{1.234N/N_E}{1-N/N_E}=\frac{1.234N/N_E}{1-N/N_E}\cdot e \tag{7-10}$$

式中，$e=M/N$ 为定值；N_E 为两端简支轴心受压构件的欧拉屈曲荷载。压弯构件的轴心压力 N 是不可能达到 N_E 的。从上式可以看出，在弯矩作用平面内，构件一开始受力就会产生挠度，随着轴压力 N 无限趋近于欧拉屈曲荷载 N_E，构件跨中最大挠度 v 逐渐趋于无穷大，构件的抗弯刚度趋于零，其荷载-挠度曲线如图 7-9(d)中的虚线所示。这种现象说明，压力使构件抗弯刚度减小直至消失是失稳的本质。

跨中最大弯矩为：

$$M_{max}=M+Nv=M+N\frac{M}{k^2EI}\left(\sec\frac{kl}{2}-1\right)=M\sec\frac{kl}{2}=M\frac{1+0.234N/N_E}{1-N/N_E}=MA_M$$

$$(7-11)$$

由于构件的弯曲挠度 v 而产生的弯矩 Nv 称为二阶弯矩，而直接作用于构件的外力矩 M 称为一阶弯矩，上式中 $A_M=\dfrac{1+0.234N/N_E}{1-N/N_E}$，称为构件的一阶和二阶弯矩总和对其一阶弯矩的放大系数。由于二阶弯矩的存在，构件实际所受弯矩相比一阶弯矩的放大现象，称为二阶效应。实际应用中，N/N_E 一般较小，可以近似取 $A_M=\dfrac{1}{1-N/N_E}$。

利用同样的方法，可以求得其他荷载作用情况下的弯矩放大系数 A_M。其他荷载作用情况下的弯矩放大系数与均匀受弯压弯构件的弯矩放大系数 $\dfrac{1}{1-N/N_E}$ 的比值称为压弯构件的面内等效弯矩系数 β_{mx}。

面内等效弯矩系数 β_{mx} 在压弯构件的稳定分析中是一个重要概念。实际工程中压弯构件的稳定设计公式是根据均匀受弯的压弯构件构建的，然后再利用面内等效弯矩系数 β_{mx} 来考虑其他形式的弯矩作用。

各种荷载作用的 β_{mx} 理论值形式多样，有的表达式也比较复杂，实际使用时进行了近似简化和归纳合并，设计中用到的 β_{mx} 取值方法，见式(7-25)后面的说明。

* 2. 实际压弯构件的弹塑性分析

实际的压弯构件，由于钢材是弹塑性材料，而且存在初始弯曲、荷载初偏心和纵向残余应力等缺陷。在轴压力和弯矩的共同作用下，构件弯曲受压最外侧边缘纤维的应力，首先达到材料的有效比例极限，构件开始进入塑性受力阶段，图 7-9(d)中 N_e 就是所对应的外力作用值。此后，随着外力的逐渐加大，构件截面上进入塑性的区域不断扩大，构件的抗弯刚度不断降低，最终出现了极值点失稳的现象。只有采用数值计算方法，如数值积分法、有限单元法等，才能得到精度较高的解答。

对于图 7-10(a)所示的两端简支均匀受弯压弯构件，给定构件的长度和截面几何尺寸，并且已知构件纵向的残余应力分布，采用理想弹塑性材料。在进行数值积分法分析时，需要对构件进行单元划分，这种划分包括两部分。一是沿着构件的长度方向，把构件分为若干个单元，单元数目的多少，与计算所要求的精度和所要付出的时间有关，划分的单元数目越多，则计算精度越高，所需要的时间也越长。一般以单元中间点的弯矩、挠度和曲率来代表

256

该纵向单元的弯矩、挠度和曲率。二是在每个纵向单元的中间点横截面上，也要划分为许多微小的横向单元，用每个单元中间点的应力和应变，代表该单元的应力和应变。这两部分的单元划分见图7-10(a)、(b)的示意。

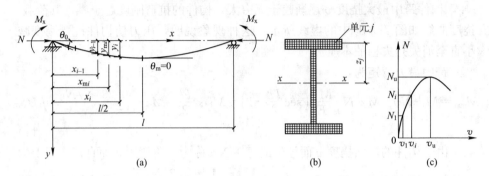

图 7-10　压弯构件的极限荷载

(a)构件纵向单元划分；(b)构件横截面单元划分；(c)N-v关系曲线

在构件的长度方向，任一单元中点的弯矩 M_{mi} 和挠度 y_{mi} 之间有如下关系：

$$M_{mi}=M+Ny_{mi} \tag{7-12}$$

利用抛物线插值函数，可以求得单元中点的挠度 y_{mi} 和该单元左端点的挠度 y_i 和转角 θ_i 之间的近似关系为：

$$y_{mi}=y_{i-1}+\frac{a}{2}\theta_{i-1} \tag{7-13}$$

对于每个单元的右端点，与其左端点、单元中点之间有如下的挠度和转角的关系：

$$y_i=y_{i-1}+a\theta_{i-1}-\frac{1}{2}a^2\Phi_{mi} \tag{7-14}$$

$$\theta_i\approx\theta_{i-1}-a\Phi_{mi} \tag{7-15}$$

式(7-13)～式(7-15)给出了构件的挠度、转角和曲率($y-\theta-\phi$)之间的关系。

而在构件的横向截面上，其任一单元 j 的应变为：

$$\varepsilon_j=\varepsilon_0+\Phi_{mi}y_{mi}+\sigma_{rj}/E \tag{7-16}$$

式中　ε_0——截面的轴向压力产生的应变；

　　　Φ_{mi}——计算段中点的曲率（1/mm）；

　　　σ_{rj}——j 单元中点的残余应力（N/mm²）。

假定材料为理想弹塑性体，单元 j 的应力为：

当$-\varepsilon_y<\varepsilon_j<\varepsilon_y$ 时，　　　　　$\sigma_j=E\varepsilon_j$

当$\varepsilon_j\geqslant\varepsilon_y$ 时，　　　　　　$\sigma_j=\sigma_y$　　　　　　(7-17)

当$\varepsilon_j\leqslant-\varepsilon_y$ 时，　　　　　$\sigma_j=-\sigma_y$

在得到截面上每个单元的应力后，截面上的轴力和弯矩为：

$$N_{in}=\sum\sigma_j A_j \tag{7-18}$$

$$M_{in}=\sum\sigma_j A_j z_j \tag{7-19}$$

式中　z_j——第 j 单元中点到截面中和轴的距离。

式(7-17)～式(7-19)给出了构件的弯矩、轴力和曲率($M-P-\phi$)之间的关系。

图 7-10 构件左端的挠度 y_0 和曲率 ϕ_0 都是零，给定一组轴向压力 N 和弯矩 M，$M=Ne$，e 为一恒定不变的参数，按以下步骤进行分析：

（1）假定构件左端的转角为 θ_0；

（2）利用式(7-13)可以求得构件纵向第一个单元中点的挠度 $y_{m1}=y_0+\dfrac{a}{2}\theta_0$；

（3）由式(7-12)计算该单元中点的弯矩 $M_{m1}=M+Ny_{m1}$；

（4）假定该纵向单元中点的曲率 Φ_{m1}，并假定构件纵向第一个单元横截面上每一个单元的轴压应变 ε_0，由式(7-16)和式(7-17)可以得到每个单元的应变和应力；

（5）由式(7-18)计算截面内力 N_{in}；

（6）比较第(5)步得到的内力 N_{in} 与所施加的外力 N 是否一致。如果二者不一致，调整第(4)步假定的轴压应变 ε_0，重新进行步骤(4)、(5)的计算，直到二者基本相等；

（7）由式(7-19)计算截面内力矩 M_{in}；

（8）比较第(7)步得到的内力矩 M_{in} 与所施加的外力 M 是否一致。如果二者不一致，调整第(4)步假定的曲率 Φ_{m1}，重新进行步骤(4)～(7)的计算，直到二者基本相等；

（9）第(2)～(8)步只计算了构件纵向的第一个单元，利用式(7-14)和式(7-15)，可以得到第一个单元的右端点，同时也是第二个单元左端点的挠度和转角；

（10）对构件纵向的第二个单元直到构件跨中单元，重复第(2)～(9)步的计算。图 7-10(a)所示的构件，几何形状、荷载和端部约束均对称，构件跨度中点的转角 θ_m 应等于零。如果 θ_m 的值不是近似为零，则调整第一步假定的 θ_0，重新进行步骤(2)～(9)的计算。如果计算得到的 $\theta_m\approx0$，则可进入下一步。

（11）将得到的荷载 P 和跨中最大挠度 v，画在以 P 为纵坐标，以 v 为横坐标的坐标系中，得到一个表示 P-v 关系的点。

（12）再给出多组轴向压力 N 和弯矩 M 的值，完成上述(1)～(11)的步骤，可以得到一系列的点，将它们连接成线，得到如图 7-10 所示的 N-v 关系曲线，图中的最高点，就是所要求的极限荷载 P_u。

3. 弯矩作用平面内的稳定设计

目前对于压弯构件在弯矩作用平面内的稳定设计计算，有两种方法，一种是不考虑塑性发展的弹性设计方法，另一种是部分考虑塑性发展的弹塑性设计方法。

（1）弹性设计方法

以构件受力最大边缘纤维刚开始进入塑性作为稳定承载能力的计算依据，截面上的最大应力应符合下式要求：

$$\frac{N}{A}+\frac{\beta_{mx}M_x+Nv_0}{(1-N/N_{Ex})W_{1x}}=f_y \tag{7-20}$$

式中，$\dfrac{\beta_{mx}M_x}{(1-N/N_{Ex})}$ 是理想压弯构件的总弯矩，包括一阶弯矩和二阶弯矩。而构件的初弯曲、荷载加载点的初偏心和残余应力等初始缺陷所产生的弯矩用 $\dfrac{Nv_0}{(1-N/N_{Ex})}$ 来表示，弯矩放大系数来源于公式(5-19)，而 v_0 的内涵相当于公式(5-26)中的 ε_0，称为构件的等效偏心距。

令公式中的 $M_x=0$，则上式变为有初始缺陷的轴心压杆的临界力 N_0 的表达式：

$$\frac{N_0}{A}+\frac{N_0v_0}{W_{1x}\left(1-\dfrac{N_0}{N_{Ex}}\right)}=f_y \tag{7-21}$$

在临界状态，$N_0=\varphi_x Af_y$，其中 φ_x 为轴心受压构件在弯矩作用平面内的整体稳定系数。代入上式可得：

$$v_0=\left(\frac{1}{\varphi_x}-1\right)\left(1-\varphi_x\frac{Af_y}{N_{Ex}}\right)\frac{W_{1x}}{A} \tag{7-22}$$

将上式代入式(7-20)，则得：

$$\frac{N}{\varphi_x A}+\frac{\beta_{mx}M_x}{W_{1x}\left(1-\varphi_x\dfrac{N}{N_{Ex}}\right)}=f_y \tag{7-23}$$

此式所对应的设计公式为：

$$\frac{N}{\varphi_x Af}+\frac{\beta_{mx}M_x}{W_{1x}\left(1-\varphi_x\dfrac{N}{N_{Ex}'}\right)f}\leqslant1.0 \tag{7-24}$$

此式即为压弯构件在弯矩作用平面内的弹性设计公式，可用于冷弯薄壁型钢压弯构件、弯矩绕弱轴作用的格构式压弯构件和需要验算疲劳的压弯构件。

利用边缘纤维屈服准则的弹性设计方法并不是真正的稳定设计，因为边缘纤维屈服与真正的稳定极限承载能力还有一定的差距，但对于冷弯薄壁型钢和格构式构件来说，其在截面边缘纤维进入屈服后的塑性发展非常有限，利用边缘纤维屈服准则，一是弹性设计概念清晰，二是可以有一定的安全储备。而对于需要验算疲劳的构件采用弹性设计方法，则是由于目前对于弹塑性疲劳问题的研究尚在发展中，不便于应用。

(2) 弹塑性设计方法

这种设计方法以存在几何缺陷和力学缺陷的实际压弯构件的极限荷载为承载能力极限状态，允许构件截面有一定的塑性发展，能够较充分地利用构件材料强度，适用于截面板件宽厚比等级为 S3 的较厚实压弯构件。

我国《钢结构设计标准》的压弯构件平面内稳定设计计算公式来源，考虑了实际构件的 1/1000 初弯曲和实测的残余应力分布，采用本节所述的数值计算方法，计算了 192 根压弯构件，并对其承受不同弯矩、轴力组合时的相关曲线分析，最终套用边缘纤维屈服准则设计公式(7-24)的形式，给出了实用设计公式：

$$\frac{N}{\varphi_x Af}+\frac{\beta_{mx}M_x}{\gamma_x W_{1x}\left(1-0.8\dfrac{N}{N_{Ex}'}\right)f}\leqslant1 \tag{7-25}$$

式中 N——所计算构件段范围内的轴向压力（N）；

M_x——所计算构件段范围内的最大弯矩（N·mm）；

φ_x——弯矩作用平面内的轴心受压构件稳定系数；

W_{1x}——弯矩作用平面内的受压最大纤维毛截面模量（mm³）；

N'_{Ex}——考虑抗力分项系数的欧拉临界力（N），$N'_{Ex}=\pi^2EA/(1.1\lambda_x^2)$，其中 1.1 为抗力分项系数近似值，不分钢种取为 1.1；

β_{mx}——等效弯矩系数，按下列情况取值：

1）无侧移框架柱和两端支承的构件：

① 无横向荷载作用时，取 $\beta_{mx}=0.6+0.4\dfrac{M_2}{M_1}$，$M_1$ 和 M_2 为端弯矩，使构件产生同向曲率（无反弯点）时取同号；使构件产生反向曲率（有反弯点）时取异号，$|M_1|\geqslant|M_2|$。

② 无端弯矩但有横向荷载作用时：

跨中单个集中荷载

$$\beta_{mqx}=1-0.36N/N_{cr}$$

全跨均布荷载

$$\beta_{mqx}=1-0.18N/N_{cr}$$

$$N_{cr}=\frac{\pi^2EI}{(\mu l)^2}$$

式中　N_{cr}——弹性临界力（N）；

μ——构件的计算长度系数。

③ 有端弯矩和横向荷载同时作用时，将式（7-25）的 $\beta_{mx}M_x$ 取为 $\beta_{mqx}M_{qx}+\beta_{m1x}M_1$，即工况①和工况②等效弯矩的代数和。式中，$M_{qx}$ 为横向荷载产生的弯矩最大值，β_{m1x} 取按工况①计算的等效弯矩系数。

2）有侧移框架柱和悬臂构件：

① 除本款②项规定之外的框架柱，$\beta_{mx}=1-0.36N/N_{cr}$；

② 有横向荷载的柱脚铰接的单层框架柱和多层框架的底层柱，$\beta_{mx}=1.0$；

③ 自由端作用有弯矩的悬臂柱，$\beta_{mx}=1-0.36(1-m)N/N_{cr}$，式中 m 为自由端弯矩与固定端弯矩之比，当弯矩图无反弯点时取正号，有反弯点时取负号。

当框架内力采用二阶分析时，柱弯矩由无侧移弯矩和放大的侧移弯矩组成，此时可对两部分弯矩分别乘以无侧移柱和有侧移柱的等效弯矩系数。

对于单轴对称截面压弯构件，当弯矩作用在对称轴平面且使较大翼缘受压失稳时，构件有可能在受拉区首先出现屈服（图7-11），除了按式（7-13）计算弯曲受压翼缘的压应力外，还应按照下式计算弯曲受拉翼缘的应力是否进入塑性：

$$\left|\frac{N}{Af}-\frac{\beta_{mx}M_x}{\gamma_xW_{2x}\left(1-1.25\dfrac{N}{N'_{Ex}}\right)f}\right|\leqslant1 \qquad (7\text{-}26)$$

式中　W_{2x}——受拉侧最外纤维的毛截面抵抗矩（mm³）；

γ_x——与 W_{2x} 相应的截面塑性发展系数。

上式的系数 1.25 是经过对常用截面形式的计算与理论结果比较后引进的修正系数。其余符号的含义同式（7-25）。

259

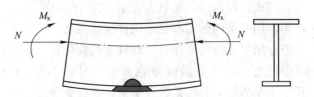

图 7-11 压弯构件在弯曲受拉侧出现屈服

式(7-26)之所以加上绝对值号，是考虑到以下两种情况都有可能发生：一是轴压应力大于弯曲拉应力而出现受压屈服；二是弯曲拉应力大于轴压应力而出现受拉屈服。

7.2.2 实腹式压弯构件的平面外稳定

对于弯矩作用平面外刚度较弱的压弯构件，有可能发生平面外的弯曲和扭转变形同时出现的弯扭失稳，如图 7-12 所示。压弯构件的平面外稳定与以下影响因素有关：

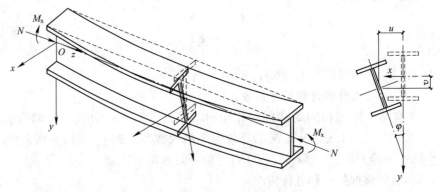

图 7-12 压弯构件的平面外弯扭失稳

(1) 构件的端部约束。构件端部提供的抗弯和抗扭约束越强，构件的稳定性越好。

(2) 平面外的侧向支撑点之间的距离。该距离越短，侧向抗弯和抗扭刚度越大，构件越不容易发生平面外的弯扭失稳。

(3) 截面的扭转刚度 GI_k 和翘曲刚度 EI_ω 越大，构件越不容易发生平面外失稳。

(4) 截面的弯矩作用平面外的抗弯刚度越大，构件的平面外稳定性能越好。

压弯构件的抗扭屈曲荷载一般大于平面外的抗弯屈曲荷载。在近似取抗扭屈曲荷载等于平面外的抗弯屈曲荷载时，可以得到构件的抗压和抗弯相关公式为：

$$\frac{N}{N_{Ey}} + \frac{M_x}{M_{crx}} = 1 \tag{7-27}$$

此式虽然是根据双轴对称截面压弯构件的弹性工作状态导出来的，但通过试验分析可知，该式同样适用于弹塑性工作状态。以轴心受压构件的整体稳定设计表达式 $N_{Ey} = \varphi_y A f_y$ 和受弯构件的整体稳定设计表达式 $M_{crx} = \varphi_b W_{1x} f_y$ 代入上式，并引入非均匀弯矩作用时的等效弯矩系数 β_{tx}、箱形截面的调整

系数 η 以及抗力分项系数 γ_R 后，得到适用于单轴对称和双轴对称截面压弯构件在弯矩作用平面外的稳定计算公式：

$$\frac{N}{\varphi_y A f} + \eta \frac{\beta_{tx} M_x}{\varphi_b W_{1x} f} \leqslant 1 \qquad (7\text{-}28)$$

式中　M_x——所计算构件段范围内（构件侧向支承点间）的最大弯矩（N·mm）；

　　　η——调整系数：箱形截面 $\eta=0.7$，其他截面 $\eta=1.0$；

　　　φ_y——弯矩作用平面外的轴心受压构件稳定系数；

　　　φ_b——均匀受弯梁的整体稳定系数；

　　　β_{tx}——弯矩作用平面外等效弯矩系数，根据所计算构件段的荷载和内力确定。

（1）在弯矩作用平面外有支承的构件，应根据两相邻支承间构件段内的荷载和内力情况确定：

1）无横向荷载作用时，β_{tx} 应按下式计算：

$$\beta_{tx} = 0.65 + 0.35 \frac{M_2}{M_1}$$

2）端弯矩和横向荷载同时作用时，β_{tx} 应按下列规定取值：使构件产生同向曲率时：

$$\beta_{tx} = 1.0$$

使构件产生反向曲率时

$$\beta_{tx} = 0.85$$

3）无端弯矩有横向荷载作用时，$\beta_{tx}=1.0$。

（2）弯矩作用平面外为悬臂的构件，$\beta_{tx}=1.0$。

注意：弯矩作用平面外等效弯矩系数 β_{tx} 和弯矩作用平面内的等效弯矩系数 β_{mx} 需要说明的是：二者计算的区域不同，弯矩作用平面内的等效弯矩系数 β_{mx} 是针对整个构件长度范围内计算的，而弯矩作用平面外等效弯矩系数 β_{tx} 是针对构件侧向支撑点之间的弯矩作用情况计算的。式（7-28）和式（7-25）、式（7-26）中 M_x 的取值也有与上述两个等效弯矩系数取值同样的区别。

由于梁整体稳定系数的计算比较繁复，且整体稳定系数 φ_b 的误差只影响弯矩项，为了使用方便，压弯构件的 φ_b 可采用近似计算公式。这些近似公式考虑了构件的弹塑性失稳问题，因此当 φ_b 大于 0.6 时不必再进行修正。

（1）工字形截面（含 H 型钢）

双轴对称时：$\varphi_b = 1.07 - \dfrac{\lambda_y^2}{44000} \cdot \dfrac{1}{\varepsilon_k^2}$，但不大于 1.0 　　（7-29）

单轴对称时：$\varphi_b = 1.07 - \dfrac{W_{1x}}{(2\alpha_b + 0.1)Ah} \cdot \dfrac{\lambda_y^2}{14000} \cdot \dfrac{1}{\varepsilon_k^2}$，但不大于 1.0

$$(7\text{-}30)$$

式中　$\alpha_b = I_1 / (I_1 + I_2)$；

I_1、I_2——分别为受压翼缘和受拉翼缘对 y 轴的惯性矩（mm^4）。

（2）T 形截面

① 弯矩使翼缘受压时

双角钢 T 形截面：$\varphi_b = 1 - 0.0017\lambda_y \dfrac{1}{\varepsilon_k}$　　　　　　　　　（7-31）

两块板组合 T 形（含 T 型钢）截面：$\varphi_b = 1 - 0.0022\lambda_y \dfrac{1}{\varepsilon_k}$　　（7-32）

② 弯矩使翼缘受拉且腹板高厚比不大于 $18\varepsilon_k$ 时：

$$\varphi_b = 1 - 0.0005\lambda_y \dfrac{1}{\varepsilon_k} \tag{7-33}$$

（3）闭口截面

$$\varphi_b = 1.0$$

※7.2.3　双向受弯的实腹式压弯构件稳定

实际中双向受弯的压弯构件较少，双轴对称工字形截面（含 H 型钢）和箱形截面的压弯构件稳定计算，可以看作是由单向受弯压弯构件的平面内和平面外的稳定公式构成：

$$\frac{N}{\varphi_x A f} + \frac{\beta_{mx} M_x}{\gamma_x W_{1x}\left(1 - 0.8\dfrac{N}{N'_{Ex}}\right)f} + \eta\frac{\beta_{ty} M_y}{\varphi_{by} W_{1y} f} \leqslant 1 \tag{7-34}$$

$$\frac{N}{\varphi_y A f} + \eta\frac{\beta_{tx} M_x}{\varphi_{bx} W_{1x} f} + \frac{\beta_{my} M_y}{\gamma_y W_{1y}\left(1 - 0.8\dfrac{N}{N'_{Ey}}\right)f} \leqslant 1 \tag{7-35}$$

式中　M_x、M_y——所计算范围内构件对 x 轴和 y 轴的最大弯矩（N·mm）；

φ_x、φ_y——对 x 轴和 y 轴的轴心受压构件稳定系数；

φ_{bx}、φ_{by}——梁的整体稳定系数，对双轴对称工字形截面和 H 型钢，φ_{bx} 按式（7-29）计算，而 $\varphi_{by} = 1.0$；对箱形截面，$\varphi_{bx} = \varphi_{by} = 1.0$；

β_{mx}、β_{my}——按式（7-25）中有关弯矩作用平面内的规定采用；

β_{tx}、β_{ty} 和 η——按式（7-28）中有关弯矩作用平面外的规定采用；

N'_{Ex}、N'_{Ey}——考虑抗力分项系数的欧拉临界力（N），$N'_{Ex} = \pi^2 EA / (1.1\lambda_x^2)$，$N'_{Ey} = \pi^2 EA / (1.1\lambda_y^2)$。

7.3　实腹式压弯构件的局部稳定

同轴心受压构件和受弯构件一样，实腹式压弯构件的局部稳定也是通过限制翼缘的宽厚比和腹板的高厚比来控制的。

7.3.1 压弯构件的翼缘稳定

压弯构件的翼缘，在考虑截面部分塑性发展时，其应力分布与受弯构件的翼缘基本相同，其失稳形式也基本一样。因此，根据受压最大翼缘和压弯构件整体稳定相等的原则，计算出来的压弯构件翼缘宽厚比限值也和受弯构件翼缘宽厚比限值相同。

工字形和 H 型钢翼缘板的外伸宽度与其厚度的比值：

$$\frac{b_1}{t} \leqslant 13\varepsilon_k \tag{7-36}$$

当强度和稳定计算中取构件的塑性发展系数 $\gamma_x = 1.0$ 时，可取 $\frac{b_1}{t} \leqslant 15\varepsilon_k$。

箱形截面压弯构件翼缘板在两腹板之间的无支撑宽度 b_0 与其厚度 t 的比值，取为：

$$\frac{b_1}{t} \leqslant 40\varepsilon_k \tag{7-37}$$

当强度和稳定计算中取构件的塑性发展系数 $\gamma_x = 1.0$ 时，可取 $\frac{b_0}{t} \leqslant 45\varepsilon_k$。

7.3.2 压弯构件的腹板稳定

（1）工字形和 H 型钢的腹板稳定

压弯构件腹板上由于轴压应力和弯曲拉压应力的叠加，截面上应力分布是不均匀的（图 7-13）。在公式推导时，使用第 3 章的参数 α_0。

$$\alpha_0 = \frac{\sigma_{max} - \sigma_{min}}{\sigma_{max}}$$

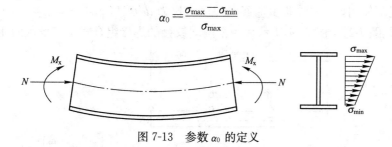

图 7-13　参数 α_0 的定义

按照构件的局部失稳不先于整体失稳的原则，确定腹板高厚比的限值。在压弯构件的整体稳定分析中，考虑了截面部分塑性发展，腹板也会有部分截面进入塑性。可根据板的弹性稳定理论确定腹板失稳时的屈服临界应力，然后进行修正。

对于在平均剪应力 τ 和不均匀正应力 σ 的共同作用下的矩形薄板，根据稳定理论分析，可以得到其弹性临界应力为：

$$\sigma_{cr} = K \frac{\pi^2 E}{12(1-\nu^2)} \left(\frac{t_w}{h_0}\right)^2 \geqslant f_y \tag{7-38}$$

式中，K 为弹性屈曲系数，取值与腹板的应力比 τ/σ、构件的长细比和腹板的应力梯度 α_0 有关。对于四边简支腹板承受压弯荷载时，屈曲系数为：

$$K = \frac{16}{\sqrt{(2-\alpha_0)^2 + 0.112\alpha_0^2} + 2 - \alpha_0} \tag{7-39}$$

将上式代入式 (7-38)，可得压弯构件屈曲时，腹板边缘刚刚达到屈服强度所对应的腹板屈服高度比表达式：

$$\left(\frac{h_0}{t_w}\right)_y \leq \sqrt{\frac{K\pi^2 E}{12(1-\nu^2)f_y}} = \sqrt{\frac{16}{\sqrt{(2-\alpha_0)^2 + 0.112\alpha_0^2} + 2 - \alpha_0} \times \frac{\pi^2 E}{12(1-v^2)f_y}} \tag{7-40}$$

代入临界应力 $\sigma_{cr} = 235\text{N/mm}^2$，泊松比 $\nu = 0.3$ 和弹性模量 $E = 206 \times 10^3\text{N/mm}^2$，可得腹板高厚比 h_0/t_w 与应力梯度 α_0 之间的关系。弹塑性设计中，允许腹板在弹塑性状态下屈曲，取腹板屈服高厚比的 0.7 倍，可得设计高厚比限值：

$$\frac{h_0}{t_w} \leq (40 + 18\alpha_0^{1.5})\varepsilon_k \tag{7-41}$$

(2) 箱形截面的腹板稳定

箱形截面压弯构件的腹板有两块，考虑两块腹板的受力状况可能不完全一致，而且翼缘对腹板的约束常采用单侧角焊缝，其嵌固程度也不如工字形截面，所以箱形截面的腹板宽厚比限值取为 $h_0/t_w \leq 40\varepsilon_k$。

(3) 圆管截面压弯构件的局部稳定

圆管截面很少用作压弯构件，即使用作压弯构件，也是在设计弯矩很小的情况下使用，设计中取其直径与厚度之比为 $d/t \leq 90 \times \varepsilon_k^2$。

【例题 7-2】 图 7-14 所示为一个两端铰接的焊接组合式工字形截面压弯构

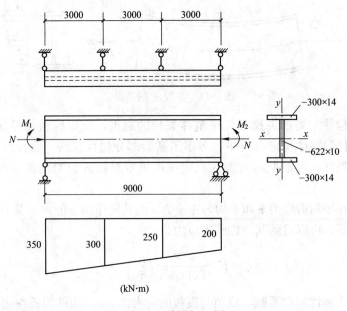

图 7-14 例题 7-2 图

件，在三分点处各有一侧向支承点。其承受的轴线压力设计值为 $N=1200\text{kN}$，一端承受弯矩为 $M_1=350\text{kN}\cdot\text{m}$ 的弯矩，另一端 $M_2=200\text{kN}\cdot\text{m}$。该构件采用 Q235 钢材制作，翼缘为火焰切割边。试验算此构件是否满足要求。

【分析】

本题要求验算构件是否满足要求，而没有明确提出需要验算哪些内容，这就相当于要求对所有的设计方面进行验算，应该包括：强度、平面内稳定、平面外稳定、翼缘局部稳定、腹板局部稳定和刚度验算。

【解】

1. 截面几何特性

$A=146.2\text{cm}^2$，$I_x=104997.65\text{cm}^4$，$W_x=3230.70\text{cm}^3$，$i_x=26.80\text{cm}$，腹板边缘 $W_{1x}=3376.13\text{cm}^3$，$I_y=6305.18\text{cm}^4$，$i_y=6.57\text{cm}$。

2. 强度验算

$$\frac{N}{A_n}+\frac{M_x}{\gamma_x W_{nx}}=\frac{1200}{146.2}\times10+\frac{350}{1.05\times3230.7}\times10^3=82.07+103.18$$
$$=185.24<f=215\text{N/mm}^2$$

3. 弯矩作用平面内稳定验算

$\lambda_x=l_x/i_x=900/26.80=33.6<[\lambda]=150$，按 b 类截面查附表 5-2 得 $\varphi_x=0.923$。

$$N'_{Ex}=\frac{\pi^2 EA}{1.1\lambda_x^2}=\frac{\pi^2\times206000\times14620}{1.1\times33.6^2}\times10^{-3}=23935.53\text{kN}$$

$$\beta_{mx}=0.6+0.4\times\frac{M_2}{M_1}=0.6+0.4\times\frac{200}{350}=0.83$$

$$\frac{N}{\varphi_x Af}+\frac{\beta_{mx}M_x}{\gamma_x W_x(1-0.8N/N'_{Ex})f}=\frac{1200}{0.923\times146.2\times215}\times10+$$
$$\frac{0.83\times350\times10^3}{1.05\times3230.70\times(1-0.8\times1200/23935.53)\times235}$$
$$=0.42+0.41=0.83<1$$

4. 弯矩作用平面外稳定验算

$\lambda_y=l_y/i_y=300/6.57=45.66<[\lambda]=150$，按 b 类截面查附表 5-2 得 $\varphi_y=0.875$
因最大弯矩在左端，而左边第一段 β_{tx} 最大，故只需验算该段。

$$\beta_{tx}=[300+(350-300)\times2/3]/350=0.95$$

$$\varphi_b=1.07-\lambda_y^2/44000=1.07-45.66^2/44000=1.023,\quad\text{取 }\varphi_b=1.0$$

$$\frac{N}{\varphi_y Af}+\eta\frac{\beta_{tx}M_x}{\varphi_b W_x f}=\frac{1200}{0.875\times146.2\times215}\times10+1.0\times\frac{0.95\times350}{1.0\times3230.70\times215}\times10^3$$
$$=0.91<1$$

5. 局部稳定验算

翼缘板局部稳定：$b_1/t=(300/2-12/2)/14=10.3<13$，满足要求，且 γ_x 可取 1.05。

腹板局部稳定：

$$\sigma_{max}=\frac{N}{A}+\frac{M_x}{W_{1x}}=\frac{1200}{146.2}\times10+\frac{350}{3376.13}\times1000$$

$$=82.08+103.67=185.75$$

$$\sigma_{\min}=\frac{N}{A}-\frac{M_x}{W_{1x}}=\frac{1200}{146.2}\times10-\frac{350}{3376.13}\times1000$$

$$=82.08-103.67=-20.59$$

$$\alpha_0=\frac{\sigma_{\max}-\sigma_{\min}}{\sigma_{\max}}=\frac{185.75-(-20.59)}{185.75}=1.111$$

$$\frac{h_0}{t_w}=\frac{622}{10}=62.2>(40+18\times1.111^{1.5})\sqrt{\frac{235}{235}}=60.8$$

故该压弯构件的强度、整体稳定刚度均满足要求，腹板的局部稳定不满足要求。

7.4 格构式压弯构件的稳定

格构式压弯构件的强度设计与实腹式压弯构件相同，其刚度设计与轴心受压构件相同，所以本节只讲述其稳定设计。

7.4.1 弯矩绕虚轴作用的格构式压弯构件

（1）弯矩作用平面内的稳定

格构式压弯构件一般都设计成弯矩绕虚轴作用，这是因为构件的两个分肢之间的距离可以调整，能够最大限度地承受弯矩作用，如图 7-15(b)、(c)所示。在计算弯矩作用平面内的稳定时，由于在靠近中和轴的大部分截面是虚空的，没有承载能力，所以不考虑截面的塑性发展，按完全弹性设计。设计公式即为公式(7-24)，即

$$\frac{N}{\varphi_x Af}+\frac{\beta_{mx}M_x}{W_{1x}\left(1-\varphi_x\dfrac{N}{N'_{Ex}}\right)f}\leqslant1 \tag{7-42}$$

式中的符号意义与式(7-25)基本相同，所不同的是式中的 φ_x 和 N'_{Ex} 的取值须由构件绕虚轴的换算长细比来计算，换算长细比的计算与第 5 章格构式轴心受压相同。计算 $W_{nx}=I_{nx}/y_0$ 时，y_0 的取值方法见图 7-15(b)、(c)，图 7-15 (b)中的 y_0 是指从轴心线到槽钢的腹板外侧，图 7-15(c)中的 y_0 是指从轴心线

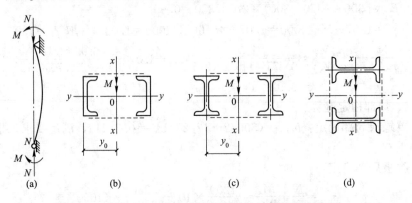

图 7-15 格构式压弯构件的计算简图

到工字钢的腹板中心线。

（2）分肢的稳定

对于弯矩绕虚轴作用的格构式压弯构件，弯矩作用可以分解为通过两个分肢形心的力偶，这样，构件的两个分肢相当于两个轴心受力构件，如图 7-16 所示，每个分肢的受力大小可以按照力矩平衡求解：

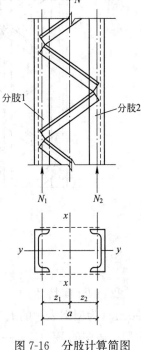

分肢 1：　　$N_1 = N \dfrac{z_2}{a} + \dfrac{M}{a}$　　　　(7-43)

分肢 2：　　　　$N_2 = N - N_1$　　　　(7-44)

分肢 1 和分肢 2 的内力得到后，对于由缀条连接的格构式压弯构件，可以按照轴心受力构件进行计算，在弯矩作用平面内，单肢的计算长度取缀条之间的距离，在弯矩作用平面外，单肢的计算长度则取整个构件的侧向支撑点之间的距离。对于由缀板连接的格构式压弯构件，单肢除了承受轴心作用力外，还应考虑由剪力引起的局部弯矩，按压弯构件验算单肢的稳定性。单肢在两个方向上的计算长度取值方法同缀条连接的压弯构件。

（3）弯矩作用平面外的稳定计算

图 7-16　分肢计算简图

对于弯矩绕虚轴作用的格构式压弯构件，构件在弯矩作用平面外的整体稳定计算和分肢在弯矩作用平面外的稳定计算是一样的，所以不必再计算。

7.4.2　弯矩绕实轴作用的格构式压弯构件

弯矩绕实轴作用的格构式压弯构件如图 7-15（d）所示，在弯矩作用平面内，两个单肢各自承受总弯矩和轴力的一半，按照实腹式压弯构件计算单肢的平面内稳定。在弯矩作用平面外，仍按照式（7-28）计算，只不过在计算 φ_y 和 φ_b 时，采用格构式轴心受力构件的换算长细比进行计算。计算缀材的剪力时，应该按照第 5 章格构式轴心受压构件的缀材剪力的计算方法，取该剪力和实际受到剪力的最大值进行计算。

【例题 7-3】　图 7-17 所示的框架柱为格构式压弯构件，两个分肢均为$\llbracket$22a，缀条采用 L 45×4，由 Q235B 钢材制作。其承受的轴心压力设计值为 $N = 580\mathrm{kN}$，弯矩 $M = \pm100\mathrm{kN \cdot m}$。在弯矩作用平面内，构件上端为有侧移的弹性支承，下端固定，计算长度为 $l_{0x} = 9.0\mathrm{m}$，在弯矩作用外，构件为两端铰接，计算长度 $l_{0y} = 6.5\mathrm{m}$。所有的连接焊缝满足要求。试验算此柱的稳定性和刚度。

【解】

267

1. 截面的几何特性计算

查型钢规格表知：

268

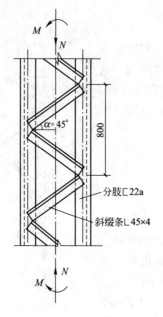

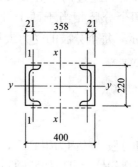

图 7-17　例题 7-14 图

〔22a 的几何特性：$A_{1z}=31.85\text{cm}^2$，$I_{1z}=158\text{cm}^4$（为型钢表中的 I_y），$I_y=2390\text{cm}^4$（为型钢表中的 I_x），$W_{1z}=28.2\text{cm}^3$（为型钢表中的 W_y），$W_y=218\text{cm}^3$（为型钢表中的 W_x），$z_0=2.1\text{cm}$。

∟45×4 的几何特性：$A_{1l}=3.49\text{cm}^2$，$I_x=6.65\text{cm}^4$。两侧斜缀条的面积之和 $A_1=2A_{1l}=6.98\text{ cm}^2$。

整个截面：　　　$A=2A_{1z}=2\times31.85=63.70\text{cm}^2$

$$I_x=2\left[I_{1z}+A_{1z}\times\left(\frac{b_0}{2}\right)^2\right]=2\times\left[158+31.85\times\left(\frac{35.8}{2}\right)^2\right]$$

$$=20726.12\text{cm}^4$$

$$i_x=\sqrt{\frac{20726.12}{63.70}}=18.04\text{cm}$$

2. 验算弯矩作用平面内的整体稳定

$$\lambda_x=l_{0x}/i_x=900/18.04=49.89$$

换算长细比：$\lambda_{0x}=\sqrt{\lambda_x^2+27\dfrac{A}{A_1}}=\sqrt{49.89^2+27\times\dfrac{63.70}{6.98}}=52.30<[\lambda]=150$

按照 b 类截面查表，$\varphi_x=0.849$，则

$$N'_{Ex}=\frac{\pi^2EA}{\gamma_R\lambda_{0x}^2}=\frac{\pi^2\times206\times10^3\times63.70\times10^2}{1.1\times52.30^2}=4304.38\times10^3\text{N}$$

对有侧移框架柱：

$$\beta_{mx}=\left(1-0.36\frac{N}{N_{cr}}\right)=\left(1-0.36\frac{N}{N_{Ex}}\right)=\left(1-0.36\times\frac{580}{4304.38}\right)=0.95$$

$$W_{1x} = \frac{I_x}{y} = \frac{20726.12}{20} = 1036.31 \text{cm}^3$$

$$\frac{N}{\varphi_x A f} + \frac{\beta_{mx} M_x}{W_{1x}\left(1 - \frac{N}{N'_{Ex}}\right) \cdot f} = \frac{580 \times 10^3}{0.845 \times 63.70 \times 10^2 \times 215}$$

$$+ \frac{0.95 \times 100 \times 10^6}{1036.31 \times 10^3 \times \left(1 - \frac{450}{4304.38}\right) \times 215}$$

$$= 0.98 < 1$$

3. 验算分肢的稳定(用第一组内力)

最大压力：
$$N_1 = \frac{100}{0.4} + \frac{580}{2} = 540 \text{kN}$$

$$i_{x1} = \sqrt{\frac{I_{1z}}{A_{1z}}} = \sqrt{\frac{158}{31.85}} = 4.96 \text{cm}, \quad \lambda_{x1} = \frac{l_{01}}{i_{x1}} = \frac{80}{4.96} = 16.13 \leq [\lambda] = 150$$

且
$$\lambda_{x1} \leq 0.7\lambda_{0x} = 0.7 \times 52.30 = 36.61$$

$$i_{y1} = \sqrt{\frac{I_{1y}}{A_{1z}}} = \sqrt{\frac{2390}{31.85}} = 75.04 \text{cm}, \quad \lambda_{y1} = \frac{l_{0y}}{i_{y1}} = \frac{650}{75.04} = 8.66 < [\lambda] = 150$$

整体结构的平面外长细比和分肢的平面外长细比 λ_{y1} 相同。

分肢为热轧槽钢，按 b 类截面查表，$\varphi_{\min} = 0.981$

$$\frac{N_1}{\varphi_{\min} A_{z1} f} = \frac{540 \times 10^3}{0.981 \times 31.85 \times 10^2 \times 205} = 0.84 < 1$$

所以，此柱的整体稳定性、分肢的稳定性、整体结构刚度和分肢的刚度均满足要求。

7.5 压弯构件的柱脚设计

压弯构件的柱脚分为铰接柱脚和刚接柱脚。铰接柱脚只传递轴力和剪力，不传递弯矩，其构造和设计计算与轴心受压构件的柱脚相同，此处不再讲述。刚接柱脚与基础刚性连接，可以传递轴力、剪力和弯矩。剪力的传递同铰接柱脚一样，首先考虑由柱与基础之间的摩擦传力，摩擦传力不足时，可以再设置抗剪连接件。本节主要讲述压弯构件刚接柱脚的轴力和弯矩计算。

压弯构件的刚性柱脚有多种形式，其中的整体式柱脚构造形式见图 7-18，它由靴梁、横板、隔板、肋板、底板和锚栓等组成。横板的作用是承受螺栓受拉时所施加的压力，肋板的作用是增加横板的刚度，其余各部分的作用和传力途径与靴梁式轴心受压构件柱脚相同。

（1）底板设计

压弯构件的柱脚底板承受不均匀的基础反力，设计时，根据底板的最大压应力不超过基础混凝土材料抗压强度设计值，确定底板长度 L 和宽度 B：

270

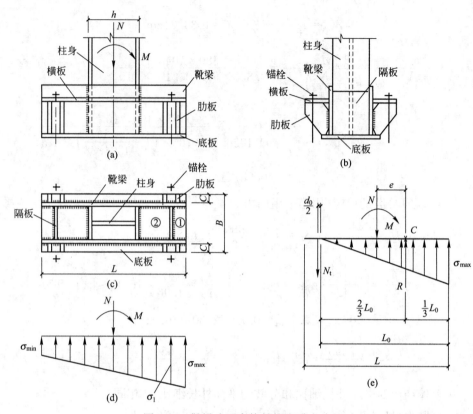

图 7-18 靴梁式压弯构件柱脚受力分析

$$\sigma_{max} = \frac{N}{BL} + \frac{6M}{BL^2} \leqslant f_{cc} \tag{7-45}$$

式中 σ_{max}——基础顶面所承受的不均匀压应力的最大值（N/mm²）；

$\quad\quad N$——基础顶面的最大轴压力设计值（N）；

$\quad\quad M$——基础顶面的最大弯矩设计值（N·mm）；

$\quad\quad f_{cc}$——基础混凝土抗压强度设计值（N/mm²）。

基础的宽度 B 根据构造要求，取构件的宽度加两个靴梁的厚度和锚栓连接的构造尺寸。基础宽度确定后，就可以由上式确定基础的长度 L 了。

柱脚底板厚度的确定方法与轴心受压构件基本相同，计算基础底板被隔板、横板、肋板和柱截面划分的各区格抗弯承载能力，不同之处在于压弯构件的柱底反力是不均匀的，可近似取各区格的最大弯矩值来计算。

（2）柱脚锚栓

如果压弯构件的柱脚锚栓没有拉拔力作用，可以像轴心受压构件一样，按构造选用；如果锚栓受到拉拔力作用，就需要按照轴心受拉构件计算锚栓直径，计算时锚栓拉拔力 T 的大小可以按图 7-18(e)所示，通过内外力对基础不均匀压应力合力作用线的力矩平衡求得：

$$T = \frac{M - Ne}{2L_0/3 + d_0/2} \tag{7-46}$$

式中 e——构件中心线到基础不均匀压应力合力作用线的距离（mm）；

L_0——基础不均匀压应力的作用长度（mm）；

d_0——锚栓孔直径（mm）。

（3）其他设计

将横板和肋板看作悬臂梁，计算其在锚栓压力作用下的抗弯和抗剪能力，确定横板和肋板的厚度以及各连接焊缝的厚度。靴梁、隔板及其连接焊缝的计算，均与轴心受压构件柱脚计算相同。

柱子传递给基础的剪力 Q，应该由基础顶面的混凝土和柱底板之间的摩擦力承受，按照 $Q \leqslant \mu N$ 来计算，其中的摩擦系数 μ 可以取 0.4。如果该摩擦力不能够完全承受所有的剪力，应在柱底板补充设置抗剪连接键。

【例题 7-4】 图 7-19 所示格构式压弯构件柱脚，两个分肢均由 Q235B 钢材制作。其承受的最不利设计荷载组合有两组：第一组：轴心压力 $N_1 = 580$kN，弯矩 $M_1 = \pm 100$kN·m；第二组：轴心压力 $N_1 = 220$kN，弯矩 $M_1 = \pm 185$kN·m。基础混凝土采用 C20。试设计此柱脚。

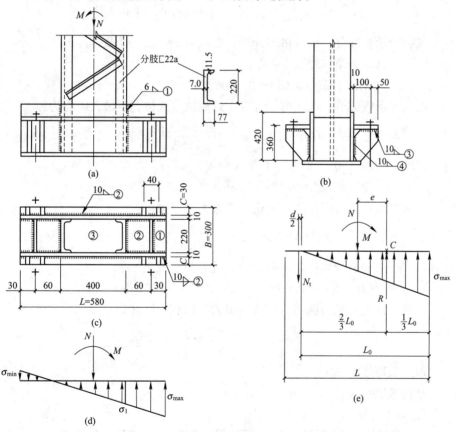

图 7-19 例题 7-4 图

【解】

1. 确定底板尺寸

查型钢尺寸表知：[22a 的截面高度为 220mm，初步选取靴梁厚度 10mm，侧边悬挑宽度 $C = 30$mm，则底板总宽度为 $B = 220 + 2 \times 10 + 2 \times 30 = 300$mm。

按轴压力较大的第一组设计荷载确定底板尺寸。

基础混凝土采用 C20，其抗压强度设计值为 $f_c = 9.6 \text{N/mm}^2$。

基础长度由基础混凝土的最大抗压承载力确定，即：

$$\sigma_{max} = \frac{N_1}{BL} + \frac{6M_1}{BL^2} = \frac{580 \times 10^3}{300 \times L} + \frac{6 \times 100 \times 10^6}{300 \times L^2} \leqslant f_c = 9.6 \text{N/mm}^2$$

解方程得：$L = 568.11 \text{mm}$。取 $L = 580 \text{mm}$。

$$\sigma_{max} = \frac{N_1}{BL} + \frac{6M_1}{BL^2} = \frac{580 \times 10^3}{300 \times 580} + \frac{6 \times 100 \times 10^6}{300 \times 580^2} = 3.33 + 5.95 = 9.28 \leqslant f_c = 9.6 \text{N/mm}^2$$

$$\sigma_{min} = \frac{N_1}{BL} + \frac{6M_1}{BL^2} = \frac{580 \times 10^3}{300 \times 580} + \frac{6 \times 100 \times 10^6}{300 \times 580^2} = 3.33 - 5.95 = -2.62 \text{N/mm}^2$$

则基础反力分布如图 7-19(d) 所示。

底板的厚度由各区格的抗弯承载能力确定。

悬臂板部分：近似取 $q = \sigma_{max} = 9.28 \text{N/mm}^2$

$$M_I = q \frac{C^2}{2} = 9.26 \times \frac{30^2}{2} = 4410 \text{N} \cdot \text{mm}$$

三边支承板部分：取区格①计算，近似取 $q = \sigma_{max} = 9.28 \text{N/mm}^2$，$b_1/a_1 = 30/220 = 0.14$，查第 5 章表 5-9 得：

$$M_1 = \beta q a_1^2 = 0.013 \times 9.28 \times 220^2 = 5838.98 \text{N} \cdot \text{mm}$$

四边支承板部分：取区格②计算，近似取该区格右侧最大应力为：

$$q = \sigma_1 = \frac{\sigma_{max} + \sigma_{min}}{580} \times (580 - 30) - \sigma_{min} = \frac{9.28 + 2.62}{580} \times 550 - 2.62 = 8.66 \text{N/mm}^2$$

计算，$b/a = 220/(60) = 3.67$，查第 5 章表 5-8 得：

$$M_4 = \beta q a^2 = 0.123 \times 8.66 \times 60^2 = 3834.65 \text{N} \cdot \text{mm}$$

取区格③计算，近似取该区格右侧最大应力为：

$$q = \sigma_1 = \frac{\sigma_{max} + \sigma_{min}}{580} \times (580 - 90) - \sigma_{min} = \frac{9.28 + 2.62}{580} \times 490 - 2.62 = 7.43 \text{N/mm}^2$$

计算，$b/a = (400 - 2 \times 7)/220 = 1.93$，查第 5 章表 5-9 得：

$$M_4 = \beta q a^2 = 0.099 \times 7.43 \times 220^2 = 35601.59 \text{N} \cdot \text{mm}$$

可见，四边支承板区格③的弯矩最大，则底板厚度为：

$$t = \sqrt{\frac{6M_{max}}{f}} = \sqrt{\frac{6 \times 35601.59}{205}} = 32.28 \text{mm}$$

取底板厚度为 34mm。

故所选底板尺寸为 $-580 \times 300 \times 34$。

2. 靴梁计算

(1) 靴梁的高度由靴梁和柱身之间的焊缝决定。一个柱肢所受到的最大轴力为：

$$N = \frac{N}{2} + \frac{M}{a} = \frac{580 \times 10^3}{2} + \frac{100 \times 10^6}{400} = 540 \times 10^3 \text{N} = 540 \text{kN}$$

该力由两条角焊缝①传递，按构造要求，焊脚尺寸由其最大值和最小值确定：

$h_{f,max} \leqslant 1.2 t_{min} = 1.2 \times 7 = 9.4 \text{mm}$，$h_{f,min} \geqslant 1.5\sqrt{t_{max}} = 1.5\sqrt{10} = 4.74 \text{mm}$，取 $h_f = 6 \text{mm}$。则所需要的焊缝长度为：

$$l_w = \frac{N}{2 \times 0.7 h_f f_f^w} + 2h_f = \frac{540 \times 10^3}{2 \times 0.7 \times 6 \times 160} + 2 \times 6 = 401 + 12 = 413\text{mm}$$

取靴梁高度为 420mm。

（2）靴梁的强度验算：靴梁悬臂长度 90mm，其在受力最大一侧悬臂根部的剪力为：

$$V_1 = \frac{\sigma_{max} + \sigma_1}{2} \times 300 \times 90 \times \frac{1}{2} = \frac{9.28 + 7.43}{2} \times 300 \times 90 \times \frac{1}{2} = 112792.5\text{N}。$$

悬臂端根部的弯矩为：

$$M_1 = \frac{1}{2} \times \left(9.28 \times 300 \times \frac{1}{2}\right) \times 90^2 - \frac{1}{2} \times \left[(9.28 - 7.43) \times 300 \times \frac{1}{2}\right] \times \left(\frac{90}{3}\right)^2$$
$$= 5512725\text{N} \cdot \text{mm}$$

初选靴梁板厚 10mm，则

$$\sigma = \frac{M_1}{W} = \frac{5512725}{10 \times 420^2/6} = 18.75\text{N/mm}^2 \leqslant f = 215\text{N/mm}^2$$

$$\tau = \frac{1.5V_1}{ht} = \frac{1.5 \times 112792.5}{10 \times 420} = 40.28\text{N/mm}^2 \leqslant f = 215\text{N/mm}^2$$

则靴梁尺寸为 $-580 \times 420 \times 10$。

（3）计算靴梁与底板的连接焊缝②，在最右侧基础反力最大，为 $\sigma_{max} = 9.28\text{N/mm}^2$，该处有四条焊缝，按单位长度的焊缝承载能力计算所需要的焊脚尺寸：

$$h_{f,2} = \frac{\sigma_{max} \times 1 \times B}{4 \times 0.7 f_f^w \times 1} = \frac{9.28 \times 1 \times 300}{4 \times 0.7 \times 160 \times 1} = 6.21\text{mm}$$

靴梁与底板之间的连接焊缝在两个柱肢之间，只能在靴梁外侧施焊，两个靴梁板只有两条焊缝，尽管该处的最大应力只有 $q = 7.43\text{N/mm}^2$，也需要计算所需要的焊脚尺寸：

$$h_{f,2} = \frac{\sigma_{max} \times 1 \times B}{2 \times 0.7 f_f^w \times 1} = \frac{7.43 \times 1 \times 300}{2 \times 0.7 \times 160 \times 1} = 9.95\text{mm}$$

二者统一取其焊脚尺寸为 $h_f = 10\text{mm}$。

3. 柱脚锚栓设计

柱脚锚栓承受弯矩引起的拉拔力，其计算简图如图 7-19（e）所示，假定锚栓直径为 $d = 24\text{mm}$，孔 $d_0 = 25.5\text{mm}$，则图中尺寸 $L_0 = 580 - 30 - d_0/2 = 537.25\text{mm}$，$e = L/2 - L_0/3 = 580/2 - 537.25/3 = 110.92\text{mm}$。

$$T = \frac{M - Ne}{2L_0/3 + d_0/2} = \frac{100 \times 10^6 - 580 \times 10^3 \times 110.92}{2 \times 537.25/3 + 25.5/2} = 96157.45\text{N} = 96.16\text{kN}$$

选用 Q235 钢制作的锚栓，其抗拉强度为 $f_t^a = 140\text{N/mm}^2$，其计算净截面面积为 3.53cm²，两个直径为 24mm 的抗拉强度为：

$$2N_t^a = 2 \times 3.53 \times 100 \times 140 = 2 \times 49420 = 98840\text{N} > T = 96157.45\text{N}$$

所选锚栓满足要求。

4. 横板和肋板的计算

锚栓的拉力通过螺帽和垫圈作用于两块横板，每个横板承受 $\dfrac{T}{2} = \dfrac{96.16}{2} =$

48.08kN 的集中压力，该压力通过垫板和横板，再由两条角焊缝③传给两块肋板，然后由两条角焊缝④传给靴梁。

角焊缝③受到向下的剪力作用，取横板厚度为 10mm，焊缝长度 $l_w=150-20-2\times6=114$mm。则所需要的焊脚尺寸为：

$$h_{f,3}=\frac{T/2}{2\times0.7\times1.22f_f^w\times114}=\frac{48.08\times10^3}{2\times0.7\times1.22\times160\times114}=1.5\text{mm}$$

按构造，实际取焊脚尺寸为 6mm。

由于施焊位置限制，每块肋板只能有一条焊缝④与靴梁连接，集中力 $\frac{T}{2}$ 对焊缝④的偏心距为 100mm，偏心弯矩为 $M=48.08\times0.1=4.808$kN·m，取肋板高度为 $360-10=350$mm，肋板厚度 8mm，按构造取焊脚尺寸为 6mm，焊缝长度 $l_w=350-2\times20-2\times6=298$mm，则

$$\sigma_f=\frac{M}{W_f}=\frac{4.808\times10^6\times6}{2\times0.7\times6\times298^2}=38.67\text{N/mm}^2$$

$$V_f=\frac{V}{A_f}=\frac{48.08\times10^3}{2\times0.7\times6\times298}=19.21\text{N/mm}^2$$

$$\sqrt{\left(\frac{\sigma_f}{1.22}\right)^2+\tau_f^2}=\sqrt{\left(\frac{38.67}{1.22}\right)^2+19.21^2}=37.06\text{N/mm}^2\leqslant f_f^w=160\text{N/mm}^2。$$

小结及学习指导

拉弯构件和压弯构件都要承受轴向力和弯矩的共同作用。本章主要探讨两种荷载同时作用时的强度和稳定计算问题。学习时应注意联系前两章的内容一起学习，这样既可以复习旧知识，又可以学习新内容。

（1）在弯矩较小而轴心力较大时，为了方便设计，拉弯、压弯构件常常采用和轴心受力构件相同的双轴对称截面。而当弯矩较大时，为了节省材料，在弯曲受压侧采用较大的截面，而在弯曲受拉侧采用较小截面，形成单轴对称截面。当构件长细比较大而又有弯矩作用时，需要较大的截面惯性矩，这时可以采用格构式构件。

（2）拉弯构件一般在轴拉力较大而弯矩较小时使用。在框架结构中，梁通常按照受弯构件设计，柱通常按照压弯构件设计。所以拉弯和压弯构件的正常使用极限状态验算，一般只进行长细比的校核。如果构件的弯矩较大，或者框架梁按照压弯构件计算时，拉弯和压弯构件也是需要按照受弯构件验算挠度的。

（3）冷弯薄壁构件和需要验算疲劳的构件，以材料强度达到屈服点作为承载能力极限状态，可以采用弹性设计方法。而对于其他构件，需要按照材料截面部分塑性发展进行设计。本章在分析拉弯和压弯构件的强度设计时，先分别讲述构件的弹性设计和塑性设计，最后讲述弹塑性设计。理解的难点在于轴力和弯矩的相关关系，以及理论公式向设计公式的简化。

（4）一个平面内承受弯矩作用的压弯构件，存在着平面内的弯曲失稳和平

面外的弯扭失稳。理想压弯构件的面内弹性失稳分析，有助于认识压弯构件的失稳原因，并可以得到设计公式中用到的平面内等效弯矩系数。实际构件由于存在初弯曲和纵向残余应力等缺陷，属于极值点失稳问题，需要用数值积分方法来求解，这一部分理解难度较大。压弯构件的面外失稳理论背景较深，本书只给出了影响面外失稳的因素，并粗线条地从理论引出设计公式。压弯构件面内失稳和面外失稳的设计公式很相似，读者应注意仔细区分，并可以从轴压力和弯曲应力相叠加的关系上来理解。

（5）压弯构件的翼缘宽厚比限值和受弯构件一样，验算公式来源在第6章已经讲述。压弯构件的腹板稳定需要引入应力梯度的概念。其高厚比限值与构件的长细比和截面上的应力梯度有关。箱形截面构件的面外抗扭和抗弯刚度都很大，适合用于受力较大时面外无支撑的压弯构件。本章也给出了箱形截面构件的翼缘宽厚比和腹板高厚比限值。

（6）弯矩绕虚轴作用的格构式压弯构件在重型工业厂房结构中应用较多。其稳定设计包括弯矩作用平面内的稳定设计和分肢稳定设计两部分。其弯矩作用平面外的稳定设计是和分肢设计相同的。格构式压弯构件的面内稳定设计与实腹式压弯构件的面内稳定设计的最大区别，在于格构式构件的面内稳定设计不能考虑截面的部分塑性发展。二者设计公式很相似，使用时应注意它们的细微差别。

（7）压弯构件的铰接柱脚设计和轴心受力构件的铰接柱脚完全相同，本章没有讲述。压弯构件的刚接柱脚设计的很多内容也和轴心受力构件的柱脚设计类似，只有两处明显区别，一是底板上的压应力分布不均匀，需要近似处理，二是在柱脚出现拉应力时，需要设置抗拔螺栓，并进行螺栓设计。

思考题

7-1 拉弯、压弯构件的强度计算公式和轴心受力构件、受弯构件的强度计算公式有没有相同点？

7-2 拉弯和压弯构件的设计，什么情况下需要采用弹塑性设计？什么情况下需要采用弹性设计？

7-3 如何进行拉弯、压弯构件的刚度验算？

7-4 实腹式压弯构件的失稳形式有哪些？

7-5 单向受弯的实腹式受弯构件，在什么情况下发生面内失稳？什么情况下发生面外失稳？

7-6 什么是压弯构件的面内等效弯矩系数？其作用是什么？

7-7 弯矩作用平面内的稳定设计有几种设计方法？各适合于哪些构件？

7-8 如何防止压弯构件发生弯矩作用平面外失稳？

7-9 实腹式压弯构件的设计需要计算哪些项目？格构式压弯构件呢？

7-10 压弯构件的强度和稳定计算中，符号 A_n、W_n、γ_x、γ_y、A、W、

ϕ_x、ϕ_y、ϕ_b、β_{mx}、β_{tx} 和 N'_{Ex} 等各表示什么含义?

7-11　什么是应力梯度? 应力梯度等于 0 和 2 时, 分别表示压弯构件的哪种受力状态?

7-12　压弯构件整体式柱脚由哪些部分组成? 各部分的作用是什么?

习题

7-1　某拉弯构件, 选用 HN450×200 中的 446×199×8×12, 采用 Q235B 钢材制作, 截面上无开洞削弱。构件两端铰接, 受力如图 7-20 所示。不考虑构件的刚度, 试计算图中的 T 最大可以取多少 kN。

7-2　图 7-21 所示双轴对称的焊接工字形截面柱, 截面为 H900×400×14×20, 采用 Q235B 钢材制作, 翼缘具有火焰切割边, 构件截面没有开洞等削弱。柱的上端作用着轴线压力 $N=2000$kN 和水平力 $H=120$kN。水平力作用在强轴平面内。在弱轴平面内, 柱高 1/2 处有有效支撑, 支撑点处可以看作平面外的固定点。柱的下端固定, 上端可自由移动。试验算该焊接工字形截面柱是否满足要求。

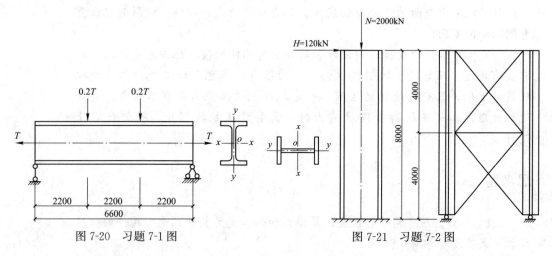

图 7-20　习题 7-1 图　　　　　图 7-21　习题 7-2 图

7-3　图 7-22 所示压弯构件, 采用焊接工字形截面 H800×400×14×20, 截面翼缘具有轧制边缘, 构件截面没有开洞等削弱。Q235B 钢材制作, 长度 12m, 两端部铰接, 轴线压力 $N=2000$kN, 跨中横向集中荷载 $P=300$kN, 弯矩作用平面外的侧向支承点分布如图所示。试验算该截面是否满足要求。

7-4　某钢结构厂房缀条柱, 截面形式如图 7-23 所示, 两边柱采用 HN650×300 中的 650×300×11×17, 横缀条和斜缀条均采用 L125×8。构件上端为有侧移的弹性支承, 下端固定。柱的计算长度 $l_{0x}=30$m, $l_{0y}=12$m, 钢材采用 Q235B, 最大设计内力为 $N=2800$kN, 绕 x 轴作用的弯矩 $M_x=\pm2000$kN·m, 验算此柱的承载能力和刚度。

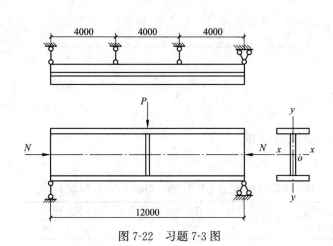

图 7-22 习题 7-3 图

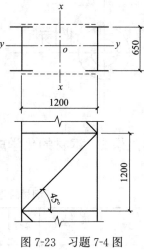

图 7-23 习题 7-4 图

附录1　钢材的化学成分和机械性能

钢材的化学成分—碳素结构钢（按 GB/T 700—2006）　　　附表 1-1

牌号	统一数字代号	等级	厚度（或直径）(mm)	脱氧方法	化学成分（质量分数）(%)不大于				
					C	Si	Mn	p	S
Q195	U11952	—	—	F、Z	0.12	0.30	0.50	0.035	0.040
Q215	U12152	A	—	F、Z	0.15	0.35	1.20	0.045	0.050
	U12155	B							0.045
Q235	U12352	A	—	F、Z	0.22	0.35	1.40	0.045	0.050
	U12355	B			0.20b				0.045
	U12358	C		Z	0.17			0.040	0.040
	U12359	D		TZ				0.035	0.035
Q275	U12752	A	—	F、Z	0.24	0.35	1.50	0.045	0.050
	U12755	B	≤40	Z	0.21			0.045	0.045
			>40		0.22				
	U12758	C	—	Z	0.20			0.040	0.040
	U125759	D		TZ				0.035	0.035

注：1. 表中为镇静钢、特殊镇静钢牌号的统一数字，沸腾钢牌号的统一数字代号如下：

Q195F——U11950

Q215AF——U12150，Q215BF——U12153

Q235AF——U12350，Q235BF——U12353

Q275AF——U12750

2. 经需方同意，Q235B 的碳含量可不大于 0.22%。

钢材的化学成分—低合金高强度钢（按 GB/T 1591—2008）　　　附表 1-2

牌号	质量等级	化学成分（质量分数）(%)													
		C	Si	Mn	P	S	Nb	V	Ti	Cr	Ni	Cu	N	Mo	B	Als
					不大于											不小于
Q345	A	≤0.20	≤0.50	≤1.70	0.035	0.035	0.07	0.15	0.20	0.30	0.50	0.30	0.012	0.10	—	—
	B				0.035	0.035										
	C				0.030	0.030										
	D	≤0.18			0.030	0.025										0.015
	E				0.025	0.020										

牌号	质量等级	化学成分(质量分数)(%)														
		C	Si	Mn	P	S	Nb	V	Ti	Cr	Ni	Cu	N	Mo	B	Als
					不大于											不小于
Q390	A	≤0.20	≤0.50	≤1.70	0.035	0.035	0.07	0.20	0.20	0.30	0.50	0.30	0.015	0.10		—
	B				0.035	0.035										—
	C				0.030	0.030										—
	D				0.030	0.025										0.015
	E				0.025	0.020										
Q420	A	≤0.20	≤0.50	≤1.70	0.035	0.035	0.07	0.20	0.20	0.30	0.80	0.30	0.015	0.20		—
	B				0.035	0.035										—
	C				0.030	0.030										—
	D				0.030	0.025										0.015
	E				0.025	0.020										
Q460	C	≤0.20	≤0.60	≤1.80	0.030	0.025	0.11	0.20	0.20	0.30	0.80	0.55	0.015	0.20	0.004	0.015
	D				0.030	0.025										
	E				0.025	0.020										
Q500	C	≤0.18	≤0.60	≤1.80	0.030	0.030	0.11	0.12	0.20	0.60	0.80	0.55	0.015	0.20	0.004	0.015
	D				0.030	0.030										
	E				0.025	0.020										
Q550	C	≤0.18	≤0.60	≤2.00	0.030	0.030	0.11	0.12	0.20	0.80	0.80	0.80	0.015	0.30	0.004	0.015
	D				0.030	0.030										
	E				0.025	0.020										
Q620	C	≤0.18	≤0.60	≤2.00	0.030	0.030	0.11	0.12	0.20	1.00	0.80	0.80	0.015	0.30	0.004	0.015
	D				0.030	0.025										
	E				0.025	0.020										
Q690	C	≤0.18	≤0.60	≤2.00	0.030	0.030	0.11	0.12	0.20	1.00	0.80	0.80	0.015	0.30	0.004	0.015
	D				0.030	0.025										
	E				0.025	0.020										

注：1. 型材及棒材 P、S 含量可提高 0.005%，其中 A 级钢上限可为 0.045%；

2. 当细化晶粒元素组合加入时，20(Nb+V+Ti)≤0.22%，20(Mo+Cr)≤0.30%。

钢材的化学成分—Q345GJ（按 GB/T 19879—2005） 附表 1-3

牌号	质量等级	厚度(mm)	化学成分(质量分数,%)											
			C	Si	Mn	P	S	V	Nb	Ti	Als	Cr	Cu	Ni
Q345GJ	B	6~100	≤0.20	≤0.55	≤1.60	≤0.025	≤0.015	0.020~0.150	0.015~0.060	0.010~0.030	≥0.015	≤0.30	≤0.30	≤0.30
	C					≤0.025								
	D		≤0.18			≤0.020								
	E					≤0.020								

279

钢材的机械性能—碳素结构钢（按 GB/T 700—2006）　　附表 1-4

拉伸和低温冲击性能

牌号	等级	屈服强度[①]R_{CH}(N/mm²)，不小于						抗拉强度[②] R_m (N/mm²)	断后伸长率 A(%)，不小于					冲击试验(V 形缺口)	
		厚度(或直径)(mm)							厚度(或直径)(mm)					温度 (℃)	冲击吸收功(纵向)/(J)，不小于
		≤16	>16 ~40	>40 ~60	>60 ~100	>100 ~150	>150 ~200		≤40	>40 ~60	>60 ~100	>100 ~150	>150 ~200		
Q195	—	195	185	—	—	—	—	315~430	33	—	—	—	—	—	—
Q215	A	215	205	195	185	175	165	335~450	31	30	29	27	26	—	—
	B													+20	27
Q235	A	235	225	215	215	195	185	370~500	26	25	24	22	21	—	—
	B													+20	27[③]
	C													0	
	D													−20	
Q275	A	275	265	255	245	225	215	410~540	22	21	20	18	17	—	—
	B													+20	27
	C													0	
	D													−20	

① Q195 的屈服强度值仅供参考，不作交货条件；
② 厚度大于 100mm 的钢材，抗拉强度下限允许降低 20N/mm²，宽带钢(包括剪切钢板)抗拉强度上限不作交货条件；
③ 厚度小于 25mm 的 Q235B 级钢材，如供方能保证冲击吸收功值合格，经需方同意，可不做检验。

钢材的机械性能—碳素结构钢（按 GB/T 700—2006）　　附表 1-5

冷弯性能

牌号	试样方向	冷弯试验 180°　$B=2a$[①]	
		钢材厚度(或直径)[②](mm)	
		≤60	>60~100
		弯心直径 d	
Q195	纵	0	—
	横	0.5a	
Q215	纵	0.5a	1.5a
	横	a	2a
Q235	纵	a	2a
	横	1.5a	2.5a
Q275	纵	1.5a	2.5a
	横	2a	3a

① B 为试样宽度，a 为试样厚度(或直径)；
② 钢材厚度(或直径)大于 100mm 时，弯曲试验由双方协商确定。

钢材的机械性能——低合金高强度钢（按 GB/T 1591—2008）拉伸性能

拉伸试验①②③

牌号	质量等级	下屈服强度 R_{eL} (MPa) 以下公称厚度（直径、边长）									抗拉强度 R_m (MPa) 以下公称厚度（直径、边长）							断后伸长率 (A)(%) 公称厚度（直径、边长）					
		≤16mm	>16~40mm	>40~63mm	>63~80mm	>80~100mm	>100~150mm	>150~200mm	>200~250mm	>250~400mm	≤40mm	>40~63mm	>63~80mm	>80~100mm	>100~150mm	>150~250mm	>250~400mm	≤40mm	>40~63mm	>63~100mm	>100~150mm	>150~250mm	>250~400mm
Q345	A	≥345	≥335	≥325	≥315	≥305	≥285	≥275	≥265	≥265	470~630	470~630	470~630	470~630	450~600	450~600	450~600	≥20	≥19	≥19	≥18	≥17	—
	B																						
	C																						
	D																						
	E																						≥17
Q390	A	≥390	≥370	≥350	≥330	≥330	≥310	—	—	—	490~650	490~650	490~650	490~650	470~620	—	—	≥21	≥20	≥20	≥19	≥18	—
	B																						
	C																						
	D																						
	E																						
Q420	A	≥420	≥400	≥380	≥360	≥360	≥340	—	—	—	520~680	520~680	520~680	520~680	500~650	—	—	≥19	≥18	≥18	≥18	≥18	—
	B																						
	C																						
	D																						
	E																						

续表

牌号	质量等级	以下公称厚度（直径、边长）下屈服强度（R_{eL}）（MPa）									以下公称厚度（直径、边长、边长）抗拉强度（R_m）（MPa）							断后伸长率（A）（%）公称厚度（直径、边长）					
		≤16mm	>16~40mm	>40~63mm	>63~80mm	>80~100mm	>100~150mm	>150~200mm	>200~250mm	>250~400mm	≤40mm	>40~63mm	>63~80mm	>80~100mm	>100~150mm	>150~250mm	>250~400mm	≤40mm	>40~63mm	>63~100mm	>100~150mm	>150~250mm	>250~400mm
Q460	C																						
	D	≥460	≥440	≥420	≥400	≥400	≥380	—	—	—	550~720	550~720	550~720	550~720	530~700	—	—	≥17	≥16	≥16	≥16	—	—
	E																						
Q500	C																						
	D	≥500	≥480	≥470	≥450	≥440	—	—	—	—	610~770	600~760	590~750	540~730	—	—	—	≥17	≥17	≥17	—	—	—
	E																						
Q550	C																						
	D	≥550	≥530	≥520	≥500	≥490	—	—	—	—	670~830	620~810	600~790	590~780	—	—	—	≥16	≥16	≥16	—	—	—
	E																						
Q620	C																						
	D	≥620	≥600	≥590	≥570	—	—	—	—	—	710~880	690~880	670~860	—	—	—	—	≥15	≥15	≥15	—	—	—
	E																						
Q690	C																						
	D	≥690	≥670	≥660	≥640	—	—	—	—	—	770~940	750~920	730~900	—	—	—	—	≥14	≥14	≥14	—	—	—
	E																						

① 当屈服不明显时，可测量 $R_{p0.2}$ 代替下屈服强度；

② 宽度不小于600mm扁平材，拉伸试验取横向试样；宽度小于600mm的扁平材、型材及棒材取纵向试样，断后伸长率最小值相应提高1%（绝对值）；

③ 厚度大于250~400mm的数值适用于扁平材。

钢材的机械性能—低合金高强度钢（按 GB/T 1591—2008） 附表 1-7

冲击性能

牌号	质量等级	试验温度（℃）	冲击吸收能量(kV₂)①(J)		
			公称厚度（直径、边长）		
			12～150mm	>150～250mm	>250～400mm
Q345	B	20	≥34	≥27	—
	C	0			
	D	−20			27
	E	−40			
Q390	B	20	≥34		
	C	0			
	D	−20			
	E	−40			
Q420	B	20	≥34	—	
	C	0			
	D	−20			
	E	−40			
Q460	C	0	≥34	—	—
	D	−20			
	E	−40			
Q500、Q550 Q620、Q690	C	0	≥55	—	—
	D	−20	≥47		
	E	−40	≥31		

① 冲击试验取纵向试样。

钢材的机械性能—Q345GJ（按 GB/T 19879—2005） 附表 1-8

牌号	质量等级	屈服强度 R_{eH}(N/mm²)				抗拉强度 R_m (N/mm²)	伸长率 A(%)	冲击功（纵向）A_{kV}(J)		180°弯曲试验 d＝弯心直径 a＝试样厚度		屈强比，≤
		钢板厚度(mm)						温度℃	≥	钢板厚度(mm)		
		6～16	>16～35	>35～50	>50～100					≤16	>16	
Q345GJ	B	≥345	345～465	335～455	325～445	490～610	≥22	20	34	$d＝2a$	$d＝3a$	0.83
	C							0				
	D							−20				
	E							−40				

附录2　钢结构所用材料的强度设计值和物理性能指标

钢材的设计用强度指标(N/mm²)(按《钢结构设计标准》GB 50017—2017)

附表 2-1

钢材牌号		钢材厚度或直径 （mm）	强度设计值			屈服强度 f_y	抗拉强度 f_u
			抗拉、抗压、抗弯 f	抗剪 f_v	端面承压 （刨平顶紧） f_{ce}		
碳素结构钢	Q235	≤16	215	125	320	235	370
		>16,≤40	205	120		225	
		>40,≤100	200	115		215	
低合金高强度结构钢	Q345	≤16	305	175	400	345	470
		>16,≤40	295	170		335	
		>40,≤63	290	165		325	
		>63,≤80	280	160		315	
		>80,≤100	270	155		305	
	Q390	≤16	345	200	415	390	490
		>16,≤40	330	190		370	
		>40,≤63	310	180		350	
		>63,≤100	295	170		330	
	Q420	≤16	375	215	440	420	520
		>16,≤40	335	205		400	
		>40,≤63	320	185		380	
		>63,≤100	305	175		360	
	Q460	≤16	410	235	470	460	550
		>16,≤40	390	225		440	
		>40,≤63	355	205		420	
		>63,≤100	340	195		400	
建筑结构用钢板	Q345GJ	>16,≤50	325	190	415	345	490
		>50,≤100	300	175		335	

注：1. 表中直径指实芯棒材，厚度系指计算点的钢材或钢管壁厚度，对轴心受拉和轴心受压构件系指截面中较厚板件的厚度。

2. 冷弯型材和冷弯钢管，其强度设计值应按现行国家规范《冷弯型钢结构技术规范》GB 50018 的规定采用。

结构设计用无缝钢管的强度指标(N/mm²)(按《钢结构设计标准》GB 50017—2017)

附表 2-2

钢管 钢材牌号	壁厚 (mm)	强度设计值			屈服强度 f_y	抗拉强度 f_u
		抗拉、抗压和抗弯 f	抗剪 f_v	端面承压(刨平顶紧) f_{ce}		
Q235	≤16	215	125	320	235	375
	>16,≤30	205	120		225	
	>30	195	115		215	
Q345	≤16	305	175	400	345	470
	>16,≤30	290	170		325	
	>30	260	150		295	
Q390	≤16	345	200	415	390	490
	>16,≤30	330	190		370	
	>30	310	180		350	
Q420	≤16	375	220	445	420	520
	>16,≤30	355	205		400	
	>30	340	195		380	
Q460	≤16	410	240	470	460	550
	>16,≤30	390	225		440	
	>30	355	205		420	

铸钢件的强度设计值(N/mm²)(按《钢结构设计标准》GB 50017—2017)

附表 2-3

类别	钢号	铸件厚度 (mm)	抗拉、抗压和抗弯 f	抗剪 f_v	端面承压(刨平顶紧) f_{ce}
非焊接结构用铸钢件	ZG230-450	≤100	180	105	290
	ZG270-500		210	120	325
	ZG310-570		240	140	370
焊接结构用铸钢件	ZG230-450H	≤100	180	105	290
	ZG270-480H		210	120	310
	ZG300-500H		235	135	325
	ZG340-550H		265	150	355

注：表中强度设计值仅适用于本表规定的厚度。

285

焊缝的强度指标(N/mm²)(按《钢结构设计标准》GB 50017—2017)

附表 2-4

焊接方法和焊条型号	构件钢材		对接焊缝强度设计值				角焊缝强度设计值 抗拉、抗压和抗剪 f_f^w	对接焊缝抗拉强度 f_u^w	角焊缝抗拉、抗压和抗剪强度 f_u^f
	牌号	厚度或直径 (mm)	抗压 f_c^w	焊缝质量为下列等级时,抗拉 f_t^w		抗剪 f_v^w			
				一级、二级	三级				
自动焊、半自动焊和E43型焊条手工焊	Q235	≤6	215	215	185	125	160	415	240
		>16,≤40	205	205	175	120			
		>40,≤100	200	200	170	115			
自动焊、半自动焊和E50、E55型焊条手工焊	Q345	≤16	305	305	260	175	200	480(E50) 540(E55)	280(E50) 315(E55)
		>16,≤40	295	295	250	170			
		>40,≤63	290	290	245	165			
		>63,≤80	280	280	240	160			
		>80,≤100	270	270	230	155			
	Q390	≤16	345	345	295	200	200(E50) 220(E55)		
		>16,≤40	330	330	280	190			
		>40,≤63	310	310	265	180			
		>63,≤100	295	295	250	170			
自动焊、半自动焊和E55、E60型焊条手工焊	Q420	≤16	375	375	320	215	220(E55) 240(E60)	540(E55) 590(E60)	315(E55) 340(E60)
		>16,≤40	355	355	300	205			
		>40,≤63	320	320	270	185			
		>63,≤100	305	305	260	175			
自动焊、半自动焊和E55、E60型焊条手工焊	Q460	≤16	410	410	350	235	220(E55) 240(E60)	540(E55) 590(E60)	315(E55) 340(E60)
		>16,≤40	390	390	330	225			
		>40,≤63	355	355	300	205			
		>63,≤100	340	340	290	195			
自动焊、半自动焊和E50、E55型焊条手工焊	Q345GJ	>16,≤35	310	310	265	180	200	480(E55) 540(E55)	280(E50) 315(E55)
		>35,≤50	290	290	245	170			
		>50,≤100	285	285	240	165			

注：1. 手工焊用焊条、自动焊和半自动焊所采用的焊丝和焊剂,应保证其熔敷金属的力学性能不低于母材的性能。

2. 焊缝质量等级应符合现行国家标准《钢结构焊接规范》GB 50661 的规定,其检验方法应符合现行国家标准《钢结构工程施工质量验收规范》GB 50205 的规定。其中厚度小于 6mm 钢材的对接焊缝,不应采用超声波探伤确定焊缝质量等级。

3. 对接焊缝在受压区的抗弯强度设计值取 f_c^w,在受拉区的抗弯强度设计值取 f_t^w。

4. 表中厚度系指计算点的钢材厚度,对轴心受拉和轴心受压构件系指截面中较厚板件的厚度。

5. 计算下列情况的连接时,本表规定的强度设计值应乘以相应的折减系数;几种情况同时存在时,其折减系数应连乘：

(1) 施工条件较差的高空安装焊缝乘以系数 0.9;

(2) 进行无垫板的单面施焊对接焊缝的连接计算应乘折减系数 0.85。

螺栓连接的强度指标（N/mm²）（按《钢结构设计标准》GB/T 50017—2017）　　附表 2-5

螺栓的性能等级、锚栓和构件钢材的牌号		强度设计值										高强度螺栓的抗拉强度 f_u^b
		普通螺栓						锚栓	承压型连接或网架用高强度螺栓			
		C级螺栓			A级、B级螺栓							
		抗拉 f_t^b	抗剪 f_v^b	承压 f_c^b	抗拉 f_t^b	抗剪 f_v^b	承压 f_c^b	抗拉 f_t^a	抗拉 f_t^b	抗剪 f_v^b	承压 f_c^b	
普通螺栓	4.6级、4.8级	170	140	—	—	—	—	—	—	—	—	—
	5.6级	—	—	—	210	190	—	—	—	—	—	—
	8.8级	—	—	—	400	320	—	—	—	—	—	—
锚栓	Q235	—	—	—	—	—	—	140	—	—	—	—
	Q345	—	—	—	—	—	—	180	—	—	—	—
	Q390	—	—	—	—	—	—	185	—	—	—	—
承压型连接高强度螺栓	8.8级	—	—	—	—	—	—	—	400	250	—	830
	10.9级	—	—	—	—	—	—	—	500	310	—	1040
螺栓球节点用高强度螺栓	9.8级	—	—	—	—	—	—	—	385	—	—	—
	10.9级	—	—	—	—	—	—	—	430	—	—	—
构件钢材牌号	Q235	—	—	305	—	—	405	—	—	—	470	—
	Q345	—	—	385	—	—	510	—	—	—	590	—
	Q390	—	—	400	—	—	530	—	—	—	615	—
	Q420	—	—	425	—	—	560	—	—	—	655	—
	Q460	—	—	450	—	—	595	—	—	—	695	—
	Q345GJ	—	—	400	—	—	530	—	—	—	615	—

注：1. A级螺栓用于 $d \leqslant 24mm$ 和 $L \leqslant 10d$ 或 $L \leqslant 150mm$（按较小值）的螺栓；B级螺栓用于 $d > 24mm$ 和 $L > 10d$ 或 $L > 150mm$（按较小值）的螺栓；d 为公称直径，L 为螺栓公称长度。

2. A、B级螺栓孔的精度和孔壁表面粗糙度，C级螺栓孔的允许偏差和孔壁表面粗糙度，均应符合现行国家标准《钢结构工程施工质量验收规范》GB 50205 的要求。

3. 用于螺栓球节点网架的高强度螺栓，M12～M36 为 10.9级，M39～M64 为 9.8级。

铆钉连接的强度设计值（N/mm²）（按《钢结构设计标准》GB 50017—2017）　　附表 2-6

铆钉钢号和构件钢材牌号		抗拉（钉头拉脱）f_t^r	抗剪 f_v^r		承压 f_c^r	
			Ⅰ类孔	Ⅱ类孔	Ⅰ类孔	Ⅱ类孔
铆钉	BL2 或 BL3	120	185	155	—	—
构件钢材牌号	Q235	—	—	—	450	365
	Q345	—	—	—	565	460
	Q390	—	—	—	590	480

注：1. 属于下列情况者为 Ⅰ类孔：

(1) 在装配好的构件上按设计孔径钻成的孔；

(2) 在单个零件和构件上按设计孔径分别用钻模钻成的孔；

(3) 在单个零件上先钻成或冲成较小的孔径，然后在装配好的构件上再扩钻至设计孔径的孔。

2. 在单个零件上一次冲成或不用钻模钻成设计孔径的孔属于 Ⅱ类孔。

3. 本表规定的强度设计值应按下列规定乘以相应的折减系数：

(1) 施工条件较差的铆钉连接乘以系数 0.9；

(2) 沉头和半沉头铆钉连接乘以系数 0.8；

(3) 几种情况同时存在时，其折减系数应连乘。

附录 2　钢结构所用材料的强度设计值和物理性能指标

附录3 型钢截面参数表

普通工字钢(按 GB/T 706—2008)　　　　　　　　　　　　　附表 3-1

符号：h——高度；
　　　b——宽度；
　　　t_w——腹板厚度；
　　　t——翼缘平均厚度；
　　　I——惯性矩；
　　　W——截面模量；

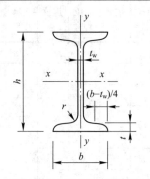

i——回转半径；
S_x——半截面的面积矩；
r_1——肢尖倒角半径。
长度：5～19m。

型号	截面尺寸(mm)						截面面积(cm²)	理论重量(kg/m)	惯性矩(cm⁴)		惯性半径(cm)		截面模数(cm³)	
	h	b	t_w	t	r	r_1			I_x	I_y	i_x	i_y	W_x	W_y
10	100	68	4.5	7.6	6.5	3.3	14.345	11.261	245	33.0	4.14	1.52	49.0	9.72
12	120	74	5.0	8.4	7.0	3.5	17.818	13.987	436	46.9	4.95	1.62	72.7	12.7
12.6	126	74	5.0	8.4	7.0	3.5	18.118	14.223	488	46.9	5.20	1.61	77.5	12.7
14	140	80	5.5	9.1	7.5	3.8	21.516	16.890	712	64.4	5.76	1.73	102	16.1
16	160	88	6.0	9.9	8.0	4.0	26.131	20.513	1130	93.1	6.58	1.89	141	21.2
18	180	94	6.5	10.7	8.5	4.3	30.756	24.143	1660	122	7.36	2.00	185	26.0
20a	200	100	7.0	11.4	9.0	4.5	35.578	27.929	2370	158	8.15	2.12	237	31.5
20b		102	9.0				39.578	31.069	2500	169	7.96	2.06	250	33.1
22a	220	110	7.5	12.3	9.5	4.8	42.128	33.070	3400	225	8.99	2.31	309	40.9
22b		112	9.5				46.528	36.524	3570	239	8.78	2.27	325	42.7
24a	240	116	8.0	13.0	10.0	5.0	47.741	37.477	4570	280	9.77	2.42	381	48.4
24b		118	10.0				52.541	41.245	4800	297	9.57	2.38	400	50.4
25a	250	116	8.0				48.541	38.105	5020	280	10.2	2.40	402	48.3
25b		118	10.0				53.541	42.030	5280	309	9.94	2.40	423	52.4
27a	270	122	8.5				54.554	42.825	6550	345	10.9	2.51	485	56.6
27b		124	10.5	13.7	10.5	5.3	59.954	47.064	6870	366	10.7	2.47	509	58.9
28a	280	122	8.5				55.404	43.492	7110	345	11.3	2.50	508	56.6
28b		124	10.5				61.004	47.888	7480	379	11.1	2.49	534	61.2
30a	300	126	9.0				61.254	48.084	8950	400	12.1	2.55	597	63.5
30b		128	11.0	14.4	11.0	5.5	67.254	52.794	9400	422	11.8	2.50	627	65.9
30c		130	13.0				73.254	57.504	9850	445	11.6	2.46	657	68.5
32a	320	130	9.5				67.156	52.717	11100	460	12.8	2.62	692	70.8
32b		132	11.5	15.0	11.5	5.8	73.556	57.741	11600	502	12.6	2.61	726	76.0
32c		134	13.5				79.956	62.765	12200	544	12.3	2.61	760	81.2
36a	360	136	10.0				76.480	60.037	15800	552	14.4	2.69	875	81.2
36b		138	12.0	15.8	12.0	6.0	83.680	65.689	16500	582	14.1	2.64	919	84.3
36c		140	14.0				90.880	71.341	17300	612	13.8	2.60	962	87.4

型号	截面尺寸(mm)						截面面积(cm²)	理论重量(kg/m)	惯性矩(cm⁴)		惯性半径(cm)		截面模数(cm³)	
	h	b	t_w	t	r	r_1			I_x	I_y	i_x	i_y	W_x	W_y
40a	400	142	10.5	16.5	12.5	6.3	86.112	67.598	21700	660	15.9	2.77	1090	93.2
40b	400	144	12.5				94.112	73.878	22800	692	15.6	2.71	1140	96.2
40c	400	146	14.5				102.112	80.158	23900	727	15.2	2.65	1190	99.6
45a	450	150	11.5	18.0	13.5	6.8	102.446	80.420	32200	855	17.7	2.89	1430	114
45b	450	152	13.5				111.446	87.485	33800	894	17.4	2.84	1500	118
45c	450	154	15.5				120.446	94.550	35300	938	17.1	2.79	1570	122
50a	500	158	12.0	20.0	14.0	7.0	119.304	93.654	46500	1120	19.7	3.07	1860	142
50b	500	160	14.0				129.304	101.504	48600	1170	19.4	3.01	1940	146
50c	500	162	16.0				139.304	109.354	50600	1220	19.0	2.96	2080	151
55a	550	166	12.5	21.0	14.5	7.3	134.185	105.335	62900	1370	21.6	3.19	2290	164
55b	550	168	14.5				145.185	113.970	65600	1420	21.2	3.14	2390	170
55c	550	170	16.5				156.185	122.605	68400	1480	20.9	3.08	2490	175
56a	560	166	12.5	21.0	14.5	7.3	135.435	106.316	65600	1370	22.0	3.18	2340	165
56b	560	168	14.5				146.635	115.108	68500	1490	21.6	3.16	2450	174
56c	560	170	16.5				157.835	123.900	71400	1560	21.3	3.16	2550	183
63a	630	176	13.0	22.0	15.0	7.5	154.658	121.407	93900	1700	24.5	3.31	2980	193
63b	630	178	15.0				167.258	131.298	98100	1810	24.2	3.29	3160	204
63c	630	180	17.0				179.858	141.189	102000	1920	23.8	3.27	3300	214

注：表中 r、r_1 的数据用于孔型设计，不做交货条件。

H 型钢(按 GB/T 11263—2010) 附表 3-2

符号：h——高度；
　　　b——宽度；
　　　t_1——腹板厚度；
　　　t_2——翼缘厚度；
　　　I——惯性矩；
　　　W——截面模量；

i——回转半径；
S_x——半截面的面积矩。

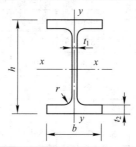

类别	型号(高度×宽度)(mm×mm)	截面尺寸(mm)					截面面积(cm²)	理论重量(kg/m)	惯性矩(cm⁴)		惯性半径(cm)		截面模数(cm³)	
		h	b	t_1	t_2	r			I_x	I_y	i_x	i_y	W_x	W_y
HW	100×100	100	100	6	8	8	21.59	16.9	386	134	4.23	2.49	77.1	26.7
	125×125	125	125	6.5	9	8	30.00	23.6	843	293	5.30	3.13	135	46.9
	150×150	150	150	7	10	8	39.65	31.1	1620	563	6.39	3.77	216	75.1
	175×175	175	175	7.5	11	13	51.43	40.4	2918	983	7.53	4.37	334	112
	200×200	200	200	8	12	13	63.53	49.9	4717	1601	8.62	5.02	472	160
		200	204	12	12	13	71.53	56.2	4984	1701	8.35	4.88	498	167
	250×250	244	252	11	11	13	81.31	63.8	8573	2937	10.27	6.01	703	233
		250	250	9	14	13	91.43	71.8	10689	3648	10.81	6.32	855	292
		250	255	14	14	13	103.93	81.6	11340	3875	10.45	6.11	907	304

289

续表

类别	型号 (高度×宽度) (mm×mm)	截面尺寸 (mm)					截面面积 (cm²)	理论重量 (kg/m)	惯性矩 (cm⁴)		惯性半径 (cm)		截面模数 (cm³)	
		h	b	t_1	t_2	r			I_x	I_y	i_x	i_y	W_x	W_y
HW	300×300	294	302	12	12	13	106.33	83.5	16384	5513	12.41	7.20	1115	365
		300	300	10	15	13	118.45	93.0	20010	6753	13.00	7.55	1334	450
		300	305	15	15	13	133.45	104.8	21135	7102	12.58	7.29	1409	466
	350×350	338	351	13	13	13	133.27	104.6	27352	9376	14.33	8.39	1618	534
		344	348	10	16	13	144.01	113.0	32545	11242	15.03	8.84	1892	646
		344	354	16	16	13	164.65	129.3	34581	11841	14.49	8.48	2011	669
		350	350	12	19	13	171.89	134.9	39637	13582	15.19	8.89	2265	776
		350	357	19	19	13	196.39	154.2	42138	14427	14.65	8.57	2408	808
	400×400	388	402	15	15	22	178.45	140.1	48040	16255	16.41	9.54	2476	809
		394	398	11	18	22	186.81	146.6	55597	18920	17.25	10.06	2822	951
		394	405	18	18	22	214.39	168.3	59165	19951	16.61	9.65	3003	985
		400	400	13	21	22	218.69	171.7	66455	22410	17.43	10.12	3323	1120
		400	408	21	21	22	250.69	196.8	70722	23804	16.80	9.74	3536	1167
		414	405	18	28	22	295.39	231.9	93518	31022	17.79	10.25	4518	1532
		428	407	20	35	22	360.65	283.1	12089	39357	18.31	10.45	5649	1934
		458	417	30	50	22	528.55	414.9	19093	60516	19.01	10.70	8338	2902
		* 498	432	45	70	22	770.05	604.5	30473	94346	19.89	11.07	12238	4368
	* 500×500	492	465	15	20	22	257.95	202.5	115559	33531	21.17	11.40	4698	1442
		502	465	15	25	22	304.45	239.0	145012	41910	21.82	11.73	5777	1803
		502	470	20	25	22	329.55	258.7	150283	43295	21.35	11.46	5987	1842
HM	150×100	148	100	6	9	8	26.35	20.7	995.3	150.3	6.15	2.39	134.5	30.1
	200×150	194	150	6	9	8	38.11	29.9	2586	506.6	8.24	3.65	266.6	67.6
	250×175	244	175	7	11	13	55.49	43.6	5908	983.5	10.32	4.21	484.3	112.4
	300×200	294	200	8	12	13	71.05	55.8	10858	1602	12.36	4.75	738.6	160.2
	350×250	340	250	9	14	13	99.53	78.1	20867	3648	14.48	6.05	1227	291.9
	400×300	390	300	10	16	13	133.25	104.6	37363	7203	16.75	7.35	1916	480.2
	450×300	440	300	11	18	13	153.89	120.8	54067	8105	18.74	7.26	2458	540.3
	500×300	482	300	11	15	13	141.17	110.8	57212	6756	20.13	6.92	2374	450.4
		488	300	11	18	13	159.17	124.9	67916	8106	20.66	7.14	2783	540.4
	550×300	544	300	11	15	13	147.99	116.2	74874	6756	22.49	6.76	2753	450.4
		550	300	11	18	13	165.99	130.3	88470	8106	23.09	6.99	3217	540.4
	600×300	582	300	12	17	13	169.21	132.8	97287	7659	23.98	6.73	3343	510.6
		588	300	12	20	13	187.21	147.0	112827	9009	24.55	6.94	3838	600.6
		594	302	14	23	13	217.09	170.4	132179	10572	24.68	6.98	4450	700.1

类别	型号 (高度×宽度) (mm×mm)	截面尺寸 (mm)					截面面积 (cm²)	理论重量 (kg/m)	惯性矩 (cm⁴)		惯性半径 (cm)		截面模数 (cm³)	
		h	b	t_1	t_2	r			I_x	I_y	i_x	i_y	W_x	W_y
HN	100×50	100	50	5	7	8	11.85	9.3	191.0	14.7	4.02	1.11	38.2	5.9
	125×60	125	60	6	8	8	16.69	13.1	407.7	29.1	4.94	1.32	65.2	9.7
	150×75	150	75	5	7	8	17.85	14.0	645.7	49.4	6.01	1.66	86.1	13.2
	175×90	175	90	5	8	8	22.90	18.0	1174	97.4	7.16	2.06	134.2	21.6
	200×100	198	99	4.5	7	8	22.69	17.8	1484	113.4	8.09	2.24	149.9	22.9
		200	100	5.5	8	8	26.67	20.9	1753	133.7	8.11	2.24	175.3	26.7
	250×125	248	124	5	8	8	31.99	25.1	3346	254.5	10.23	2.82	269.8	41.1
		250	125	6	9	8	36.97	29.0	3868	293.5	10.23	2.82	309.4	47.0
	300×150	298	149	5.5	8	13	40.80	32.0	5911	441.7	12.04	3.29	396.7	59.3
		300	150	6.5	9	13	46.78	36.7	6829	507.2	12.08	3.29	455.3	67.6
	350×175	346	174	6	9	13	52.45	41.2	10456	791.1	14.12	3.88	604.4	90.9
		350	175	7	11	13	62.91	49.4	12980	983.8	14.36	3.95	741.7	112.4
	400×150	400	150	8	13	13	70.37	55.2	17906	733.2	15.95	3.23	895.3	97.8
	400×200	396	199	7	11	13	71.41	56.1	19023	1446	16.32	4.50	960.8	145.3
		400	200	8	13	13	83.37	65.4	22775	1735	16.53	4.56	1139	173.5
	450×200	446	199	8	12	13	82.97	65.1	27146	1578	18.09	4.36	1217	158.6
		450	200	9	14	13	95.43	74.9	31973	1870	18.30	4.43	1421	187.0
	500×200	496	199	9	14	13	99.29	77.9	39628	1842	19.98	4.31	1598	185.1
		500	200	10	16	13	112.25	88.1	45685	2138	20.17	4.36	1827	213.8
		506	201	11	19	13	129.31	101.5	54478	2577	20.53	4.46	2153	256.4
	550×200	546	199	9	14	13	103.79	81.5	49245	1842	21.78	4.21	1804	185.2
		550	200	10	16	13	149.25	117.2	79515	7205	23.08	6.95	2891	480.3
	600×200	596	199	10	15	13	117.75	92.4	64739	1975	23.45	4.10	2172	198.5
		600	200	11	17	13	131.71	103.4	73749	2273	23.66	4.15	2458	227.3
		606	201	12	20	13	149.77	117.6	86656	2716	24.05	4.26	2860	270.2
	650×300	646	299	10	15	13	152.75	119.9	107794	6688	26.56	6.62	3337	447.4
		650	300	11	17	13	171.21	134.4	122739	7657	26.77	6.69	3777	510.5
		656	301	12	20	13	195.77	153.7	144433	9100	27.16	6.82	4403	604.6
	700×300	692	300	13	20	18	207.54	162.9	164101	9014	28.12	6.59	4743	600.9
		700	300	13	24	18	231.54	181.8	193622	10814	28.92	6.83	5532	720.9
	750×300	734	299	12	16	18	182.70	143.4	155539	7140	29.18	6.25	4238	477.6
		742	300	13	20	18	214.04	168.0	191989	9015	29.95	6.49	5175	601.0
		750	300	13	24	18	238.04	186.9	225863	10815	30.80	6.74	6023	721.0
		758	303	16	28	18	284.78	223.6	271350	13008	30.87	6.76	7160	858.6
	800×300	792	300	14	22	18	239.50	188.0	242399	9919	31.81	6.44	6121	661.3
		800	300	14	26	18	263.50	206.8	280925	11719	32.65	6.67	7023	781.3
	850×300	834	298	14	19	18	227.46	178.6	243858	8400	32.74	6.08	5848	563.8
		842	299	15	23	18	259.72	203.9	291216	10271	33.49	6.29	6917	687.0
		850	300	16	27	18	292.14	229.3	339670	12179	34.10	6.46	7992	812.0
		858	301	17	31	18	324.14	254.9	389234	14125	34.62	6.60	9073	938.5

续表

类别	型号 (高度×宽度) (mm×mm)	截面尺寸 (mm)					截面面积 (cm²)	理论重量 (kg/m)	惯性矩 (cm⁴)		惯性半径 (cm)		截面模数 (cm³)	
		h	b	t_1	t_2	r			I_x	I_y	i_x	i_y	W_x	W_y
HN	900×300	890	299	15	23	18	266.92	209.5	330588	10273	35.19	6.20	7429	687.1
		900	300	16	28	18	305.82	240.1	397241	12631	36.04	6.43	8828	842.1
		912	302	18	34	18	360.06	282.6	484615	15652	36.69	6.59	10628	1037
	1000×300	970	297	16	21	18	276.00	216.7	382977	9203	37.25	5.77	7896	619.7
		980	298	17	26	18	315.50	247.7	462157	11508	38.27	6.04	9432	772.3
		990	298	17	31	18	345.30	271.1	535201	13713	39.37	6.30	10812	920.3
		1000	300	19	36	18	395.10	310.2	626396	16256	39.82	6.41	12528	1084
		1008	302	21	40	18	439.26	344.8	704572	18437	40.05	6.48	13980	1221
HT	100×50	95	48	3.2	4.5	8	7.62	6.0	109.7	8.4	3.79	1.05	23.1	3.5
		97	49	4	5.5	8	9.38	7.4	141.5	10.9	3.89	1.08	29.2	4.4
	100×100	96	99	4.5	6	8	16.21	12.7	272.7	97.1	4.10	2.45	56.8	19.6
	125×60	118	58	3.2	4.5	8	9.26	7.3	202.4	14.7	4.68	1.26	34.3	5.1
		120	59	4	5.5	8	11.40	8.9	259.7	18.9	4.77	1.29	43.3	6.4
	125×125	119	123	4.5	6	8	20.12	15.8	523.6	186.2	5.10	3.04	88.0	30.3
	150×75	145	73	3.2	4.5	8	11.47	9.0	383.2	29.3	5.78	1.60	52.9	8.0
		147	74	4	5.5	8	14.13	11.1	488.0	37.3	5.88	1.62	66.4	10.1
	150×100	139	97	3.2	4.5	8	13.44	10.5	447.3	68.5	5.77	2.26	64.4	14.1
		142	99	4.5	6	8	18.28	14.3	632.7	97.2	5.88	2.31	89.1	19.6
	150×150	144	148	5	7	8	27.77	21.8	1070	378.4	6.21	3.69	148.6	51.1
		147	149	6	8.5	8	33.68	26.4	1338	468.9	6.30	3.73	182.1	62.9
	175×90	168	88	3.2	4.5	8	13.56	10.6	619.6	51.2	6.76	1.94	73.8	11.6
		171	89	4	6	8	17.59	13.8	852.1	70.6	6.96	2.00	99.7	15.9
	175×175	167	173	5	7	13	33.32	26.2	1731	604.5	7.21	4.26	207.2	69.9
		172	175	6.5	9.5	13	44.65	35.0	2466	849.2	7.43	4.36	286.8	97.1
	200×100	193	98	3.2	4.5	8	15.26	12.0	921.0	70.7	7.77	2.15	95.4	14.4
		196	99	4	6	8	19.79	15.5	1260	97.2	7.98	2.22	128.6	19.6
	200×150	188	149	4.5	6	8	26.35	20.7	1669	331.0	7.96	3.54	177.6	44.4
	200×200	192	198	6	8	13	43.69	34.3	2984	1036	8.26	4.87	310.8	104.6
	250×125	244	124	4.5	6	8	25.87	20.3	2529	190.9	9.89	2.72	207.3	30.8
	250×175	238	173	4.5	8	13	39.12	30.7	4045	690.8	10.17	4.20	339.9	79.9
	300×150	294	148	4.5	6	13	31.90	25.0	4342	324.6	11.67	3.19	295.4	43.9
	300×200	286	198	6	8	13	49.33	38.7	7000	1036	11.91	4.58	489.5	104.6
	350×175	340	173	4.5	6	13	36.97	29.0	6823	518.3	13.58	3.74	401.3	59.9
	400×150	390	148	6	8	13	47.57	37.3	10900	433.2	15.14	3.02	559.0	58.5
	400×200	390	198	6	8	13	55.57	43.6	13819	1036	15.77	4.32	708.7	104.6

注：1. 同一型号的产品，其内侧尺寸高度一致；

2. 截面面积计算公式为：$t_1(H-2t_2)+2Bt_2+0.858r^2$；

3. "＊"所示规格表示国内暂不能生产。

剖分 T 型钢(GB/T 11263—2010)

类别	型号(高度×宽度)(mm×mm)	截面尺寸(mm)					截面面积(cm²)	理论重量(kg/m)	截面特性参数							对应H型钢系列 型号
		h	b	t_1	t_2	r			惯性矩 I_x(cm⁴)	I_y(cm⁴)	惯性半径 i_x(cm)	i_y(cm)	截面模量 W_x(cm³)	W_y(cm³)	重心 C_x(cm)	
TW	50×100	50	100	6	8	8	10.79	8.47	16.7	67.7	1.23	2.49	4.2	13.5	1.00	100×100
	62.5×125	62.5	125	6.5	9	8	15.00	11.8	35.2	147.1	1.53	3.13	6.9	23.5	1.19	125×125
	75×150	75	150	7	10	8	19.82	15.6	66.6	281.9	1.83	3.77	10.9	37.6	1.37	150×150
	87.5×175	87.5	175	7.5	11	13	25.71	20.2	115.8	494.4	2.12	4.38	16.1	56.5	1.55	175×175
	100×200	100	200	8	12	13	31.77	24.9	185.6	803.3	2.42	5.03	22.4	80.3	1.73	200×200
		100	204	12	12	13	35.77	28.1	256.3	853.6	2.68	4.89	32.4	83.7	2.09	
	125×250	125	250	9	14	13	45.72	35.9	413.0	1827	3.01	6.32	39.6	146.1	2.08	250×250
		125	255	14	14	13	51.97	40.8	589.3	1941	3.37	6.11	59.4	152.2	2.58	
	150×300	147	302	12	12	13	53.17	41.7	855.8	2760	4.01	7.20	72.2	182.8	2.85	300×300
		150	300	10	15	13	59.23	46.5	798.7	3379	3.67	7.55	63.8	225.3	2.47	
		150	305	15	15	13	66.73	52.4	1107	3554	4.07	7.30	92.6	233.1	3.04	
	175×350	172	348	10	16	13	72.01	56.5	1231	5624	4.13	8.84	84.7	323.2	2.67	350×350
		175	350	12	19	13	85.95	67.5	1520	6794	4.21	8.89	103.9	388.2	2.87	
	200×400	194	402	15	15	22	89.23	70.0	2479	8150	5.27	9.56	157.9	405.5	3.70	400×400
		197	398	11	18	22	93.41	73.3	2052	9481	4.69	10.07	122.9	476.4	3.01	
		200	400	13	21	22	109.35	85.8	2483	1122	4.77	10.13	147.9	561.3	3.21	
		200	408	21	21	22	125.35	98.4	3654	1192	5.40	9.75	229.4	584.7	4.07	
		207	405	18	28	22	147.70	115.9	3634	1553	4.96	10.26	213.6	767.2	3.68	
		214	407	20	35	22	180.33	141.6	4393	1970	4.94	10.45	251.0	968.2	3.90	
TM	75×100	74	100	6	9	8	13.17	10.3	51.7	75.6	1.98	2.39	8.9	15.1	1.56	150×100
	100×150	97	150	6	9	8	19.05	15.0	124.4	253.7	2.56	3.65	15.8	33.8	1.80	200×150
	125×175	122	175	7	11	13	27.75	21.8	288.3	494.4	3.22	4.22	29.1	56.5	2.28	250×175

续表

类别	型号(高度×宽度)(mm×mm)	截面尺寸(mm)					截面面积(cm²)	理论重量(kg/m)	截面特性参数							对应H型钢系列型号
									惯性矩(cm⁴)		惯性半径(cm)		截面模量(cm³)		重心(cm)	
		h	b	t_1	t_2	r			I_x	I_y	i_x	i_y	W_x	W_y	C_x	
TM	150×200	147	200	8	12	13	35.53	27.9	570.0	803.5	4.01	4.76	48.1	80.3	2.85	300×200
	175×250	170	250	9	14	13	49.77	39.1	1016	1827	4.52	6.06	73.1	146.1	3.11	350×250
	200×300	195	300	10	16	13	66.63	52.3	1730	3605	5.10	7.36	107.7	240.3	3.43	400×300
	225×300	220	300	11	18	13	76.95	60.4	2680	4056	5.90	7.26	149.6	270.4	4.09	450×300
	250×300	241	300	11	15	13	70.59	55.4	3399	3381	6.94	6.92	178.0	225.4	5.00	500×300
		244	300	11	18	13	79.59	62.5	3615	4056	6.74	7.14	183.7	270.4	4.72	
	275×300	272	300	11	15	13	74.00	58.1	4789	3381	8.04	6.76	225.4	225.4	5.96	550×300
		275	300	11	18	13	83.00	65.2	5093	4056	7.83	6.99	232.5	270.4	5.59	
	300×300	291	300	12	17	13	84.61	66.4	6324	3832	8.65	6.73	280.0	255.5	6.51	600×300
		294	300	12	20	13	93.61	73.5	6691	4507	8.45	6.94	288.1	300.5	6.17	
		297	302	14	23	13	108.55	85.2	7917	5289	8.54	6.98	339.9	350.3	6.41	
TN	50×50	50	50	5	7	8	5.92	4.7	11.9	7.8	1.42	1.14	3.2	3.1	1.28	100×50
	62.5×60	62.5	60	6	8	8	8.34	6.6	27.5	14.9	1.81	1.34	6.0	5.0	1.64	125×60
	75×75	75	75	5	7	8	8.92	7.0	42.4	25.1	2.18	1.68	7.4	6.7	1.79	150×75
	87.5×90	87.5	90	5	8	8	11.45	9.0	70.5	49.1	2.48	2.07	10.3	10.9	1.93	175×90
	100×100	99	99	4.5	7	8	11.34	8.9	93.1	57.1	2.87	2.24	12.0	11.5	2.17	200×100
		100	100	5.5	8	8	13.33	10.5	113.9	67.2	2.92	2.25	14.8	13.4	2.31	
	125×125	124	124	5	8	8	15.99	12.6	206.7	127.6	3.59	2.82	21.2	20.6	2.66	250×125
		125	125	6	9	8	18.48	14.5	247.5	147.1	3.66	2.82	25.5	23.5	2.81	
	150×150	149	149	5.5	8	13	20.40	16.0	390.4	223.3	4.37	3.31	33.5	30.0	3.26	300×150
		150	150	6.5	9	13	23.39	18.4	460.4	256.1	4.44	3.31	39.7	34.2	3.41	
	175×175	173	174	6	9	13	26.23	20.6	674.7	398.0	5.07	3.90	49.7	45.8	3.72	350×175
		175	175	7	11	13	31.46	24.7	811.1	494.5	5.08	3.96	59.0	56.5	3.76	

类别	型号(高度×宽度)(mm×mm)	截面尺寸(mm)					截面面积(cm²)	理论重量(kg/m)	截面特性参数							对应H型钢系列型号
									惯性矩(cm⁴)		惯性半径(cm)		截面模量(cm³)		重心(cm)	
		h	b	t_1	t_2	r			I_x	I_y	i_x	i_y	W_x	W_y	C_x	
TN	200×200	198	199	7	11	13	35.71	28.0	1188	725.7	5.77	4.51	76.2	72.9	4.20	400×200
		200	200	8	13	13	41.69	32.7	1392	870.3	5.78	4.57	88.4	87.0	4.26	
	225×200	223	199	8	12	13	41.49	32.6	1863	791.8	6.70	4.37	108.7	79.6	5.15	450×200
		225	200	9	14	13	47.72	37.5	2148	937.6	6.71	4.43	124.1	93.8	5.19	
	250×200	248	199	9	14	13	49.65	39.0	2820	923.8	7.54	4.31	149.8	92.8	5.97	500×200
		250	200	10	16	13	56.13	44.1	3201	1072	7.55	4.37	168.7	107.2	6.03	
		253	201	11	19	13	64.66	50.8	3666	1292	7.53	4.47	189.9	128.5	6.00	
	275×200	273	199	9	14	13	51.90	40.7	3689	924.0	8.43	4.22	180.3	92.9	6.85	550×200
		275	200	10	16	13	58.63	46.0	4182	1072	8.45	4.28	202.9	107.2	6.89	
	300×200	298	199	10	15	13	58.88	46.2	5148	990.6	9.35	4.10	235.3	99.6	7.92	600×200
		300	200	11	17	13	65.86	51.7	5779	1140	9.37	4.16	262.1	114.0	7.95	
		303	201	12	20	13	74.89	58.8	6554	1361	9.36	4.26	292.4	135.4	7.88	
	325×300	323	299	10	15	12	76.27	59.9	7230	3346	9.74	6.62	289.0	223.8	7.28	650×300
		325	300	11	17	13	85.61	67.2	8095	3832	9.72	6.69	321.1	255.4	7.29	
		328	301	12	20	13	97.89	76.8	9139	4553	9.66	6.82	357.0	302.5	7.20	
	350×300	346	300	13	20	13	103.11	80.9	1126	4510	10.45	6.61	425.3	300.6	8.12	700×300
		350	300	13	24	13	115.11	90.4	1201	5410	10.22	6.86	439.5	360.6	7.65	
	400×300	396	300	14	22	18	119.75	94.0	1766	4970	12.14	6.44	592.1	331.3	9.77	800×300
		400	300	14	26	18	131.75	103.4	1877	5870	11.94	6.67	610.8	391.3	9.27	
	450×300	445	299	15	23	18	133.46	104.8	2589	5147	13.93	6.21	790.0	344.3	11.72	900×300
		450	300	16	28	18	152.91	120.0	2922	6327	13.82	6.43	868.5	421.8	11.35	
		456	302	18	34	18	180.03	141.3	3434	7838	13.81	6.60	1002	519.0	11.34	

普通槽钢(按 GB/T 706—2008) 附表 3-4

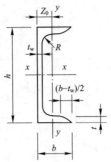

符号：
　　同普通工字钢，但 W_y
为对应翼缘肢尖的截面
模量。
　　r_1：肢尖倒角半径。

长度：
　　型号 5～8，长 5～12m；
　　型号 10～8，长 5～19m；
　　型号 20～20，长 6～19m。

型号	截面尺寸(mm)						截面面积 (cm²)	理论重量 (kg/m)	惯性矩(cm⁴)			惯性半径 (cm)		截面模数 (cm³)		重心距离 (cm)
	h	b	t_w	t	R	r_1			I_x	I_y	I_{y1}	i_x	i_y	W_x	W_y	Z_0
5	50	37	4.5	7.0	7.0	3.5	6.928	5.438	26.0	8.30	20.9	1.94	1.10	10.4	3.55	1.35
6.3	63	40	4.8	7.5	7.5	3.8	8.451	6.634	50.8	11.9	28.4	2.45	1.19	16.1	4.50	1.36
6.5	65	40	4.3	7.5	7.5	3.8	8.547	6.709	55.2	12.0	28.3	2.54	1.19	17.0	4.59	1.38
8	80	43	5.0	8.0	8.0	4.0	10.248	8.045	101	16.6	37.4	3.15	1.27	25.3	5.79	1.43
10	100	48	5.3	8.5	8.5	4.2	12.748	10.007	198	25.6	54.9	3.95	1.41	39.7	7.80	1.52
12	120	53	5.5	9.0	9.0	4.5	15.362	12.059	346	37.4	77.7	4.75	1.56	57.7	10.2	1.62
12.6	126	53	5.5	9.0	9.0	4.5	15.692	12.318	391	38.0	77.1	4.95	1.57	62.1	10.2	1.59
14a	140	58	6.0	9.5	9.5	4.8	18.516	14.535	564	53.2	107	5.52	1.70	80.5	13.0	1.71
14b	140	60	8.0	9.5	9.5	4.8	21.316	16.733	609	61.1	121	5.35	1.69	87.1	14.1	1.67
16a	160	63	6.5	10.0	10.0	5.0	21.962	17.24	866	73.3	144	6.28	1.83	108	16.3	1.80
16b	160	65	8.5	10.0	10.0	5.0	25.162	19.752	935	83.4	161	6.10	1.82	117	17.6	1.75
18a	180	68	7.0	10.5	10.5	5.2	25.699	20.174	1270	98.6	190	7.04	1.96	141	20.0	1.88
18b	180	70	9.0	10.5	10.5	5.2	29.299	23.000	1370	111	210	6.84	1.95	152	21.5	1.84
20a	200	73	7.0	11.0	11.0	5.5	28.837	22.637	1780	128	244	7.86	2.11	178	24.2	2.01
20b	200	75	9.0	11.0	11.0	5.5	32.837	25.777	1910	144	268	7.64	2.09	191	25.9	1.95
22a	220	77	7.0	11.5	11.5	5.8	31.846	24.999	2390	158	298	8.67	2.23	218	28.2	2.10
22b	220	79	9.0	11.5	11.5	5.8	36.246	28.453	2570	176	326	8.42	2.21	234	30.1	2.03
24a	240	78	7.0	12.0	12.0	6.0	34.217	26.860	3050	174	325	9.45	2.25	254	30.5	2.10
24b	240	80	9.0	12.0	12.0	6.0	39.017	30.628	3280	194	355	9.17	2.23	274	32.5	2.03
24c	240	82	11.0	12.0	12.0	6.0	43.817	34.396	3510	213	388	8.96	2.21	293	34.4	2.00
25a	250	78	7.0	12.0	12.0	6.0	34.917	27.410	3370	176	322	9.82	2.24	270	30.6	2.07
25b	250	80	9.0	12.0	12.0	6.0	39.917	31.335	3530	196	353	9.41	2.22	282	32.7	1.98
25c	250	82	11.0	12.0	12.0	6.0	44.917	35.260	3690	218	384	9.07	2.21	295	35.9	1.92
27a	270	82	7.5	12.5	12.5	6.2	39.284	30.838	4360	216	393	10.5	2.34	323	35.5	2.13
27b	270	84	9.5	12.5	12.5	6.2	44.684	35.077	4690	239	428	10.3	2.31	347	37.7	2.06
27c	270	86	11.5	12.5	12.5	6.2	50.084	39.316	5020	261	467	10.1	2.28	372	39.8	2.03
28a	280	82	7.5	12.5	12.5	6.2	40.034	31.427	4760	218	388	10.9	2.33	340	35.7	2.10
28b	280	84	9.5	12.5	12.5	6.2	45.634	35.823	5130	242	428	10.6	2.30	366	37.9	2.02
28c	280	86	11.5	12.5	12.5	6.2	51.234	40.219	5500	268	463	10.4	2.29	393	40.3	1.95
30a	300	85	7.5	13.5	13.5	6.8	43.902	34.463	6050	260	467	11.7	2.43	403	41.1	2.17
30b	300	87	9.5	13.5	13.5	6.8	49.902	39.173	6500	289	515	11.4	2.41	433	44.0	2.13
30c	300	89	11.5	13.5	13.5	6.8	55.902	43.883	6950	316	560	11.2	2.38	463	46.4	2.09
32a	320	88	8.0	14.0	14.0	7.0	48.513	38.083	7600	305	552	12.5	2.50	475	46.5	2.24
32b	320	90	10.0	14.0	14.0	7.0	54.913	43.107	8140	336	593	12.2	2.47	509	49.2	2.16
32c	320	92	12.0	14.0	14.0	7.0	61.313	48.131	8690	374	643	11.9	2.47	543	52.6	2.09
36a	360	96	9.0	16.0	16.0	8.0	60.910	47.814	11900	455	818	14.0	2.73	660	63.5	2.44
36b	360	98	11.0	16.0	16.0	8.0	68.110	53.466	12700	497	880	13.6	2.70	703	66.9	2.37
36c	360	100	13.0	16.0	16.0	8.0	75.310	59.118	13400	536	948	13.4	2.67	746	70.0	2.34
40a	400	100	10.5	18.0	18.0	9.0	75.068	58.928	17600	592	1070	15.3	2.81	879	78.8	2.49
40b	400	102	12.5	18.0	18.0	9.0	83.068	65.208	18600	640	114	15.0	2.78	932	82.5	2.44
40c	400	104	14.5	18.0	18.0	9.0	91.068	71.488	19700	688	1220	14.7	2.75	986	86.2	2.42

　　注：表中 R、r_1 的数据用于孔型设计，不做交货条件。

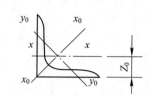
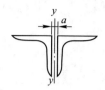

型号	厚度	圆角 R (mm)	重心距 Z0 (mm)	截面积 A (cm²)	质量 (kg/m)	惯性矩 Ix (cm⁴)	截面模量 Wx^max (cm³)	截面模量 Wx^min (cm³)	ix (cm)	ix0 (cm)	iy0 (cm)	iy (a=6mm)	iy (a=8mm)	iy (a=10mm)	iy (a=12mm)	iy (a=14mm)
$\llcorner 20\times$	3	3.5	6.0	1.13	0.89	0.40	0.66	0.29	0.59	0.75	0.39	1.08	1.16	1.25	1.34	1.43
	4		6.4	1.46	1.15	0.50	0.78	0.36	0.58	0.73	0.38	1.11	1.19	1.28	1.37	1.46
$\llcorner 25\times$	3	3.5	7.3	1.43	1.12	0.82	1.12	0.46	0.76	0.95	0.49	1.28	1.36	1.44	1.53	1.62
	4		7.6	1.86	1.46	1.03	1.34	0.59	0.74	0.93	0.48	1.30	1.38	1.46	1.55	1.64
$\llcorner 30\times$	3	4.5	8.5	1.75	1.37	1.46	1.72	0.68	0.91	1.15	0.59	1.47	1.55	1.63	1.71	1.80
	4		8.9	2.28	1.79	1.84	2.08	0.87	0.90	1.13	0.58	1.49	1.57	1.66	1.74	1.82
$\llcorner 36\times$	3	4.5	10.0	2.11	1.66	2.58	2.59	0.99	1.11	1.39	0.71	1.71	1.78	1.86	1.94	2.03
	4		10.4	2.76	2.16	3.29	3.18	1.28	1.09	1.38	0.70	1.73	1.81	1.89	1.97	2.05
	5		10.7	3.38	2.65	3.95	3.68	1.56	1.08	1.36	0.70	1.74	1.82	1.91	1.99	2.08
$\llcorner 40\times$	3	5	10.9	2.36	1.85	3.59	3.28	1.23	1.23	1.55	0.79	1.86	1.93	2.01	2.09	2.18
	4		11.3	3.09	2.42	4.60	4.05	1.60	1.22	1.54	0.79	1.88	1.96	2.04	2.12	2.20
	5		11.7	3.79	2.98	5.53	4.72	1.96	1.21	1.52	0.78	1.90	1.98	2.06	2.14	2.23
$\llcorner 45\times$	3	5	12.2	2.66	2.09	5.17	4.25	1.58	1.39	1.76	0.89	2.06	2.14	2.21	2.29	2.37
	4		12.6	3.49	2.74	6.65	5.29	2.05	1.38	1.74	0.89	2.08	2.16	2.24	2.32	2.40
	5		13.0	4.29	3.37	8.04	6.20	2.51	1.37	1.72	0.88	2.11	2.18	2.26	2.34	2.42
	6		13.3	5.08	3.99	9.33	6.99	2.95	1.36	1.70	0.88	2.12	2.20	2.28	2.36	2.44
$\llcorner 50\times$	3	5.5	13.4	2.97	2.33	7.18	5.36	1.96	1.55	1.96	1.00	2.26	2.33	2.41	2.48	2.56
	4		13.8	3.90	3.06	9.26	6.70	2.56	1.54	1.94	0.99	2.28	2.35	2.43	2.51	2.59
	5		14.2	4.80	3.77	11.21	7.90	3.13	1.53	1.92	0.98	2.30	2.38	2.45	2.53	2.61
	6		14.6	5.69	4.46	13.05	8.95	3.68	1.52	1.91	0.98	2.32	2.40	2.48	2.56	2.64
$\llcorner 56\times$	3	6	14.8	3.34	2.62	10.19	6.86	2.48	1.75	2.20	1.13	2.49	2.57	2.64	2.72	2.80
	4		15.3	4.39	3.45	13.18	8.63	3.24	1.73	2.18	1.11	2.52	2.59	2.67	2.74	2.82
	5		15.7	5.42	4.25	16.02	10.22	3.97	1.72	2.17	1.10	2.54	2.62	2.69	2.77	2.85
	6		16.1	6.42	5.04	18.09	11.24	4.68	1.71	2.15	1.10	2.56	2.64	2.71	2.79	2.87
	7		16.4	7.40	5.81	21.23	12.95	5.36	1.69	2.13	1.09	2.58	2.65	2.73	2.81	2.89
	8		16.8	8.37	6.57	23.63	14.06	6.03	1.68	2.11	1.09	2.60	2.67	2.75	2.83	2.91
$\llcorner 60\times$	5	6.5	16.7	5.82	4.58	19.89	10.22	4.59	1.85	2.33	1.19	2.70	2.77	2.85	2.93	3.00
	6		17.0	6.91	5.43	23.25	13.68	5.41	1.83	2.31	1.18	2.71	2.79	2.86	2.94	3.02
	7		17.4	7.98	6.26	26.44	15.20	6.21	1.82	2.29	1.17	2.73	2.81	2.89	2.96	3.04
	8		17.8	9.02	7.08	29.47	16.56	6.98	1.81	2.27	1.17	2.76	2.83	2.91	2.99	3.07

续表

型号	圆角 R	重心距 Z₀	截面积 A	质量	惯性矩 Iₓ	截面模量		回转半径			iᵧ，当 a 为下列数值				
						W_x^{max}	W_x^{min}	i_x	i_{x0}	i_{y0}	6mm	8mm	10mm	12mm	14mm
	mm	cm²	kg/m	cm⁴	cm³			cm			cm				
$\llcorner 63×$ 4 5 6 7	7	17.0 17.4 17.8 18.2	4.98 6.14 7.29 8.41	3.91 4.82 5.72 6.60	19.03 23.17 27.12 30.87	11.22 13.33 15.26 18.59	4.13 5.08 6.00 6.88	1.96 1.94 1.93 1.92	2.46 2.45 2.43 2.41	1.26 1.25 1.24 1.23	2.80 2.82 2.84 2.86	2.87 2.89 2.91 2.93	2.94 2.96 2.99 3.01	3.02 3.04 3.06 3.09	3.10 3.12 3.14 3.17
$\llcorner 70×6$ 4 5 6 7 8	8	18.6 19.1 19.5 19.9 20.3	5.57 6.88 8.16 9.42 10.67	4.37 5.40 6.41 7.40 8.37	26.39 32.21 37.77 43.09 48.17	14.16 16.89 19.39 21.68 23.79	5.14 6.32 7.48 8.59 9.68	2.18 2.16 2.15 2.14 2.12	2.74 2.73 2.71 2.69 2.68	1.40 1.39 1.38 1.38 1.37	3.07 3.09 3.11 3.13 3.15	3.14 3.17 3.19 3.21 3.23	3.21 3.24 3.26 3.28 3.30	3.28 3.31 3.34 3.36 3.38	3.36 3.39 3.41 3.44 3.46
$\llcorner 75×$ 5 6 7 8 9 10	9	20.4 20.7 21.1 21.5 21.8 22.2	7.41 8.80 10.16 11.50 12.83 14.13	5.82 6.91 7.98 9.03 10.07 11.09	39.96 46.91 53.57 59.96 66.10 71.98	19.73 22.69 25.42 27.93 30.32 32.40	7.32 8.64 9.93 11.20 12.43 13.64	2.33 2.31 2.30 2.28 2.27 2.26	2.92 2.90 2.89 2.88 2.86 2.84	1.50 1.49 1.48 1.47 1.46 1.46	3.30 3.31 3.33 3.35 3.36 3.38	3.37 3.38 3.40 3.42 3.44 3.46	3.44 3.46 3.48 3.50 3.51 3.53	3.52 3.53 3.55 3.57 3.59 3.61	3.59 3.61 3.63 3.65 3.67 3.69
$\llcorner 80×$ 5 6 7 8 9 10	9	21.5 21.9 22.3 22.7 23.1 23.5	7.91 9.40 10.86 12.30 13.73 15.13	6.21 7.38 8.53 9.66 10.77 11.87	48.79 57.35 65.58 73.50 81.11 88.43	22.70 26.16 29.38 32.36 35.11 37.68	8.34 9.87 11.37 12.83 14.25 15.64	2.48 2.47 2.46 2.44 2.43 2.42	3.13 3.11 3.10 3.08 3.06 3.04	1.60 1.59 1.58 1.57 1.56 1.56	3.49 3.51 3.53 3.55 3.57 3.57	3.56 3.58 3.60 3.62 3.64 3.66	3.63 3.65 3.67 3.69 3.72 3.74	3.71 3.73 3.75 3.77 3.79 3.81	3.78 3.80 3.82 3.85 3.87 3.89
$\llcorner 90×8$ 6 7 8 10 12	10	24.4 24.8 25.2 25.9 26.7	10.64 12.30 13.94 17.17 20.31	8.35 9.66 10.95 13.48 15.94	82.77 94.83 106.5 128.6 149.2	33.99 38.28 42.30 49.57 55.93	12.61 14.54 16.42 20.07 23.57	2.79 2.78 2.76 2.74 2.71	3.51 3.50 3.48 3.45 3.41	1.80 1.78 1.78 1.76 1.75	3.91 3.93 3.95 3.98 4.02	3.98 4.00 4.02 4.05 4.10	4.05 4.07 4.09 4.13 4.17	4.12 4.14 4.17 4.21 4.25	4.20 4.22 4.24 4.28 4.32
$\llcorner 100×10$ 6 7 8 10 12 14 16	12	26.7 27.1 27.6 28.4 29.1 29.9 30.6	11.93 13.80 15.64 19.26 22.80 26.26 29.63	9.37 10.83 12.28 15.12 17.90 20.61 23.26	115.0 131.9 148.2 179.5 208.9 236.5 262.5	43.04 48.57 53.78 63.29 71.72 79.19 85.81	15.68 18.10 20.47 25.06 29.48 33.73 37.82	3.10 3.09 3.08 3.05 3.03 3.00 2.98	3.90 3.89 3.88 3.84 3.81 3.77 3.74	2.00 1.99 1.98 1.96 1.95 1.94 1.94	4.30 4.31 4.34 4.38 4.41 4.45 4.49	4.37 4.39 4.41 4.45 4.49 4.53 4.56	4.44 4.46 4.48 4.52 4.56 4.60 4.64	4.51 4.53 4.56 4.60 4.63 4.68 4.72	4.58 4.60 4.63 4.67 4.71 4.76 4.80
$\llcorner 110×10$ 7 8 10 12 14	12	29.6 30.1 30.9 31.6 32.4	15.20 17.24 21.26 25.20 29.06	11.93 13.54 16.69 19.78 22.81	177.2 199.5 242.2 282.6 320.7	59.78 66.36 78.48 89.34 99.07	22.05 24.95 30.60 36.05 41.31	3.41 3.40 3.38 3.35 3.32	4.30 4.28 4.25 4.22 4.18	2.20 2.19 2.17 2.15 2.14	4.72 4.75 4.78 4.81 4.85	4.79 4.81 4.86 4.89 4.93	4.86 4.89 4.93 4.96 5.00	4.93 4.96 5.00 5.03 5.08	5.01 5.03 5.07 5.11 5.15

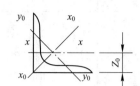 

型号	圆角 R	重心距 Z_0	截面积 A	质量	惯性矩 I_x	截面模量		回转半径			i_y，当 a 为下列数值				
						W_x^{max}	W_x^{min}	i_x	i_{x0}	i_{y0}	6mm	8mm	10mm	12mm	14mm
	mm	cm	cm²	kg/m	cm⁴	cm³		cm			cm				
$\llcorner125\times$ 8	14	33.7	19.75	15.50	297.0	88.20	32.52	3.88	4.88	2.50	5.34	5.41	5.48	5.55	5.62
10		34.5	24.37	19.13	361.7	104.8	39.97	3.85	4.85	2.48	5.38	5.45	5.52	5.59	5.66
12		35.3	28.91	22.70	423.2	119.9	47.17	3.83	4.82	2.46	5.41	5.48	5.56	5.63	5.70
14		36.1	33.37	26.19	481.7	133.6	54.16	3.80	4.78	2.45	5.45	5.52	5.60	5.67	5.74
$\llcorner140\times$ 10	14	38.2	27.37	21.49	514.7	134.6	50.58	4.34	5.46	2.78	5.98	6.05	6.12	6.19	6.26
12		39.0	32.51	25.52	603.7	154.6	59.80	4.31	5.43	2.76	6.02	6.09	6.16	6.23	6.30
14		39.8	37.57	29.49	688.8	173.0	68.75	4.28	5.40	2.75	6.06	6.13	6.20	6.27	6.34
16		40.6	42.54	33.39	770.2	189.9	77.46	4.26	5.36	2.74	6.09	6.16	6.24	6.31	6.38
$\llcorner160\times$ 10	16	43.1	31.50	24.73	779.5	180.8	66.70	4.97	6.27	3.20	6.78	6.85	6.92	6.99	7.06
12		43.9	37.44	29.39	916.6	208.6	78.98	4.95	6.24	3.18	6.82	6.89	6.96	7.03	7.10
14		44.7	43.30	33.99	1048	234.4	90.95	4.92	6.20	3.16	6.85	6.93	6.99	7.07	7.14
16		45.5	49.07	38.52	1175	258.3	102.6	4.89	6.17	3.14	6.89	6.96	7.03	7.10	7.18
$\llcorner180\times$ 12	16	48.9	42.24	33.16	1321	270.0	100.82	5.59	7.05	3.58	7.63	7.70	7.77	7.84	7.91
14		49.7	48.90	38.38	1514	304.6	116.25	5.57	7.02	3.56	7.66	7.73	7.80	7.87	7.94
16		50.5	55.47	43.54	1701	336.9	131.13	5.54	6.98	3.55	7.70	7.77	7.84	7.91	7.98
18		51.3	61.95	48.63	1881	367.1	145.64	5.51	6.94	3.53	7.76	7.83	7.90	7.97	8.04
$\llcorner200\times$ 14	18	54.6	54.64	42.89	2104	385.1	144.70	6.20	7.82	3.98	8.47	8.53	8.60	8.67	8.74
16		55.4	62.01	48.68	2366	427.0	163.65	6.18	7.79	3.96	8.50	8.57	8.64	8.71	8.78
18		56.2	69.30	54.40	2621	466.5	182.22	6.15	7.75	3.94	8.54	8.61	8.68	8.75	8.82
20		56.9	76.50	60.06	2867	503.6	200.42	6.12	7.72	3.93	8.56	8.64	8.71	8.78	8.85
24		58.4	90.66	71.17	3338	571.5	236.17	6.07	7.64	3.90	8.65	8.73	8.80	8.87	8.94
$\llcorner220\times$ 16	21	60.3	68.66	53.90	3187.36	528.58	199.55	6.81	8.59	4.37	9.30	9.37	9.44	9.51	9.58
18		61.1	76.75	60.25	3534.30	578.45	222.37	6.79	8.55	4.35	9.33	9.40	9.47	9.54	9.61
20		61.8	84.75	66.53	3871.49	626.45	244.77	6.76	8.52	4.34	9.36	9.43	9.50	9.57	9.64
22		62.6	92.68	72.75	4199.23	670.80	266.78	6.73	8.48	4.32	9.40	9.47	9.54	9.61	9.68
24		63.3	100.51	78.90	4517.83	713.72	288.39	6.70	8.45	4.31	9.43	9.50	9.57	9.64	9.71
26		64.1	108.26	84.99	4827.58	753.13	309.62	6.68	8.41	4.30	9.47	9.54	9.61	9.68	9.75
$\llcorner250\times$ 18	22	68.4	87.84	68.96	5268.22	770.21	290.12	7.74	9.76	4.97	10.53	10.60	10.67	10.74	10.81
20		69.2	97.05	76.18	5779.34	835.16	319.66	7.72	9.73	4.95	10.57	10.64	10.71	10.78	10.85
24		70.7	115.20	90.43	6763.93	956.71	377.34	7.66	9.66	4.92	10.63	10.70	10.77	10.84	10.91
26		71.5	124.15	97.46	7238.08	1012.32	405.50	7.63	9.62	4.90	10.67	10.74	10.81	10.88	10.95
28		72.2	133.02	104.42	7700.60	1066.57	433.22	7.61	9.58	4.89	10.70	10.77	10.84	10.91	10.98
30		73.0	141.81	111.32	8151.80	1116.69	460.51	7.58	9.55	4.88	10.74	10.81	10.88	10.95	11.02
32		73.7	150.51	118.15	8592.01	1165.81	487.39	7.56	9.51	4.87	10.77	10.84	10.91	10.98	11.05
35		74.8	163.40	128.27	9232.44	1234.28	526.97	7.52	9.46	4.86	10.82	10.89	10.96	11.04	11.11

299

不 等 边 角 钢　　　　　　　　　　　　　附表 3-6

				单角钢												双角钢							

角钢型号 B×b×t	t	圆角 R	重心距 Z_x	重心距 Z_y	截面积 A	质量	回转半径 i_x	i_y	i_{y0}	i_{y1}，当 a 为下列数值 6mm	8mm	10mm	12mm	i_{y2}，当 a 为下列数值 6mm	8mm	10mm	12mm
		mm	mm	mm	cm²	kg/m	cm	cm	cm	cm	cm	cm	cm	cm	cm	cm	cm
L 25×16×	3	3.5	4.2	8.6	1.16	0.91	0.44	0.78	0.34	0.84	0.93	1.02	1.11	1.40	1.48	1.57	1.65
	4		4.6	10.4	1.50	1.18	0.43	0.77	0.34	0.87	0.96	1.05	1.14	1.54	1.63	1.72	1.81
L 32×20×	3	3.5	4.9	9.0	1.49	1.17	0.55	1.01	0.43	0.97	1.05	1.14	1.22	1.57	1.65	1.73	1.81
	4		5.3	10.8	1.94	1.52	0.54	1.00	0.42	0.99	1.08	1.16	1.25	1.70	1.78	1.87	1.95
L 40×25×	3	4	5.9	11.2	1.89	1.48	0.70	1.28	0.54	1.13	1.21	1.30	1.38	1.91	1.98	2.06	2.14
	4		6.3	13.2	2.47	1.94	0.69	1.36	0.54	1.16	1.24	1.32	1.41	2.05	2.13	2.21	2.30
L 45×28×	3	5	6.4	13.7	2.15	1.69	0.79	1.44	0.61	1.23	1.31	1.39	1.47	2.20	2.28	2.36	2.44
	4		6.8	14.7	2.81	2.20	0.78	1.42	0.60	1.25	1.33	1.41	1.50	2.27	2.35	2.43	2.51
L 50×32×	3	5.5	7.3	15.1	2.43	1.91	0.91	1.60	0.70	1.38	1.45	1.53	1.61	2.42	2.49	2.57	2.65
	4		7.7	16.0	3.18	2.49	0.90	1.59	0.69	1.40	1.48	1.56	1.64	2.48	2.55	2.63	2.71
L 56×36×	3	6	8.0	16.5	2.74	2.15	1.03	1.80	0.79	1.51	1.58	1.66	1.74	2.65	2.73	2.80	2.88
	4		8.5	17.8	3.59	2.82	1.02	1.79	0.79	1.54	1.62	1.69	1.77	2.74	2.82	2.90	2.98
	5		8.8	18.2	4.42	3.47	1.01	1.77	0.78	1.55	1.63	1.71	1.79	2.76	2.84	2.92	3.00
L 63×40×	4	7	9.2	18.7	4.06	3.19	1.14	2.02	0.88	1.67	1.74	1.82	1.90	3.96	3.04	3.11	3.19
	5		9.5	20.4	4.99	3.92	1.12	2.00	0.87	1.68	1.76	1.83	1.91	3.08	3.16	3.23	3.31
	6		9.9	20.8	5.91	4.64	1.11	1.96	0.86	1.70	1.78	1.86	1.94	3.10	3.18	3.26	3.34
	7		10.3	21.2	6.80	5.34	1.10	1.98	0.86	1.73	1.80	1.88	1.97	3.12	3.20	3.28	3.36
L 70×45×	4	7.5	10.2	21.5	4.55	3.57	1.29	2.26	0.98	1.84	1.92	1.99	2.07	3.33	3.41	3.48	3.56
	5		10.6	22.4	5.61	4.40	1.28	2.23	0.98	1.86	1.94	2.02	2.09	3.38	3.46	3.53	3.61
	6		10.9	22.8	6.64	5.22	1.26	2.21	0.98	1.88	1.95	2.03	2.11	3.40	3.48	3.55	3.63
	7		11.3	23.2	7.66	6.01	1.25	2.20	0.97	1.90	1.98	2.06	2.14	3.42	3.50	3.58	3.66
L 75×50×	5	8	11.7	23.6	6.13	4.81	1.44	2.39	1.10	2.05	2.13	2.20	2.28	3.57	3.65	3.72	3.80
	6		12.1	24.0	7.26	5.70	1.42	2.38	1.08	2.07	2.15	2.22	2.30	3.60	3.67	3.75	3.83
	8		12.9	24.4	9.47	7.43	1.40	2.35	1.07	2.12	2.19	2.27	2.35	3.61	3.69	3.77	3.84
	10		13.6	25.2	11.59	9.10	1.38	2.33	1.06	2.16	2.23	2.31	2.40	3.66	3.73	3.81	3.89
L 80×50×	5	8	11.4	26.0	6.38	5.00	1.42	2.56	1.10	2.02	2.09	2.17	2.24	3.87	3.95	4.02	4.10
	6		11.8	26.5	7.56	5.94	1.41	2.56	1.08	2.04	2.12	2.19	2.27	3.90	3.98	4.06	4.14
	7		12.1	26.9	8.72	6.85	1.39	2.54	1.08	2.77	2.82	2.88	2.94	3.92	4.00	4.08	4.15
	8		12.5	27.3	9.87	7.75	1.38	2.52	1.07	2.08	2.15	2.23	2.31	3.94	4.02	4.10	4.18
L 90×56×	5	9	12.5	29.1	7.21	5.66	1.59	2.90	1.23	2.22	2.29	2.37	2.44	4.32	4.40	4.47	4.55
	6		12.9	29.5	8.56	6.72	1.58	2.88	1.23	2.24	2.32	2.39	2.46	4.34	4.42	4.49	4.57
	7		13.3	30.0	9.88	7.76	1.57	2.86	1.22	2.26	2.34	2.41	2.49	4.37	4.45	4.52	4.60
	8		13.6	30.4	11.18	8.78	1.56	2.85	1.21	2.28	2.35	2.43	2.50	4.39	4.47	4.55	4.62
L 100×63×	6	10	14.3	32.4	9.62	7.55	1.79	3.21	1.38	2.49	2.56	2.63	2.71	4.78	4.85	4.93	5.00
	7		14.7	32.8	11.10	8.72	1.78	3.20	1.38	2.51	2.58	2.66	2.73	4.80	4.87	4.95	5.03
	8		15.0	33.2	12.53	9.88	1.77	3.18	1.37	2.53	2.60	2.67	2.75	4.82	4.90	4.98	5.05
	10		15.8	34.0	15.47	12.14	1.74	3.15	1.35	2.57	2.64	2.72	2.79	4.86	4.94	5.02	5.09

角钢型号 $B×b×t$		圆角 R	重心距		截面积 A	质量	回转半径			i_{y1}，当 a 为下列数值				i_{y2}，当 a 为下列数值			
			Z_x	Z_y			i_x	i_y	i_{y0}	6mm	8mm	10mm	12mm	6mm	8mm	10mm	12mm
		mm	mm		cm²	kg/m	cm			cm				cm			
∟100×80×	6	10	19.7	29.5	10.64	8.35	2.40	3.17	1.72	3.30	3.37	3.44	3.52	4.54	4.61	4.69	4.76
	7		20.1	30.0	12.30	9.66	2.39	3.16	1.72	3.32	3.39	3.46	3.54	4.57	4.64	4.71	4.79
	8		20.5	30.4	13.94	10.95	2.37	3.14	1.71	3.34	3.41	3.48	3.56	4.59	4.66	4.74	4.81
	10		21.3	31.2	17.17	13.48	2.35	3.12	1.69	3.38	3.45	3.53	3.60	4.63	4.70	4.78	4.85
∟110×70×	6	10	15.7	35.3	10.64	8.35	2.01	3.54	1.54	2.74	2.81	2.88	2.96	5.22	5.29	5.36	5.44
	7		16.1	35.7	12.30	9.66	2.00	3.53	1.53	2.76	2.83	2.90	2.98	5.24	5.31	5.39	5.46
	8		16.5	36.2	13.94	10.95	1.98	3.51	1.53	2.78	2.85	2.93	3.00	5.26	5.34	5.41	5.49
	10		17.2	37.0	17.17	13.48	1.96	3.48	1.51	2.81	2.89	2.96	3.04	5.30	5.38	5.46	5.53
∟125×80×	7	11	18.0	40.1	14.10	11.07	2.30	4.02	1.76	3.11	3.18	3.25	3.32	5.89	5.97	6.04	6.12
	8		18.4	40.6	15.99	12.55	2.28	4.01	1.75	3.13	3.20	3.27	3.34	5.92	6.00	6.07	6.15
	10		19.2	41.4	19.71	15.47	2.26	3.98	1.74	3.17	3.24	3.31	3.38	5.96	6.04	6.11	6.19
	12		20.0	42.2	23.35	18.33	2.24	3.95	1.72	3.21	3.28	3.35	3.43	6.00	6.08	6.16	6.23
∟140×90×	8	12	20.4	45.0	18.04	14.16	2.59	4.50	1.98	3.49	3.56	3.63	3.70	6.58	6.65	6.73	6.80
	10		21.2	45.8	22.26	17.48	2.56	4.47	1.96	3.49	3.56	3.63	3.70	6.62	6.69	6.77	6.84
	12		21.9	46.6	26.40	20.72	2.54	4.44	1.95	3.55	3.62	3.70	3.77	6.66	6.74	6.81	6.89
	14		22.7	47.4	30.46	23.91	2.51	4.42	1.94	3.59	3.67	3.74	3.81	6.70	6.78	6.85	6.93
∟150×90×	8	12	19.7	49.2	18.84	14.79	2.55	4.84	1.98	3.42	3.48	3.55	3.62	7.12	7.19	7.27	7.34
	10		20.5	50.1	23.26	18.26	2.53	4.81	1.97	3.45	3.52	3.59	3.66	7.17	7.24	7.32	7.39
	12		21.2	50.9	27.60	21.67	2.50	4.79	1.95	3.48	3.55	3.62	3.70	7.21	7.28	7.36	7.43
	14		22.0	51.7	31.86	25.01	2.48	4.76	1.94	3.52	3.59	3.66	3.74	7.25	7.32	7.40	7.48
	15		22.4	52.1	33.95	26.65	2.47	4.74	1.93	3.54	3.61	3.69	3.76	7.27	7.35	7.42	7.50
	16		22.7	52.5	36.03	28.28	2.45	4.73	1.93	3.55	3.63	3.70	3.78	7.29	7.37	7.44	7.52
∟160×100×	10	13	22.8	52.4	25.32	19.87	2.85	5.14	2.19	3.84	3.91	3.98	4.05	7.56	7.63	7.70	7.78
	12		23.6	53.2	30.05	23.59	2.82	5.11	2.17	3.88	3.95	4.02	4.09	7.60	7.67	7.75	7.82
	14		24.3	54.0	34.71	27.25	2.80	5.08	2.16	3.91	3.98	4.05	4.12	7.64	7.71	7.79	7.86
	16		25.1	54.8	39.28	30.84	2.77	5.05	2.16	3.95	4.02	4.09	4.17	7.68	7.75	7.83	7.91
∟180×110×	10	14	24.4	58.9	28.37	22.27	3.13	5.80	2.42	4.16	4.23	4.29	4.36	8.49	8.56	8.63	8.71
	12		25.2	59.8	33.71	26.44	3.10	5.78	2.40	4.19	4.26	4.33	4.40	8.53	8.61	8.68	8.76
	14		25.9	60.6	38.97	30.59	3.08	5.75	2.39	4.22	4.29	4.36	4.43	8.57	8.65	8.72	8.80
	16		26.7	61.4	44.14	34.65	3.06	5.72	2.38	4.26	4.33	4.40	4.47	8.61	8.69	8.76	8.84
∟200×125×	12	14	28.3	65.4	37.91	29.76	3.57	6.44	2.74	4.75	4.81	4.88	4.95	9.39	9.47	9.54	9.61
	14		29.1	66.2	43.69	34.44	3.54	6.41	2.73	4.79	4.85	4.92	4.99	9.44	9.51	9.59	9.66
	16		29.9	67.0	49.74	39.05	3.52	6.38	2.71	4.82	4.89	4.95	5.03	9.47	9.54	9.62	9.69
	18		30.6	67.8	55.53	43.59	3.49	6.35	2.70	4.85	4.92	4.99	5.06	9.51	9.58	9.66	9.74

注：一个角钢的惯性矩 $I_x = A i_x^2$，$I_y = A i_y^2$；一个角钢的截面模量 $W_x^{max} = I_x/Z_x$，$W_x^{min} = I_x/(b-Z_x)$；$W_y^{max} = I_y/Z_y$，$W_y^{min} = I_y/(B-Z_y)$。

普 通 圆 钢 管 　　　　附表 3-7

外径 D	壁厚 t		截面面积	每米重量	外表面积	截面特性值		
	无缝	焊接	(cm^2)	(kg/m)	(m^2/m)	截面惯性矩 I (cm^4)	截面抵抗矩 W (cm^3)	截面回转半径 i (cm)
	mm							
30.0	—	2.0	1.76	1.38	0.09	1.73	1.16	0.99
	—	2.5	2.16	1.70	0.09	2.06	1.37	0.98
34.0	—	2.0	2.01	1.58	0.11	2.58	1.52	1.13
	—	2.5	2.47	1.94	0.11	3.09	1.82	1.12
38.0	—	2.0	2.26	1.78	0.12	3.68	1.93	1.27
	2.5	2.5	2.79	2.19	0.12	4.41	2.32	1.26
	3.0	—	3.30	2.59	0.12	5.09	2.68	1.24
	3.5	—	3.79	2.98	0.12	5.70	3.00	1.23
40.0	—	2.0	2.39	1.87	0.13	4.32	2.16	1.35
	—	2.5	2.95	2.31	0.13	5.20	2.60	1.33
42.0	—	2.0	2.51	1.97	0.13	5.04	2.40	1.42
	2.5	2.5	3.10	2.44	0.13	6.07	2.89	1.40
	3.0	—	3.68	2.89	0.13	7.03	3.35	1.38
	3.5	—	4.23	3.32	0.13	7.91	3.77	1.37
	4.0	—	4.78	3.75	0.13	8.71	4.15	1.35
45.0	—	2.0	2.70	2.12	0.14	6.26	2.78	1.52
	2.5	2.5	3.34	2.62	0.14	7.56	3.36	1.51
	3.0	3.0	3.96	3.11	0.14	8.77	3.90	1.49
	3.5	—	4.56	3.58	0.14	9.89	4.40	1.47
	4.0	—	5.15	4.04	0.14	10.93	4.86	1.46
50.0	2.5	—	3.73	2.93	0.16	10.55	4.22	1.68
	3.0	—	4.43	3.48	0.16	12.28	4.91	1.67
	3.5	—	5.11	4.01	0.16	13.90	5.56	1.65
	4.0	—	5.78	4.54	0.16	15.41	6.16	1.63
	4.5	—	6.43	5.05	0.16	16.81	6.72	1.62
	5.0	—	7.07	5.55	0.16	18.11	7.25	1.60
51.0	—	2.0	3.08	2.42	0.16	9.26	8.63	1.73
	—	2.5	3.81	2.99	0.16	11.23	4.40	1.72
	—	3.0	4.52	3.55	0.16	13.08	5.13	1.70
	—	3.5	5.22	4.10	0.16	14.81	5.81	1.68
54.0	—	2.0	3.27	2.56	0.17	11.06	4.10	1.84
	—	2.5	4.04	3.18	0.17	13.44	4.98	1.82
	3.0	3.0	4.81	3.77	0.17	15.68	5.81	1.81
	3.5	3.5	5.55	4.36	0.17	17.79	6.59	1.79
	4.0	—	6.28	4.93	0.17	19.76	7.32	1.77
	4.5	—	7.00	5.49	0.17	21.61	8.00	1.76
	5.0	—	7.70	6.04	0.17	23.34	8.64	1.74
57.0	—	2.0	3.46	2.71	0.18	13.08	4.59	1.95
	—	2.5	4.28	3.36	0.18	15.93	5.59	1.93
	3.0	3.0	5.09	4.00	0.18	18.61	6.53	1.91
	3.5	3.5	5.88	4.62	0.18	21.14	7.42	1.90
	4.0	—	6.66	5.23	0.18	23.52	8.25	1.88
	4.5	—	7.42	5.83	0.18	25.76	9.04	1.86
	5.0	—	8.17	6.41	0.18	27.86	9.78	1.85
	5.5	—	8.90	6.99	0.18	29.84	10.47	1.83

外径 D	壁厚 t		截面面积 (cm²)	每米重量 (kg/m)	外表面积 (m²/m)	截面特性值		
	无缝	焊接				截面惯性矩 I (cm⁴)	截面抵抗矩 W (cm³)	截面回转半径 i (cm)
mm								
60.0	—	2.0	3.64	2.86	0.19	15.34	5.11	2.05
	—	2.5	4.52	3.55	0.19	18.70	6.23	2.03
	3.0	3.0	5.37	4.22	0.19	21.88	7.29	2.02
	3.5	3.5	6.21	4.88	0.19	24.88	8.29	2.00
	4.0	—	7.04	5.52	0.19	27.73	9.24	1.98
	4.5	—	7.85	6.16	0.19	30.41	10.14	1.97
	5.0	—	8.64	6.78	0.19	32.94	10.98	1.95
	5.5	—	9.42	7.39	0.19	35.32	11.77	1.94
	6.0	—	10.18	7.99	0.19	37.56	12.52	1.92
63.5	—	2.0	3.86	3.03	0.20	18.29	5.76	2.18
	—	2.5	4.79	3.76	0.20	22.32	7.03	2.16
	3.0	3.0	5.70	4.48	0.20	26.15	8.24	2.14
	3.5	3.5	6.60	5.18	0.20	29.79	9.38	2.12
	4.0	—	7.48	5.87	0.20	33.24	10.47	2.11
	4.5	—	8.34	6.55	0.20	36.50	11.50	2.09
	5.0	—	9.19	7.21	0.20	39.60	12.47	2.08
	5.5	—	10.02	7.87	0.20	42.52	13.39	2.06
	6.0	—	10.84	8.51	0.20	45.28	14.26	2.04
68.0	3.0	—	6.13	4.81	0.21	32.42	9.54	2.30
	3.5	—	7.09	5.57	0.21	36.99	10.88	2.28
	4.0	—	8.04	6.31	0.21	41.34	12.16	2.27
	4.5	—	8.98	7.05	0.21	45.47	13.37	2.25
	5.0	—	9.90	7.77	0.21	49.41	14.53	2.23
	5.5	—	10.80	8.48	0.21	53.14	15.63	2.22
	6.0	—	11.69	9.17	0.21	56.68	16.67	2.20
70.0	—	2.0	4.27	3.35	0.22	24.72	7.06	2.41
	—	2.5	5.30	4.16	0.22	30.23	8.64	2.39
	3.0	3.0	6.31	4.96	0.22	35.50	10.14	2.37
	3.5	3.5	7.31	5.74	0.22	40.53	11.58	2.35
	4.0	—	8.29	6.51	0.22	45.33	12.95	2.34
	4.5	4.5	9.26	7.27	0.22	49.89	14.26	2.32
	5.0	—	10.21	8.01	0.22	54.24	15.50	2.30
	5.5	—	11.14	8.75	0.22	58.38	16.68	2.29
	6.0	—	12.06	9.47	0.22	62.31	17.80	2.27
	7.0	—	13.85	10.88	0.22	69.58	19.88	2.24
73.0	3.0	—	6.60	5.18	0.23	40.48	11.09	2.48
	3.5	—	7.64	6.00	0.23	46.26	12.67	2.46
	4.0	—	8.67	6.81	0.23	51.78	14.19	2.44
	4.5	—	9.68	7.60	0.23	57.04	15.63	2.43
	5.0	—	10.68	8.38	0.23	62.07	17.01	2.41
	5.5	—	11.66	9.16	0.23	66.87	18.32	2.39
	6.0	—	12.63	9.91	0.23	71.43	19.57	2.38
	7.0	—	14.51	11.39	0.23	79.92	21.90	2.35

303

外径 D	壁厚 t		截面面积 (cm²)	每米重量 (kg/m)	外表面积 (m²/m)	截面特性值		
	无缝	焊接				截面惯性矩 I (cm⁴)	截面抵抗矩 W (cm³)	截面回转半径 i (cm)
	mm							
76.0	—	2.0	4.65	3.65	0.24	31.85	8.38	2.62
	—	2.5	5.77	4.53	0.24	39.03	10.27	2.60
	3.0	3.0	6.88	5.40	0.24	45.91	12.08	2.58
	3.5	3.5	7.97	6.26	0.24	52.50	13.82	2.57
	4.0	4.0	9.05	7.10	0.24	58.81	15.48	2.55
	4.5	4.5	10.11	7.93	0.24	64.85	17.07	2.53
	5.0	—	11.15	8.75	0.24	70.62	18.59	2.52
	5.5	—	12.18	9.56	0.24	76.14	20.04	2.50
	6.0	—	13.19	10.36	0.24	81.41	21.42	2.48
	7.0	—	15.17	11.91	0.24	91.23	24.01	2.45
83.0	—	2.0	5.09	4.00	0.26	41.76	10.06	2.86
	—	2.5	6.32	4.96	0.26	51.26	12.35	2.85
	—	3.0	7.54	5.92	0.26	60.40	14.56	2.83
	3.5	3.5	8.74	6.86	0.26	69.19	16.67	2.81
	4.0	4.0	9.93	7.79	0.26	77.64	18.71	2.80
	4.5	4.5	11.10	8.71	0.26	85.76	20.67	2.78
	5.0	—	12.25	9.62	0.26	93.56	22.54	2.76
	5.5	—	13.39	10.51	0.26	101.04	24.35	2.75
	6.0	—	14.51	11.39	0.26	108.22	26.08	2.73
	7.0	—	16.71	13.12	0.26	121.69	29.32	2.70
	8.0	—	18.85	14.80	0.26	134.04	32.30	2.67
89.0	—	2.0	5.47	4.29	0.28	51.75	11.63	3.08
	—	2.5	6.79	5.33	0.28	63.59	14.29	3.06
	—	3.0	8.11	6.36	0.28	75.02	16.86	3.04
	3.5	3.5	9.40	7.38	0.28	86.05	19.34	3.03
	4.0	4.0	10.68	8.38	0.28	96.68	21.73	3.01
	4.5	4.5	11.95	9.38	0.28	106.92	24.03	2.99
	5.0	—	13.19	10.36	0.28	116.79	26.24	2.98
	5.5	—	14.43	11.33	0.28	126.29	28.38	2.96
	6.0	—	15.65	12.28	0.28	135.43	30.43	2.94
	7.0	—	18.03	14.16	0.28	152.67	34.31	2.91
	8.0	—	20.36	15.98	0.28	168.59	37.88	2.88
95.0	—	2.0	5.84	4.59	0.30	63.20	13.31	3.29
	—	2.5	7.26	5.70	0.30	77.76	16.37	3.27
	—	3.0	8.67	6.81	0.30	91.83	19.33	3.25
	3.5	3.5	10.06	7.90	0.30	105.45	22.20	3.24
	4.0	—	11.44	8.98	0.30	118.60	24.97	3.22
	4.5	—	12.79	10.04	0.30	131.31	27.64	3.20
	5.0	—	14.14	11.10	0.30	143.58	30.23	3.19
	5.5	—	15.46	12.14	0.30	155.43	32.72	3.17
	6.0	—	16.78	13.17	0.30	166.86	35.13	3.15
	7.0	—	19.35	15.19	0.30	188.51	39.69	3.12
	8.0	—	21.87	17.16	0.30	208.62	43.92	3.09

外径 D	壁厚 t		截面面积	每米重量	外表面积	截面特性值		
	无缝	焊接	（cm²）	（kg/m）	（m²/m）	截面惯性矩 I （cm⁴）	截面抵抗矩 W （cm³）	截面回转半径 i （cm）
mm								
102.0	—	2.0	6.28	4.93	0.32	78.57	15.41	3.54
	—	2.5	7.81	6.13	0.32	96.77	18.97	3.52
	—	3.0	9.33	7.32	0.32	114.42	22.43	3.50
	3.5	3.5	10.83	8.50	0.32	131.52	25.79	3.48
	4.0	4.0	12.32	9.67	0.32	148.09	29.04	3.47
	4.5	4.5	13.78	10.82	0.32	164.14	32.18	3.45
	5.0	5.0	15.24	11.96	0.32	179.68	35.23	3.43
	5.5	—	16.67	13.09	0.32	194.72	38.18	3.42
	6.0	—	18.10	14.21	0.32	209.28	41.03	3.40
	7.0	—	20.89	16.40	0.32	236.96	46.46	3.37
	8.0	—	23.62	18.55	0.32	262.83	51.53	3.34
	10.0	—	28.90	22.69	0.32	309.40	60.67	3.27
108.0	—	3.0	9.90	7.77	0.34	136.49	25.28	3.71
	—	3.5	11.49	9.02	0.34	157.02	29.08	3.70
	4.0	4.0	13.07	10.26	0.34	176.95	32.77	3.68
	4.5	—	14.63	11.49	0.34	196.30	36.35	3.66
	5.0	—	16.18	12.70	0.34	215.06	39.83	3.65
	5.5	—	17.71	13.90	0.34	233.26	43.20	3.63
	6.0	—	19.23	15.09	0.34	250.91	46.46	3.61
	7.0	—	22.21	17.44	0.34	284.58	52.70	3.58
	8.0	—	25.13	19.73	0.34	316.17	58.55	3.55
	10.0	—	30.79	24.17	0.34	373.45	69.16	3.48
114.0	—	3.0	10.46	8.21	0.36	161.24	28.29	3.93
	—	3.5	12.15	9.54	0.36	185.63	32.57	3.91
	4.0	4.0	13.82	10.85	0.36	209.35	36.73	3.89
	4.5	4.5	15.48	12.15	0.36	232.41	40.77	3.87
	5.0	5.0	17.12	13.44	0.36	254.81	44.70	3.86
	5.5	—	18.75	14.72	0.36	276.58	48.52	3.84
	6.0	—	20.36	15.98	0.36	297.73	52.23	3.82
	7.0	—	23.53	18.47	0.36	338.19	59.33	3.79
	8.0	—	26.64	20.91	0.36	376.30	66.02	3.76
	10.0	—	32.67	25.65	0.36	445.82	78.21	3.69
121.0	—	3.0	11.12	8.73	0.38	193.69	32.01	4.17
	—	3.5	12.92	10.14	0.38	223.17	36.89	4.16
	4.0	4.0	14.70	11.54	0.38	251.87	41.63	4.14
	4.5	—	16.47	12.93	0.38	279.83	46.25	4.12
	5.0	—	18.22	14.30	0.38	307.05	50.75	4.11
	5.5	—	19.96	15.67	0.38	333.54	55.13	4.09
	6.0	—	21.68	17.02	0.38	359.32	59.39	4.07
	7.0	—	25.07	19.68	0.38	408.80	67.57	4.04
	8.0	—	28.40	22.29	0.38	455.57	75.30	4.01
	10.0	—	34.87	27.37	0.38	541.43	89.49	3.94

305

外径 D	壁厚 t		截面面积 (cm²)	每米重量 (kg/m)	外表面积 (m²/m)	截面特性值		
mm	无缝	焊接				截面惯性矩 I (cm⁴)	截面抵抗矩 W (cm³)	截面回转半径 i (cm)
127.0	—	3.0	11.69	9.17	0.40	224.75	35.39	4.39
	—	3.5	13.58	10.66	0.40	259.11	40.80	4.37
	4.0	4.0	15.46	12.13	0.40	292.61	46.08	4.35
	4.5	4.5	17.32	13.59	0.40	325.29	51.23	4.33
	5.0	5.0	19.16	15.04	0.40	357.14	56.24	4.32
	5.5	—	20.99	16.48	0.40	388.19	61.13	4.30
	6.0	—	22.81	17.90	0.40	418.44	65.90	4.28
	7.0	—	26.39	20.72	0.40	476.63	75.06	4.25
	8.0	—	29.91	23.48	0.40	531.80	83.75	4.22
	10.0	—	36.76	28.85	0.40	663.55	99.77	4.15
	12.0	—	43.35	34.03	0.40	724.50	114.09	4.09
133.0	4.0	4.0	16.21	12.73	0.42	337.53	50.76	4.56
	4.5	4.5	18.17	14.26	0.42	376.42	56.45	4.55
	5.0	5.0	20.11	15.78	0.42	412.40	62.02	4.53
	5.5	—	22.03	17.29	0.42	448.50	67.44	4.51
	6.0	—	23.94	18.79	0.42	483.72	72.74	4.50
	7.0	—	27.71	21.75	0.42	551.58	82.94	4.46
	8.0	—	31.42	24.66	0.42	616.11	92.65	4.43
	10.0	—	38.64	30.33	0.42	735.59	110.62	4.36
	12.0	—	45.62	35.81	0.42	843.04	126.77	4.30
140.0	—	4.0	17.09	13.42	0.44	395.47	56.50	4.81
	4.5	4.5	19.16	15.04	0.44	440.12	62.87	4.79
	5.0	5.0	21.21	16.65	0.44	483.76	69.11	4.78
	5.5	5.5	23.24	18.24	0.44	526.40	75.20	4.76
	6.0	—	25.26	19.83	0.44	568.06	81.15	4.74
	7.0	—	29.25	22.96	0.44	648.51	92.64	4.71
	8.0	—	33.18	26.04	0.44	725.21	103.60	4.68
	10.0	—	40.84	32.06	0.44	867.86	123.98	4.61
	12.0	—	48.25	37.88	0.44	996.95	142.42	4.55
	14.0	—	55.42	43.50	0.44	1113.34	159.05	4.48
146.0	5.0	—	22.15	17.39	0.46	551.10	75.49	4.99
	5.5	—	24.28	19.06	0.46	599.95	82.19	4.97
	6.0	—	26.39	20.72	0.46	647.73	88.73	4.95
	7.0	—	30.57	24.00	0.46	740.12	101.39	4.92
	8.0	—	34.68	27.23	0.46	828.41	113.48	4.89
	10.0	—	42.73	33.54	0.46	993.16	136.05	4.82
	12.0	—	50.52	39.66	0.46	1142.94	156.57	4.76
	14.0	—	58.06	45.57	0.46	1278.70	175.16	4.69
152.0	5.0	5.0	23.09	18.13	0.48	624.43	82.16	5.20
	5.5	5.5	25.31	19.87	0.48	680.06	89.48	5.18
	6.0	—	27.52	21.60	0.48	734.52	96.65	5.17
	7.0	—	31.89	25.03	0.48	839.99	110.52	5.13
	8.0	—	36.19	28.41	0.48	940.97	123.81	5.10
	10.0	—	44.61	35.02	0.48	1129.99	148.68	5.03
	12.0	—	52.78	41.43	0.48	1302.58	171.39	4.97
	14.0	—	60.70	47.65	0.48	1459.73	192.07	4.90

外径 D	壁厚 t		截面面积	每米重量	外表面积	截面特性值		
	无缝	焊接	（cm²）	（kg/m）	（m²/m）	截面惯性矩 I （cm⁴）	截面抵抗矩 W （cm³）	截面回转半径 i （cm）
mm								
159.0	5.0	—	24.19	18.99	0.50	717.88	90.30	5.45
	6.0	—	28.84	22.64	0.50	845.19	106.31	5.41
	7.0	—	33.43	26.24	0.50	967.41	121.69	5.38
	8.0	—	37.95	29.79	0.50	1084.67	136.44	5.35
	10.0	—	46.81	36.75	0.50	1304.88	164.14	5.28
	12.0	—	55.42	43.50	0.50	1506.88	189.54	5.21
	14.0	—	63.77	50.06	0.50	1691.69	212.79	5.15
168.0	5.0	—	25.60	20.10	0.53	851.14	101.33	5.77
	6.0	—	30.54	23.97	0.53	1003.12	119.42	5.73
	7.0	—	35.4l	27.79	0.53	1149.36	136.83	5.70
	8.0	—	40.21	31.57	0.53	1290.0l	153.57	5.66
	10.0	—	49.64	38.97	0.53	1555.13	185.13	5.60
	12.0	—	58.81	46.17	0.53	1799.60	214.24	5.53
	14.0	—	67.73	53.17	0.53	2024.53	241.02	5.47
	16.0	—	76.40	59.98	0.53	2230.98	265.59	5.40
180.0	5.0	—	27.49	21.58	0.57	1053.17	117.02	6.19
	6.0	—	32.80	25.75	0.57	1242.72	138.08	6.16
	7.0	—	38.04	29.87	0.57	1425.63	158.40	6.12
	8.0	—	43.23	33.93	0.57	1602.04	178.00	6.09
	10.0	—	53.41	41.92	0.57	1936.01	215.11	6.02
	12.0	—	63.33	49.72	0.57	2245.84	249.54	5.95
	14.0	—	73.01	57.31	0.57	2532.74	281.42	5.89
	16.0	—	82.44	64.71	0.57	2797.86	310.87	5.83
194.0	5.0	—	29.69	23.31	0.61	1326.54	136.76	6.68
	6.0	—	35.44	27.82	0.61	1567.21	161.57	6.65
	7.0	—	41.12	32.28	0.61	1800.08	185.57	6.62
	8.0	—	46.75	36.70	0.61	2025.31	208.79	6.58
	10.0	—	57.81	45.38	0.61	2453.55	252.94	6.51
	12.0	—	68.61	53.86	0.61	2853.25	294.15	6.45
	14.0	—	79.17	62.15	0.61	3225.71	332.55	6.38
	16.0	—	89.47	70.24	0.61	3572.19	368.27	6.32
	18.0	—	99.53	78.13	0.61	3893.94	401.44	6.25
203.0	6.0	—	37.13	29.15	0.64	1803.07	177.64	6.97
	8.0	—	49.01	38.47	0.64	2333.37	229.89	6.90
	10.0	—	60.63	47.60	0.64	2830.72	278.89	6.83
	12.0	—	72.01	56.52	0.64	3296.49	324.78	6.77
	14.0	—	83.13	65.25	0.64	3732.07	367.69	6.70
	16.0	—	94.00	73.79	0.64	4133.78	407.76	6.64
	18.0	—	104.62	82.12	0.64	4517.93	445.12	6.57
219.0	6.0	—	40.15	31.52	0.69	2278.74	208.10	7.53
	8.0	—	53.03	41.63	0.69	2955.43	269.90	7.47
	10.0	—	65.66	51.54	0.69	3593.29	328.15	7.40
	12.0	—	78.04	61.26	0.69	4193.81	383.00	7.33
	14.0	—	90.16	70.78	0.69	4758.50	434.57	7.26
	16.0	—	102.04	80.10	0.69	5288.81	483.00	7.20
	18.0	—	113.66	89.23	0.69	5786.15	528.42	7.13
	20.0	—	125.04	98.15	0.69	6251.93	570.95	7.07

307

外径 D	壁厚 t		截面面积 （cm²）	每米重量 （kg/m）	外表面积 （m²/m）	截面特性值		
	无缝	焊接				截面惯 性矩 I （cm⁴）	截面抵 抗矩 W （cm³）	截面回 转半径 i （cm）
mm								
	7.0	—	52.34	41.09	0.77	3709.06	302.78	8.42
	8.0	—	59.56	46.76	0.77	4186.87	341.79	8.38
	10.0	—	73.83	57.95	0.77	5105.63	416.79	8.32
245.0	12.0	—	87.84	68.95	0.77	5976.67	487.89	8.25
	14.0	—	101.60	79.76	0.77	6801.68	555.24	8.18
	16.0	—	115.11	90.36	0.77	7582.30	618.96	8.12
	18.0	—	128.37	100.77	0.77	8320.17	679.20	8.05
	20.0	—	141.37	110.98	0.77	9016.86	736.07	7.99
	8.0	—	66.60	52.28	0.86	5351.71	428.70	9.37
	10.0	—	82.62	64.86	0.86	7154.09	524.11	9.31
	12.0	—	98.39	77.24	0.86	8396.14	615.10	9.24
273.0	14.0	—	113.91	89.42	0.86	9579.75	701.81	9.17
	16.0	—	129.18	101.41	0.86	10706.79	784.38	9.10
	18.0	—	144.20	113.20	0.86	11779.08	862.94	9.04
	20.0	—	158.96	124.79	0.86	12798.44	937.61	8.97
	8.0	—	73.14	57.41	0.94	7747.42	518.22	10.29
	10.0	—	90.79	71.27	0.94	9490.15	634.79	10.22
	12.0	—	108.20	84.93	0.94	11159.52	746.46	10.16
299.0	14.0	—	125.35	98.40	0.94	12757.61	853.35	10.09
	16.0	—	142.25	111.67	0.94	14286.48	955.62	10.02
	18.0	—	158.90	124.74	0.94	15748.16	1053.39	9.96
	20.0	—	175.30	137.61	0.94	17144.64	1146.80	9.89

注：钢管的通常长度：热轧钢管为 3～12.5m；

焊接钢管：当 30mm≤D≤70mm 时为 3～10m；

当 D>70mm 时为 4～10m。

本表摘自 YB 231-70 及 YB 242-63。

土木工程常用钢板(按照厚度分类)(参照《钢产品分类》GB/T 15574—1995)

附表3-8

钢板厚度（mm）	0.35～4	4.5～20	22～60	>60
钢板名称	薄板	中板	厚板	特厚板

土木工程常用钢板类型及规格

附表3-9

钢板类型	适用规范	规　格
普碳钢沸腾钢板	GB/T 3274—2017	厚度为 4.5～200mm
普碳钢镇静钢板	GB/T 3274—2017	厚度 4.5～200mm
低合金结构钢钢板	GB/T 3274—2017	厚度为 4.5～200mm
一般结构用热连轧钢板	GB 2517—1981	厚度从 1.2～13.0mm；宽度从 700～1550mm； 长度从 2000～12000mm
桥梁用碳素钢及普 通低合金钢钢板	YB 168-1970	厚度从 6～50mm；宽度从 1.0～2.4mm；长度 从 2.0～16mm

附录4 常用截面回转半径的近似值

常用截面回转半径的近似值　　　　　　　　　　　　　　　　附表 4-1

截面							
α_1	0.43	0.38	0.38	0.40	0.30	0.28	0.32
α_2	0.24	0.44	0.60	0.40	0.215	0.24	0.20

截面					
α_1	0.305	0.395	0.32	0.27	0.215
α_2	0.305	0.20	0.28	0.23	0.215
α_3	0.385				0.185
α_4	0.195				

注：$i_x = \alpha_1 h$，$i_y = \alpha_2 b$，$i_{x0} = \alpha_3 h$，$i_{y0} = \alpha_4 b$。

附录5 轴心受压构件的稳定系数

a 类截面轴心受压构件的稳定系数 φ（按《钢结构设计标准》GB 50017—2017）

附表 5-1

λ/ε_k	0	1	2	3	4	5	6	7	8	9
0	1.000	1.000	1.000	1.000	0.999	0.999	0.998	0.998	0.997	0.996
10	0.995	0.994	0.993	0.992	0.991	0.989	0.988	0.986	0.985	0.983
20	0.981	0.979	0.977	0.976	0.974	0.972	0.970	0.968	0.966	0.964
30	0.963	0.961	0.959	0.957	0.954	0.952	0.950	0.948	0.946	0.944
40	0.941	0.939	0.937	0.934	0.932	0.929	0.927	0.924	0.921	0.918
50	0.916	0.913	0.910	0.907	0.903	0.900	0.897	0.893	0.890	0.886
60	0.883	0.879	0.875	0.871	0.867	0.862	0.858	0.854	0.849	0.844
70	0.839	0.834	0.829	0.824	0.818	0.813	0.807	0.801	0.795	0.789
80	0.783	0.776	0.770	0.763	0.756	0.749	0.742	0.735	0.728	0.721
90	0.713	0.706	0.698	0.691	0.683	0.676	0.668	0.660	0.653	0.645
100	0.637	0.630	0.622	0.614	0.607	0.599	0.592	0.584	0.577	0.569

309

续表

λ/ε_k	0	1	2	3	4	5	6	7	8	9
110	0.562	0.555	0.548	0.541	0.534	0.527	0.520	0.513	0.507	0.500
120	0.494	0.487	0.481	0.475	0.469	0.463	0.457	0.451	0.445	0.439
130	0.434	0.428	0.423	0.417	0.412	0.407	0.402	0.397	0.392	0.387
140	0.382	0.378	0.373	0.368	0.364	0.360	0.355	0.351	0.347	0.343
150	0.339	0.335	0.331	0.327	0.323	0.319	0.316	0.312	0.308	0.305
160	0.302	0.298	0.295	0.292	0.288	0.285	0.282	0.279	0.276	0.273
170	0.270	0.267	0.264	0.261	0.259	0.256	0.253	0.250	0.248	0.245
180	0.243	0.240	0.238	0.235	0.233	0.231	0.228	0.226	0.224	0.222
190	0.219	0.217	0.215	0.213	0.211	0.209	0.207	0.205	0.203	0.201
200	0.199	0.197	0.196	0.194	0.192	0.190	0.188	0.187	0.185	0.183
210	0.182	0.180	0.178	0.177	0.175	0.174	0.172	0.171	0.169	0.168
220	0.166	0.165	0.163	0.162	0.161	0.159	0.158	0.157	0.155	0.154
230	0.153	0.151	0.150	0.149	0.148	0.147	0.145	0.144	0.143	0.142
240	0.141	0.140	0.139	0.137	0.136	0.135	0.134	0.133	0.132	0.131
250	0.130	—	—	—	—	—	—	—	—	—

b 类截面轴心受压构件的稳定系数 φ(按《钢结构设计标准》GB 50017—2017)

附表 5-2

λ/ε_k	0	1	2	3	4	5	6	7	8	9
0	1.000	1.000	1.000	0.999	0.999	0.998	0.997	0.996	0.995	0.994
10	0.992	0.991	0.989	0.987	0.985	0.983	0.981	0.978	0.976	0.973
20	0.970	0.967	0.963	0.960	0.957	0.953	0.950	0.946	0.943	0.939
30	0.936	0.932	0.929	0.925	0.921	0.918	0.914	0.910	0.906	0.903
40	0.899	0.895	0.891	0.886	0.882	0.878	0.874	0.870	0.865	0.861
50	0.856	0.852	0.847	0.842	0.837	0.833	0.828	0.823	0.818	0.812
60	0.807	0.802	0.796	0.791	0.785	0.780	0.774	0.768	0.762	0.757
70	0.751	0.745	0.738	0.732	0.726	0.720	0.713	0.707	0.701	0.694
80	0.687	0.681	0.674	0.668	0.661	0.654	0.648	0.641	0.634	0.628
90	0.621	0.614	0.607	0.601	0.594	0.587	0.581	0.574	0.568	0.561
100	0.555	0.548	0.542	0.535	0.529	0.523	0.517	0.511	0.504	0.498
110	0.492	0.487	0.481	0.475	0.469	0.464	0.458	0.453	0.447	0.442
120	0.436	0.431	0.426	0.421	0.416	0.411	0.406	0.401	0.396	0.392
130	0.387	0.383	0.378	0.374	0.369	0.365	0.361	0.357	0.352	0.348
140	0.344	0.340	0.337	0.333	0.329	0.325	0.322	0.318	0.314	0.311
150	0.308	0.304	0.301	0.297	0.294	0.291	0.288	0.285	0.282	0.279
160	0.276	0.273	0.270	0.267	0.264	0.262	0.259	0.256	0.253	0.251
170	0.248	0.246	0.243	0.241	0.238	0.236	0.234	0.231	0.229	0.227

λ/ε_k	0	1	2	3	4	5	6	7	8	9
180	0.225	0.222	0.220	0.218	0.216	0.214	0.212	0.210	0.208	0.206
190	0.204	0.202	0.200	0.198	0.196	0.195	0.193	0.191	0.189	0.188
200	0.186	0.184	0.183	0.181	0.179	0.178	0.176	0.175	0.173	0.172
210	0.170	0.169	0.167	0.166	0.164	0.163	0.162	0.160	0.159	0.158
220	0.156	0.155	0.154	0.152	0.151	0.150	0.149	0.147	0.146	0.145
230	0.144	0.143	0.142	0.141	0.139	0.138	0.137	0.136	0.135	0.134
240	0.133	0.132	0.131	0.130	0.129	0.128	0.127	0.126	0.125	0.124
250	0.123	—	—	—	—	—	—	—	—	—

c 类截面轴心受压构件的稳定系数 φ (按《钢结构设计标准》 GB 50017—2017)

附表 5-3

λ/ε_k	0	1	2	3	4	5	6	7	8	9
0	1.000	1.000	1.000	0.999	0.999	0.998	0.997	0.996	0.995	0.993
10	0.992	0.990	0.988	0.986	0.983	0.981	0.978	0.976	0.973	0.970
20	0.966	0.959	0.953	0.947	0.940	0.934	0.928	0.921	0.915	0.909
30	0.902	0.896	0.890	0.883	0.877	0.871	0.865	0.858	0.852	0.845
40	0.839	0.833	0.826	0.820	0.813	0.807	0.800	0.794	0.787	0.781
50	0.774	0.768	0.761	0.755	0.748	0.742	0.735	0.728	0.722	0.715
60	0.709	0.702	0.695	0.689	0.682	0.675	0.669	0.662	0.656	0.649
70	0.642	0.636	0.629	0.623	0.616	0.610	0.603	0.597	0.591	0.584
80	0.578	0.572	0.565	0.559	0.553	0.547	0.541	0.535	0.529	0.523
90	0.517	0.511	0.505	0.499	0.494	0.488	0.483	0.477	0.471	0.467
100	0.462	0.458	0.453	0.449	0.445	0.440	0.436	0.432	0.427	0.423
110	0.419	0.415	0.411	0.407	0.402	0.398	0.394	0.390	0.386	0.383
120	0.379	0.375	0.371	0.367	0.363	0.360	0.356	0.352	0.349	0.345
130	0.342	0.338	0.335	0.332	0.328	0.325	0.322	0.318	0.315	0.312
140	0.309	0.306	0.303	0.300	0.297	0.294	0.291	0.288	0.285	0.282
150	0.279	0.277	0.274	0.271	0.269	0.266	0.263	0.261	0.258	0.256
160	0.253	0.251	0.248	0.246	0.244	0.241	0.239	0.237	0.235	0.232
170	0.230	0.228	0.226	0.224	0.222	0.220	0.218	0.216	0.214	0.212
180	0.210	0.208	0.206	0.204	0.203	0.201	0.199	0.197	0.195	0.194
190	0.192	0.190	0.189	0.187	0.185	0.184	0.182	0.181	0.179	0.178
200	0.176	0.175	0.173	0.172	0.170	0.169	0.167	0.166	0.165	0.163
210	0.162	0.161	0.159	0.158	0.157	0.155	0.154	0.153	0.152	0.151
220	0.149	0.148	0.147	0.146	0.145	0.144	0.142	0.141	0.140	0.139
230	0.138	0.137	0.136	0.135	0.134	0.133	0.132	0.131	0.130	0.129
240	0.128	0.127	0.126	0.125	0.124	0.123	0.123	0.122	0.121	0.120
250	0.119	—	—	—	—	—	—	—	—	—

311

d 类截面轴心受压构件的稳定系数 φ（按《钢结构设计标准》GB 50017—2017）

附表 5-4

λ/ε_k	0	1	2	3	4	5	6	7	8	9
0	1.000	1.000	0.999	0.999	0.998	0.996	0.994	0.992	0.990	0.987
10	0.984	0.981	0.978	0.974	0.969	0.965	0.960	0.955	0.949	0.944
20	0.937	0.927	0.918	0.909	0.900	0.891	0.883	0.874	0.865	0.857
30	0.848	0.840	0.831	0.823	0.815	0.807	0.798	0.790	0.782	0.774
40	0.766	0.758	0.751	0.743	0.735	0.727	0.720	0.712	0.705	0.697
50	0.690	0.682	0.675	0.668	0.660	0.653	0.646	0.639	0.632	0.625
60	0.618	0.611	0.605	0.598	0.591	0.585	0.578	0.571	0.565	0.559
70	0.552	0.546	0.540	0.534	0.528	0.521	0.516	0.510	0.504	0.498
80	0.492	0.487	0.481	0.476	0.470	0.465	0.469	0.454	0.449	0.444
90	0.439	0.434	0.429	0.424	0.419	0.414	0.409	0.405	0.401	0.397
100	0.393	0.390	0.386	0.383	0.380	0.376	0.373	0.369	0.366	0.363
110	0.359	0.356	0.353	0.350	0.346	0.343	0.340	0.337	0.334	0.331
120	0.328	0.325	0.322	0.319	0.316	0.313	0.310	0.307	0.304	0.301
130	0.298	0.296	0.293	0.290	0.288	0.285	0.282	0.280	0.277	0.275
140	0.272	0.270	0.267	0.265	0.262	0.260	0.257	0.255	0.253	0.250
150	0.248	0.246	0.244	0.242	0.239	0.237	0.235	0.233	0.231	0.229
160	0.227	0.225	0.223	0.221	0.219	0.217	0.215	0.213	0.211	0.210
170	0.208	0.206	0.204	0.202	0.201	0.199	0.197	0.196	0.194	0.192
180	0.191	0.189	0.187	0.186	0.184	0.183	0.181	0.180	0.178	0.177
190	0.175	0.174	0.173	0.171	0.170	0.168	0.167	0.166	0.164	0.163
200	0.162	—	—	—	—	—	—	—	—	—

注：1. 附表 5-1～附表 5-4 中的 φ 值按下列公式算得：

当 $\lambda_n = \dfrac{\lambda}{\pi}\sqrt{f_y/E} \leqslant 0.215$ 时：

$$\varphi = 1 - \alpha_1 \lambda_n^2$$

当 $\lambda_n > 0.215$ 时：

$$\varphi = \frac{1}{2\lambda_n^2}\left[(\alpha_2 + \alpha_3\lambda_n + \lambda_n^2) - \sqrt{(\alpha_2 + \alpha_3\lambda_n + \lambda_n^2)^2 - 4\lambda_n^2}\right]$$

式中，α_1、α_2、α_3 为系数，应根据《钢结构设计标准》GB 50017—2017 表 7.2.1 的截面分类，按附表 5-5 采用；

2. 当构件的 λ/ε_k 值超出附表 5-1～附表 5-4 的范围时，则 φ 值可按注 1 所列的公式计算。

系数 α_1、α_2、α_3（按《钢结构设计标准》GB 50017—2017）　　　附表 5-5

截面类别		α_1	α_2	α_3
a 类		0.41	0.986	0.152
b 类		0.65	0.965	0.300
c 类	$\lambda_n \leqslant 1.05$	0.73	0.906	0.595
	$\lambda_n > 1.05$		1.216	0.302
d 类	$\lambda_n \leqslant 1.05$	1.35	0.868	0.915
	$\lambda_n > 1.05$		1.375	0.432

附录6 H型钢和等截面工字形简支梁的系数 β_b

H型钢和等截面工字形简支梁的系数 β_b（按《钢结构设计标准》GB 50017—2017）

附表 6-1

项次	侧向支承	荷载		$\xi \leqslant 2.0$	$\xi > 2.0$	适用范围
1	跨中无侧向支承	均布荷载作用在	上翼缘	$0.69+0.13\xi$	0.95	等截面焊接工字钢和轧制型钢，加强受压翼缘的单轴对称焊接工字钢截面
2			下翼缘	$1.73-0.20\xi$	1.33	
3		集中荷载作用在	上翼缘	$0.73+0.18\xi$	1.09	
4			下翼缘	$2.23-0.28\xi$	1.67	
5	跨度中点有一个侧向支承点	均布荷载作用在	上翼缘	1.15		除上面所述截面外，还适用于加强受拉翼缘的单轴对称焊接工字钢截面
6			下翼缘	1.40		
7		集中荷载作用在截面高度上任意位置		1.75		
8	跨中有不少于两个侧向支承点	任意荷载作用在	上翼缘	1.20		
9			下翼缘	1.40		
10	梁端有弯矩，但跨中无荷载作用			$1.75-1.05(M_2/M_1)+0.3(M_2/M_1)^2$ 但不大于 2.3		

注：1. $\xi=\dfrac{l_1 t_1}{b_1 h}$——参数，$b_1$、$t_1$ 分别为受压翼缘的宽度和厚度，h 为截面全高，l_1 为受压翼缘侧向支承点间的距离；

2. M_1、M_2 为梁的端弯矩，使梁产生同向曲率时 M_1 和 M_2 取同号，产生反向曲率时取异号，$|M_1| \geqslant |M_2|$；

3. 表中 3、4 和 7 项的集中荷载是指一个或少数几个集中荷载位于跨度中央附近的情况，对其他情况的集中荷载，应按表中项次 1、2、5、6 内的数值采用；

4. 表中项次 8、9 的 β_b 值，当集中荷载作用在侧向支承点处时，取 $\beta_b=1.20$；

5. 荷载作用在上翼缘系指荷载作用点在翼缘表面，方向指向截面形心；荷载作用在下翼缘系指荷载作用点在翼缘表面，方向背向截面形心；

6. 对 $\alpha_b>0.8$ 的加强受压翼缘的工字形截面，下列情况的 β_b 值应乘以相应的系数：

项次1	当 $\xi \leqslant 1.0$ 时	0.95
项次3	当 $\xi \leqslant 0.5$ 时	0.90
	当 $0.5<\xi \leqslant 1.0$ 时	0.95

附录7 轧制普通工字钢简支梁的 φ_b

轧制普通工字钢简支梁的 φ_b（按《钢结构设计标准》GB 50017—2017）　附表 7-1

项次	荷载情况			工字钢型号	自由长度 l_1(m)								
					2	3	4	5	6	7	8	9	10
1	跨中无侧向支承点的梁	集中荷载作用于	上翼缘	10~20	2.00	1.30	0.99	0.80	0.68	0.58	0.53	0.48	0.43
				22~32	2.40	1.48	1.09	0.86	0.72	0.62	0.54	0.49	0.45
				36~63	2.80	1.60	1.07	0.83	0.68	0.56	0.50	0.45	0.40
2			下翼缘	10~20	3.10	1.95	1.34	1.01	0.82	0.69	0.63	0.57	0.52
				22~40	5.50	2.80	1.84	1.37	1.07	0.86	0.73	0.64	0.56
				45~63	7.30	3.60	2.30	1.62	1.20	0.96	0.80	0.69	0.60
3		布荷载作用于	上翼缘	10~20	1.70	1.12	0.84	0.68	0.57	0.50	0.45	0.41	0.37
				22~40	2.10	1.30	0.93	0.73	0.60	0.51	0.45	0.40	0.36
				45~63	2.60	1.45	0.97	0.73	0.59	0.50	0.44	0.38	0.35
4			下翼缘	10~20	2.50	1.55	1.08	0.83	0.68	0.56	0.52	0.47	0.42
				22~40	4.00	2.20	1.45	1.10	0.85	0.70	0.60	0.52	0.46
				45~63	5.60	2.80	1.80	1.25	0.95	0.78	0.65	0.55	0.49

续表

项次	荷载情况	工字钢型号	自由长度 l_1(m)								
			2	3	4	5	6	7	8	9	10
5	跨中有侧向支承点的梁(不论荷载作用点在截面高度上的位置)	10～20	2.20	1.39	1.01	0.79	0.66	0.57	0.52	0.47	0.42
		22～40	3.00	1.80	1.24	0.96	0.76	0.65	0.56	0.49	0.43
		45～63	4.00	2.20	1.38	1.01	0.80	0.66	0.56	0.49	0.43

注：1. 表中的集中荷载是指一个或少数几个集中荷载位于跨度中央附近的情况，对其他情况的集中荷载，应按表中均布荷载的数值采用；

2. 荷载作用在上翼缘系指荷载作用点在翼缘表面，方向指向截面形心；荷载作用在下翼缘系指荷载作用点在翼缘表面，方向背向截面形心；

3. 表中的 φ_b 值适用于 Q235 钢。对于其他钢号，表中的数值应乘以 ε_k^2。

附录8　螺栓和锚栓的规格

普通螺栓规格(按 GB/T 5782—2016)　　　　　　附表 8-1

螺栓直径 d（mm）	螺距 p（mm）	螺栓有效直径 d_e(mm)	螺栓有效面积（mm²）	注
16	2	14.12	156.7	
18	2.5	15.65	192.5	
20	2.5	17.65	244.8	
22	2.5	19.65	303.4	
24	3	21.19	352.5	
27	3	24.19	459.4	螺栓有效直径 d_e 按下式算得：$$d_e = d - 0.9382p$$ 螺栓有效面积 A_e 按下式算得：$$A_e = \frac{\pi}{4}(d - 0.9382p)^2$$
30	3.5	26.72	560.6	
33	3.5	29.72	693.6	
36	4	32.25	816.7	
39	4	35.25	975.8	
42	4.5	37.78	1121.0	
45	4.5	40.78	1306.0	
48	5	43.31	1473.0	
52	5	47.31	1757.0	
56	5.5	50.84	2030.0	
60	5.5	54.84	2362.0	

锚栓规格和埋置长度(按《混凝土结构设计规范》GB 50010—2010)计算　　　　　　附表 8-2

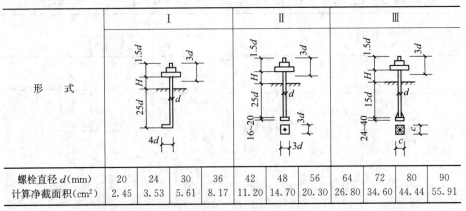

形式	Ⅰ				Ⅱ			Ⅲ			
螺栓直径 d(mm)	20	24	30	36	42	48	56	64	72	80	90
计算净截面积(cm²)	2.45	3.53	5.61	8.17	11.20	14.70	20.30	26.80	34.60	44.44	55.91

形　式	Ⅰ	Ⅱ	Ⅲ

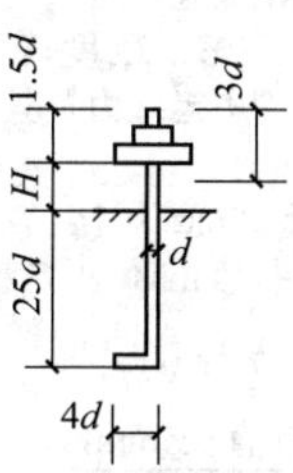

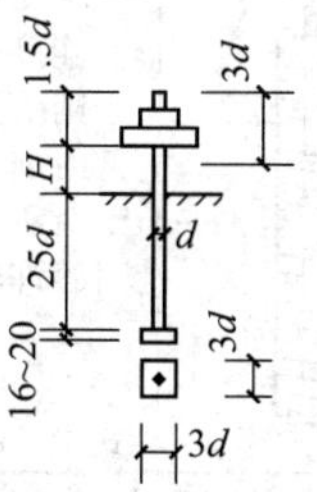

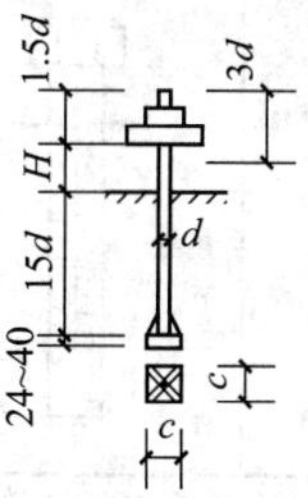

Ⅲ型锚栓	锚板宽度 c (mm)			140	200	200	240	280	350	400
	锚板厚度 δ (mm)			20	20	20	25	30	40	40

附录9　疲劳计算的构件和连接分类

非焊接的构件和连接分类(按《钢结构设计标准》GB 50017—2007)

附表9-1

项次	构造细节	说　　明	类别
1	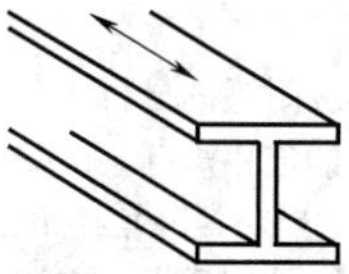	• 无连接处的母材 轧制型钢	Z1
2	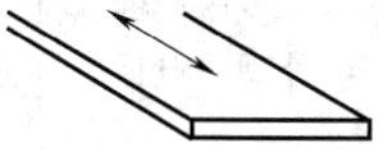	• 无连接处的母材 钢板 (1)两边为轧制边或刨边 (2)两侧为自动、半自动切割边(切割质量标准应符合现行国家标准《钢结构工程施工质量验收规范》GB 50205)	Z1 Z2
3	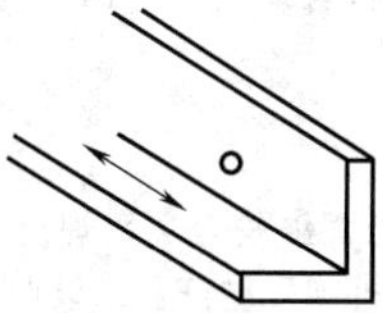	• 连系螺栓和虚孔处的母材 应力以净截面面积计算	Z4
4	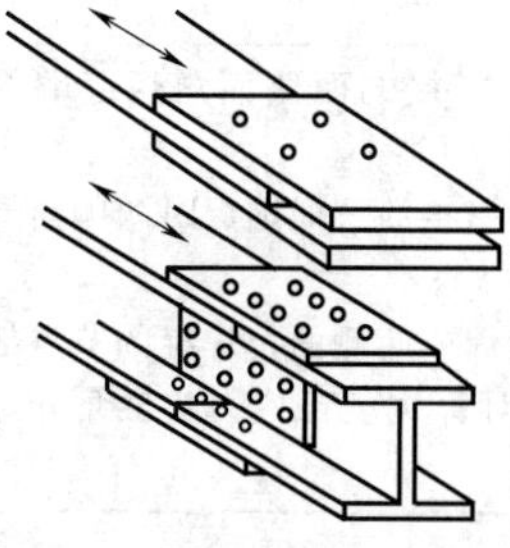	• 螺栓连接处的母材 高强度螺栓摩擦型连接应力以毛截面面积计算;其他螺栓连接应力以净截面面积计算 • 铆钉连接处的母材 连接应力以净截面面积计算	Z2 Z4

315

项次	构造细节	说　明	类别
5		・受拉螺栓的螺纹处母材 连接板件应有足够的刚度,保证不产生撬力。否则受拉正应力应考虑撬力及其他因素产生的全部附加应力 对于直径大于 30mm 螺栓,需要考虑尺寸效应对容许应力幅进行修正,修正系数 γ_t: $$\gamma_t = \left(\frac{30}{d}\right)^{0.25}$$ 式中　d——螺栓直径(mm)。	Z11

注:箭头表示计算应力幅的位置和方向。

纵向传力焊缝的构件和连接分类(按《钢结构设计标准》GB 50017—2017)

附表 9-2

项次	构造细节	说　明	类别
6		・无垫板的纵向对接焊缝附近的母材焊缝符合二级焊缝标准	Z2
7		・有连续垫板的纵向自动对接焊缝附近的母材 (1)无起弧、灭弧 (2)有起弧、灭弧	Z4 Z5
8		・翼缘连接焊缝附近的母材 翼缘板与腹板的连接焊缝 自动焊,二级 T 形对接与角接组合焊缝 自动焊,角焊缝,外观质量标准符合二级 手工焊,角焊缝,外观质量标准符合二级 双层翼缘板之间的连接焊缝 自动焊,角焊缝,外观质量标准符合二级 手工焊,角焊缝,外观质量标准符合二级	Z2 Z4 Z5 Z4 Z5
9		・仅单侧施焊的手工或自动对接焊缝附近的母材,焊缝符合二级焊缝标准,翼缘与腹板很好贴合	Z5
10		・开工艺孔处焊缝符合二级焊缝标准的对接焊缝、焊缝外观质量符合二级焊缝标准的角焊缝等附近的母材	Z8
11		・节点板搭接的两侧面角焊缝端部的母材 ・节点板搭接的三面围焊时两侧角焊缝端部的母材 ・三面围焊或两侧面角焊缝的节点板母材(节点板计算宽度按应力扩散角 θ 等于30°考虑)	Z10 Z8 Z8

注:箭头表示计算应力幅的位置和方向。

项次	构造细节	说　　明	类别
12		• 横向对接焊缝附近的母材,轧制梁对接焊缝附近的母材 　符合现行国家标准《钢结构工程施工质量验收规范》GB 50205 的一级焊缝,且经加工、磨平	Z2
		符合现行国家标准《钢结构工程施工质量验收规范》GB 50205 的一级焊缝	Z4
13	坡度≤1/4	• 不同厚度(或宽度)横向对接焊缝附近的母材 　符合现行国家标准《钢结构工程施工质量验收规范》GB 50205 的一级焊缝,且经加工、磨平	Z2
		符合现行国家标准《钢结构工程施工质量验收规范》GB 50205 的一级焊缝	Z4
14		• 有工艺孔的轧制梁对接焊缝附近的母材,焊缝加工成平滑过渡并符合一级焊缝标准	Z6
15	d	• 带垫板的横向对接焊缝附近的母材 垫板端部超出母板距离 d $d \geqslant 10\text{mm}$ $d < 10\text{mm}$	Z8 Z11
16		• 节点板搭接的端面角焊缝的母材	Z7
17	$t_1 \leqslant t_2$　坡度≤1/2　t_1 t_2	• 不同厚度直接横向对接焊缝附近的母材,焊缝等级为一级,无偏心	Z8
18		• 翼缘盖板中断处的母材(板端有横向端焊缝)	Z8

317

项次	构造细节	说　明	类别
19		• 十字形连接、T 形连接 (1)K 形坡口、T 形对接与角接组合焊缝处的母材,十字型连接两侧轴线偏离距离小于 0.15t,焊缝为二级,焊趾角 $\alpha \leqslant 45°$	Z6
		(2)角焊缝处的母材,十字形连接两侧轴线偏离距离小于 0.15t	Z8
20		• 法兰焊缝连接附近的母材 (1)采用对接焊缝,焊缝为一级 (2)采用角焊缝	Z8 Z13

注:箭头表示计算应力幅的位置和方向。

非传力焊缝的构件和连接分类(按《钢结构设计标准》GB 50017—2017)

附表 9-4

项次	构造细节	说　明	类别
21		• 横向加劲肋端部附近的母材 肋端焊缝不断弧(采用回焊) 肋端焊缝断弧	Z5 Z6
22		• 横向焊接附件附近的母材 (1)$t \leqslant 50$mm (2)50mm$<t \leqslant 80$mm t 为焊接附件的板厚	Z7 Z8
23		• 矩形节点板焊接于构件翼缘或腹板处的母材 (节点板焊缝方向的长度 $L > 150$mm)	Z8
24	$r \geqslant 60$mm　$r \geqslant 60$mm	• 带圆弧的梯形节点板用对接焊缝焊于梁翼缘、腹板以及桁架构件处的母材,圆弧过渡处在焊后铲平、磨光、圆滑过渡,不得有焊接起弧、灭弧缺陷	Z6
25		• 焊接剪力栓钉附近的钢板母材	Z7

注:箭头表示计算应力幅的位置和方向。

钢管截面的构件和连接分类(按《钢结构设计标准》GB 50017—2017)

项次	构造细节	说　　明	类别
26		• 钢管纵向自动焊缝的母材 (1)无焊接起弧、灭弧点 (2)有焊接起弧、灭弧点	Z3 Z6
27		• 圆管端部对接焊缝附近的母材,焊缝平滑过渡并符合现行国家标准《钢结构工程施工质量验收规范》GB 50205 的一级焊缝标准,余高不大于焊缝宽度的 10% (1)圆管壁厚 8mm<t≤12.5mm (2)圆管壁厚 t≤8mm	Z6 Z8
28		• 矩形管端部对接焊缝附近的母材,焊缝平滑过渡并符合一级焊缝标准,余高不大于焊缝宽度的 10% (1)方管壁厚 8mm<t≤12.5mm (2)方管壁厚 t≤8mm	Z8 Z10
29		• 焊有矩形管或圆管的构件,连接角焊缝附近的母材,角焊缝为非承载焊缝,其外观质量标准符合二级,矩形管宽度或圆管直径不大于 100mm	Z8
30		• 通过端板采用对接焊缝拼接的圆管母材,焊缝符合一级质量标准 (1)圆管壁厚 8mm<t≤12.5mm (2)圆管壁厚 t≤8mm	Z10 Z11
31		• 通过端板采用对接焊缝拼接的矩形管母材,焊缝符合一级质量标准 (1)方管壁厚 8mm<t≤12.5mm (2)方管壁厚 t≤8mm	Z11 Z12
32		• 通过端板采用角焊缝拼接的圆管母材,焊缝外观质量标准符合二级,管壁厚度 t≤8mm	Z13
33		• 通过端板采用角焊缝拼接的矩形管母材,焊缝外观质量标准符合二级,管壁厚度 t≤8mm	Z14

319

续表

项次	构造细节	说　明	类别
34	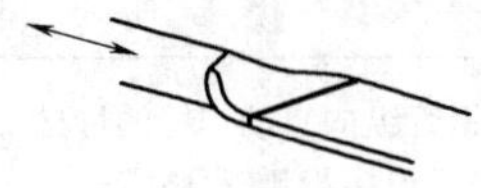	• 钢管端部压扁与钢板对接焊缝连接（仅适用于直径小于 200mm 的钢管），计算时采用钢管的应力幅	Z8
35	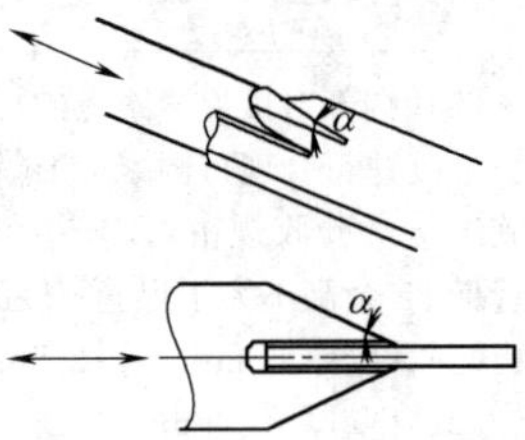	• 钢管端部开设槽口与钢板角焊缝连接，槽口端部为圆弧，计算时采用钢管的应力幅 （1）倾斜角 $\alpha \leqslant 45°$ （2）倾斜角 $\alpha > 45°$	Z8 Z9

注：箭头表示计算应力幅的位置和方向。

剪应力作用下的构件和连接分类（按《钢结构设计标准》GB 50017—2017）

附表 9-6

项次	构造细节	说　明	类别
36	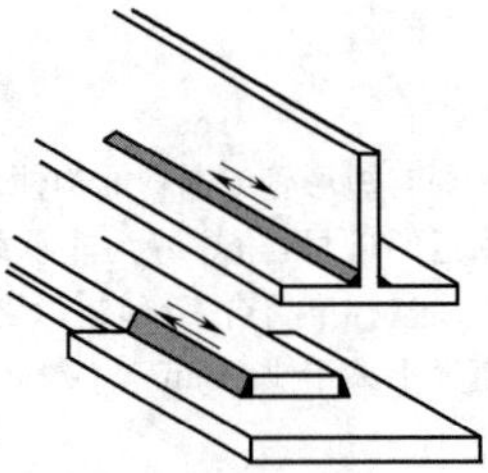	• 各类受剪角焊缝 剪应力按有效截面计算	J1
37	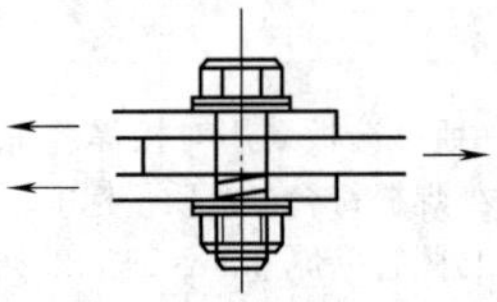	• 受剪力的普通螺栓 采用螺杆截面的剪应力	J2
38	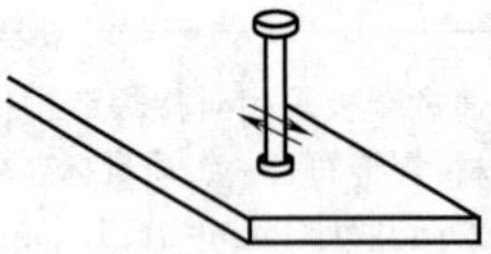	• 焊接剪力栓钉 采用栓钉名义截面的剪应力	J3

注：箭头表示计算应力幅的位置和方向。

参 考 文 献

[1] 中华人民共和国国家标准. 钢结构设计标准 GB 50017—2017 [S]. 北京：中国建筑工业出版社，2018.

[2] 中华人民共和国行业标准. 公路钢结构桥梁设计规范 JTGD 64—2015. 北京：人民交通出版社，2015.

[3] 陈绍蕃，顾强主编. 钢结构(上册)钢结构基础(第三版) [M]. 北京：中国建筑工业出版社，2014.

[4] 沈祖炎，陈扬骥，陈以一. 钢结构基本原理(第二版) [M]. 北京：中国建筑工业出版社，2005.

[5] B. J. Jonhston：Guide to Stability Design Criteria for Metal Structure. 3nd version, John Wiley&Sons Inc.，New York，1976.

[6] 高等学校土木工程学科专业指导委员会. 高等学校土木工程本科指导性专业规范. 北京：中国建筑工业出版社，2011.

[7] 周奇境，姜维山，潘泰华. 钢与混凝土结构设计施工手册. 北京：中国建筑工业出版社，1991.

[8] 崔佳主编. 钢结构基本原理 [M]. 北京：中国建筑工业出版社，2008.

[9] 吴冲主编. 现代钢桥(上) [M]. 北京：人民交通出版社，2009.

[10] 苏明周 主编. 钢结构 [M]. 北京：中国建筑工业出版社，2004.

[11] 赵熙元 主编. 柴昶，武人岱 副主编. 钢结构设计手册(上、下册) [M]. 北京：冶金工业出版社，1995

[12] 魏明钟主编. 钢结构(第二版) [M]. 武汉：武汉理工大学出版社，2002.

[13] 夏志斌，姚谏. 钢结构 [M]. 杭州：浙江大学出版社，1996.

[14] 欧阳可庆主编. 钢结构 [M]. 北京：中国建筑工业出版社，1991.

[15] 王国周，瞿履谦主编. 钢结构原理与设计 [M]. 北京：清华大学出版社，1993.

[16] 江见鲸，王元清，龚晓南，崔京浩. 建筑工程事故分析和处理(第三版) [M]. 北京：中国建筑工业出版社，2006.

[17] 董军，曹平周主编. 钢结构原理与设计 [M]. 北京：中国建筑工业出版社，2008.

[18] 雷宏刚. 钢结构事故分析与处理 [M]. 北京：中国建材工业出版社，2003.

[19] 刘声扬主编. 钢结构(第五版) [M]. 北京：中国建筑工业出版社，2011.

[20] 周远棣，徐君兰. 钢桥 [M]. 北京：人民交通出版社，1991.

[21] 中华人民共和国国家标准. 建筑结构荷载规范 GB 50009—2012 [S]. 北京：中国建筑工业出版社，2012.

[22] 中华人民共和国标准：碳素结构钢 GB/T 700—2006 [S]. 北京：中国标准出版社，2007.

[23] 中华人民共和国标准：低合金高强度结构钢 GB/T 1591—2008 [S]. 北京：中国标准出版社，2009.

[24] 中华人民共和国标准：热轧型钢 GB/T 706—2008 [S]. 北京：中国标准出版

社，2008.

[25] 中华人民共和国标准：热轧 H 型钢和剖分 T 型钢 GB/T 11263—2017 [S]. 北京：中国质检出版社，2005.

[26] 中华人民共和国标准：热轧钢板和钢带的尺寸、外形、重量及允许偏差 GB/T 709—2006 [S]. 北京：中国标准出版社，2007.

[27] 中华人民共和国标准：冷轧钢板和钢带的尺寸、外形、重量及允许偏差 GB/T 708—2006 [S]. 北京：中国标准出版社，2007.

高等学校土木工程学科专业指导委员会规划教材
（按高等学校土木工程本科指导性专业规范编写）

征订号	书　名	作者	定价
V21081	高等学校土木工程本科指导性专业规范	土木工程专业指导委员会	21.00
V20707	土木工程概论(赠课件)	周新刚	23.00
V22994	土木工程制图(含习题集、赠课件)	何培斌	68.00
V20628	土木工程测量(赠课件)	王国辉	45.00
V21517	土木工程材料(赠课件)	白宪臣	36.00
V20689	土木工程试验(含光盘)	宋　彧	32.00
V19954	理论力学(含光盘)	韦　林	45.00
V23007	理论力学学习指导(赠课件素材)	温建明 韦　林	22.00
V20630	材料力学(赠课件)	曲淑英	35.00
V31273	结构力学(第二版)(赠课件)	祁　皑	55.00
V31667	结构力学学习指导	祁　皑	44.00
V20619	流体力学(赠课件)	张维佳	28.00
V23002	土力学(赠课件)	王成华	39.00
V22611	基础工程(赠课件)	张四平	45.00
V22992	工程地质(赠课件)	王桂林	35.00
V22183	工程荷载与可靠度设计原理(赠课件)	白国良	28.00
V23001	混凝土结构基本原理(赠课件)	朱彦鹏	45.00
V31689	钢结构基本原理(第二版)(赠课件)(按《钢结构设计标准》GB 50017—2017 编写)	何若全	40.00
V20827	土木工程施工技术(赠课件)	李慧民	35.00
V20666	土木工程施工组织(赠课件)	赵　平	25.00
V20813	建设工程项目管理(赠课件)	臧秀平	36.00
V32134	建设工程法规(第二版)(赠课件)	李永福	42.00
V20814	建设工程经济(赠课件)	刘亚臣	30.00
V26784	混凝土结构设计(建筑工程专业方向适用)	金伟良	25.00
V26758	混凝土结构设计示例	金伟良	18.00
V26977	建筑结构抗震设计(建筑工程专业方向适用)	李宏男	38.00
V29079	建筑工程施工(建筑工程专业方向适用)(赠课件)	李建峰	58.00
V29056	钢结构设计(建筑工程专业方向适用)(赠课件)	于安林	33.00
V25577	砌体结构(建筑工程专业方向适用)(赠课件)	杨伟军	28.00
V25635	建筑工程造价(建筑工程专业方向适用)(赠课件)	徐　蓉	38.00

征订号	书　名	作者	定价
V30554	高层建筑结构设计(建筑工程专业方向适用)(赠课件)	赵　鸣 李国强	32.00
V25734	地下结构设计(地下工程专业方向适用)(赠课件)	许　明	39.00
V27221	地下工程施工技术(地下工程专业方向适用)(赠课件)	许建聪	30.00
V27594	边坡工程(地下工程专业方向适用)(赠课件)	沈明荣	28.00
V25562	路基路面工程(道路与桥工程专业方向适用)(赠课件)	黄晓明	66.00
V28552	道路桥梁工程概预算(道路与桥工程专业方向适用)	刘伟军	20.00
V26097	铁路车站(铁道工程专业方向适用)	魏庆朝	48.00
V27950	线路设计(铁道工程专业方向适用)(赠课件)	易思蓉	42.00
V27593	路基工程(铁道工程专业方向适用)(赠课件)	刘建坤 岳祖润	38.00
V30798	隧道工程(铁道工程专业方向适用)(赠课件)	宋玉香 刘　勇	42.00

注：本套教材均被评为《住房城乡建设部土建类学科专业"十三五"规划教材》。